"101 计划"核心教材

数学领域

数学分析（中册）

杨家忠　梅加强　楼红卫　编著

中国教育出版传媒集团

高等教育出版社·北京

内容提要

本教材根据"101 计划"的要求编写。教材的编写基于编者多年的教学经验以及与兄弟院校教师的交流，兼顾了先进性与一定的普适性，注重基础性、思想性以及学科间的融会贯通，精选了例题和习题。

全书共二十一章，包含集合与映射、实数、序列极限、函数极限、连续函数、导数与微分、微分中值定理、不定积分、Riemann 积分、广义积分、数项级数、函数序列与函数项级数、幂级数、多元函数与映射的极限与连续、多元函数微分学及其应用、多元函数的积分学、曲线积分与曲面积分、微分形式简介、场论初步、含参变量积分、Fourier 级数等。

本教材可作为数学类专业数学分析课程的教材或教学参考书，还可供科技工作者参考。

目 录

第九章

Riemann 积分

积分源于求弧长、面积、体积等几何问题. 物理学中求变速运动的位移问题, 求非均匀物质的质量问题等也可以转化为计算积分. 在微积分发明的早期, 人们一般认为积分是求导的逆运算, 积分本身没有独立的定义. 1821 年, Cauchy 给出了连续函数积分的定义. 1854 年, Riemann[①] 在研究 Fourier[②] 级数的一篇论文中给出了有界函数积分的定义. Darboux 和 Lebesgue 进一步研究了可积函数的刻画, 他们分别于 1875 年和 1904 年证明了可积函数就是 "几乎处处" 连续的有界函数.

9.1　Riemann 积分的定义与函数的可积性

设 f 是定义在闭区间 $[a,b]$ 上的函数 (不一定连续), 考虑平面上由直线 $x = a$, $x = b$, $y = 0$ 及曲线 $y = f(x)$ 所围成的曲边梯形 (图 9.1). 为了计算它的面积, 我们将曲边梯形分成若干部分, 每一部分可以近似地看成是小矩形, 这些小矩形的面积之和可以当作曲边梯形面积的近似值.

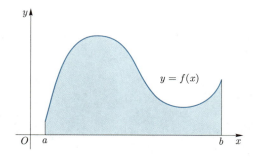

图 9.1　曲边梯形的面积

具体说来, 我们在 $[a,b]$ 中取 $n + 1$ 个点, 依次记为 $a = x_0 < x_1 < \cdots < x_n = b$, 它们将 $[a,b]$ 分成 n 个小区间 $\Delta_i = [x_{i-1}, x_i]$ $(1 \leqslant i \leqslant n)$, 这些小区间构成了 $[a,b]$ 的一个分割, 也称为分划, 记为

$$\mathrm{P}:\ a = x_0 < x_1 < \cdots < x_n = b.$$

第 i 个曲边小梯形的面积约等于 $f(\xi_i)\Delta x_i$, 其中 $\xi_i \in [x_{i-1}, x_i]$, $\Delta x_i = x_i - x_{i-1}$. 整个曲边梯形的面积约等于

$$\sum_{i=1}^{n} f(\xi_i)\Delta x_i,$$

---

① Riemann, Georg Friedrich Bernhard, 1826 年 9 月 17 日—1866 年 7 月 20 日, 德国数学家.

② Fourier, Jean Baptiste Joseph, 1768 年 3 月 21 日—1830 年 5 月 16 日, 法国数学家、物理学家.

上式称为 f 的一个 Riemann 和或积分和 (图 9.2).

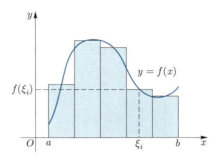

图 9.2   Riemann 和

我们期望当分割越来越细时, Riemann 和越来越接近曲边梯形的面积. 为了描述分割的精细程度, 记

$$\|\mathrm{P}\| = \max_{1 \leqslant i \leqslant n} \{\Delta x_i\},$$

称为分割 P 的模.

定义 9.1.1 (Riemann 积分)   设 f 是定义在区间 $[a, b]$ 上的函数. 如果存在实数 I, 使得任给 $\varepsilon > 0$, 均存在 $\delta > 0$, 只要分割 P 满足 $\|\mathrm{P}\| < \delta$, 就有

$$\left| \sum_{i=1}^{n} f(\xi_i) \Delta x_i - I \right| < \varepsilon, \quad \forall \, \xi_i \in [x_{i-1}, x_i], \ i = 1, 2, \cdots, n,$$

则称 f 在 $[a, b]$ 上 Riemann 可积(简称可积), I 称为 f 在 $[a, b]$ 上的 (定) 积分, 记为

$$\int_a^b f(x) \, \mathrm{d}x = I = \lim_{\|\mathrm{P}\| \to 0} \sum_{i=1}^{n} f(\xi_i) \Delta x_i.$$

注 9.1.1   在上述积分表达式中, $[a, b]$ 称为积分区间, a, b 分别为积分下限与积分上限, f 为被积函数, x 为积分变量. 注意, 定积分与变量 x 的表示方法无关, 即

$$\int_a^b f(x) \, \mathrm{d}x = \int_a^b f(t) \, \mathrm{d}t.$$

例 9.1.1   设 $c \in \mathbb{R}$, $f \equiv c$, 求 f 在 $[a, b]$ 上的积分.

解   当 $f \equiv c$ 时, 其 Riemann 和形如

$$\sum_{i=1}^{n} f(\xi_i) \Delta x_i = \sum_{i=1}^{n} c \, (x_i - x_{i-1}) = c \, (x_n - x_0) = c(b - a),$$

这说明

$$\int_a^b c \, \mathrm{d}x = c(b - a). \qquad \qquad \square$$

为了方便起见，我们用 $f \in R[a,b]$ 表示 f 在 $[a,b]$ 上 Riemann 可积. 下面我们来研究什么样的函数是可积的.

定理 9.1.1（可积的必要条件）　设 $f \in R[a,b]$，则 f 在 $[a,b]$ 上有界，反之不然.

证明　设 $f \in R[a,b]$，记 I 为其积分. 在积分的定义中，取 $\varepsilon = 1$，此时存在相应的 $\delta > 0$. 取定正整数 $n > \dfrac{b-a}{\delta}$，对区间 $[a,b]$ 作 n 等分，则

$$\left| \frac{b-a}{n} \sum_{i=1}^{n} f(\xi_i) - I \right| < 1, \quad \forall\, \xi_i \in [x_{i-1}, x_i],\ i = 1, 2, \cdots, n.$$

特别地，当 $1 \leqslant i \leqslant n, j \neq i$ 时，取 $\xi_j = x_j$，则有

$$|f(\xi_i)| < \sum_{j \neq i} |f(x_j)| + \frac{n}{b-a}(1 + |I|), \quad \forall\, \xi_i \in [x_{i-1}, x_i].$$

这说明 f 在每一小区间 $[x_{i-1}, x_i]$ 上均有界，从而是 $[a,b]$ 上的有界函数.

反之，我们考虑在有理数上取值为 1，在无理数上取值为 0 的 Dirichlet 函数 $D(x)$. 任给一个分割，当 ξ_i 都取 $[x_{i-1}, x_i]$ 中的无理数时，积分和为 0；当 ξ_i 都取 $[x_{i-1}, x_i]$ 中的有理数时，积分和为 1. 因此 $D(x)$ 的积分和没有极限.　　　　□

以下我们考虑有界函数可积的条件. 如同研究有界数列的收敛性可以考虑上极限和下极限一样，我们考虑有界函数 Riemann 和的 "最大" 值和 "最小" 值. 对于分割

$$\mathrm{P}:\ a = x_0 < x_1 < \cdots < x_n = b,$$

记 $M_i = \sup\limits_{x \in [x_{i-1}, x_i]} f(x)$，$m_i = \inf\limits_{x \in [x_{i-1}, x_i]} f(x)$，令

$$S = \sum_{i=1}^{n} M_i \Delta x_i, \quad s = \sum_{i=1}^{n} m_i \Delta x_i,$$

我们称 S 为 f 关于 P 的 Darboux 上和，简称上和（图 9.3(a)），也记为 $S(\mathrm{P})$ 或 $S(\mathrm{P}, f)$；而 s 称为 Darboux 下和，简称下和（图 9.3(b)），也记为 $s(\mathrm{P})$ 或 $s(\mathrm{P}, f)$.

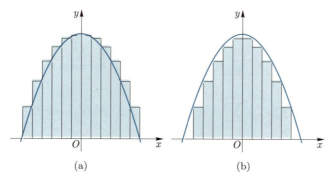

(a)　　　　　　　　　(b)

图 9.3　上和与下和

显然, 任何 Riemann 和总是介于下和与上和之间. 记

$$\omega_i = \omega_i(f) = \sup_{x \in [x_{i-1}, x_i]} f(x) - \inf_{x \in [x_{i-1}, x_i]} f(x),$$

称为 f 在 $[x_{i-1}, x_i]$ 上的振幅. 由定义, 上和与下和之差可以表示为

$$S - s = \sum_{i=1}^{n} \omega_i \Delta x_i.$$

设 f 为 $[a, b]$ 上的有界函数, 其上确界和下确界分别记为 M, m. 下面的引理给出了上和与下和关于分割的单调性质, 这与数列的情形类似.

引理 9.1.2   设分割 P' 是从 P 添加 k 个分点得到的, 则有

$$S(\mathrm{P}) \geqslant S(\mathrm{P}') \geqslant S(\mathrm{P}) - (M-m)k\|\mathrm{P}\|,$$

$$s(\mathrm{P}) \leqslant s(\mathrm{P}') \leqslant s(\mathrm{P}) + (M-m)k\|\mathrm{P}\|.$$

特别地, 往给定的分割增加新的分点时, 下和不减, 上和不增.

证明   以 $k = 1$ 的情形为例. 此时, 设新添加的分点为 $\bar{x}$, 则 $\bar{x}$ 必落在某个小区间 (x_{j-1}, x_j) 内. 由上和的定义,

$$S(\mathrm{P}) = \sum_{i=1}^{n} M_i \Delta x_i = M_j \Delta x_j + \sum_{i \neq j} M_i \Delta x_i,$$

$$S(\mathrm{P}') = M_j'(\bar{x} - x_{j-1}) + M_j''(x_j - \bar{x}) + \sum_{i \neq j} M_i \Delta x_i,$$

这里 M_j' 和 M_j'' 分别是 f 在区间 $[x_{j-1}, \bar{x}]$ 和 $[\bar{x}, x_j]$ 上的上确界. 由 $M_j' \leqslant M_j$, $M_j'' \leqslant M_j$ 可得

$$0 \leqslant S(\mathrm{P}) - S(\mathrm{P}') = (M_j - M_j')(\bar{x} - x_{j-1}) + (M_j - M_j'')(x_j - \bar{x})$$

$$\leqslant (M-m)(\bar{x} - x_{j-1}) + (M-m)(x_j - \bar{x})$$

$$= (M-m)\Delta x_j \leqslant (M-m)\|\mathrm{P}\|.$$

下和的情形可类似地证明.   □

推论 9.1.3   对于任意两个分割 P_1 及 P_2, 均有 $s(\mathrm{P}_1) \leqslant S(\mathrm{P}_2)$.

证明   用 $\mathrm{P}_1 \cup \mathrm{P}_2$ 表示将 P_1 和 P_2 的所有分点合并后得到的分割 (重复的分点只取一次), 则 $\mathrm{P}_1 \cup \mathrm{P}_2$ 既可以看成由 P_1 添加分点, 又可以看作从 P_2 添加分点得到的分割. 由刚才的引理即得

$$s(\mathrm{P}_1) \leqslant s(\mathrm{P}_1 \cup \mathrm{P}_2) \leqslant S(\mathrm{P}_1 \cup \mathrm{P}_2) \leqslant S(\mathrm{P}_2).$$ □

下面的定理可以跟有界数列或有界函数的上、下极限的存在性作对比.

定理 9.1.4 (Darboux) $\lim\limits_{\|\mathrm{P}\|\to 0} S(\mathrm{P}) = \inf\limits_{\mathrm{P}} S(\mathrm{P}), \quad \lim\limits_{\|\mathrm{P}\|\to 0} s(\mathrm{P}) = \sup\limits_{\mathrm{P}} s(\mathrm{P}).$

证明   根据定义, 总有如下估计:

$$m(b-a) \leqslant s(\mathrm{P}) \leqslant S(\mathrm{P}) \leqslant M(b-a),$$

这说明 $\inf\limits_{\mathrm{P}} S(\mathrm{P})$ 和 $\sup\limits_{\mathrm{P}} s(\mathrm{P})$ 都存在.

根据确界的定义, 任给 $\varepsilon > 0$, 存在分割 P', 使得

$$S(\mathrm{P}') < \inf\limits_{\mathrm{P}} S(\mathrm{P}) + \frac{\varepsilon}{2}.$$

设 P' 由 k 个分点构成. 对于任意另一分割 P, $\mathrm{P} \cup \mathrm{P}'$ 至多比 P 多 k 个分点. 由引理 9.1.2 可得

$$S(\mathrm{P}) - (M-m)k\|\mathrm{P}\| \leqslant S(\mathrm{P} \cup \mathrm{P}') \leqslant S(\mathrm{P}') < \inf\limits_{\mathrm{P}} S(\mathrm{P}) + \frac{\varepsilon}{2}.$$

于是, 当 $\|\mathrm{P}\| < \delta = \dfrac{\varepsilon}{2(M-m+1)k}$ 时,

$$\inf\limits_{\mathrm{P}} S(\mathrm{P}) \leqslant S(\mathrm{P}) \leqslant \frac{(M-m)k\varepsilon}{2(M-m+1)k} + \inf\limits_{\mathrm{P}} S(\mathrm{P}) + \frac{\varepsilon}{2}$$

$$< \inf\limits_{\mathrm{P}} S(\mathrm{P}) + \varepsilon,$$

这就证明了上和的极限等式. 下和的极限同理可证.   □

我们称 $\inf\limits_{\mathrm{P}} S(\mathrm{P})$ 为 f 在 $[a,b]$ 上的上积分, $\sup\limits_{\mathrm{P}} s(\mathrm{P})$ 为 f 在 $[a,b]$ 上的下积分, 分别记为

$$\overline{\int_a^b} f(x)\,\mathrm{d}x = \inf\limits_{\mathrm{P}} S(\mathrm{P}), \quad \underline{\int_a^b} f(x)\,\mathrm{d}x = \sup\limits_{\mathrm{P}} s(\mathrm{P}).$$

Riemann 和 Darboux 关于函数可积性的结果反映在下面的重要定理中.

定理 9.1.5 (可积的充要条件)   设 f 为 $[a,b]$ 上的有界函数, 则以下命题等价:

(1) $f \in R[a,b]$.

(2) f 在 $[a,b]$ 上的上积分和下积分相等.

(3) $\lim\limits_{\|\mathrm{P}\|\to 0} \sum\limits_{i=1}^{n} \omega_i \Delta x_i = 0.$

(4) 任给 $\varepsilon > 0$, 存在 $[a,b]$ 的某个分割 P, 使得

$$S(\mathrm{P}) - s(\mathrm{P}) = \sum\limits_{i=1}^{n} \omega_i \Delta x_i < \varepsilon.$$

证明   (1) $\Longrightarrow$ (2): 设 $f \in R[a,b]$, 其积分记为 I. 于是任给 $\varepsilon > 0$, 存在 $\delta > 0$, 当 $\|\mathrm{P}\| < \delta$ 时

$$I - \varepsilon < \sum\limits_{i=1}^{n} f(\xi_i) \Delta x_i < I + \varepsilon.$$

特别地, 我们有

$$I - \varepsilon \leqslant \sum_{i=1}^{n} \inf_{x \in [x_{i-1}, x_i]} f(x) \Delta x_i = s(\mathrm{P})$$

$$\leqslant \sum_{i=1}^{n} \sup_{x \in [x_{i-1}, x_i]} f(x) \Delta x_i = S(\mathrm{P})$$

$$\leqslant I + \varepsilon,$$

这说明 $\lim\limits_{\|\mathrm{P}\| \to 0} s(\mathrm{P}) = \lim\limits_{\|\mathrm{P}\| \to 0} S(\mathrm{P}) = I$. 由 Darboux 定理即知 f 的上、下积分相等.

(2) $\Longrightarrow$ (1): 设 $\sup\limits_{\mathrm{P}} s(\mathrm{P}) = \inf\limits_{\mathrm{P}} S(\mathrm{P}) = I$. 由 Darboux 定理, 任给 $\varepsilon > 0$, 存在 $\delta > 0$, 当 $\|\mathrm{P}\| < \delta$ 时, 有

$$I - \varepsilon < s(\mathrm{P}) \leqslant \sum_{i=1}^{n} f(\xi_i) \Delta x_i \leqslant S(\mathrm{P}) < I + \varepsilon,$$

这说明 $\lim\limits_{\|\mathrm{P}\| \to 0} \sum\limits_{i=1}^{n} f(\xi_i) \Delta x_i = I$, 也就是说 f 在 $[a, b]$ 上可积且积分为 I.

(2) $\Longleftrightarrow$ (3): 这可由 Darboux 定理及下式得到,

$$\lim_{\|\mathrm{P}\| \to 0} \sum_{i=1}^{n} \omega_i \Delta x_i = \lim_{\|\mathrm{P}\| \to 0} (S(\mathrm{P}) - s(\mathrm{P})) = \inf_{\mathrm{P}} S(\mathrm{P}) - \sup_{\mathrm{P}} s(\mathrm{P}).$$

(3) $\Longrightarrow$ (4): 这是显然的.

(4) $\Longrightarrow$ (2): 如果存在分割 P, 使得 $S(\mathrm{P}) - s(\mathrm{P}) < \varepsilon$, 则由

$$s(\mathrm{P}) \leqslant \sup_{\mathrm{P}'} s(\mathrm{P}') \leqslant \inf_{\mathrm{P}'} S(\mathrm{P}') \leqslant S(\mathrm{P})$$

可知

$$0 \leqslant \inf_{\mathrm{P}'} S(\mathrm{P}') - \sup_{\mathrm{P}'} s(\mathrm{P}') \leqslant S(\mathrm{P}) - s(\mathrm{P}) < \varepsilon.$$

由 ε 的任意性即知 f 的上积分与下积分相等. $\qquad\square$

推论 9.1.6　(1) 设 $[\alpha, \beta] \subseteq [a, b]$, 若 $f \in R[a, b]$, 则 $f \in R[\alpha, \beta]$.

(2) 设 $c \in (a, b)$, 若 $f \in R[a, c]$ 且 $f \in R[c, b]$, 则 $f \in R[a, b]$.

证明　(1) 由上述定理中的 (3), 任给 $\varepsilon > 0$, 存在 $\delta > 0$, 当 $[a, b]$ 的分割 P 满足 $\|\mathrm{P}\| < \delta$ 时, $\sum\limits_{i=1}^{n} \omega_i \Delta x_i < \varepsilon$. 取 $[\alpha, \beta]$ 的一个分割 P', 使得 $\|\mathrm{P}'\| < \delta$. 显然, 可构造 $[a, b]$ 的分割 P, 使得 P 是 P' 通过添加 $[a, b] \setminus [\alpha, \beta]$ 中的分点得到, 且 $\|\mathrm{P}\| < \delta$. 此时 f 在 $[\alpha, \beta]$ 中的上和与下和之差不超过 f 在 $[a, b]$ 中的上和与下和之差, 从而小于 ε. 由上述定理中的 (4) 即知 f 在 $[\alpha, \beta]$ 上可积.

(2) 用上述定理中的 (4) 很容易证明, 略. $\qquad\square$

命题 9.1.7 (可积函数的运算性质)   设 $f, g \in R[a,b]$, $\lambda, \mu \in \mathbb{R}$, 则有

(1) $\lambda f + \mu g \in R[a,b]$.

(2) $fg \in R[a,b]$.

(3) $|f|, |g| \in R[a,b]$. 如果 $|g|$ 有正下界, 则 $f/g \in R[a,b]$ 也成立.

证明   (1) 这可以从积分的定义直接得出.

(2) 根据定理 9.1.1, 存在 $K > 0$, 使得 $|f|, |g| \leqslant K$ 处处成立. 由定理 9.1.5 (3), 任给 $\varepsilon > 0$, 存在 $\delta > 0$, 当 $\|\mathrm{P}\| < \delta$ 时,

$$\sum_{i=1}^{n} \omega_i(f)\Delta x_i < \frac{\varepsilon}{2K+1}, \qquad \sum_{i=1}^{n} \omega_i(g)\Delta x_i < \frac{\varepsilon}{2K+1}.$$

当 $x, y \in [x_{i-1}, x_i]$ 时,

$$|f(x)g(x) - f(y)g(y)| \leqslant |f(x)(g(x) - g(y))| + |(f(x) - f(y))g(y)|$$

$$\leqslant K(\omega_i(g) + \omega_i(f)),$$

这说明 $\omega_i(fg) \leqslant K(\omega_i(g) + \omega_i(f))$, 从而有

$$\sum_{i=1}^{n} \omega_i(fg)\Delta x_i \leqslant K \sum_{i=1}^{n} (\omega_i(f) + \omega_i(g))\Delta x_i$$

$$< \frac{K\varepsilon}{2K+1} + \frac{K\varepsilon}{2K+1} < \varepsilon.$$

由定理 9.1.5 知 fg 可积.

(3) 由 $\omega_i(|f|) \leqslant \omega_i(f)$ 可知 $|f|$ 可积. 当 $|g|$ 有正下界时, 不妨设 $|g| \geqslant L > 0$. 此时, 由

$$\left| \frac{1}{g(x)} - \frac{1}{g(y)} \right| = \frac{|g(x) - g(y)|}{|g(x)g(y)|}$$

可得 $\omega_i(1/g) \leqslant L^{-2}\omega_i(g)$, 由此可知 $1/g$ 可积. 再由 (2) 即知 f/g 可积. $\square$

命题 9.1.8 (可积函数类)   (1) 若有界函数 f 只在 $[a,b]$ 上的有限个点处不连续, 则 f 可积.

(2) 若 f 为 $[a,b]$ 上的单调函数, 则 f 可积.

证明   (1) 我们用定理 9.1.5 (4) 来证明. 设 $\bar{x}_k \ (k = 1, 2, \cdots, N)$ 为 f 的间断点. 任给 $\varepsilon > 0$, 取 $0 < \rho < \dfrac{\varepsilon}{4(M - m + 1)N}$, 使得 $\{(\bar{x}_k - \rho, \bar{x}_k + \rho)\}$ 互不相交. 去掉这些开区间后, $[a,b]$ 剩下的部分由有限个闭区间组成, 且 f 在这些闭区间中连续. 根据一致连续性的 Cantor 定理, 可以取这些闭区间的分割, 使得 f 在每个闭区间上的振幅均小于 $\dfrac{\varepsilon}{2(b-a)}$. 这些闭区间的分割连同 $\{[\bar{x}_k - \rho, \bar{x}_k + \rho] \cap [a,b]\}$ 构成了 $[a,b]$ 的分割, 记

为 P. 对于此分割, 有

$$S(\mathrm{P}) - s(\mathrm{P}) \leqslant \frac{\varepsilon}{2(b-a)}(b-a) + (M-m)\sum_{i=1}^{N} 2\rho$$

$$\leqslant \frac{\varepsilon}{2} + (M-m)\frac{2N\varepsilon}{4(M-m+1)N} < \varepsilon.$$

由定理 9.1.5 (4) 知 f 可积.

(2) 不妨设 f 单调递增. 任给 $\varepsilon > 0$, 取 $[a,b]$ 的分割 P, 使得 $\|\mathrm{P}\| < \dfrac{\varepsilon}{f(b)-f(a)+1}$, 则

$$\sum_{i=1}^{n}\omega_i\Delta x_i = \sum_{i=1}^{n}\left(f(x_i)-f(x_{i-1})\right)\Delta x_i$$

$$\leqslant \sum_{i=1}^{n}\left(f(x_i)-f(x_{i-1})\right)\frac{\varepsilon}{f(b)-f(a)+1}$$

$$= (f(x_n)-f(x_0))\frac{\varepsilon}{f(b)-f(a)+1}$$

$$= (f(b)-f(a))\frac{\varepsilon}{f(b)-f(a)+1} < \varepsilon,$$

由定理 9.1.5 (4) 知 f 可积. $\square$

设 f 为 $[a,b]$ 上定义的函数, 如果存在 $[a,b]$ 的分割

$$\mathrm{P}: \ a = x_0 < x_1 < x_2 < \cdots < x_n = b,$$

使得 f 在每一个小区间 (x_{i-1}, x_i) 内均为常数, 则称 f 为**阶梯函数**. 阶梯函数最多只有有限个间断点, 因此是可积函数.

习题 9.1

1. 利用积分的几何含义写出下列积分的值:

(1) $\displaystyle\int_a^b \left| x - \frac{a+b}{2} \right| \mathrm{d}x$;   (2) $\displaystyle\int_a^b \sqrt{(x-a)(b-x)}\,\mathrm{d}x$.

2. 设 $f \in R[a,b]$, 证明:

$$\int_a^b f(x)\,\mathrm{d}x = \lim_{n\to\infty}\frac{b-a}{n}\sum_{k=1}^{n} f\left(a + \frac{k}{n}(b-a)\right).$$

3. 设 $b > a > 0$, $f \in R[a,b]$, 证明:

$$\int_a^b f(x)\,\mathrm{d}x = \lim_{n\to\infty}\frac{\ln b - \ln a}{n}\sum_{k=1}^{n} a^{\frac{n-k}{n}} b^{\frac{k}{n}} f\left(a^{\frac{n-k}{n}} b^{\frac{k}{n}}\right).$$

4. 设 $b > a > 0$, 用定义计算下列积分:

(1) $\displaystyle\int_a^b x\,\mathrm{d}x$; 　　　　　　　　　(2) $\displaystyle\int_a^b \frac{1}{x^2}\,\mathrm{d}x$.

5. 判断下列函数在 $[0,1]$ 上的可积性:

(1) $f(x) = \begin{cases} -1, & x \in \mathbb{Q}, \\ 1, & x \in \mathbb{R} \setminus \mathbb{Q}; \end{cases}$ 　　　(2) $f(x) = \begin{cases} x, & x \in \mathbb{Q}, \\ 0, & x \in \mathbb{R} \setminus \mathbb{Q}; \end{cases}$

(3) $f(x) = \begin{cases} \operatorname{sgn}\left(\sin\dfrac{\pi}{x}\right), & x \neq 0, \\ 0, & x = 0; \end{cases}$ 　　(4) $f(x) = \begin{cases} \dfrac{1}{x} - \left[\dfrac{1}{x}\right], & x \neq 0, \\ 0, & x = 0. \end{cases}$

6. 设 $f \in R[a,b]$, $c \in \mathbb{R}$, 证明:

$$\int_{a-c}^{b-c} f(x+c)\,\mathrm{d}x = \int_a^b f(x)\,\mathrm{d}x.$$

7. 设 $f \in R[a,b]$, g 与 f 只在有限个点处取值不同, 证明: $g \in R[a,b]$, 且

$$\int_a^b f(x)\,\mathrm{d}x = \int_a^b g(x)\,\mathrm{d}x.$$

8. 设 f 是定义在 $[a,b]$ 上的函数, 记 $f^+ = \max\{f,0\}$, $f^- = \max\{-f,0\}$. 证明: $f \in R[a,b]$ 当且仅当 $f^+, f^- \in R[a,b]$.

9. 设 $f, g \in R[a,b]$, 证明: $\max\{f,g\}, \min\{f,g\} \in R[a,b]$.

10. 设 $f \in R[a,b]$, 证明: $\mathrm{e}^f \in R[a,b]$.

11. 设 $f \in R[a,b]$ 且 $f \geqslant c > 0$, 证明: $\ln f \in R[a,b]$.

12. 设 f 为 $[a,b]$ 上的有界函数, 证明: 如果其间断点集 D_f 只有有限个聚点, 则 $f \in R[a,b]$.

9.2 可积性的进一步刻画

从前一节中的讨论我们知道, 只有有限个间断点的有界函数必为可积函数. 在积分理论发展的早期, 人们认为这已经是关于可积性判断的最好的结果之一. 后来 Riemann 出人意料地用级数构造了一个具有可数个间断点的可积函数. 另一个具有类似特点的函数是 Riemann 函数 R, 它在 $[0,1]$ 上定义为

$$R(x) = \begin{cases} \dfrac{1}{q}, & x = \dfrac{p}{q} \in (0,1),\ p,q\ 为互素的正整数, \\ 1, & x = 0, 1, \\ 0, & x \in (0,1)\ 为无理数. \end{cases}$$

显然, $0 \leqslant R(x) \leqslant 1$. 任给 $\varepsilon > 0$, 当 $\dfrac{1}{q} \geqslant \dfrac{\varepsilon}{2}$, 即 $q \leqslant \dfrac{2}{\varepsilon}$ 时, $[0,1]$ 中形如 $\dfrac{p}{q}$ 的既约分数不超过 $N = N(\varepsilon)$ 个. 取 $\delta = \dfrac{\varepsilon}{4N}$, 对于 $\|\mathrm{P}\| < \delta$ 的任意分割, 包含上述既约分数的小区间至多只有 $2N$ 个, 在其余的小区间上 $R(x)$ 的取值均小于 $\dfrac{\varepsilon}{2}$, 因此

$$0 \leqslant \sum_i R(\xi_i)\Delta x_i \leqslant 2N\|\mathrm{P}\| + \frac{\varepsilon}{2}\sum_i \Delta x_i \leqslant \varepsilon,$$

这说明 R 在 $[0,1]$ 上可积, 且积分为零. 注意, R 具有可数个间断点, 事实上它在有理点处均不连续.

从上面的讨论中可以体会到, 要说明一个有界函数 f 为可积函数, 我们只要找到某个分割, 使得要么 f 在此分割中的小区间上的振幅很小, 要么振幅较大的那些小区间的总长度很小. 这可以总结为下面的结果.

定理 9.2.1 (Riemann)　　设 f 为 $[a,b]$ 上的有界函数, 则 f 可积当且仅当任给 ε, $\eta > 0$, 存在 $[a,b]$ 的某个分割 P, 使得

$$\sum_{\{i|\omega_i \geqslant \eta\}} \Delta x_i < \varepsilon.$$

证明　(必要性) 设 f 可积. 由定理 9.1.5 (4), 任给 $\varepsilon, \eta > 0$, 存在分割 P, 使得

$$\sum_{i=1}^n \omega_i \Delta x_i < \varepsilon\eta.$$

这说明

$$\eta \sum_{\{i|\omega_i \geqslant \eta\}} \Delta x_i \leqslant \sum_{i=1}^n \omega_i \Delta x_i < \varepsilon\eta,$$

即有 $\displaystyle\sum_{\{i|\omega_i \geqslant \eta\}} \Delta x_i < \varepsilon$.

(充分性) 由已知条件, 任给 $\varepsilon > 0$, 存在 $[a,b]$ 的分割 P, 使得

$$\sum_{\{i|\omega_i \geqslant \frac{\varepsilon}{2(b-a)}\}} \Delta x_i < \frac{\varepsilon}{2(M - m + 1)}.$$

对于这个分割, 有

$$\sum_{i=1}^n \omega_i \Delta x_i = \sum_{\{i|\omega_i < \frac{\varepsilon}{2(b-a)}\}} \omega_i \Delta x_i + \sum_{\{i|\omega_i \geqslant \frac{\varepsilon}{2(b-a)}\}} \omega_i \Delta x_i$$

$$\leqslant \frac{\varepsilon}{2(b-a)} \sum_{\{i|\omega_i < \frac{\varepsilon}{2(b-a)}\}} \Delta x_i + (M-m) \sum_{\{i|\omega_i \geqslant \frac{\varepsilon}{2(b-a)}\}} \Delta x_i$$

$$\leqslant \frac{\varepsilon}{2(b-a)}(b-a) + \frac{(M-m)\varepsilon}{2(M-m+1)} < \varepsilon.$$

由定理 9.1.5 (4) 知 f 可积. $\qquad\qquad\square$

例 9.2.1 设 $f \in C[a,b]$, $\varphi \in R[\alpha,\beta]$ 且 $\varphi([\alpha,\beta]) \subseteq [a,b]$. 证明: $f \circ \varphi \in R[\alpha,\beta]$.

证明 由 Cantor 定理, 任给 $\varepsilon > 0$, 存在 $\delta > 0$, 当 $x, y \in [a,b]$ 且 $|x-y| < \delta$ 时, $|f(x) - f(y)| < \dfrac{\varepsilon}{2(\beta-\alpha)}$. 因为 φ 在 $[\alpha,\beta]$ 上可积, 由定理 9.2.1, 存在 $[\alpha,\beta]$ 的分割

$$\mathrm{P}: \ \alpha = t_0 < t_1 < \cdots < t_m = \beta,$$

使得 $\displaystyle\sum_{\{i|\omega_i(\varphi) \geqslant \delta\}} \Delta t_i < \frac{\varepsilon}{4K+1}$, 其中 K 是 $|f|$ 在 $[a,b]$ 上的最大值. 于是

$$\sum_{i=1}^m \omega_i(f \circ \varphi) \Delta t_i = \sum_{\{i|\omega_i(\varphi) \geqslant \delta\}} \omega_i(f \circ \varphi) \Delta t_i + \sum_{\{i|\omega_i(\varphi) < \delta\}} \omega_i(f \circ \varphi) \Delta t_i$$

$$\leqslant 2K \sum_{\{i|\omega_i(\varphi) \geqslant \delta\}} \Delta t_i + \frac{\varepsilon}{2(\beta-\alpha)} \sum_{\{i|\omega_i(\varphi) < \delta\}} \Delta t_i$$

$$\leqslant 2K \frac{\varepsilon}{4K+1} + \frac{\varepsilon}{2(\beta-\alpha)}(\beta-\alpha) < \varepsilon.$$

由定理 9.1.5 (4) 可知 $f \circ \varphi$ 在 $[\alpha,\beta]$ 上可积. $\qquad\qquad\square$

我们知道, 函数在某一点处是否连续可以用它在这一点处的振幅是否为零来刻画. 上述 Riemann 定理提醒我们, 可积函数振幅较大的地方不会太多, 因此可积函数不会有太多的间断点. 为了准确地刻画这种现象, 我们引入如下定义.

定义 9.2.1 (零测集) 设 $A \subseteq \mathbb{R}$, 如果任给 $\varepsilon > 0$, 均存在覆盖 A 的至多可数个开区间 $\{I_i\}$, 使得

$$\sum_{i \geqslant 1} |I_i| \leqslant \varepsilon,$$

则称 A 为零测集.

例 9.2.2 证明: (1) 有限集是零测集. (2) 可数集是零测集. (3) 零测集的子集仍为零测集. (4) 可数个零测集之并仍为零测集.

证明 (1) 设 $A = \{x_i\}_{i=1}^n$ 为有限点集, 任给 $\varepsilon > 0$, 记

$$I_i = \left(x_i - \frac{\varepsilon}{2n}, \ x_i + \frac{\varepsilon}{2n}\right), \quad i = 1, 2, \cdots, n.$$

显然, $\{I_i\}$ 组成了 A 的一个覆盖, 且这些开区间的长度之和为

$$\sum_{i=1}^n |I_i| = \sum_{i=1}^n 2\frac{\varepsilon}{2n} = \varepsilon,$$

因此 A 为零测集.

(2) 设 $A = \{x_i\}_{i=1}^\infty$ 为可数点集, 任给 $\varepsilon > 0$, 记

$$I_i = \left(x_i - \frac{\varepsilon}{2^{i+1}}, \ x_i + \frac{\varepsilon}{2^{i+1}}\right), \ \ i = 1, 2, \cdots.$$

显然, $\{I_i\}$ 组成了 A 的一个覆盖, 且

$$\sum_{i=1}^\infty |I_i| = \sum_{i=1}^\infty 2\frac{\varepsilon}{2^{i+1}} \leqslant \varepsilon,$$

因此 A 为零测集.

(3) 按定义, 这是显然的.

(4) 设 $A_i \ (i \geqslant 1)$ 为一列零测集. 于是任给 $\varepsilon > 0$, 对于每一个 i, 存在覆盖 A_i 的开区间 $\{I_{ij}\}$, 使得 $\{I_{ij}\}$ 中任意有限个区间的长度之和均不超过 $\frac{\varepsilon}{2^i}$. 由于可数个可数集的并集仍是可数的, 故所有这些开区间 $\{I_{ij}\}$ 仍组成了 $\{A_i\}$ 的并集的覆盖, 且任意有限个开区间的长度和不超过

$$\frac{\varepsilon}{2} + \frac{\varepsilon}{2^2} + \frac{\varepsilon}{2^3} + \cdots \leqslant \varepsilon.$$

因此 $\{A_i\}$ 的并集仍为零测集. $\qquad\square$

设 f 为 $[a,b]$ 上的有界函数, 它在 $x \in [a,b]$ 处的振幅为

$$\omega(f, x) = \lim_{r \to 0^+} \sup\{|f(x_1) - f(x_2)| \, | \, x_1, x_2 \in (x-r, x+r) \cap [a,b]\}.$$

f 的间断点的全体记为 D_f, 则

$$D_f = \{x \in [a,b] \mid \omega(f, x) > 0\}.$$

当 $\delta > 0$ 时, 记

$$D_f(\delta) = \{x \in [a,b] \mid \omega(f, x) \geqslant \delta\},$$

则

$$D_f = \bigcup_{n=1}^\infty D_f(1/n). \tag{9.2.1}$$

定理 9.2.2 (Lebesgue) 设 f 为 $[a,b]$ 上的有界函数, 则 $f \in R[a,b]$ 当且仅当其间断点集 D_f 为零测集.

证明 (必要性) 设 $f \in R[a,b]$. 固定 $\delta > 0$. 根据 Riemann 定理, 任给 $\varepsilon > 0$, 存在 $[a,b]$ 的分割

$$\mathrm{P}: a = x_0 < x_1 < \cdots < x_n = b,$$

使得

$$\sum_{i=1}^{n}\omega_i\Delta x_i < \varepsilon\frac{\delta}{2}.$$

如果 $x \in D_f(\delta) \cap (x_{i-1}, x_i)$, 则显然 $\omega_i \geqslant \omega(f, x) \geqslant \delta$. 因此从上式可得

$$\sum_{\{i \mid D_f(\delta) \cap (x_{i-1}, x_i) \neq \varnothing\}} \Delta x_i < \frac{\varepsilon}{2}.$$

显然

$$D_f(\delta) \subseteq \left(\bigcup_{\{i \mid D_f(\delta) \cap (x_{i-1}, x_i) \neq \varnothing\}} (x_{i-1}, x_i) \right) \cup \left(\bigcup_{i=0}^{n} \left(x_i - \frac{\varepsilon}{4(n+1)}, \ x_i + \frac{\varepsilon}{4(n+1)} \right) \right),$$

且

$$\sum_{\{i \mid D_f(\delta) \cap (x_{i-1}, x_i) \neq \varnothing\}} \Delta x_i + \frac{2\varepsilon}{4(n+1)}(n+1) < \frac{\varepsilon}{2} + \frac{\varepsilon}{2} = \varepsilon,$$

由定义即知 $D_f(\delta)$ 为零测集. 由 (9.2.1) 式可知 D_f 为零测集.

(充分性) 任给 $\varepsilon, \eta > 0$, 由 D_f 为零测集可知, 存在开区间 $\{(\alpha_j, \beta_j)\}_{j \geqslant 1}$, 使得

$$D_f \subseteq \bigcup_{j \geqslant 1}(\alpha_j, \beta_j), \quad \sum_{j \geqslant 1}(\beta_j - \alpha_j) < \varepsilon.$$

当 $x \in [a, b] \setminus \bigcup_{j \geqslant 1}(\alpha_j, \beta_j)$ 时, f 在 x 处连续, 故存在包含 x 的开区间 I_x, 使得 f 在 I_x 上的振幅小于 η. 根据 Lebesgue 覆盖引理, 可取 $[a, b]$ 的分割

$$\mathrm{P}: \ a = x_0 < x_1 < \cdots < x_n = b,$$

使得每一个小区间 $[x_{i-1}, x_i]$ 必含于某个 (α_j, β_j) 或某个 I_x 之中. 此时

$$\sum_{\{i \mid \omega_i \geqslant \eta\}} \Delta x_i \leqslant \sum_{j \geqslant 1}(\beta_j - \alpha_j) < \varepsilon,$$

由 Riemann 定理可知 $f \in R[a, b]$. $\qquad\square$

习题 9.2

1. 请说明在零测集的定义中可以将 "开区间" 换成 "闭区间".

2. 利用 Lebesgue 定理重新证明命题 9.1.7 和例 9.2.1.

3. 设 f 为定义在 $[a, b]$ 上的函数, 证明: 若 $f^2 \in R[a, b]$, 则 $|f| \in R[a, b]$.

4. 设 $f \in R[a, b]$, 如果 f 处处大于零, 证明: f 在 $[a, b]$ 上的积分也大于零.

5. 设 $A \subseteq \mathbb{R}$, 考虑 A 的特征函数 $\chi_A : \mathbb{R} \to \mathbb{R}$:

$$\chi_A(x) = \begin{cases} 1, & x \in A, \\ 0, & x \in \mathbb{R} \setminus A. \end{cases}$$

如果 A 为闭的零测集, 证明: χ_A 在任何闭区间上均可积且积分等于零.

6. 设 $a, b \in \mathbb{R}$, $a < b$. 证明: 区间 $[a,b]$ 不是零测集.

7. 设 $f, g \in R[a,b]$, 如果 f 与 g 只在一个零测集上不相等, 证明: 它们的积分相等.

8. 设 $f \in R[a,b]$, g 为有界函数且与 f 只在一个闭的零测集上不相等, 证明: $g \in R[a,b]$.

9. 有理数的全体记为 $\{r_n\}_{n=1}^{\infty}$. 令

$$U = \bigcup_{n=1}^{\infty} \left(r_n - 2^{-n}, \ r_n + 2^{-n} \right),$$

问: $\mathbb{R} \setminus U$ 是否为零测集? 请说明理由.

9.3　微积分基本定理

从历史上来看, 积分概念的形成先于微分概念, 但积分的通用计算方法却直到 17 世纪中叶才由 Newton 和 Leibniz 所发现.

定理 9.3.1 (Newton-Leibniz 公式)　设 F 在 $[a,b]$ 上可导且 $f = F' \in R[a,b]$, 则

$$\int_a^b f(x)\,\mathrm{d}x = F(b) - F(a). \tag{9.3.1}$$

证明　设 n 为正整数, 将 $[a,b]$ 作 n 等分, 分点记为 $\{x_i\}_{i=0}^n$. 当 $i = 1, 2, \cdots, n$ 时, 由 Lagrange 微分中值定理可知, 存在 $\xi_i \in [x_{i-1}, x_i]$, 使得

$$F(x_i) - F(x_{i-1}) = F'(\xi_i)(x_i - x_{i-1}) = f(\xi_i)\Delta x_i.$$

此时有

$$\sum_{i=1}^n f(\xi_i)\Delta x_i = \sum_{i=1}^n \left(F(x_i) - F(x_{i-1}) \right) = F(x_n) - F(x_0) = F(b) - F(a).$$

令 $n \to \infty$, 由 $f \in R[a,b]$ 即得 (9.3.1) 式. $\qquad\square$

注 9.3.1　只要 F 连续, 至多在有限个点处不可导, 且 $F' \in R[a,b]$, 则定理结论仍成立. 这只要将 $[a,b]$ 分成有限个小区间, 然后在每一个小区间中运用 Newton-Leibniz 公式即可.

推论 9.3.2　设 $F \in C^1[a,b]$, 则

$$\int_a^b F'(x)\,\mathrm{d}x = F(b) - F(a). \tag{9.3.2}$$

证明　当 $F \in C^1[a,b]$ 时 $F' \in C[a,b]$, 因此 $F' \in R[a,b]$, 由上述定理即得欲证结论.　□

注 9.3.2　我们经常用记号 $F\big|_a^b$ 表示 $F(b) - F(a)$.

有了 Newton-Leibniz 公式, 要计算某个函数的积分, 只要能求出该函数的原函数即可. 为了研究原函数的存在性, 我们先来介绍积分的几个基本性质.

为了方便起见, 我们约定

$$\text{当 } a = b \text{ 时,} \int_a^b f(x)\,\mathrm{d}x = 0; \quad \text{当 } a < b \text{ 时,} \int_b^a f(x)\,\mathrm{d}x = -\int_a^b f(x)\,\mathrm{d}x.$$

定理 9.3.3　(1) 设 $f, g \in R[a,b]$, $\lambda, \mu \in \mathbb{R}$, 则

$$\int_a^b (\lambda f + \mu g)\,\mathrm{d}x = \lambda \int_a^b f(x)\,\mathrm{d}x + \mu \int_a^b g(x)\,\mathrm{d}x.$$

(2) 设 $f \in R[a,b]$, $c \in (a,b)$, 则

$$\int_a^b f(x)\,\mathrm{d}x = \int_a^c f(x)\,\mathrm{d}x + \int_c^b f(x)\,\mathrm{d}x.$$

证明　(1) 任给 $\varepsilon > 0$, 由 f, g 可积知, 存在 $\delta > 0$, 当 $[a,b]$ 的分割 P 满足 $\|\mathrm{P}\| < \delta$ 时,

$$\left|\sum_{i=1}^n f(\xi_i)\Delta x_i - \int_a^b f(x)\,\mathrm{d}x\right| < \varepsilon, \quad \left|\sum_{i=1}^n g(\xi_i)\Delta x_i - \int_a^b g(x)\,\mathrm{d}x\right| < \varepsilon.$$

记

$$h = \lambda f + \mu g, \quad I = \lambda \int_a^b f(x)\,\mathrm{d}x + \mu \int_a^b g(x)\,\mathrm{d}x,$$

由前式可得

$$\left|\sum_{i=1}^n h(\xi_i)\Delta x_i - I\right| < (|\lambda| + |\mu|)\varepsilon,$$

这说明 h 可积, 且积分等于 I.

(2) 由推论 9.1.6 可知 f 在 $[a,c]$ 和 $[c,b]$ 上均可积. 设 P_1, P_2 分别是 $[a,c]$ 和 $[c,b]$ 的分割, 当 $\|P_1\| \to 0$, $\|P_2\| \to 0$ 时, $P = P_1 \cup P_2$ 也满足条件 $\|P\| \to 0$. 于是

$$\int_a^b f(x)\,\mathrm{d}x = \lim_{\substack{\|P_1\|\to 0 \\ \|P_2\|\to 0}} \sum_{P_1\cup P_2} f(\xi_i)\Delta x_i$$

$$= \lim_{\|P_1\|\to 0}\sum_{P_1} f(\xi_i)\Delta x_i + \lim_{\|P_2\|\to 0}\sum_{P_2} f(\xi_i)\Delta x_i$$

$$= \int_a^c f(x)\,\mathrm{d}x + \int_c^b f(x)\,\mathrm{d}x. \qquad \square$$

注 9.3.3 根据之前的约定, 如果 a,b,c 属于 f 的某个可积区间, 则不论它们的相对位置如何, (2) 中等式仍成立, 这称为积分关于区间的可加性.

定理 9.3.4 (1) 设 f 为 $[a,b]$ 上的非负可积函数, 则其积分非负.
(2) 设 $f,g \in R[a,b]$, 且 $f(x) \geqslant g(x)$, 则

$$\int_a^b f(x)\,\mathrm{d}x \geqslant \int_a^b g(x)\,\mathrm{d}x.$$

(3) 设 $f \in R[a,b]$, 则

$$\left|\int_a^b f(x)\,\mathrm{d}x\right| \leqslant \int_a^b |f(x)|\,\mathrm{d}x.$$

证明 (1) 如果 f 非负可积, 则其积分和总是非负的, 从而积分非负.
(2) 由定理 9.3.3 可知 $f - g \in R[a,b]$, 由 (1) 可知

$$0 \leqslant \int_a^b (f-g)\,\mathrm{d}x = \int_a^b f(x)\,\mathrm{d}x - \int_a^b g(x)\,\mathrm{d}x.$$

(3) 由命题 9.1.7 可知 $|f| \in R[a,b]$. 任给 $[a,b]$ 的分割 P, 均有

$$\left|\sum_P f(\xi_i)\Delta x_i\right| \leqslant \sum_P |f(\xi_i)|\Delta x_i,$$

令 $\|P\| \to 0$ 即得欲证结论. $\qquad \square$

设 $f \in R[a,b]$, 我们想要寻找 f 的原函数. 受 Newton-Leibniz 公式的启发, 考虑所谓变限积分

$$F(x) = \int_a^x f(t)\,\mathrm{d}t, \quad x \in [a,b]. \qquad (9.3.3)$$

设 $|f| \leqslant M$, 当 $x,y \in [a,b]$ 时, 由积分的上述性质可得

$$|F(x) - F(y)| = \left|\int_y^x f(t)\,\mathrm{d}t\right| \leqslant M|x-y|,$$

这说明 F 为 Lipschitz 函数. 进一步, 我们有

定理 9.3.5   设 $f \in R[a,b]$, F 如 (9.3.3) 式所定义. 如果 f 在 x_0 处连续, 则 F 在 x_0 处可导, 且 $F'(x_0) = f(x_0)$.

证明   由积分的性质可得

$$F(x) - F(x_0) = \int_{x_0}^{x} f(t)\,\mathrm{d}t = f(x_0)(x - x_0) + E(x),$$

其中

$$E(x) = \int_{x_0}^{x} [f(t) - f(x_0)]\,\mathrm{d}t.$$

由 f 在 x_0 处连续可知, 任给 $\varepsilon > 0$, 存在 $\delta > 0$, 当 $|x - x_0| < \delta$ 时 $|f(x) - f(x_0)| < \varepsilon$. 此时, 若 t 介于 x 和 x_0 之间, 则 $|f(t) - f(x_0)| < \varepsilon$. 由积分的绝对值性质可得

$$|E(x)| \leqslant \varepsilon |x - x_0|.$$

这说明 F 在 x_0 处可微 (可导), 且 $F'(x_0) = f(x_0)$. □

下面的重要结果和 Newton-Leibniz 公式一起常称为微积分基本定理:

定理 9.3.6   设 $f \in C[a,b]$, F 如 (9.3.3) 式所定义, 则 F 为 f 的一个原函数.

证明   这是前一定理的直接推论. □

注 9.3.4   可积函数未必有原函数. 例如, 考虑如下阶梯函数:

$$f(x) = -1, \quad x \in [0,1]; \quad f(x) = 1, \quad x \in (1,2].$$

显然, $f \in R[0,2]$. 由关于导数的 Darboux 介值定理可知 f 不存在原函数.

推论 9.3.7   设 $f \in C[a,b]$, $u, v : (c,d) \to [a,b]$ 均为可导函数, 记

$$G(x) = \int_{v(x)}^{u(x)} f(t)\,\mathrm{d}t, \quad x \in [c,d],$$

则 $G'(x) = f(u(x))u'(x) - f(v(x))v'(x)$.

证明   设 F 如 (9.3.3) 式所定义, 则 $G(x) = F(u(x)) - F(v(x))$. 由复合函数求导的链式法则可得

$$G'(x) = F'(u(x))u'(x) - F'(v(x))v'(x) = f(u(x))u'(x) - f(v(x))v'(x). \qquad □$$

例 9.3.1   设 $F(x) = \int_{-x}^{2x} \dfrac{\sin t}{t}\,\mathrm{d}t$, 求 $F'(x)$ 及 $F'(0)$.

解   在 $t = 0$ 处规定 $\dfrac{\sin t}{t}$ 等于 1, 此时 $\dfrac{\sin t}{t}$ 为 $\mathbb{R}$ 上的连续函数. 由上述推论可得

$$F'(x) = \frac{\sin(2x)}{2x}(2x)' - \frac{\sin(-x)}{-x}(-x)' = \frac{1}{x}(\sin x + \sin 2x),$$

特别地, $F'(0) = 3$. □

习题 9.3

1. 设 $f \in R[a,b]$, $F \in C[a,b]$. 如果 F 在 (a,b) 上可导且 $F' = f$, 证明:

$$\int_a^b f(x)\,\mathrm{d}x = F(b) - F(a).$$

2. 举例说明, 当 F 在 $[a,b]$ 上可导时, F' 在 $[a,b]$ 上未必可积.

3. 指出下列计算过程中的错误之处:

$$\int_{-1}^1 \frac{\mathrm{d}x}{1+x^2} = -\arctan\frac{1}{x}\Big|_{-1}^1 = -\frac{\pi}{2}.$$

4. 利用 Newton-Leibniz 公式计算下列积分:

(1) $\displaystyle\int_0^1 x^2\,\mathrm{d}x$; 　　　　　　　　　　　　(2) $\displaystyle\int_a^b \sin x\,\mathrm{d}x$;

(3) $\displaystyle\int_0^\pi \cos^2 x\,\mathrm{d}x$.

5. 利用积分求下列极限:

(1) $\displaystyle\lim_{n\to\infty}\left(\frac{1}{n^2} + \frac{2}{n^2} + \cdots + \frac{n-1}{n^2}\right)$;

(2) $\displaystyle\lim_{n\to\infty}\frac{1}{n}\left(\sin\frac{\pi}{n} + \sin\frac{2\pi}{n} + \cdots + \sin\frac{n-1}{n}\pi\right)$;

(3) $\displaystyle\lim_{n\to\infty}\frac{1}{n^4}\left(1 + 2^3 + \cdots + n^3\right)$.

6. 设 $f \in C[a,b]$ 且 $\displaystyle\int_a^b f^2(x)\,\mathrm{d}x = 0$, 证明: $f \equiv 0$.

7. 设 $f,g \in R[a,b]$, 证明:

$$\left|\int_a^b f(x)g(x)\,\mathrm{d}x\right| \leqslant \left(\int_a^b f^2(x)\,\mathrm{d}x\right)^{\frac{1}{2}}\left(\int_a^b g^2(x)\,\mathrm{d}x\right)^{\frac{1}{2}}.$$

8. 设 $f \in C^1[a,b]$ 且 $f(a) = 0$, 证明:

$$\int_a^b f^2(x)\,\mathrm{d}x \leqslant \frac{(b-a)^2}{2}\int_a^b [f'(x)]^2\,\mathrm{d}x.$$

9. 设 $f \in C^1[a,b]$, 证明:

$$\max_{a\leqslant x\leqslant b}|f(x)| \leqslant \frac{1}{b-a}\left|\int_a^b f(x)\,\mathrm{d}x\right| + \int_a^b |f'(x)|\,\mathrm{d}x.$$

10. 求下列函数的导数:

(1) $\displaystyle F(x) = \int_0^{\cos^2 x} \sqrt{1+t^2}\,\mathrm{d}t$; 　　　　(2) $\displaystyle F(x) = \int_{\sin x}^x \frac{\mathrm{d}t}{\sqrt{1+\sin^2 t}}$;

(3) $\displaystyle F(x) = \int_a^b \sin(x+t)\,\mathrm{d}t$.

11. 求下列极限:

(1) $\displaystyle\lim_{x\to 0}\frac{1}{x^4}\int_0^x \sin^3 t\,\mathrm{d}t$;

(2) $\displaystyle\lim_{x\to 0}\frac{1}{x}\int_0^x \cos t^2\,\mathrm{d}t$;

(3) $\displaystyle\lim_{x\to +\infty}\frac{\mathrm{e}^{-x^2}}{x}\int_0^x t^2\mathrm{e}^{t^2}\,\mathrm{d}t$.

12. 设 $f\in C(0,+\infty)$, 如果

$$\int_0^x f(t)\,\mathrm{d}t = \frac{1}{2}xf(x),\quad \forall\, x>0,$$

证明: 存在常数 c, 使得 $f(x)=cx$.

13. 设 f 为 n 次实系数多项式, 证明:

$$\int_a^b |f'(x)|\,\mathrm{d}x \leqslant 2n\max_{a\leqslant x\leqslant b}|f(x)|.$$

14. 设 f 是 $[a,b]$ 上的凸函数, 证明: $f\in R[a,b]$ 且

$$(b-a)f\Big(\frac{a+b}{2}\Big) \leqslant \int_a^b f(x)\,\mathrm{d}x \leqslant (b-a)\frac{f(a)+f(b)}{2}.$$

9.4　积分的计算

微积分基本定理将微分和积分统一在一个公式中, 是计算积分的有力工具. 下面我们来讨论微积分基本定理的变化形式, 由此得到计算积分的两个基本方法: 换元法和分部积分法.

定理 9.4.1 (换元法) 设 f 在区间 I 上连续, φ 在 $[\alpha,\beta]$ 上可导且 $\varphi'\in R[\alpha,\beta]$. 若 $\varphi([\alpha,\beta])\subseteq I$, 则

$$\int_{\varphi(\alpha)}^{\varphi(\beta)} f(x)\,\mathrm{d}x = \int_\alpha^\beta f(\varphi(t))\varphi'(t)\,\mathrm{d}t.$$

证明 取 $a\in I$, 设 F 由 (9.3.3) 式所定义. 由定理 9.3.6 可知 $F'=f$, 故

$$\frac{\mathrm{d}}{\mathrm{d}t}F(\varphi(t)) = F'(\varphi(t))\varphi'(t) = f(\varphi(t))\varphi'(t).$$

由 Newton-Leibniz 公式可得

$$\int_\alpha^\beta f(\varphi(t))\varphi'(t)\,\mathrm{d}t = F(\varphi(\beta)) - F(\varphi(\alpha)) = \int_{\varphi(\alpha)}^{\varphi(\beta)} f(x)\,\mathrm{d}x. \qquad \square$$

例 9.4.1 设 f 是周期函数, T 为其周期. 如果 $f\in R[0,T]$, 证明: 任给 $a\in\mathbb{R}$, 均有

$$\int_a^{a+T} f(x)\,\mathrm{d}x = \int_0^T f(x)\,\mathrm{d}x.$$

证明 由题设可知 f 在每一个闭区间上都是可积的. 由积分关于区间的可加性质可得

$$\int_a^{a+T} f(x)\,\mathrm{d}x = \int_a^0 f(x)\,\mathrm{d}x + \int_0^T f(x)\,\mathrm{d}x + \int_T^{a+T} f(x)\,\mathrm{d}x.$$

利用变换 $x = t + T$, 上式右边第三个积分成为

$$\int_0^a f(t+T)\,\mathrm{d}t = \int_0^a f(t)\,\mathrm{d}t,$$

代入前式就得到了等式的证明. □

例 9.4.2 计算积分 $\displaystyle\int_0^1 \frac{\sqrt{x}}{1+x}\,\mathrm{d}x$.

解 令 $x = t^2$, $t \in [0,1]$, 则

$$\int_0^1 \frac{\sqrt{x}}{1+x}\,\mathrm{d}x = 2\int_0^1 \frac{t^2}{1+t^2}\,\mathrm{d}t = 2 - 2\int_0^1 \frac{\mathrm{d}t}{1+t^2}$$

$$= 2 - 2(\arctan t)\big|_0^1 = 2 - \pi/2.$$ □

例 9.4.3 计算积分 $\displaystyle\int_0^1 \sqrt{1-x^2}\,\mathrm{d}x$.

解 令 $x = \cos t$, $t \in \left[0, \frac{\pi}{2}\right]$, 则

$$\int_0^1 \sqrt{1-x^2}\,\mathrm{d}x = \int_{\frac{\pi}{2}}^0 \sqrt{1-\cos^2 t}(\cos t)'\,\mathrm{d}t$$

$$= \int_0^{\frac{\pi}{2}} \sin^2 t\,\mathrm{d}t = \int_0^{\frac{\pi}{2}} \frac{1}{2}\left(1 - \cos(2t)\right)\,\mathrm{d}t$$

$$= \frac{1}{2}\left(x - \frac{1}{2}\sin(2x)\right)\bigg|_0^{\frac{\pi}{2}} = \frac{\pi}{4}.$$ □

注 9.4.1 我们计算出来的是单位圆盘在平面第一象限中的面积, 因此整个单位圆盘的面积等于 π.

定理 9.4.2 (分部积分) 设 u, v 为 $[a,b]$ 上的可导函数且 $u', v' \in R[a,b]$, 则

$$\int_a^b u(x)v'(x)\,\mathrm{d}x = uv\big|_a^b - \int_a^b u'(x)v(x)\,\mathrm{d}x.$$

证明 由题设可知, uv' 和 $u'v$ 均为可积函数. 由 $(uv)' = u'v + uv'$ 和 Newton-Leibniz 公式可得

$$uv\big|_a^b = \int_a^b (uv)'(x)\,\mathrm{d}x = \int_a^b u(x)v'(x)\,\mathrm{d}x + \int_a^b u'(x)v(x)\,\mathrm{d}x,$$

移项即得欲证等式. □

例 9.4.4   计算积分 $\displaystyle\int_0^\pi x^2 \cos x \,\mathrm{d}x$.

解   利用分部积分可得

$$\int_0^\pi x^2 \cos x \,\mathrm{d}x = \int_0^\pi x^2 (\sin x)' \,\mathrm{d}x = x^2 \sin x\big|_0^\pi - \int_0^\pi (x^2)' \sin x \,\mathrm{d}x$$

$$= \int_0^\pi 2x(\cos x)' \,\mathrm{d}x = 2x \cos x\big|_0^\pi - \int_0^\pi 2 \cos x \,\mathrm{d}x$$

$$= -2\pi - 2 \sin x\big|_0^\pi = -2\pi. \qquad\qquad \square$$

注意这个例子中通过转移导数降低 x 的幂次, 最后消去 x 的幂次. 有时可以暂时升高 x 的幂次再通过分部积分进行化简.

例 9.4.5   计算积分 $\displaystyle\int_1^3 x^2 \ln x \,\mathrm{d}x$.

解   利用分部积分可得

$$\int_1^3 x^2 \ln x \,\mathrm{d}x = \int_1^3 \left(\frac{1}{3}x^3\right)' \ln x \,\mathrm{d}x$$

$$= \left(\frac{1}{3}x^3\right) \ln x\Big|_1^3 - \int_1^3 \left(\frac{1}{3}x^3\right)(\ln x)' \,\mathrm{d}x$$

$$= 9\ln 3 - \int_1^3 \frac{1}{3}x^2 \,\mathrm{d}x = 9\ln 3 - \frac{1}{9}x^3\Big|_1^3$$

$$= 9\ln 3 - \frac{26}{9}. \qquad\qquad \square$$

例 9.4.6   当 m 为非负整数时, 计算积分

$$I_m = \int_0^{\frac{\pi}{2}} \sin^m x \,\mathrm{d}x, \quad J_m = \int_0^{\frac{\pi}{2}} \cos^m x \,\mathrm{d}x.$$

解   利用变换 $x = \dfrac{\pi}{2} - t$ 易见 $J_m = I_m$. 我们用递推的方法来计算 I_m. 显然, $I_0 = \dfrac{\pi}{2}$, $I_1 = 1$. 当 $m \geqslant 2$ 时, 利用分部积分可得

$$I_m = \int_0^{\frac{\pi}{2}} \sin^m x \,\mathrm{d}x = \int_0^{\frac{\pi}{2}} (\sin^{m-1} x)(-\cos x)' \,\mathrm{d}x$$

$$= (\sin^{m-1} x)(-\cos x)\Big|_0^{\frac{\pi}{2}} + \int_0^{\frac{\pi}{2}} (m-1)\sin^{m-2} x \cos^2 x \,\mathrm{d}x$$

$$= (m-1)\int_0^{\frac{\pi}{2}} \sin^{m-2} x\,(1 - \sin^2 x) \,\mathrm{d}x$$

$$= (m-1)I_{m-2} - (m-1)I_m,$$

这就得到了递推公式 $I_m = \dfrac{m-1}{m} I_{m-2}$, 从而有

$$I_{2n} = \frac{2n-1}{2n} I_{2n-2} = \frac{2n-1}{2n}\frac{2n-3}{2n-2} I_{2n-4} = \cdots = \frac{(2n-1)!!}{(2n)!!}\frac{\pi}{2}. \qquad (9.4.1)$$

同理可得

$$I_{2n+1} = \frac{(2n)!!}{(2n+1)!!}. \qquad \square$$

注意到当 $0 < x < \dfrac{\pi}{2}$ 时, $\sin^{2n+1} x < \sin^{2n} x < \sin^{2n-1} x$, 由积分的性质可得

$$I_{2n+1} < I_{2n} < I_{2n-1},$$

即

$$\frac{(2n)!!}{(2n+1)!!} < \frac{(2n-1)!!}{(2n)!!}\frac{\pi}{2} < \frac{(2n-2)!!}{(2n-1)!!}.$$

整理以后可得

$$\frac{n\pi}{2n+1} < \frac{1}{2n+1}\left(\frac{(2n)!!}{(2n-1)!!}\right)^2 < \frac{\pi}{2}, \qquad (9.4.2)$$

由数列极限的夹逼准则可得

$$\lim_{n\to\infty} \frac{1}{2n+1}\left(\frac{(2n)!!}{(2n-1)!!}\right)^2 = \frac{\pi}{2}. \qquad (9.4.3)$$

上式称为 Wallis 公式.

分部积分还可以用来研究 Taylor 公式的余项. 设 f 为区间 I 上的 C^2 函数, 当 $x, x_0 \in I$ 时, 由分部积分可得

$$\begin{aligned}
f(x) - f(x_0) &= \int_{x_0}^x f'(t)\,\mathrm{d}t = \int_{x_0}^x f'(t)(t-x)'\,\mathrm{d}t \\
&= f'(t)(t-x)\big|_{x_0}^x - \int_{x_0}^x f''(t)(t-x)\,\mathrm{d}t \\
&= f'(x_0)(x-x_0) + \int_{x_0}^x f''(t)(x-t)\,\mathrm{d}t.
\end{aligned}$$

若 f 为 C^3 函数, 则还可以继续做分部积分. 一般地, 我们有

定理 9.4.3 设 f 为区间 I 上的 C^{n+1} 函数, $x, x_0 \in I$, 则

$$f(x) = \sum_{k=0}^n \frac{f^{(k)}(x_0)}{k!}(x-x_0)^k + R_n(x),$$

其中

$$R_n(x) = \frac{1}{n!}\int_{x_0}^x (x-t)^n f^{(n+1)}(t)\,\mathrm{d}t. \qquad (9.4.4)$$

证明 我们对 n 使用数学归纳法. $n=0$ 的情形就是微积分基本定理. $n=1$ 的情

形上面已经讨论过. 设 $n = m - 1$ 时结论成立, 则 $n = m$ 时, 利用分部积分可得

$$R_{m-1}(x) = \int_{x_0}^x \Big(\frac{-1}{m!}(x-t)^m\Big)' f^{(m)}(t)\,\mathrm{d}t$$

$$= \Big(\frac{-1}{m!}(x-t)^m\Big)' f^{(m)}(t)\Big|_{x_0}^x + \int_{x_0}^x \frac{1}{m!}(x-t)^m f^{(m+1)}(t)\,\mathrm{d}t$$

$$= \frac{f^{(m)}(x_0)}{m!}(x-x_0)^m + R_m(x),$$

这说明 $n = m$ 时结论也成立.   □

习题 9.4

1. 计算下列积分:

(1) $\displaystyle\int_0^1 \frac{x}{(1+x)^3}\,\mathrm{d}x$;

(2) $\displaystyle\int_0^1 \ln(1+\sqrt{x})\,\mathrm{d}x$;

(3) $\displaystyle\int_0^1 \sqrt{\frac{1-x}{1+x}}\,\mathrm{d}x$;

(4) $\displaystyle\int_0^1 \arctan\sqrt{\frac{1-x}{1+x}}\,\mathrm{d}x$;

(5) $\displaystyle\int_0^1 x\sqrt{1-x}\,\mathrm{d}x$;

(6) $\displaystyle\int_1 x^2\sqrt{1-x^2}\,\mathrm{d}x$.

2. 计算下列积分:

(1) $\displaystyle\int_0^1 \ln\big(x+\sqrt{1+x^2}\big)\,\mathrm{d}x$;

(2) $\displaystyle\int_0^1 x(\arctan x)^2\,\mathrm{d}x$;

(3) $\displaystyle\int_0^\pi x^2\sin(3x)\,\mathrm{d}x$;

(4) $\displaystyle\int_0^\pi \mathrm{e}^x\cos(2x)\,\mathrm{d}x$;

(5) $\displaystyle\int_0^\pi \sin^3 x\,\mathrm{d}x$;

(6) $\displaystyle\int_{-\pi}^\pi x^2\cos x\,\mathrm{d}x$;

(7) $\displaystyle\int_0^1 x^2\big(1-x^3\big)^5\,\mathrm{d}x$;

(8) $\displaystyle\int_0^1 (1-x)^2 x^3\,\mathrm{d}x$;

(9) $\displaystyle\int_0^1 \frac{\mathrm{d}x}{\big(2-x^2\big)^2}$;

(10) $\displaystyle\int_0^1 \frac{\sqrt{1+x^2}}{x^2}\,\mathrm{d}x$.

3. 设 $0 < r < 1$, 证明:

$$\int_0^{2\pi} \frac{1-r^2}{1-2r\cos x + r^2}\,\mathrm{d}x = 2\pi.$$

4. 设 n 为正整数, 证明:

$$\int_0^1 \frac{\mathrm{d}x}{(1+x^n)\sqrt[n]{1+x^n}} = \frac{1}{\sqrt[n]{2}}.$$

5. 设 m, n 为非零整数, 证明:

(1) $\displaystyle\int_{-\pi}^\pi \sin^2 mx\,\mathrm{d}x = \int_{-\pi}^\pi \cos^2 mx\,\mathrm{d}x = \pi$;

(2) $\displaystyle\int_{-\pi}^{\pi} \sin mx \sin nx \, \mathrm{d}x = \int_{-\pi}^{\pi} \cos mx \cos nx \, \mathrm{d}x = 0 \quad (m \neq \pm n)$;

(3) $\displaystyle\int_{-\pi}^{\pi} \sin mx \cos nx \, \mathrm{d}x = 0$.

6. 求下列积分的递推公式 (m, n 为非负整数):

(1) $\displaystyle\int_0^1 \frac{x^n}{1+x} \, \mathrm{d}x$;

(2) $\displaystyle\int_0^1 \frac{x^n}{1+x^2} \, \mathrm{d}x$;

(3) $\displaystyle\int_0^1 (1-x^2)^n \, \mathrm{d}x$;

(4) $\displaystyle\int_0^{\frac{\pi}{2}} \cos^n x \sin nx \, \mathrm{d}x$;

(5) $\displaystyle\int_0^{\frac{\pi}{2}} \cos^n x \cos nx \, \mathrm{d}x$;

(6) $\displaystyle\int_0^{\frac{\pi}{2}} \cos^m x \sin^n x \, \mathrm{d}x$;

(7) $\displaystyle\int_0^{\frac{\pi}{4}} \tan^n x \, \mathrm{d}x$;

(8) $\displaystyle\int_0^{\frac{\pi}{2}} \frac{\sin nx}{\sin x} \, \mathrm{d}x$;

(9) $\displaystyle\int_0^{\frac{\pi}{2}} \frac{\sin^2 nx}{\sin^2 x} \, \mathrm{d}x$.

7. 设 $f \in C[0,1]$, 证明:

$$\int_0^{\pi} x f(\sin x) \, \mathrm{d}x = \frac{\pi}{2} \int_0^{\pi} f(\sin x) \, \mathrm{d}x,$$

并利用上式计算积分 $\displaystyle\int_0^{\pi} \frac{x \sin x}{1 + \cos^2 x} \, \mathrm{d}x$.

8. 设 f 在 $(0, +\infty)$ 上单调递增, 记

$$F(x) = \frac{1}{x} \int_0^x f(t) \, \mathrm{d}t, \quad \forall \, x > 0,$$

证明: F 在 $(0, +\infty)$ 上单调递增.

9. 设 f 是周期为 T 且在 $[0, T]$ 上可积的函数, 证明:

$$\lim_{\lambda \to +\infty} \frac{1}{\lambda} \int_0^{\lambda} f(x) \, \mathrm{d}x = \frac{1}{T} \int_0^T f(x) \, \mathrm{d}x.$$

10. 设 $f \in C^2[a, b]$, 证明:

$$\int_a^b f(x) \, \mathrm{d}x = \frac{1}{2} \left(f(a) + f(b) \right) (b - a) + \frac{1}{2} \int_a^b (x - a)(x - b) f''(x) \, \mathrm{d}x.$$

11. 设 $f \in C[0, 1]$, 证明:

$$\lim_{n \to +\infty} n \int_0^1 x^n f(x) \, \mathrm{d}x = f(1).$$

12. 设 $f \in R[0, 1]$, 证明:

$$\lim_{n \to +\infty} \int_0^1 \sqrt[n]{x} \, f(x) \, \mathrm{d}x = \int_0^1 f(x) \, \mathrm{d}x.$$

13. 证明:

$$\int_0^1 \frac{\mathrm{d}x}{1+x^n} = 1 - \frac{\ln 2}{n} + o\left(\frac{1}{n}\right) \quad (n \to +\infty).$$

14. 设 $f \in C[-1,1]$, 证明:

$$\lim_{h \to 0^+} \int_{-1}^1 \frac{hf(x)}{h^2+x^2}\,\mathrm{d}x = \pi f(0).$$

9.5   积分的进一步性质

Newton-Leibniz 公式虽然给出了计算积分的通用方法, 但由于不易获得原函数的解析表达式, 多数情况下只能对积分进行近似计算, 或利用积分中值定理对积分做粗略估计.

> **定理 9.5.1 (积分第一中值定理)**   设 $f, g \in R[a,b]$, 且 g 不变号, 则

$$\int_a^b f(x)g(x)\,\mathrm{d}x = \mu \int_a^b g(x)\,\mathrm{d}x,$$

其中 μ 介于 f 的上下确界之间. 特别地, 当 f 连续时, 存在 $\xi \in [a,b]$, 使得 $\mu = f(\xi)$.

证明   不失一般性, 可设 $g \geqslant 0$, 此时 g 在 $[a,b]$ 上的积分大于或等于零. 分别记 f 的上下确界为 M, m, 则 $mg \leqslant fg \leqslant Mg$. 由定理 9.3.4 可知

$$m \int_a^b g(x)\,\mathrm{d}x \leqslant \int_a^b f(x)g(x)\,\mathrm{d}x \leqslant M \int_a^b g(x)\,\mathrm{d}x.$$

上式说明, 若 g 在 $[a,b]$ 上的积分为零, 则 fg 在 $[a,b]$ 上的积分也为零, 此时欲证结论当然成立. 下设 g 在 $[a,b]$ 上的积分大于零, 令

$$\mu = \left(\int_a^b g(x)\,\mathrm{d}x\right)^{-1} \int_a^b f(x)g(x)\,\mathrm{d}x,$$

则 $m \leqslant \mu \leqslant M$. □

> **注 9.5.1**   中值定理又称中值公式或平均值公式. 当 $g \equiv 1$ 时, 有
>
> $$\int_a^b f(x)\,\mathrm{d}x = \mu(b-a),$$
>
> 其中 $m \leqslant \mu \leqslant M$.

为了估计积分, 我们往往先用一些较为简单的函数去逼近被积函数.

命题 9.5.2(阶梯逼近) 设 $f \in R[a,b]$, 则存在两列阶梯函数 $\{\varphi_n\}, \{\psi_n\}$, 使得

$$\varphi_n \leqslant f \leqslant \psi_n, \quad \int_a^b (\psi_n(x) - \varphi_n(x)) \, \mathrm{d}x < \frac{1}{n}, \tag{9.5.1}$$

且每一个 φ_n, ψ_n 均介于 f 的上下确界之间. 此外, 任给 $g \in R[a,b]$, 均有

$$\lim_{n\to+\infty} \int_a^b \varphi_n(x)g(x) \, \mathrm{d}x = \lim_{n\to+\infty} \int_a^b \psi_n(x)g(x) \, \mathrm{d}x = \int_a^b f(x)g(x) \, \mathrm{d}x. \tag{9.5.2}$$

证明 由题设可知, 任给 $n \geqslant 1$, 存在 $[a,b]$ 的分割

$$\mathrm{P}: \ a = x_0 < x_1 < x_2 < \cdots < x_m = b,$$

使得 $\sum_{i=1}^m (M_i - m_i)\Delta x_i < \frac{1}{n}$, 其中 M_i, m_i 分别是 f 在 $[x_{i-1}, x_i]$ 上的上确界和下确界.
在 $[a,b]$ 中定义阶梯函数 φ_n, ψ_n 如下: 当 $x \in [x_{i-1}, x_i)$ 时 $\varphi_n(x) = m_i, \psi_n(x) = M_i$; 规定 $\varphi_n(b) = m_m, \psi_n(b) = M_m$. 显然, φ_n, ψ_n 均介于 f 的上下确界之间, 且满足 (9.5.1) 式.

当 $g \in R[a,b]$ 时, 可设 $|g| \leqslant M$. 此时

$$|\varphi_n g - fg| \leqslant M(\psi_n - \varphi_n), \quad |\psi_n g - fg| \leqslant M(\psi_n - \varphi_n),$$

这说明 (9.5.2) 式成立. □

我们也可以用连续函数去逼近可积函数. 定义在 $[a,b]$ 中的函数称为是分段线性的, 是指存在 $[a,b]$ 的一个分割, 使得该函数在每一个小区间中都是一次函数.

命题 9.5.3(分段线性逼近) 设 $f \in R[a,b]$, 则存在一列连续的分段线性函数 $\{f_n\}$, 使得 $f_n(a) = f(a), f_n(b) = f(b)$, 每一个 f_n 均介于 f 的上下确界之间, 且

$$\lim_{n\to+\infty} \int_a^b |f_n(x) - f(x)| \, \mathrm{d}x = 0, \tag{9.5.3}$$

此外, 任给 $g \in R[a,b]$, 均有

$$\lim_{n\to+\infty} \int_a^b f_n(x)g(x) \, \mathrm{d}x = \int_a^b f(x)g(x) \, \mathrm{d}x. \tag{9.5.4}$$

证明 由题设, 任给 $n \geqslant 1$, 存在 $[a,b]$ 的分割 $\mathrm{P}: a = x_0 < x_1 < x_2 < \cdots < x_m = b$, 使得

$$\sum_{i=1}^m \omega_i(f)\Delta x_i < \frac{1}{n}.$$

在 $[a,b]$ 中定义分段线性函数 f_n, 使得

$$f_n(x) = \frac{x_i - x}{\Delta x_i} f(x_{i-1}) + \frac{x - x_{i-1}}{\Delta x_i} f(x_i), \ \forall x \in [x_{i-1}, x_i], \ i = 1,2,\cdots,m.$$

显然, f_n 连续, 且 f_n 在 a, b 处的值与 f 相同, 在其余地方的值介于 f 的上下确界之间. 当 $x \in [x_{i-1}, x_i]$ 时, 还有

$$|f_n(x) - f(x)| = |(x_i - x)(f(x_{i-1}) - f(x)) + (x - x_{i-1})(f(x_i) - f(x))|/\Delta x_i$$

$$\leqslant ((x_i - x)\omega_i(f) + (x - x_{i-1})\omega_i(f))/\Delta x_i = \omega_i(f).$$

剩下的证明与上一命题类似, 略. □

下面我们来考虑几个应用.

例 9.5.1　设 $f \in R[a, b]$, 证明:

$$\int_a^b |f(x)|\,\mathrm{d}x = \sup\left\{ \int_a^b f(x)\varphi(x)\,\mathrm{d}x \,\middle|\, \varphi \in R[a, b], \ |\varphi| \leqslant 1 \right\}. \tag{9.5.5}$$

证明　(9.5.5) 式右端记为 α, 由

$$\int_a^b f(x)\varphi(x)\,\mathrm{d}x \leqslant \int_a^b |f(x)|\,\mathrm{d}x$$

可知 $\alpha \leqslant \int_a^b |f(x)|\,\mathrm{d}x$. 反之, 任给 $\varepsilon > 0$, 存在阶梯函数 g, 使得

$$\int_a^b |f(x)|\,\mathrm{d}x \leqslant \int_a^b |g(x)|\,\mathrm{d}x + \int_a^b |f(x) - g(x)|\,\mathrm{d}x < \int_a^b |g(x)|\,\mathrm{d}x + \varepsilon.$$

由 g 为阶梯函数可知, 存在取值为 ± 1 的阶梯函数 φ, 使得

$$\int_a^b g(x)\varphi(x)\,\mathrm{d}x = \int_a^b |g(x)|\,\mathrm{d}x > \int_a^b |f(x)|\,\mathrm{d}x - \varepsilon.$$

此时有

$$\alpha \geqslant \int_a^b f(x)\varphi(x)\,\mathrm{d}x = \int_a^b (f(x) - g(x))\varphi(x)\,\mathrm{d}x + \int_a^b g(x)\varphi(x)\,\mathrm{d}x$$

$$\geqslant -\int_a^b |f(x) - g(x)|\,\mathrm{d}x + \int_a^b |f(x)|\,\mathrm{d}x - \varepsilon$$

$$> \int_a^b |f(x)|\,\mathrm{d}x - 2\varepsilon,$$

由 ε 的任意性即得欲证结论. □

例 9.5.2 (Riemann-Lebesgue 引理)　设 $f \in R[a, b]$, 则

$$\lim_{\lambda \to +\infty} \int_a^b f(x)\sin\lambda x\,\mathrm{d}x = 0, \quad \lim_{\lambda \to +\infty} \int_a^b f(x)\cos\lambda x\,\mathrm{d}x = 0. \tag{9.5.6}$$

证明 任给 $\varepsilon > 0$, 取阶梯函数 g, 使得

$$\int_a^b |f(x) - g(x)| \, \mathrm{d}x < \frac{1}{2}\varepsilon.$$

此时

$$\left| \int_a^b f(x) \sin \lambda x \, \mathrm{d}x - \int_a^b g(x) \sin \lambda x \, \mathrm{d}x \right| \leqslant \int_a^b |f(x) - g(x)| \, \mathrm{d}x < \frac{1}{2}\varepsilon. \tag{9.5.7}$$

设阶梯函数 g 在 (x_{i-1}, x_i) 中取值为 c_i $(1 \leqslant i \leqslant m)$, 则

$$\int_a^b g(x) \sin \lambda x \, \mathrm{d}x = \sum_{i=1}^m \int_{x_{i-1}}^{x_i} c_i \sin \lambda x \, \mathrm{d}x = \sum_{i=1}^m (\cos(\lambda x_{i-1}) - \cos(\lambda x_i)) c_i / \lambda.$$

记 $M = \max\{|c_i| \mid 1 \leqslant i \leqslant m\}$, 上式表明

$$\left| \int_a^b g(x) \sin \lambda x \, \mathrm{d}x \right| \leqslant 2mM/\lambda. \tag{9.5.8}$$

当 $\lambda > 4mM\varepsilon^{-1}$ 时, 就有

$$\left| \int_a^b f(x) \sin \lambda x \, \mathrm{d}x \right| \leqslant \frac{1}{2}\varepsilon + 2mM/\lambda < \varepsilon,$$

这说明 (9.5.6) 中第一式成立.

我们也可以用分段线性逼近来做, 以 (9.5.6) 中第二式为例. 任给 $\varepsilon > 0$, 取连续的分段线性函数 h, 使得

$$\int_a^b |f(x) - h(x)| \, \mathrm{d}x < \frac{1}{2}\varepsilon.$$

此时

$$\left| \int_a^b f(x) \cos \lambda x \, \mathrm{d}x - \int_a^b h(x) \cos \lambda x \, \mathrm{d}x \right| \leqslant \int_a^b |f(x) - h(x)| \, \mathrm{d}x < \frac{1}{2}\varepsilon. \tag{9.5.9}$$

利用分部积分可得

$$\int_a^b h(x) \cos \lambda x \, \mathrm{d}x = h(x) \frac{\sin \lambda x}{\lambda} \Big|_a^b - \int_a^b h'(x) \frac{\sin \lambda x}{\lambda} \, \mathrm{d}x,$$

当 λ 充分大时, 上式右端的绝对值小于 $\frac{1}{2}\varepsilon$. 剩下的证明与前一段相同, 不再重复. □

其次, 利用分段线性逼近还可以将分部积分公式做一点推广.

定理 9.5.4 (分部积分之二)   设 $f, g \in R[a, b]$, $C_1, C_2 \in \mathbb{R}$. 当 $x \in [a, b]$ 时, 记

$$F(x) = \int_a^x f(t) \, \mathrm{d}t + C_1, \quad G(x) = \int_a^x g(t) \, \mathrm{d}t + C_2,$$

则有

$$\int_a^b F(x) g(x) \, \mathrm{d}x = FG \Big|_a^b - \int_a^b f(x) G(x) \, \mathrm{d}x.$$

证明   如果 $f, g \in C[a, b]$, 则 $F, G \in C^1[a, b]$, 欲证等式可从之前的分部积分公式直接得到. 一般地, 我们分别取 f, g 的分段线性逼近 $\{f_n\}, \{g_n\}$, 使得

$$\int_a^b |f_n(x) - f(x)| \, \mathrm{d}x < \frac{1}{n}, \quad \int_a^b |g_n(x) - g(x)| \, \mathrm{d}x < \frac{1}{n}.$$

当 $x \in [a, b]$ 时, 记

$$F_n(x) = \int_a^x f_n(t) \, \mathrm{d}t + C_1, \quad G_n(x) = \int_a^x g_n(t) \, \mathrm{d}t + C_2.$$

由 f_n, g_n 连续可得

$$\int_a^b F_n(x) g_n(x) \, \mathrm{d}x = F_n G_n \Big|_a^b - \int_a^b f_n(x) G_n(x) \, \mathrm{d}x. \tag{9.5.10}$$

当 $n \to +\infty$ 时, 我们来研究上式中的各项如何变化. 首先, 不妨设 f, g, f_n, g_n, F_n, G_n 在 $[a, b]$ 上的绝对值均不超过 M. 此时有

$$\begin{aligned}
\left| F_n(x) G_n(x) - F(x) G(x) \right| &\leqslant \left| F_n(x) \left(G_n(x) - G(x) \right) \right| + \left| \left(F_n(x) - F(x) \right) G(x) \right| \\
&\leqslant M \left| \int_a^x \left(g_n(t) - g(t) \right) \, \mathrm{d}t \right| + M \left| \int_a^x \left(f_n(t) - f(t) \right) \, \mathrm{d}t \right| \\
&\leqslant M \int_a^b |g_n(t) - g(t)| \, \mathrm{d}t + M \int_a^b |f_n(t) - f(t)| \, \mathrm{d}t \\
&< 2M/n.
\end{aligned}$$

(9.5.10) 式中其余的项可以类似地做估计. 令 $n \to +\infty$ 就由 (9.5.10) 式得到了欲证等式.   □

利用分部积分还可以得到积分中值定理的另一种表现形式. 先看一个例子.

例 9.5.3   设 $\beta \geqslant 0$, $b > a > 0$, 证明:

$$\left| \int_a^b \mathrm{e}^{-\beta x} \frac{\sin x}{x} \, \mathrm{d}x \right| \leqslant \frac{2}{a}.$$

证明   记 $g(x) = \frac{1}{x} \mathrm{e}^{-\beta x}$, 利用分部积分可得

$$\int_a^b \mathrm{e}^{-\beta x} \frac{\sin x}{x} \, \mathrm{d}x = g(x)(-\cos x) \Big|_a^b + \int_a^b g'(x) \cos x \, \mathrm{d}x.$$

注意到 g 在 $[a, b]$ 上是单调递减函数, $g' \leqslant 0$. 由积分第一中值定理, 存在 $\theta \in [a, b]$, 使得

$$\begin{aligned}
\int_a^b \mathrm{e}^{-\beta x} \frac{\sin x}{x} \, \mathrm{d}x &= g(a) \cos a - g(b) \cos b + \cos \theta \int_a^b g'(x) \, \mathrm{d}x \\
&= g(a) \cos a - g(b) \cos b + \cos \theta \left(g(b) - g(a) \right) \\
&= \left(g(a) - g(b) \right) \left(\cos a - \cos \theta \right) + g(b) \left(\cos a - \cos b \right),
\end{aligned}$$

这说明

$$\left| \int_a^b \mathrm{e}^{-\beta x} \frac{\sin x}{x} \, \mathrm{d}x \right| \leqslant 2\left(g(a) - g(b)\right) + 2g(b) = 2g(a) \leqslant \frac{2}{a}. \qquad \square$$

此例中的方法可以做如下推广.

定理 9.5.5 (Weierstrass) 设 $f \in R[a,b]$, g 为 $[a,b]$ 上的单调函数, 则存在 $\xi \in [a,b]$, 使得

$$\int_a^b f(x)g(x) \, \mathrm{d}x = g(a) \int_a^\xi f(x) \, \mathrm{d}x + g(b) \int_\xi^b f(x) \, \mathrm{d}x. \tag{9.5.11}$$

证明 设 F 由 (9.3.3) 式所定义. 取 g 的连续分段线性逼近 $\{g_n\}$, 由分部积分之二可得

$$\int_a^b f(x)g(x) \, \mathrm{d}x = \lim_{n \to +\infty} \int_a^b f(x)g_n(x) \, \mathrm{d}x$$

$$= \lim_{n \to +\infty} \left(Fg_n \Big|_a^b - \int_a^b F(x)g_n'(x) \, \mathrm{d}x \right)$$

$$= \lim_{n \to +\infty} \left(F(b)g(b) - F(a)g(a) - \int_a^b F(x)g_n'(x) \, \mathrm{d}x \right).$$

根据 g_n 的构造, 当 g 为单调函数时, g_n 也同样是单调函数. 此时, 由积分第一中值定理, 存在 $\xi_n \in [a,b]$, 使得

$$\int_a^b F(x)g_n'(x) \, \mathrm{d}x = F(\xi_n) \int_a^b g_n'(x) \, \mathrm{d}x = F(\xi_n)\left(g_n(b) - g_n(a)\right) = F(\xi_n)(g(b) - g(a)).$$

根据 Bolzano 定理, $\{\xi_n\}$ 存在收敛子列, 不妨设它自身收敛于 $\xi \in [a,b]$, 则

$$\int_a^b f(x)g(x) \, \mathrm{d}x = \lim_{n \to +\infty} \left(F(b)g(b) - F(a)g(a) - F(\xi_n)(g(b) - g(a)) \right)$$

$$= F(b)g(b) - F(a)g(a) - F(\xi)(g(b) - g(a))$$

$$= g(a)(F(\xi) - F(a)) + g(b)(F(b) - F(\xi))$$

$$= g(a) \int_a^\xi f(x) \, \mathrm{d}x + g(b) \int_\xi^b f(x) \, \mathrm{d}x. \qquad \square$$

推论 9.5.6 (Bonnet[①]) 设 $f \in R[a,b]$, g 为非负函数.

(1) 如果 g 在 $[a,b]$ 上单调递减, 则存在 $\zeta \in [a,b]$ 使得

$$\int_a^b f(x)g(x) \, \mathrm{d}x = g(a) \int_a^\zeta f(x) \, \mathrm{d}x. \tag{9.5.12}$$

---

① Bonnet, Pierre Ossian, 1819 年 12 月 22 日—1892 年 6 月 22 日, 法国数学家.

(2) 如果 g 在 $[a,b]$ 上单调递增, 则存在 $\eta \in [a,b]$ 使得

$$\int_a^b f(x)g(x)\,\mathrm{d}x = g(b)\int_\eta^b f(x)\,\mathrm{d}x. \tag{9.5.13}$$

证明 (1) 由题设可知, 若强制规定 g 在 b 处的值为零, 则既不影响 g 的单调性也不影响 fg 的积分, 此时直接应用 Weierstrass 定理即得欲证结论.

(2) 留作练习. □

注 9.5.2 Weierstrass 定理和 Bonnet 定理统称为积分第二中值定理, 在对积分做估计的时候它们颇为有用.

习题 9.5

1. 设 $f \in R[a,b]$, 证明: 存在 $\xi \in [a,b]$, 使得

$$\int_a^\xi f(x)\,\mathrm{d}x = \int_\xi^b f(x)\,\mathrm{d}x.$$

2. 设 $f \in R[a,b]$, 记

$$F(x) = \int_a^x f(t)\,\mathrm{d}t, \quad \forall\, x \in [a,b],$$

证明:

$$\int_a^b F(x)\,\mathrm{d}x = \int_a^b (b-x)f(x)\,\mathrm{d}x.$$

3. 沿用上一题中的记号, 证明:

$$\int_a^b F^2(x)\,\mathrm{d}x = 2\int_a^b (b-x)f(x)F(x)\,\mathrm{d}x.$$

4. 证明:

(1) $\displaystyle\lim_{n\to+\infty}\int_0^{\frac{\pi}{2}} \sin^n x\,\mathrm{d}x = 0$; (2) $\displaystyle\lim_{n\to+\infty}\int_n^{n+p} \frac{\cos x}{x}\,\mathrm{d}x = 0\ (p>0)$.

5. 设 f 为 $[0,2\pi]$ 上的单调递减函数, n 为正整数, 证明:

$$\int_0^{2\pi} f(x)\sin nx\,\mathrm{d}x \geqslant 0.$$

6. 记

$$f(x) = \int_x^{x+1} \sin t^2\,\mathrm{d}t.$$

证明: 当 $x > 0$ 时 $|f(x)| < \dfrac{1}{x}$.

7. 设 $f \in R[c,d]$, $[a,b] \subset (c,d)$, 证明:

$$\lim_{h \to 0} \int_a^b |f(x+h) - f(x)| \, \mathrm{d}x = 0.$$

8. 设 $f \in C[a,b]$, 证明:

$$\lim_{n \to +\infty} \left(\int_a^b |f(x)|^n \, \mathrm{d}x \right)^{\frac{1}{n}} = \max_{a \leqslant x \leqslant b} |f(x)|.$$

9. 设 $f \in R[a,b]$, g 是以 T 为周期的周期函数且 $g \in R[0,T]$, 证明:

$$\lim_{\lambda \to +\infty} \int_a^b f(x)g(\lambda x) \, \mathrm{d}x = \frac{1}{T} \left(\int_a^b f(x) \, \mathrm{d}x \right) \left(\int_0^T g(x) \, \mathrm{d}x \right).$$

10. 设 f 是定义在 $[a,b]$ 上的函数, 证明: $f \in R[a,b]$ 当且仅当任给 $\varepsilon > 0$, 存在 $g,h \in C[a,b]$, 使得 $g \leqslant f \leqslant h$, 且

$$\int_a^b (h(x) - g(x)) \, \mathrm{d}x < \varepsilon.$$

9.6 积分的近似计算

虽然利用 Newton-Leibniz 公式可以很方便地算出很多积分, 但如果被积函数的原函数缺乏显式表达式, 或者被积函数比较复杂, 人们往往使用近似计算方法来估计积分的值.

1. 矩形公式

设 $f \in R[a,b]$. 取 $c \in [a,b]$, 我们可以近似地用矩形的面积 $f(c)(b-a)$ 来估算 f 在 $[a,b]$ 上的积分. 为了估计误差, 设 f 可导, 且 $|f'(x)| \leqslant M_1$, $\forall \, x \in (a,b)$. 由微分中值定理可得

$$\left| \int_a^b f(x) \, \mathrm{d}x - f(c)(b-a) \right| = \left| \int_a^b (f(x) - f(c)) \, \mathrm{d}x \right| = \left| \int_a^b f'(\xi)(x-c) \, \mathrm{d}x \right|$$

$$\leqslant \int_a^b |f'(\xi)| \, |x-c| \, \mathrm{d}x \leqslant M_1 \int_a^b |x-c| \, \mathrm{d}x$$

$$= \frac{1}{2} M_1 \left((c-a)^2 + (b-c)^2 \right).$$

取 $c = \frac{1}{2}(a+b)$ 可得

$$\left| \int_a^b f(x) \, \mathrm{d}x - f\left(\frac{a+b}{2} \right)(b-a) \right| \leqslant \frac{1}{4} M_1 (b-a)^2. \tag{9.6.1}$$

若 f 为一次函数, 则上式左端为零 (即误差为零), 而右端并不能反映出这一点. 为此我们进一步设 f 二阶可导, 且 $|f''(x)| \leqslant M_2, \forall\, x \in (a,b)$. 将 f 在 $\frac{1}{2}(a+b)$ 处做 Taylor 展开可得

$$f(x) = f\Big(\frac{a+b}{2}\Big) + f'\Big(\frac{a+b}{2}\Big)\Big(x - \frac{a+b}{2}\Big) + \frac{1}{2}f''(\xi)\Big(x - \frac{a+b}{2}\Big)^2,$$

两边积分, 得

$$\int_a^b f(x)\,\mathrm{d}x = f\Big(\frac{a+b}{2}\Big)(b-a) + \frac{1}{2}\int_a^b f''(\xi)\Big(x - \frac{a+b}{2}\Big)^2\,\mathrm{d}x,$$

因此有

$$\left|\int_a^b f(x)\,\mathrm{d}x - f\Big(\frac{a+b}{2}\Big)(b-a)\right| \leqslant \frac{1}{2}M_2\int_a^b \Big(x - \frac{a+b}{2}\Big)^2\,\mathrm{d}x = \frac{1}{24}M_2(b-a)^3. \quad (9.6.2)$$

一般地, 我们将区间 $[a,b]$ 作 n 等分, 在每一个小区间上均用矩形面积去逼近积分, 令

$$R_n = \sum_{i=1}^n f\Big(\frac{x_{i-1}+x_i}{2}\Big)\frac{b-a}{n} = \frac{b-a}{n}\sum_{i=1}^n f\Big(a + \frac{2i-1}{2n}(b-a)\Big), \quad (9.6.3)$$

这样就得到了 f 在 $[a,b]$ 上积分的近似值, 称为 f 在 $[a,b]$ 上的矩形公式. 当 f 可导时, 误差估计为

$$\left|\int_a^b f(x)\,\mathrm{d}x - R_n\right| \leqslant \sum_{i=1}^n \frac{1}{4}M_1\Big(\frac{b-a}{n}\Big)^2 = \frac{M_1}{4n}(b-a)^2; \quad (9.6.4)$$

当 f 二阶可导时, 误差估计为

$$\left|\int_a^b f(x)\,\mathrm{d}x - R_n\right| \leqslant \sum_{i=1}^n \frac{1}{24}M_2\Big(\frac{b-a}{n}\Big)^3 = \frac{M_2}{24n^2}(b-a)^3. \quad (9.6.5)$$

2. 梯形公式

设 $f \in C[a,b]$. 记

$$\ell(x) = \frac{x-b}{a-b}f(a) + \frac{x-a}{b-a}f(b), \quad \forall\, x \in [a,b].$$

我们有

$$\int_a^b f(x)\,\mathrm{d}x \approx \int_a^b \ell(x)\,\mathrm{d}x = \frac{f(a)+f(b)}{2}(b-a),$$

这称为梯形公式. 为了估计误差, 我们先证明一个引理.

引理 9.6.1 设 $g \in C[a,b]$. 如果 g 在 (a,b) 中二阶可导且 $g(a) = g(b) = 0$, 则任给 $c \in [a,b]$, 存在 $\xi \in (a,b)$, 使得

$$g(c) = \frac{1}{2}g''(\xi)(c-a)(c-b). \quad (9.6.6)$$

证明 不妨设 $c \in (a, b)$, 令

$$h(x) = g(x) - \frac{g(c)}{(c-a)(c-b)}(x-a)(x-b), \quad x \in [a, b].$$

此时 $h(a) = h(c) = h(b) = 0$. 由 Rolle 定理可知, 存在 $\xi_1 \in (a, c)$, $\xi_2 \in (c, b)$, 使得 $h'(\xi_1) = 0$, $h'(\xi_2) = 0$. 对 h' 应用 Rolle 定理可得 $\xi \in (\xi_1, \xi_2)$, 使得 $h''(\xi) = 0$. 简单的计算表明

$$h''(\xi) = g''(\xi) - \frac{2g(c)}{(c-a)(c-b)},$$

整理以后即得欲证结论. □

如果 f 二阶可导, 且 $|f''(x)| \leqslant M_2$, $\forall\, x \in (a, b)$, 则对 $g = f - \ell$ 应用上述引理可知

$$|f(x) - \ell(x)| \leqslant \frac{1}{2} M_2 (x-a)(b-x), \quad \forall\, x \in [a, b].$$

积分可得如下误差估计:

$$\left| \int_a^b f(x)\,\mathrm{d}x - \frac{f(a)+f(b)}{2}(b-a) \right| \leqslant \frac{1}{2} M_2 \int_a^b (x-a)(b-x)\,\mathrm{d}x = \frac{M_2}{12}(b-a)^3. \quad (9.6.7)$$

将区间 $[a, b]$ 作 n 等分, 在每一个小区间上均用梯形面积去逼近积分, 则得到 f 的如下梯形公式:

$$T_n = \sum_{i=1}^{n} \frac{f(x_{i-1})+f(x_i)}{2} \frac{b-a}{n} = \frac{b-a}{n}\left(\sum_{i=1}^{n-1} f\left(a + \frac{i}{n}(b-a)\right) + \frac{f(a)+f(b)}{2} \right). \tag{9.6.8}$$

相应地有误差估计

$$\left| \int_a^b f(x)\,\mathrm{d}x - T_n \right| \leqslant \sum_{i=1}^{n} \frac{1}{12} M_2 \left(\frac{b-a}{n}\right)^3 = \frac{M_2}{12n^2}(b-a)^3. \tag{9.6.9}$$

3. Simpson[①] 公式

设 f 三阶可导, 且 $|f'''(x)| \leqslant M_3$, $\forall\, x \in [a, b]$. 考虑经过平面上三点

$$(a, f(a)), \quad \left(\frac{a+b}{2}, f\left(\frac{a+b}{2}\right)\right), \quad (b, f(b))$$

的抛物线, 即考虑满足条件

$$p_2(a) = f(a), \; p_2\left(\frac{a+b}{2}\right) = f\left(\frac{a+b}{2}\right), \; p_2(b) = f(b)$$

的二次插值多项式, 其表达式为

$$p_2(x) = \frac{\left(x - \dfrac{a+b}{2}\right)(x-b)}{\left(a - \dfrac{a+b}{2}\right)(a-b)} f(a) + \frac{(x-a)(x-b)}{\left(\dfrac{a+b}{2} - a\right)\left(\dfrac{a+b}{2} - b\right)} f\left(\frac{a+b}{2}\right) +$$

---

① Simpson, Thomas, 1710 年 8 月 20 日—1761 年 5 月 14 日, 英国数学家.

$$\frac{(x-a)\left(x-\dfrac{a+b}{2}\right)}{(b-a)\left(b-\dfrac{a+b}{2}\right)}f(b),$$

直接的计算表明

$$\int_a^b p_2(x)\,\mathrm{d}x = \frac{b-a}{6}\left(f(a)+4f\left(\frac{a+b}{2}\right)+f(b)\right),$$

这是 f 积分的近似值, 称为一次抛物线公式或 Simpson 公式. 为了较好地估计误差, 下面假设 f 四阶可导. 我们选定常数 μ, 使得函数

$$g(x) = f(x) - p_2(x) - \mu(x-a)\left(x-\frac{a+b}{2}\right)(x-b)$$

在 $\dfrac{a+b}{2}$ 处的导数为零. 设 $c \neq a, \dfrac{a+b}{2}, b$. 考虑辅助函数

$$F(x) = g(x) - \frac{g(c)}{(c-a)\left(c-\dfrac{a+b}{2}\right)^2(c-b)}(x-a)\left(x-\frac{a+b}{2}\right)^2(x-b),$$

此时 F 以 $a, \dfrac{a+b}{2}, b, c$ 为零点, $F'\left(\dfrac{a+b}{2}\right)=0$. 由 Rolle 定理可知, F' 存在三个不同的零点 ξ_1, ξ_2, ξ_3, 且这三个点与 $\dfrac{a+b}{2}$ 也不相同. 因此对 F' 继续重复使用 Rolle 定理, 就得到一个 ξ, 使得 $F^{(4)}(\xi)=0$. 即

$$f^{(4)}(\xi) - \frac{g(c)}{(c-a)\left(c-\dfrac{a+b}{2}\right)^2(c-b)}4! = 0,$$

上式可以改写为 (c 换成 x)

$$g(x) = \frac{1}{24}f^{(4)}(\xi)(x-a)\left(x-\frac{a+b}{2}\right)^2(x-b),$$

积分可得

$$\int_a^b f(x)\,\mathrm{d}x - \frac{b-a}{6}\left(f(a)+4f\left(\frac{a+b}{2}\right)+f(b)\right)$$

$$=\frac{1}{24}\int_a^b f^{(4)}(\xi)(x-a)\left(x-\frac{a+b}{2}\right)^2(x-b)\,\mathrm{d}x.$$

如果 $|f^{(4)}| \leqslant M_4$, 则有下面的误差估计:

$$\left|\int_a^b f(x)\,\mathrm{d}x - \frac{b-a}{6}\left(f(a)+4f\left(\frac{a+b}{2}\right)+f(b)\right)\right|$$

$$\leqslant \frac{1}{24}M_4\int_a^b (x-a)\Big(x-\frac{a+b}{2}\Big)^2(b-x)\,\mathrm{d}x = \frac{M_4}{180\times 2^4}(b-a)^5. \qquad (9.6.10)$$

我们可以将区间 $[a,b]$ 作 n 等分, 在每个小区间上用抛物线做逼近得到一般的 Simpson 公式:

$$S_n = \sum_{i=1}^n \frac{b-a}{6n}\Big(f(x_{i-1}) + 4f\Big(\frac{x_{i-1}+x_i}{2}\Big) + f(x_i)\Big). \qquad (9.6.11)$$

误差估计为

$$\Big|\int_a^b f(x)\,\mathrm{d}x - S_n\Big| \leqslant \frac{M_4}{180(2n)^4}(b-a)^5. \qquad (9.6.12)$$

还可以用高阶多项式去逼近被积函数, 从而得到积分的其他近似计算公式, 读者可参考其他专门著作, 我们不再赘述.

例 9.6.1 计算积分 $\dfrac{\pi}{4} = \displaystyle\int_0^1 \frac{1}{1+x^2}\,\mathrm{d}x$ 的近似值.

解 以 $n=2$ 为例. 用矩形公式计算积分的近似值为

$$R_2 = \frac{1}{2}\Big(f\Big(\frac{1}{4}\Big) + f\Big(\frac{3}{4}\Big)\Big) = \frac{336}{425} \approx 0.791;$$

用梯形公式计算积分的近似值为

$$T_2 = \frac{1}{2}\Big(\frac{1}{2}f(0) + f\Big(\frac{1}{2}\Big) + \frac{1}{2}f(1)\Big) = \frac{31}{40} = 0.775;$$

用 Simpson 公式计算积分的近似值为

$$S_2 = \frac{1}{12}\Big(f(0) + 4f\Big(\frac{1}{4}\Big) + 2f\Big(\frac{1}{2}\Big) + 4f\Big(\frac{3}{4}\Big) + f(1)\Big)$$
$$= \frac{8011}{10200} \approx 0.78539.$$

利用数学归纳法可以将函数 $f(x) = \dfrac{1}{1+x^2}$ 的四阶导数表示为

$$f^{(4)}(x) = (\arctan x)^{(5)} = 24\cos^5(\arctan x)\sin 5\Big(\arctan x + \frac{\pi}{2}\Big),$$

这说明 $|f^{(4)}| \leqslant 24$. 于是 $n=2$ 时 Simpson 公式的误差要小于

$$\frac{24}{180\times 4^4} = \frac{1}{1920} < 0.0005.$$

习题 9.6

1. 分别用矩形公式、梯形公式和 Simpson 公式计算积分 $\ln 2 = \displaystyle\int_1^2 \frac{\mathrm{d}x}{x}$ 的近似值, 要求误差小于 10^{-2}.

2. Simpson 公式计算积分 $\displaystyle\int_0^1 \mathrm{e}^{-x^2}\,\mathrm{d}x$ 的近似值, 要求误差小于 10^{-4}.

3. 分别用 $n=10$ 时的梯形公式和 Simpson 公式计算积分 $\displaystyle\int_0^1 \frac{\mathrm{d}x}{\sqrt{1+x^3}}$ 的近似值, 并估计误差.

4. 证明: 矩形公式和梯形公式之间满足关系式 $R_n = 2T_{2n} - T_n$.

5. 证明: 矩形公式、梯形公式和 Simpson 公式之间满足关系式

$$S_n = \frac{2}{3}R_n + \frac{1}{3}T_n.$$

6. 设 $f \in C^1[a,b]$, 且 $|f'| \leqslant M$. 证明:

$$\left| \int_a^b f(x)\,\mathrm{d}x - \frac{f(a)+f(b)}{2}(b-a) \right| \leqslant \frac{1}{4}M(b-a)^2.$$

7. 设 $f \in C^2[a,b]$, 证明: 存在 $\xi \in (a,b)$, 使得

$$\int_a^b f(x)\,\mathrm{d}x = (b-a)f\left(\frac{a+b}{2}\right) + \frac{1}{24}(b-a)^3 f''(\xi).$$

8. 设 $f \in C^4[a,b]$, 用分部积分证明:

$$\int_a^b f(x)\,\mathrm{d}x - \frac{f(a)+f(b)}{2}(b-a)$$
$$= \frac{1}{24}\int_a^b f^{(4)}(x)(x-a)^2(x-b)^2\,\mathrm{d}x - \frac{1}{12}(b-a)^2(f'(b)-f'(a)).$$

9. 是否存在常数 C, 使得对于满足条件 $|f^{(3)}| \leqslant M$ 的每一个函数 f, 均有如下估计:

$$\left| \int_a^b f(x)\,\mathrm{d}x - \frac{f(a)+f(b)}{2}(b-a) \right| \leqslant CM(b-a)^4 ?$$

请说明理由.

10. 设 f 在 $[a,b]$ 上三阶可导, 请用 f 的三阶导数对 Simpson 公式做误差估计.

9.7　积分的应用

许多实际的应用问题都可以转化为积分. 我们以几何中求弧长、面积、体积以及物理中求功、力矩、转动惯量等为例说明怎样将问题转化为积分的形式并计算出相应的积分.

9.7.1 曲线的长度

设 $I = [\alpha, \beta]$, σ 是从 I 到平面的映射, 用分量表示为

$$\sigma(t) = (x(t), y(t)),\ t \in I.$$

如果 $x, y \in C(I)$, 则称 σ 为 $\mathbb{R}^2$ 上的连续曲线. 如果 $x, y \in C^1(I)$, 则称 σ 为 C^1 曲线.

设 σ 为 C^1 曲线, 我们想求它的弧长. 为此, 在 σ 上取相邻的两点 $\sigma(t)$, $\sigma(t + \delta t)$, 这两点之间的弧长 δs 约等于连接这两点的直线段的长度:

$$\delta s \approx \sqrt{(x(t + \delta t) - x(t))^2 + (y(t + \delta t) - y(t))^2}$$
$$\approx \left((x'(t))^2 + (y'(t))^2\right)^{\frac{1}{2}} \delta t.$$

将 σ 分成若干小段, 将每一段的弧长相加, 得到的总弧长可以转化为如下积分:

$$L(\sigma) = \int_\alpha^\beta \left((x'(t))^2 + (y'(t))^2\right)^{\frac{1}{2}} \mathrm{d}t.$$

这种局部分析方法常称为微元法. 下面我们再补充一些推导细节. 将 $[\alpha, \beta]$ 分割为 $\alpha = t_0 < t_1 < \cdots < t_n = \beta$, 点 $(x(t_i), y(t_i))$ 把曲线分成若干段, 每一段的长度可以近似地用直线段的长度表示 (图 9.4), 即

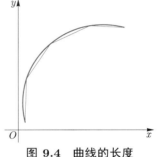

图 9.4 曲线的长度

$$L(\sigma) \approx \sum_{i=1}^n \sqrt{(x(t_i) - x(t_{i-1}))^2 + (y(t_i) - y(t_{i-1}))^2}.$$

由 Lagrange 微分中值定理, 存在 $\xi_i, \eta_i \in (t_{i-1}, t_i)$, 使得

$$x(t_i) - x(t_{i-1}) = x'(\xi_i)(t_i - t_{i-1}),\ y(t_i) - y(t_{i-1}) = y'(\eta_i)(t_i - t_{i-1}),$$

从而有

$$\sqrt{(x(t_i) - x(t_{i-1}))^2 + (y(t_i) - y(t_{i-1}))^2} = \sqrt{(x'(\xi_i))^2 + (y'(\eta_i))^2}\, \Delta t_i.$$

利用不等式 $\left|\sqrt{a^2 + b^2} - \sqrt{a^2 + c^2}\right| \leqslant |b - c|$ 可得

$$\left|\sqrt{(x'(\xi_i))^2 + (y'(\eta_i))^2}\, \Delta t_i - \sqrt{(x'(\xi_i))^2 + (y'(\xi_i))^2}\, \Delta t_i\right| \leqslant |y'(\eta_i) - y'(\xi_i)|\Delta t_i,$$

而当 $\|\mathrm{P}\| = \max\{|t_i - t_{i-1}|\} \to 0$ 时

$$\sum_{i=1}^n |y'(\eta_i) - y'(\xi_i)|\Delta t_i \leqslant \sum_{i=1}^n \omega_i(y')\Delta t_i \to 0,$$

因此有

$$L(\sigma) = \lim_{\|\mathrm{P}\|\to 0} \sum_{i=1}^{n} \sqrt{(x(t_i) - x(t_{i-1}))^2 + (y(t_i) - y(t_{i-1}))^2}$$

$$= \lim_{\|\mathrm{P}\|\to 0} \sum_{i=1}^{n} \sqrt{(x'(\xi_i))^2 + (y'(\xi_i))^2} \Delta t_i$$

$$= \int_{\alpha}^{\beta} \left((x'(t))^2 + (y'(t))^2\right)^{\frac{1}{2}} \mathrm{d}t.$$

只要 x', y' 在 $[\alpha, \beta]$ 中可积, 上述推导就是成立的. 记 $\sigma'(t) = (x'(t), y'(t))$, 称为 σ 的切向量. σ 的弧长就等于其切向量长度的积分. 如果切向量处处非零, 令

$$\varphi(t) = \int_{\alpha}^{t} \|\sigma'(u)\| \, \mathrm{d}u = \int_{\alpha}^{t} \left((x'(u))^2 + (y'(u))^2\right)^{\frac{1}{2}} \mathrm{d}u, \quad t \in [\alpha, \beta].$$

则 $\varphi : [\alpha, \beta] \to [0, L(\sigma)]$ 是严格单调递增函数, 从而可逆, 其反函数记为 $t = \psi(s)$. 记 $\tilde{\sigma}(s) = \sigma(\psi(s)), s \in [0, L(\sigma)]$. 根据反函数的求导公式可得

$$\tilde{\sigma}'(s) = \sigma'(\psi(s))\psi'(s) = \sigma'(\psi(s))/\varphi'(t) = \sigma'(t)/\|\sigma'(t)\|,$$

这说明 $\|\tilde{\sigma}'(s)\| = 1$, 此时, s 称为 $\tilde{\sigma}$ 的弧长参数.

例 9.7.1 求平面上半径为 r 的圆周的周长.

解 设圆心为 (a, b), 则该圆周可以用参数表示为

$$x(t) = a + r\cos t, \quad y(t) = b + r\sin t, \quad t \in [0, 2\pi].$$

此时 $(x'(t))^2 + (y'(t))^2 \equiv r^2$, 这说明圆周的周长为

$$L = \int_0^{2\pi} r \, \mathrm{d}t = 2\pi r. \qquad \square$$

例 9.7.2 设 $a > 0$, 求摆线 $(x(t), y(t)) = (a(t - \sin t), a(1 - \cos t))$ 一拱的长度 (图 9.5).

解 我们求 $t \in [0, 2\pi]$ 时曲线的长度:

$$L = \int_0^{2\pi} \left((x'(t))^2 + (y'(t))^2\right)^{\frac{1}{2}} \mathrm{d}t$$

$$= \int_0^{2\pi} a\left((1 - \cos t)^2 + \sin^2 t\right)^{\frac{1}{2}} \mathrm{d}t$$

$$= 2a \int_0^{2\pi} \sin\frac{t}{2} \, \mathrm{d}t = 8a. \qquad \square$$

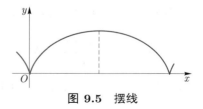

图 9.5 摆线

9.7.2 简单图形的面积

(1) 设 $f \in C[a,b]$, 如果 $f > 0$, 则由 $y = f(x)$, $x = a$, $x = b$ $(a < b)$ 与 $y = 0$ 围成的曲边梯形的面积为

$$S = \int_a^b f(x)\,\mathrm{d}x.$$

一般地, 当 f 变号时, 上式仍有意义, 称为代数面积, 而

$$S = \int_a^b |f(x)|\,\mathrm{d}x$$

才是几何面积 (图 9.6(a)). 更一般地, 由 $y = f_2(x)$, $y = f_1(x)$ 以及 $x = a$, $x = b$ 围成的图形 (图 9.6(b)) 的面积为

$$S = \int_a^b |f_2(x) - f_1(x)|\,\mathrm{d}x. \tag{9.7.1}$$

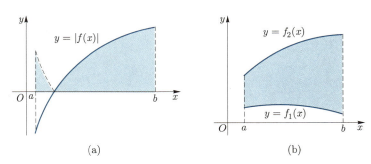

(a)   (b)

图 9.6 函数图像围成的图形

例 9.7.3 设 $a, b > 0$, 求椭圆 $\dfrac{x^2}{a^2} + \dfrac{y^2}{b^2} = 1$ 所围成的图形面积.

解 由图形的对称性, 有

$$S = 4\int_0^a b\sqrt{1 - \frac{x^2}{a^2}}\,\mathrm{d}x = 4b\int_0^{\frac{\pi}{2}} \sqrt{1 - \sin^2 t}\,a\cos t\,\mathrm{d}t = 4ab\int_0^{\frac{\pi}{2}} \cos^2 t\,\mathrm{d}t = \pi ab. \quad \square$$

(2) 设 σ 为平面曲线, 由极坐标方程

$$r = r(\theta), \quad \theta \in [\alpha, \beta]$$

给出 (图 9.7), 其中 $r(\theta)$ 关于 θ 连续, $\beta - \alpha \leqslant 2\pi$. 由 σ, $\theta = \alpha$, $\theta = \beta$ 所围成的图形面积为

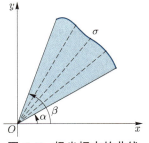

$$S = \lim_{\|P\| \to 0} \sum_{i=1}^m \frac{1}{2} r^2(\xi_i)\Delta\theta_i = \frac{1}{2}\int_\alpha^\beta r^2(\theta)\,\mathrm{d}\theta. \tag{9.7.2}$$

图 9.7 极坐标中的曲线

这个公式是通过使用扇形的面积之和逼近图形面积得到的.

例 9.7.4   设 $a > 0$, 求双纽线 $(x^2 + y^2)^2 = a^2(x^2 - y^2)$ 所围成的图形面积.

解   用极坐标 $x = r \cos \theta$, $y = r \sin \theta$ 代

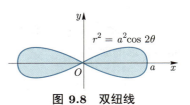

入方程, 得

$$r^2 = a^2 \cos 2\theta, \quad \theta \in \left[-\frac{\pi}{4}, \frac{\pi}{4} \right] \cup \left[\frac{3\pi}{4}, \frac{5\pi}{4} \right].$$

由图形的对称性 (图 9.8) 可得所求面积为

图 9.8   双纽线

$$S = 4 \cdot \frac{1}{2} \int_0^{\frac{\pi}{4}} r^2(\theta) \, \mathrm{d}\theta = 2a^2 \int_0^{\frac{\pi}{4}} \cos 2\theta \, \mathrm{d}\theta = a^2. \quad \square$$

(3) 如果曲线 σ 由 $\sigma(t) = (x(t), y(t))$, $t \in [\alpha, \beta]$ 给出, 其中 $y(t) \geqslant 0$, x 关于 t 单调递增, $x([\alpha, \beta]) = [a, b]$. 则 σ 与 $x = a$, $x = b$ 以及 $y = 0$ 围成的曲边梯形 (图 9.9(a)) 的面积为

$$S = \int_\alpha^\beta y(t) x'(t) \, \mathrm{d}t.$$

这个公式仍然是通过使用矩形面积之和去逼近曲边梯形得到. 一般地, 如果只设 x 是单调的, 则面积公式为

$$S = \int_\alpha^\beta |y(t) x'(t)| \, \mathrm{d}t.$$

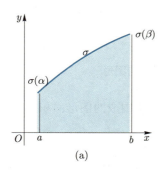
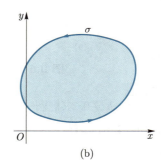

图 9.9   曲线围成的图形

如果 σ 在 $t = \alpha, \beta$ 处以外无其他自相交点, 则称 σ 为简单闭曲线 (图 9.9(b)), 它所围成的图形的面积为

$$S = \left| \int_\alpha^\beta y(t) x'(t) \, \mathrm{d}t \right| = \left| \int_\alpha^\beta x(t) y'(t) \, \mathrm{d}t \right|, \tag{9.7.3}$$

因为

$$\int_\alpha^\beta y(t) x'(t) \, \mathrm{d}t = yx \Big|_\alpha^\beta - \int_\alpha^\beta y'(t) x(t) \, \mathrm{d}t$$

$$= -\int_\alpha^\beta y'(t) x(t) \, \mathrm{d}t,$$

所以这个面积公式也可以改写为

$$S = \frac{1}{2}\left|\int_\alpha^\beta (y(t)x'(t) - y'(t)x(t))\mathrm{d}t\right|. \tag{9.7.4}$$

这个公式其实是 Green 公式的推论, 见第十八章.

(4) 旋转曲面的面积

设 σ 为平面曲线

$$\sigma(t) = (x(t), y(t)), \quad t \in [\alpha, \beta],\ y(t) \geqslant 0.$$

σ 绕 x 轴旋转所得曲面 (图 9.10) 的面积为

$$S = \int_\alpha^\beta 2\pi y(t)\big((x'(t))^2 + (y'(t))^2\big)^{\frac{1}{2}}\,\mathrm{d}t.$$

这个公式可推导如下: 取 $[\alpha, \beta]$ 的一个分割, 在分点 t_{i-1}, t_i 之间的曲线段经过旋转后所形成的曲面的面积约等于圆台的面积, 这一部分圆台的面积为

$$\pi(y(t_{i-1}) + y(t_i))\sqrt{(x(t_i) - x(t_{i-1}))^2 + (y(t_i) - y(t_{i-1}))^2},$$

因此

$$S \approx \sum_{i=1}^n \pi(y(t_{i-1}) + y(t_i))\sqrt{(x(t_i) - x(t_{i-1}))^2 + (y(t_i) - y(t_{i-1}))^2},$$

和曲线弧长公式的推导过程类似, 当分割的模趋于零时, 我们近似地有

$$y(t_{i-1}) + y(t_i) \approx 2y(\xi_i) \quad (\xi_i \in [t_{i-1}, t_i]),$$

以及

$$\sqrt{(x(t_i) - x(t_{i-1}))^2 + (y(t_i) - y(t_{i-1}))^2} \approx \sqrt{(x'(\xi_i))^2 + (y'(\xi_i))^2}\Delta t_i,$$

当分割的模趋于零时, 近似逼近所引起的这些误差之和趋于零. 因此有

$$S = \lim_{\|P\|\to 0}\sum_{i=1}^n 2\pi y(\xi_i)\big((x'(\xi_i))^2 + (y'(\xi_i))^2\big)^{\frac{1}{2}}\Delta t_i$$

$$= \int_\alpha^\beta 2\pi y(t)\big((x'(t))^2 + (y'(t))^2\big)^{\frac{1}{2}}\,\mathrm{d}t.$$

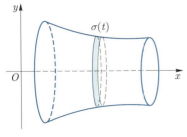

图 9.10　旋转曲面

图 9.11　环面 (轮胎面)

例 9.7.5   设 $b > a > 0$, 将圆周 $(x-b)^2 + y^2 = a^2$ 绕 y 轴旋转, 求所得旋转曲面 (图 9.11) 的面积.

解   圆周的参数方程为

$$x(t) = b + a\cos t, \ y(t) = a\sin t, \ \ t \in [0, 2\pi].$$

故旋转曲面 (轮胎面) 面积为

$$S = \int_0^{2\pi} 2\pi(b + a\cos t)(a^2\sin^2 t + a^2\cos^2 t)^{\frac{1}{2}}\,\mathrm{d}t$$

$$= 2\pi a \int_0^{2\pi}(b + a\cos t)\,\mathrm{d}t = 4\pi^2 ab. \qquad\qquad \square$$

9.7.3   简单立体的体积

(1) 平行截面之间的立体体积

设 Ω 为 $\mathbb{R}^3$ 中一块物体, 夹在平面 $x = a$ 与 $x = b$ $(a < b)$ 之间 (图 9.12(a)). 记 $S(x)$ 为 $x \in [a, b]$ 处垂直于 x 轴的平面截 Ω 的截面面积函数. 如果 $S(x)$ 关于 x 连续, 则 Ω 的体积为

$$V = \int_a^b S(x)\,\mathrm{d}x. \tag{9.7.5}$$

这个公式是重积分化累次积分的特例, 见第十六章. 特别地, 如果两块物体 Ω_A 和 Ω_B 的截面面积函数相等, 则其体积相同 (图 9.12(b)). 这是公元 5 到 6 世纪由祖暅 (祖冲之之子) 在刘徽思想的基础上所发现的事实, 17 世纪时 Cavalieri[①] 也发现了这样的事实.

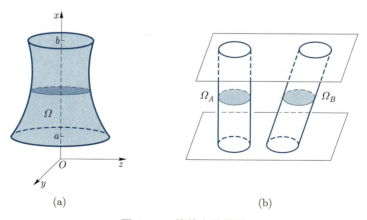

(a)   (b)

图 9.12   简单立体图形

例 9.7.6   设 $a, b, c > 0$, 求椭球体 $\dfrac{x^2}{a^2} + \dfrac{y^2}{b^2} + \dfrac{z^2}{c^2} \leqslant 1$ (图 9.13) 的体积.

---

① Cavalieri, Bonaventura Francesco, 1598 年—1647 年 11 月 30 日, 意大利数学家.

解 固定 $x \in (-a, a)$, 它的截面为椭圆面

$$\frac{y^2}{b^2} + \frac{z^2}{c^2} \leqslant 1 - \frac{x^2}{a^2},$$

截面面积为

$$S(x) = \pi b \left(1 - \frac{x^2}{a^2}\right)^{\frac{1}{2}} c \left(1 - \frac{x^2}{a^2}\right)^{\frac{1}{2}}$$
$$= \pi bc \left(1 - \frac{x^2}{a^2}\right),$$

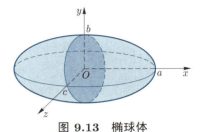

图 **9.13** 椭球体

故椭球体的体积为

$$V = \int_{-a}^{a} S(x)\, \mathrm{d}x = \int_{-a}^{a} \pi bc \left(1 - \frac{x^2}{a^2}\right) \mathrm{d}x = \frac{4}{3}\pi abc.$$

$\square$

(2) 旋转体的体积

设 $f \in C[a, b]$, Ω 是由平面图形 $\{(x, y) \mid a \leqslant x \leqslant b,\ 0 \leqslant |y| \leqslant |f(x)|\}$ 绕 x 轴旋转一周所得的旋转体 (图 9.14). 该旋转体在 $x \in [a, b]$ 处的截面为圆盘, 其面积为 $S(x) = \pi f^2(x)$. 因此 Ω 的体积为

$$V = \int_a^b S(x)\, \mathrm{d}x = \pi \int_a^b f^2(x)\, \mathrm{d}x.$$

例 9.7.7 求高为 h, 底半径为 r 的圆锥体 (图 9.15) 的体积.

解 由上面的体积公式可得

$$V = \pi \int_0^h \left(\frac{r}{h}x\right)^2 \mathrm{d}x = \frac{1}{3}\pi r^2 h.$$

$\square$

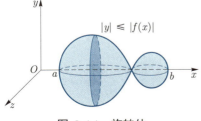

图 **9.14** 旋转体

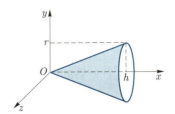

图 **9.15** 圆锥体

9.7.4 物理应用举例

例 9.7.8 设某线状物质分布在区间 $[a, a + l]$ 上, 其中 $a, l > 0$. 设该物质的线密度为 $\rho(x) = x - a$, 求位于原点的质量为 m 的质点所受该物质的引力.

解 取位于 $[x, x+\delta x]$ 的一小段物质, 其质量 δM 约等于 $\rho(x)\delta x$, 它对质点的引力为

$$\delta F \approx \frac{Gm\delta M}{x^2} \approx \frac{Gm(x-a)}{x^2}\delta x,$$

其中 G 为引力常量. 于是质点所受到的总的引力为

$$F = \int_a^{a+l} \frac{Gm(x-a)}{x^2}\,\mathrm{d}x = Gm\int_a^{a+l}\left(\frac{1}{x} - \frac{a}{x^2}\right)\mathrm{d}x$$
$$= Gm\left(\ln\frac{a+l}{a} - \frac{l}{a+l}\right). \qquad\square$$

例 9.7.9 设轻质弹簧一端固定, 将另一端从平衡位置拉伸一小段, 求所需要做的功.

解 设平衡位置为原点, 拉伸长度为 l. 当 $x \in [0, l]$ 时, 弹簧的拉力为 $F = \kappa x$, 其中 κ 为弹簧的弹性系数. 从 x 拉伸一小段到 $x + \delta x$ 时, 所需要做的功 δW 约等于 $F\delta x$. 因此总的功为

$$W = \int_0^l F\,\mathrm{d}x = \int_0^l \kappa x\,\mathrm{d}x = \frac{1}{2}\kappa l^2. \qquad\square$$

设质量为 m 的质点绕某定轴 ℓ 旋转, 转动的角速度 ω 为常数, 则质点的动能为

$$E = \frac{1}{2}mv^2 = \frac{1}{2}mr^2\omega^2 = \frac{1}{2}I_\ell\omega^2,$$

其中 r 是质点到定轴的距离, $I_\ell = mr^2$, 称为质点对轴 ℓ 的转动惯量.

例 9.7.10 设平面上有某线状物质, 其坐标用参数表示为 $x = x(t)$, $y = y(t)$, $t \in [\alpha, \beta]$. 设该物质的线密度为 $\rho(t)$, 求该物质关于 x 轴以及 y 轴的转动惯量.

解 取参数位于 $[t, t + \delta t]$ 的一小段物质, 其质量 δm 约等于 $\rho(t)\delta s$, 其中 δs 是这一小段物质的长度:

$$\delta s \approx \sqrt{(x'(t))^2 + (y'(t))^2}\,\delta t.$$

这一小段物质关于 x 轴的转动惯量 δI_x 约等于

$$\delta I_x \approx (\delta m)y^2(t) \approx \rho(t)y^2(t)\sqrt{(x'(t))^2 + (y'(t))^2}\,\delta t,$$

这说明该物质关于 x 轴的转动惯量为

$$I_x = \int_\alpha^\beta \rho(t)y^2(t)\sqrt{(x'(t))^2 + (y'(t))^2}\,\mathrm{d}t.$$

同理, 它关于 y 轴的转动惯量为

$$I_y = \int_\alpha^\beta \rho(t)x^2(t)\sqrt{(x'(t))^2 + (y'(t))^2}\,\mathrm{d}t. \qquad\square$$

例 9.7.11 设线状物质如前例所述, 求其质量和质心.

解 根据前例中的讨论我们可以知道, 该物质的总质量为

$$M = \int_\alpha^\beta \rho(t)\sqrt{(x'(t))^2 + (y'(t))^2}\, \mathrm{d}t.$$

该物质关于 x, y 轴的静力矩分别为

$$M_x = \int_\alpha^\beta y(t)\rho(t)\sqrt{(x'(t))^2 + (y'(t))^2}\, \mathrm{d}t, \quad M_y = \int_\alpha^\beta x(t)\rho(t)\sqrt{(x'(t))^2 + (y'(t))^2}\, \mathrm{d}t.$$

于是质心坐标 $\bar{x}, \bar{y}$ 分别为

$$\bar{x} = \frac{M_y}{M} = \frac{1}{M}\int_\alpha^\beta x(t)\rho(t)\sqrt{(x'(t))^2 + (y'(t))^2}\, \mathrm{d}t,$$

$$\bar{y} = \frac{M_x}{M} = \frac{1}{M}\int_\alpha^\beta y(t)\rho(t)\sqrt{(x'(t))^2 + (y'(t))^2}\, \mathrm{d}t. \qquad \square$$

特别地, 当上述线状物质均匀分布时, 不妨设 $\rho \equiv 1$, 物质的长度为 l, 则

$$\bar{x} = \frac{1}{l}\int_0^l x\, \mathrm{d}s, \quad \bar{y} = \frac{1}{l}\int_0^l y\, \mathrm{d}s,$$

其中 $\mathrm{d}s = \sqrt{(x'(t))^2 + (y'(t))^2}\, \mathrm{d}t$. 上式中的第二个等式可以改写为

$$2\pi\bar{y}l = 2\pi\int_0^l y\, \mathrm{d}s,$$

上式右边表示旋转面的面积, 由此得到

定理 9.7.1 (Guldin[①] 第一定理) 平面曲线绕平面上不与其相交的轴旋转一周, 所得旋转面的面积等于该曲线的质心绕同一轴旋转所产生的圆周长乘该曲线的弧长.

类似于曲线的情形, 我们也可以处理面状物质的静力矩和质心. 为了方便起见, 设物质的面密度恒为 1, 其形状为曲边四边形:

$$a \leqslant x \leqslant b, \quad 0 \leqslant g(x) \leqslant y \leqslant f(x).$$

取小区间 $[x, x+\delta x]$, 将相应的曲边梯形底长为 δx, 高为 $f(x) - g(x)$ 的小矩形, 其质量 δm 约等于 $(f(x) - g(x))\delta x$, 因此总质量为

$$M = \int_a^b (f(x) - g(x))\, \mathrm{d}x.$$

小矩形关于 y 轴的静力矩为

$$\delta M_y \approx x\delta m \approx x(f(x) - g(x))\delta x,$$

---

① Guldin, Paul, 1577 年 6 月 12 日—1643 年 12 月 3 日, 瑞士数学家.

关于 x 轴的静力矩为

$$\delta M_x \approx \frac{1}{2}(f(x) + g(x))\delta m \approx \frac{1}{2}\big(f^2(x) - g^2(x)\big)\delta x.$$

因此质心坐标为

$$\bar{x} = \frac{M_y}{M} = \frac{1}{M}\int_a^b x(f(x) - g(x))\,\mathrm{d}x,$$

$$\bar{y} = \frac{M_x}{M} = \frac{1}{2M}\int_a^b \big(f^2(x) - g^2(x)\big)\,\mathrm{d}x.$$

由上式还可得到

$$2\pi\bar{y}M = \pi\int_a^b \big(f^2(x) - g^2(x)\big)\,\mathrm{d}x,$$

上式左端的 M 为曲边梯形的面积, 右端是旋转体的体积. 由此可得

定理 9.7.2 (Guldin 第二定理)　平面图形绕此平面上不与其内部相交的轴旋转一周, 所得旋转体的体积等于该平面图形的质心绕同一轴旋转所产生的圆周长乘该平面图形的面积.

习题 9.7

1. 求下列曲线的弧长:

(1) $y = x^{\frac{3}{2}}$, $0 \leqslant x \leqslant 4$;

(2) $x = \mathrm{e}^t \cos t$, $y = \mathrm{e}^t \sin t$, $t \in [0, 2\pi]$;

(3) $r = a(1 + \cos\theta)$, $a > 0$, $\theta \in [0, 2\pi]$;

(4) $y^2 = 2ax$, $a > 0$, $0 \leqslant x \leqslant a$.

2. 求下列曲线所围成图形的面积:

(1) $y^2 = ax$, $y = \dfrac{1}{a}x^2$, $a > 0$;

(2) $y^2 = 2x$, $x = 5$;

(3) $x^2 + 9y^2 = 1$;

(4) $y = x(x - 1)(x - 2)$, $y = 0$;

(5) $r = a(1 - \cos\theta)$, $a > 0$, $\theta \in [0, 2\pi]$;

(6) $x = a\cos^3 t$, $y = a\sin^3 t$, $a > 0$, $t \in [0, 2\pi]$;

3. 求下列旋转面的面积:

(1) $y = \tan x$ 绕 x 轴, $x \in \left[0, \dfrac{\pi}{4}\right]$;

(2) $x = a(t - \sin t)$, $y = a(1 - \cos t)$ 绕直线 $y = a$, $a > 0$, $t \in \left[\dfrac{\pi}{2}, \dfrac{3\pi}{2}\right]$;

(3) $x = a\cos^3 t$, $y = a\sin^3 t$ 绕 x 轴, $a > 0$;

(4) $r^2 = a^2\cos 2\theta$ 绕射线　$\theta = \dfrac{\pi}{4}$.

4. 求下列曲面所围成的体积:

(1) $x + y + z^2 = 1,\ x = 0,\ y = 0$;

(2) $2z = x^2 + y^2,\ x^2 + y^2 + z^2 = 3$;

(3) $x^2 + y^2 = a^2,\ y^2 + z^2 = a^2,\ a > 0$;

(4) $x^2 + y^2 + z^2 + xy + yz + zx = a^2,\ a > 0$.

5. 求下列旋转体的体积:

(1) $x = a(t - \sin t),\ y = a(1 - \cos t),\ t \in [0, 2\pi]$ 绕 x 轴旋转所围成的旋转体;

(2) $(x - a)^2 + y^2 = b^2\ (a > b > 0)$ 的内部绕 y 轴旋转所围成的旋转体;

(3) $y^2 = 2ax\ (a > 0)$ 绕 $x = b\ (b > 0)$ 旋转所围成的旋转体;

(4) $y = \sin x,\ x \in [0, \pi]$ 绕 x 轴旋转所围成的旋转体.

6. 将质量为 m 的物体从地球表面提升到高度为 h 的位置, 需要做多少功?

7. 求下列曲线的质量 (设线密度为 1) 与质心坐标:

(1) $y = 1 - x^2,\ x \in [-1, 1]$;

(2) $x = a(t - \sin t),\ y = a(1 - \cos t), a > 0,\ t \in [0, 2\pi]$.

8. 求下列平面图形的质心:

(1) $0 \leqslant y \leqslant \sqrt{a^2 - x^2},\ a > 0$;

(2) $ax = y^2,\ ay = x^2$ 所围图形, $a > 0$.

9. 利用 Guldin 定理求轮胎面的表面积.

10. 设 a, b, n 为正整数, 记 $f(x) = \dfrac{1}{n!} x^n (a - bx)^n$.

(1) 当 $0 \leqslant k \leqslant 2n$ 时, 验证 $f^{(k)}(x)$ 在 $x = 0$ 和 $x = \dfrac{a}{b}$ 处取值均为整数;

(2) 若 π 可以表示为既约分数 $\dfrac{a}{b}$, 利用 (1) 和分部积分证明积分 $\displaystyle\int_0^\pi f(x) \sin x \,\mathrm{d}x$ 必为整数;

(3) 由此利用反证法证明 π 不是有理数.

第十章

广义积分

在前一章中, 我们用极限定义了 Riemann 积分:

$$\int_a^b f(x)\,\mathrm{d}x = \lim_{\|\mathrm{P}\|\to 0}\sum_{i=1}^n f(\xi_i)\Delta x_i,$$

其中 $[a,b]$ 为有界闭区间, 被积函数 f 必须是有界函数. 在实际应用中, 这样的要求往往太强了. 下面我们在一定的条件下适当降低关于积分区间和被积函数的要求.

10.1 积分的推广

考虑平面曲线 $y = \dfrac{1}{x}$, $x \in [1,+\infty)$. 将该曲线绕 x 轴旋转一周, 所得旋转体是无界的, 我们来说明它具有有限的体积. 当 $B > 1$ 时, 该旋转体介于 $x = 1$ 和 $x = B$ 的部分的体积为

$$V_B = \int_1^B \pi\left(\frac{1}{x}\right)^2 \mathrm{d}x = \pi - \frac{\pi}{B},$$

这说明整个旋转体的体积为

$$V = \lim_{B\to+\infty} V_B = \pi.$$

一般地, 为了考虑无穷区间上的积分, 我们引入如下定义:

定义 10.1.1 (无穷限积分) 设 f 是定义在 $[a,+\infty)$ 上的函数. 如果 f 在任何有界区间 $[a,B]$ 上都是 Riemann 可积的, 且极限

$$\lim_{B\to+\infty}\int_a^B f(x)\,\mathrm{d}x$$

存在 (且有限), 则称无穷限积分 $\displaystyle\int_a^{+\infty} f(x)\,\mathrm{d}x$ 存在或收敛, 记为

$$\int_a^{+\infty} f(x)\,\mathrm{d}x = \lim_{B\to+\infty}\int_a^B f(x)\,\mathrm{d}x,$$

否则就称无穷限积分 $\displaystyle\int_a^{+\infty} f(x)\,\mathrm{d}x$ 不存在或发散.

类似地, 我们也可以定义无穷限积分

$$\int_{-\infty}^a f(x)\,\mathrm{d}x = \lim_{A\to-\infty}\int_A^a f(x)\,\mathrm{d}x.$$

设 f 定义在 $\mathbb{R}$ 上, 如果存在 $a \in \mathbb{R}$, 使得 $\displaystyle\int_{-\infty}^{a} f(x)\,\mathrm{d}x$ 和 $\displaystyle\int_{a}^{+\infty} f(x)\,\mathrm{d}x$ 均收敛, 则称 $\displaystyle\int_{-\infty}^{+\infty} f(x)\,\mathrm{d}x$ 收敛, 并定义

$$\int_{-\infty}^{+\infty} f(x)\,\mathrm{d}x = \int_{-\infty}^{a} f(x)\,\mathrm{d}x + \int_{a}^{+\infty} f(x)\,\mathrm{d}x.$$

利用积分关于区间的可加性质容易验证此定义与 a 的选取无关. 需要注意的是, 利用极限

$$\lim_{A \to +\infty} \int_{-A}^{A} f(x)\,\mathrm{d}x$$

也可以定义 f 在 $(-\infty, +\infty)$ 上的一种积分, 称为 Cauchy 主值积分, 记为

$$(V.P.) \int_{-\infty}^{+\infty} f(x)\,\mathrm{d}x = \lim_{A \to +\infty} \int_{-A}^{A} f(x)\,\mathrm{d}x.$$

它和前一种定义不是等价的. 例如 $f(x) = x$ 的 Cauchy 主值积分为零, 但它在 $\mathbb{R}$ 上的无穷限积分是发散的.

从无穷限积分的定义立即得到如下的基本判别法:

(无穷限积分的 Cauchy 准则) f 在 $[a, +\infty)$ 上的无穷限积分收敛当且仅当任给 $\varepsilon > 0$, 存在 $M = M(\varepsilon)$, 使得当 $B > A > M$ 时,

$$\left| \int_{A}^{B} f(x)\,\mathrm{d}x \right| < \varepsilon.$$

对于 $(-\infty, a]$ 和 $(-\infty, +\infty)$ 上的无穷限积分也有完全类似的基本判别法.

例 10.1.1 讨论无穷限积分 $\displaystyle\int_{1}^{+\infty} \frac{1}{x^p}\,\mathrm{d}x\ (p \in \mathbb{R})$ 的敛散性.

解 当 $A > 1$ 时,

$$\int_{1}^{A} \frac{1}{x^p}\,\mathrm{d}x = \begin{cases} \ln A, & p = 1, \\ \dfrac{1}{1-p}(A^{1-p} - 1), & p \neq 1. \end{cases}$$

因此只有 $p > 1$ 时无穷限积分才是收敛的, 此时

$$\int_{1}^{+\infty} \frac{1}{x^p}\,\mathrm{d}x = \lim_{A \to +\infty} \frac{1}{1-p}(A^{1-p} - 1) = \frac{1}{p-1}. \qquad \square$$

一般地, 如果连续函数 f 在 $[a, +\infty)$ 上存在原函数 F, 则由微积分基本定理可知

$$\lim_{A \to +\infty} \int_{a}^{A} f(x)\,\mathrm{d}x = \lim_{A \to +\infty} F(A) - F(a),$$

即此时无穷限积分是否收敛与极限 $\displaystyle\lim_{A \to +\infty} F(A)$ 是否存在是一致的.

例 10.1.2   计算无穷限积分 $\int_{-\infty}^{+\infty} \dfrac{1}{1+x^2}\,\mathrm{d}x$.

解 $\dfrac{1}{1+x^2}$ 的原函数为 $\arctan x$, 因此

$$\int_{-\infty}^{+\infty} \frac{1}{1+x^2}\,\mathrm{d}x = \int_{-\infty}^{0} \frac{1}{1+x^2}\,\mathrm{d}x + \int_{0}^{+\infty} \frac{1}{1+x^2}\,\mathrm{d}x$$

$$= \arctan x\Big|_{-\infty}^{0} + \arctan x\Big|_{0}^{+\infty}$$

$$= \frac{\pi}{2} + \frac{\pi}{2} = \pi. \qquad\qquad \square$$

和无穷限积分类似, 我们也可以利用极限来处理无界函数的积分.

<u>定义 10.1.2</u> (瑕积分)   设函数 f 在 $(a,b]$ 上有定义, 且任给 $a' \in (a,b)$, 均有 $f \in R[a',b]$. 如果极限

$$\lim_{a' \to a^+} \int_{a'}^{b} f(x)\,\mathrm{d}x$$

存在 (且有限), 则称瑕积分 $\int_{a}^{b} f(x)\,\mathrm{d}x$ 存在或收敛, 记为

$$\int_{a}^{b} f(x)\,\mathrm{d}x = \lim_{a' \to a^+} \int_{a'}^{b} f(x)\,\mathrm{d}x,$$

否则就称瑕积分 $\int_{a}^{b} f(x)\,\mathrm{d}x$ 不存在或发散.

不难看出, 若 $f \in R[a,b]$, 则 f 的瑕积分等于其 Riemann 积分. 如果 f 在某一点附近无界, 则称该点为 f 的瑕点. 当 b 为 f 的瑕点时, 可以在 $[a,b)$ 上定义瑕积分如下:

$$\int_{a}^{b} f(x)\,\mathrm{d}x = \lim_{b' \to b^-} \int_{a}^{b'} f(x)\,\mathrm{d}x.$$

设 $c \in (a,b)$ 为 f 在 $[a,b]$ 上的唯一瑕点, 则定义

$$\int_{a}^{b} f(x)\,\mathrm{d}x = \int_{a}^{c} f(x)\,\mathrm{d}x + \int_{c}^{b} f(x)\,\mathrm{d}x,$$

前提是上式右边的两个瑕积分均收敛. 当瑕点不止一个时也可类似地定义瑕积分, 瑕积分的收敛性仍有和无穷限积分类似的基本判别法.

如果一个函数既是无界的, 定义域又是无限区间, 则通过适当地分割区间, 可以把上面两种积分, 即无穷限积分和瑕积分结合起来, 得到的积分统称广义积分, 又称反常积分.

例 10.1.3   讨论积分 $\int_{0}^{1} \dfrac{1}{x^p}\,\mathrm{d}x\ (p \in \mathbb{R})$ 的敛散性.

解 当 $0 < a < 1$ 时,

$$\int_a^1 \frac{1}{x^p} \mathrm{d}x = \begin{cases} -\ln a, & p = 1, \\ \dfrac{1}{1-p}(1 - a^{1-p}), & p \neq 1. \end{cases}$$

因此只有 $p < 1$ 时积分才是收敛的, 此时

$$\int_0^1 \frac{1}{x^p} \mathrm{d}x = \lim_{a \to 0^+} \frac{1}{1-p}(1 - a^{1-p}) = \frac{1}{1-p}. \qquad \square$$

例 10.1.4 计算积分 $\displaystyle\int_{-1}^1 \frac{1}{\sqrt{1-x^2}} \mathrm{d}x$.

解 被积函数有两个瑕点 $=1$. 我们有

$$\int_{-1}^1 \frac{1}{\sqrt{1-x^2}} \mathrm{d}x = \int_{-1}^0 \frac{1}{\sqrt{1-x^2}} \mathrm{d}x + \int_0^1 \frac{1}{\sqrt{1-x^2}} \mathrm{d}x$$
$$= \arcsin x \big|_{-1}^0 + \arcsin x \big|_0^1$$
$$= \frac{\pi}{2} + \frac{\pi}{2} = \pi. \qquad \square$$

广义积分具有和 Riemann 积分类似的性质, 一些运算法则, 例如分部积分、换元法等也可以直接推广过来. 例如, 我们有

定理 10.1.1 设 u, v 在 $[a, +\infty)$ 上可导且 u', v' 在每一个有界的闭子区间 $[a, B]$ 上均可积, 则

$$\int_a^{+\infty} u(x)v'(x) \mathrm{d}x = uv \Big|_a^{+\infty} - \int_a^{+\infty} u'(x)v(x) \mathrm{d}x,$$

即上式右端有意义时, 其左端也有意义且等于右端的值.

证明 当 $B > a$ 时, 由通常的分部积分公式可得

$$\int_a^B u(x)v'(x) \mathrm{d}x = uv \Big|_a^B - \int_a^B u'(x)v(x) \mathrm{d}x,$$

令 $B \to +\infty$ 即得欲证结论. $\qquad \square$

定理 10.1.2 设 $f \in C(a, b)$, φ 是 (α, β) 上严格单调的可导函数, 且 φ' 在 (α, β) 的任何闭子区间上均可积. 若 $\varphi((\alpha, \beta)) \subseteq (a, b)$, 且 $\varphi(\alpha^+) = a$, $\varphi(\beta^-) = b$, 则

$$\int_a^b f(x) \mathrm{d}x = \int_\alpha^\beta f(\varphi(t))\varphi'(t) \mathrm{d}t,$$

即上式右端有意义时, 左端也有意义且等于右端的值.

证明 任取 $[a', b'] \subseteq (a, b)$. 利用介值定理, 我们可以选取 $\alpha', \beta' \in (\alpha, \beta)$, 使得 $\varphi(\alpha') = a'$, $\varphi(\beta') = b'$. 由通常的换元法可得

$$\int_{\varphi(\alpha')}^{\varphi(\beta')} f(x) \mathrm{d}x = \int_{\alpha'}^{\beta'} f(\varphi(t))\varphi'(t) \mathrm{d}t.$$

令 $a' \to a^+$, $b' \to b^-$, 由 φ 严格单调可知 $\alpha' \to \alpha^+$, $\beta' \to \beta^-$, 由此即得欲证结论. $\qquad\square$

例 10.1.5 计算积分 $\displaystyle\int_0^1 \ln x \, \mathrm{d}x$.

解 利用 $\displaystyle\lim_{x \to 0^+} x \ln x = 0$ 得

$$\int_0^1 \ln x \, \mathrm{d}x = x \ln x \Big|_0^1 - \int_0^1 x \cdot \frac{1}{x} \, \mathrm{d}x = -1.$$ $\qquad\square$

例 10.1.6 讨论积分 $\displaystyle\int_0^{+\infty} \cos x^2 \, \mathrm{d}x$ 的敛散性.

解 只要讨论被积函数在 $[1, +\infty)$ 上的积分就可以了. 作变换 $x = \sqrt{t}$ 可得

$$\int_1^{+\infty} \cos x^2 \, \mathrm{d}x = \frac{1}{2} \int_1^{+\infty} \frac{\cos t}{\sqrt{t}} \, \mathrm{d}t.$$

我们利用分部积分和 Cauchy 准则来判断积分的收敛性:

$$\left| \int_A^B \frac{\cos t}{\sqrt{t}} \, \mathrm{d}t \right| = \left| \frac{\sin t}{\sqrt{t}} \Big|_A^B + \frac{1}{2} \int_A^B \frac{\sin t}{t^{\frac{3}{2}}} \, \mathrm{d}t \right|$$

$$\leqslant \frac{1}{\sqrt{A}} + \frac{1}{\sqrt{B}} + \frac{1}{2} \int_A^B t^{-\frac{3}{2}} \, \mathrm{d}t = \frac{2}{\sqrt{A}} \to 0 \quad (B > A \to +\infty).$$

这说明积分是收敛的. $\qquad\square$

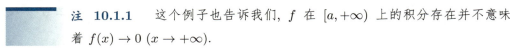 **注 10.1.1** 这个例子也告诉我们, f 在 $[a, +\infty)$ 上的积分存在并不意味着 $f(x) \to 0 \ (x \to +\infty)$.

习题 10.1

1. 设 f 为 $[a, b]$ 上的有界函数. 如果任给 $a' \in (a, b)$, 均有 $f \in R[a', b]$, 证明: $f \in R[a, b]$, 且

$$\lim_{a' \to a^+} \int_{a'}^b f(x) \, \mathrm{d}x = \int_a^b f(x) \, \mathrm{d}x.$$

2. 证明:

$$\frac{\pi}{2\sqrt{2}} < \int_0^1 \frac{\mathrm{d}x}{\sqrt{1 - x^4}} < \frac{\pi}{2}.$$

3. 计算下列无穷限积分:

(1) $\displaystyle\int_2^{+\infty} \frac{\mathrm{d}x}{x(\ln x)^2}$;

(2) $\displaystyle\int_1^{+\infty} \frac{\ln x}{x^2} \, \mathrm{d}x$;

(3) $\displaystyle\int_{e^2}^{+\infty} \frac{\mathrm{d}x}{x \ln x \ln^2(\ln x)}$;

(4) $\displaystyle\int_1^{+\infty} \frac{\mathrm{d}x}{x(1 + x)}$;

(5) $\displaystyle\int_0^{+\infty} \frac{\mathrm{d}x}{(x + 2)(x + 3)}$;

(6) $\displaystyle\int_0^{+\infty} \frac{\mathrm{d}x}{x^2 + 2x + 2}$.

4. 计算下列瑕积分:

(1) $\displaystyle\int_0^1 \frac{x^3\,\mathrm{d}x}{\sqrt{1-x^2}}$;

(2) $\displaystyle\int_{-1}^1 \frac{x\,\mathrm{d}x}{\sqrt{1-x^2}}$;

(3) $\displaystyle\int_{-1}^1 \frac{\arcsin x}{\sqrt{1-x^2}}\,\mathrm{d}x$;

(4) $\displaystyle\int_0^1 \frac{\mathrm{d}x}{(2-x)\sqrt{1-x}}$;

(5) $\displaystyle\int_\alpha^\beta \frac{x\,\mathrm{d}x}{\sqrt{(x-\alpha)(\beta-x)}}$;

(6) $\displaystyle\int_0^1 \frac{\arcsin\sqrt{x}}{\sqrt{x(1-x)}}\,\mathrm{d}x$.

5. 讨论下列广义积分的敛散性:

(1) $\displaystyle\int_0^{+\infty} |\cos x^2|\,\mathrm{d}x$;

(2) $\displaystyle\int_0^{+\infty} \frac{\mathrm{d}x}{\mathrm{e}^x\sqrt{x}}$.

6. 讨论下列瑕积分的敛散性:

(1) $\displaystyle\int_0^1 \frac{\mathrm{d}x}{\sqrt{x}}$;

(2) $\displaystyle\int_0^1 \frac{\ln x}{1-x}\,\mathrm{d}x$;

(3) $\displaystyle\int_0^2 \frac{\mathrm{d}x}{(x-1)^2}$.

7. 设 $g \leqslant f \leqslant h$ 且 g, h 在 $[a,+\infty)$ 上的无穷限积分都收敛, 证明: f 在 $[a,+\infty)$ 上的无穷限积分也收敛.

8. 设 f 为单调递减函数且它在 $[a,+\infty)$ 上的无穷限积分收敛, 证明: $\displaystyle\lim_{x\to+\infty} xf(x)=0$.

9. 设 f 在 $[a,+\infty)$ 上的无穷限积分收敛, 且 f 一致连续, 证明: $\displaystyle\lim_{x\to+\infty} f(x)=0$.

10. 举例说明, 当 f 为正连续函数且它在 $[a,+\infty)$ 上的无穷限积分收敛时, 未必有 $\displaystyle\lim_{x\to+\infty} f(x)=0$.

11. 设 f 为 $(0,1]$ 上的单调递减函数, 证明:

$$\int_0^1 f(x)\,\mathrm{d}x = \lim_{n\to+\infty} \frac{1}{n}\sum_{k=1}^n f\left(\frac{k}{n}\right).$$

12. 利用上一题证明: $\displaystyle\lim_{n\to+\infty} \frac{\sqrt[n]{n!}}{n} = \frac{1}{\mathrm{e}}$.

10.2　广义积分的收敛判别法

我们知道 Cauchy 准则可以用来判断广义积分的敛散性. 下面我们进一步介绍其他的几个判别法. 首先研究非负函数, 注意到如果 f 非负且在有界区间上均可积, 则积分 $\displaystyle\int_a^B f(x)\,\mathrm{d}x$ 关于 B 单调递增, 因此其极限存在当且仅当它有上界, 这就得到了非负函数无穷限积分的如下判别法:

　　定理 10.2.1　设 $f \geqslant 0$ 且在有界区间 $[a,B]$ 上均可积, 则无穷限积分 $\displaystyle\int_a^{+\infty} f(x)\,\mathrm{d}x$ 收敛当且仅当

$$F(B) = \int_a^B f(x)\,dx$$

关于 $B \in [a, +\infty)$ 有界; 对瑕积分有完全类似的结果.

由此又得到如下的比较判别法:

定理 10.2.2　设 $0 \leqslant f \leqslant Mg$, 其中 $M > 0$ 为常数. 如果 f, g 在有界区间 $[a, B]$ 上均可积, 则当无穷限积分 $\int_a^{+\infty} g(x)\,dx$ 收敛时, 无穷限积分 $\int_a^{+\infty} f(x)\,dx$ 也收敛; 当无穷限积分 $\int_a^{+\infty} f(x)\,dx$ 发散时, 无穷限积分 $\int_a^{+\infty} g(x)\,dx$ 也发散; 瑕积分有完全类似的结果.

证明　令

$$F(B) = \int_a^B f(x)\,dx, \quad G(B) = \int_a^B g(x)\,dx,$$

则 $0 \leqslant F(B) \leqslant M \cdot G(B), \forall\, B \in [a, +\infty)$. 因此, 当 $G(B)$ 有界时 $F(B)$ 也有界, 当 $F(B)$ 无界时 $G(B)$ 也无界.　　　　　　　　　　　　　　　□

注 10.2.1　(1) 通常利用极限去找 M. 如果极限 $l = \lim\limits_{x \to +\infty} \dfrac{f(x)}{g(x)}$ 存在, 则当 $0 < l < +\infty$ 时, 无穷限积分 $\int_a^{+\infty} f(x)\,dx$ 和 $\int_a^{+\infty} g(x)\,dx$ 同时收敛或发散; 当 $l = 0$ 时, 如果 $\int_a^{+\infty} g(x)\,dx$ 收敛, 则 $\int_a^{+\infty} f(x)\,dx$ 也收敛; 当 $l = +\infty$ 时, 如果 $\int_a^{+\infty} g(x)\,dx$ 发散, 则 $\int_a^{+\infty} f(x)\,dx$ 也发散.

(2) 我们可以将函数 f 与 x^{-p} 比较, 则得到如下的 Cauchy 判别法:

(i) 如果 $p > 1$, 且存在常数 $C > 0$, 使得

$$0 \leqslant f(x) \leqslant \frac{C}{x^p} \quad (\forall\, x \geqslant x_0),$$

则 $\int_a^{+\infty} f(x)\,dx$ 收敛;

(ii) 如果 $p \leqslant 1$, 且存在常数 $C > 0$, 使得

$$f(x) \geqslant \frac{C}{x^p} \quad (\forall\, x \geqslant x_0),$$

则 $\int_a^{+\infty} f(x)\,dx$ 发散;

通常利用极限取寻找 C. 设极限 $\lim\limits_{x \to +\infty} x^p f(x) = l$ 存在, 则

(iii) 如果 $p > 1, 0 \leqslant l < +\infty$, 则 $\int_a^{+\infty} f(x)\,dx$ 收敛;

(iv) 如果 $p \leqslant 1, 0 < l \leqslant +\infty$, 则 $\int_a^{+\infty} f(x)\,dx$ 发散.

(3) 类似地, 考虑以 a 为瑕点的瑕积分 $\int_a^b f(x)\,dx$, 有

(i) 如果 $p < 1$, 且存在常数 $C > 0$, 使得 $0 \leqslant f(x) \leqslant C(x-a)^{-p}$, 则瑕积分 $\int_a^b f(x)\,\mathrm{d}x$ 收敛;

(ii) 如果 $p \geqslant 1$, 且存在常数 $C > 0$, 使得 $f(x) \geqslant C(x-a)^{-p}$, 则瑕积分 $\int_a^b f(x)\,\mathrm{d}x$ 发散;

我们往往通过求极限去寻找 C. 设 $\lim\limits_{x \to a^+}(x-a)^p f(x) = l$ 存在, 则

(iii) 如果 $p < 1, 0 \leqslant l < +\infty$, 则瑕积分 $\int_a^b f(x)\,\mathrm{d}x$ 收敛;

(iv) 如果 $p \geqslant 1, 0 < l \leqslant +\infty$, 则瑕积分 $\int_a^b f(x)\,\mathrm{d}x$ 发散.

例 10.2.1 判别积分 $\int_1^{+\infty} \dfrac{1}{x\sqrt{x^2+x+1}}\,\mathrm{d}x$ 的敛散性.

解 因为
$$0 \leqslant \frac{1}{x\sqrt{x^2+x+1}} \leqslant x^{-2}, \quad \forall\, x \geqslant 1,$$
所以积分是收敛的. □

例 10.2.2 判别积分 $\int_1^{+\infty} x^a \mathrm{e}^{-x}\,\mathrm{d}x$ $(a \in \mathbb{R})$ 的敛散性.

解 因为
$$\lim_{x \to +\infty} x^2 x^a \mathrm{e}^{-x} = \lim_{x \to +\infty} \frac{x^{2+a}}{\mathrm{e}^x} = 0,$$
所以积分是收敛的. □

例 10.2.3 判别积分 $\int_1^{+\infty} \dfrac{1}{x(1+\ln x)}\,\mathrm{d}x$ 的敛散性.

解 被积函数有原函数 $F(x) = \ln(1+\ln x)$, 由 Newton-Leibniz 公式易见积分是发散的. □

这里要提醒读者注意, 比较判别法只适用于不变号的函数. 对于变号函数的广义积分, 有时可以化为非负函数的积分来判断它是否收敛.

设 f 为函数, 记
$$f^+(x) = \max\{0, f(x)\}, \quad f^-(x) = \max\{0, -f(x)\},$$
则 f^+ 和 f^- 均为非负函数, 且 $f = f^+ - f^-$. 因此, 当 f^+ 和 f^- 的广义积分均收敛时, f 的广义积分也收敛, 此时称 f 的广义积分**绝对收敛**, 采用这个称呼的部分原因是 $|f| = f^+ + f^-$ 的广义积分的确是收敛的. 如果 f 的广义积分收敛, 但 $|f|$ 的广义积分发散, 则称 f 的广义积分**条件收敛**.

设 f, g 在有界区间 $[a, B]$ 上均可积, 且
$$|f(x)| \leqslant g(x), \quad \forall\, x \geqslant x_0,$$

则当积分 $\displaystyle\int_a^{+\infty} g(x)\,\mathrm{d}x$ 收敛时, 积分 $\displaystyle\int_a^{+\infty} f(x)\,\mathrm{d}x$ 绝对收敛. 这只要注意到 $f^+ \leqslant g$, $f^- \leqslant g$ 并利用比较判别法即可.

例 10.2.4 判别积分 $\displaystyle\int_1^{+\infty} \frac{\cos x}{x^p}\,\mathrm{d}x \ (p > 1)$ 是否绝对收敛.

解 因为

$$\left|\frac{\cos x}{x^p}\right| \leqslant x^{-p}, \quad \forall\, x \geqslant 1,$$

而 $p > 1$ 时 x^{-p} 积分收敛, 所以原积分是绝对收敛的. □

例 10.2.5 判别积分 $\displaystyle\int_1^{+\infty} \cos(x^p)\,\mathrm{d}x \ (p > 1)$ 的敛散性, 若收敛则判断它是否绝对收敛.

解 利用变量代换 $x = t^{\frac{1}{p}}$ 以及前节最后例子中的办法不难看出积分是收敛的. 另一方面, 注意到

$$|\cos(x^p)| \geqslant \cos^2(x^p) = \frac{1}{2}\big(1 + \cos(2x^p)\big),$$

函数 $\cos(2x^p)$ 的无穷限积分是收敛的, 因此 $|\cos(x^p)|$ 在 $[1, +\infty)$ 上的无穷限积分是发散的. □

对于两个函数乘积的广义积分, 在某些情形下利用积分第二中值公式可以判断积分是否条件收敛.

定理 10.2.3 (Dirichlet) 设当 $B > a$ 时函数 f, g 在有界区间 $[a, B]$ 上均可积, 如果积分 $\displaystyle F(B) = \int_a^B f(x)\,\mathrm{d}x$ 关于 $B \in [a, +\infty)$ 有界, 函数 g 在 $[a, +\infty)$ 上单调, 且 $\displaystyle\lim_{x\to+\infty} g(x) = 0$, 则无穷限积分 $\displaystyle\int_a^{+\infty} f(x)g(x)\,\mathrm{d}x$ 收敛.

证明 设 $|F(B)| \leqslant C, \forall\, B \geqslant a$. 则当 $B \geqslant A \geqslant a$ 时, 有

$$\left|\int_A^B f(x)\,\mathrm{d}x\right| = \left|\int_a^B f(x)\,\mathrm{d}x - \int_a^A f(x)\,\mathrm{d}x\right| \leqslant 2C,$$

又因为 $\displaystyle\lim_{x\to+\infty} g(x) = 0$, 所以任给 $\varepsilon > 0$, 存在 $M > a$, 使得当 $x > M$ 时

$$|g(x)| \leqslant \frac{\varepsilon}{4C}.$$

由积分第二中值定理, 当 $B > A > M$ 时, 有

$$\left|\int_A^B f(x)g(x)\,\mathrm{d}x\right| = \left|g(A)\int_A^\xi f(x)\,\mathrm{d}x + g(B)\int_\xi^B f(x)\,\mathrm{d}x\right|$$

$$\leqslant \frac{\varepsilon}{4C}\left|\int_A^\xi f(x)\,\mathrm{d}x\right| + \frac{\varepsilon}{4C}\left|\int_\xi^B f(x)\,\mathrm{d}x\right|$$

$$\leqslant \frac{\varepsilon}{4C}2C + \frac{\varepsilon}{4C}2C = \varepsilon.$$

由 Cauchy 准则即得欲证结论. □

例 10.2.6　判断积分 $\displaystyle\int_0^{+\infty} \frac{\sin x}{x^p} \,\mathrm{d}x \ (0 < p < 2)$ 的敛散性.

解　因为

$$\lim_{x \to 0^+} x^{p-1} \frac{\sin x}{x^p} = 1,$$

所以在 $(0,1]$ 上 $\dfrac{\sin x}{x^p}$ 的瑕积分的敛散性和 x^{1-p} 的瑕积分的敛散性一致, 而当 $p < 2$ 时 x^{1-p} 在 $(0,1]$ 上的瑕积分收敛. 下面只要判断 $\dfrac{\sin x}{x^p}$ 在 $[1,+\infty)$ 上的无穷限积分的敛散性即可. 由于积分 $\displaystyle\int_1^A \sin x\,\mathrm{d}x$ 显然有界, 而 $\dfrac{1}{x^p} \ (p > 0)$ 在 $[1,+\infty)$ 上单调地趋于零, 故由 Dirichlet 判别法知原积分是收敛的. □

定理 10.2.4 (Abel)　设当 $B > a$ 时函数 f, g 在有界区间 $[a, B]$ 上均可积, 如果积分 $\displaystyle\int_a^{+\infty} f(x)\,\mathrm{d}x$ 收敛, 且 g 在 $[a, +\infty)$ 上单调有界, 则积分 $\displaystyle\int_a^{+\infty} f(x)g(x)\,\mathrm{d}x$ 也收敛.

证明　由题设可知 $F(B) = \displaystyle\int_a^B f(x)\,\mathrm{d}x$ 关于 $B \in [a, +\infty)$ 有界. 由 g 单调有界可知极限 $\displaystyle\lim_{x \to +\infty} g(x)$ 存在, 记为 α. 此时, fg 可以写成

$$fg = f \cdot (g - \alpha) + \alpha f(x).$$

由 Dirichlet 判别法可知 $f \cdot (g - \alpha)$ 的积分收敛, 从而 fg 的积分也收敛. □

这些判别法对于瑕积分也有完全类似的表达形式, 我们不再赘述.

例 10.2.7　设 $a \geqslant 0$, 研究积分 $\displaystyle\int_0^{+\infty} \mathrm{e}^{-ax} \frac{\sin x}{x} \,\mathrm{d}x$ 的敛散性.

解　函数 e^{-ax} 在 $[0, +\infty)$ 上单调递减且有界, 函数 $\dfrac{\sin x}{x}$ 在 $[0, +\infty)$ 上的积分收敛, 因此由 Abel 判别法知原积分收敛. □

例 10.2.8　判断积分 $\displaystyle\int_1^{+\infty} \frac{\sin x}{x^p} \arctan x \,\mathrm{d}x \ (p > 0)$ 的敛散性.

解　令 $f(x) = \dfrac{\sin x}{x^p}$, $g(x) = \arctan x$, 则 f 在 $[1, +\infty)$ 上的积分收敛, 而 g 在 $[1, +\infty)$ 上单调有界, 故由 Abel 判别法知原积分收敛. □

习题 10.2

1. 研究下列无穷限积分的敛散性:

(1) $\displaystyle\int_1^{+\infty} \frac{\mathrm{d}x}{\sqrt[3]{x^4 + 1}}$;

(2) $\displaystyle\int_0^{+\infty} \frac{\mathrm{d}x}{1 + \sqrt{x}}$;

(3) $\displaystyle\int_0^{+\infty} \frac{x^3 \,\mathrm{d}x}{\sqrt{1 + x^7}}$;

(4) $\displaystyle\int_0^{+\infty} \frac{\sin^2 x}{\sqrt{x}} \,\mathrm{d}x$;

(5) $\displaystyle\int_1^{+\infty} \frac{x \arctan x}{1 + x^3} \,\mathrm{d}x$;

(6) $\displaystyle\int_1^{+\infty} \frac{x^2 \,\mathrm{d}x}{\sqrt{1 + x^6}}$;

(7) $\displaystyle\int_0^{+\infty} \frac{\cos x}{1+x^2}\,\mathrm{d}x;$　　　　　(8) $\displaystyle\int_1^{+\infty} \frac{\ln(1+x)}{x^n}\,\mathrm{d}x;$

(9) $\displaystyle\int_1^{+\infty} \frac{\pi/2 - \arctan x}{x}\,\mathrm{d}x.$

2. 研究下列瑕积分的敛散性:

(1) $\displaystyle\int_0^1 \frac{\mathrm{d}x}{\sqrt[3]{1-x^3}};$　　　　　(2) $\displaystyle\int_0^1 \frac{\mathrm{d}x}{\sqrt{x}\ln x};$

(3) $\displaystyle\int_0^1 \frac{\mathrm{d}x}{\sqrt{1-x^4}};$　　　　　(4) $\displaystyle\int_0^\pi \frac{\mathrm{d}x}{\sqrt{\sin x}};$

(5) $\displaystyle\int_0^1 \frac{1-\cos x}{x^p}\,\mathrm{d}x;$　　　　　(6) $\displaystyle\int_0^1 \frac{1}{\ln x}\,\mathrm{d}x;$

(7) $\displaystyle\int_0^1 \frac{1}{x^p}\sin\frac{1}{x}\,\mathrm{d}x;$　　　　　(8) $\displaystyle\int_0^1 \frac{\ln x}{1-x^2}\,\mathrm{d}x;$

(9) $\displaystyle\int_0^1 \frac{x^{p-1} - x^{q-1}}{\ln x}\,\mathrm{d}x.$

3. 研究下列积分的绝对收敛性和条件收敛性:

(1) $\displaystyle\int_1^{+\infty} \frac{\sin\sqrt{x}}{x}\,\mathrm{d}x;$　　　　　(2) $\displaystyle\int_1^{+\infty} \frac{\cos x}{x}\,\mathrm{d}x;$

(3) $\displaystyle\int_e^{+\infty} \frac{\ln(\ln x)}{\ln x}\sin x\,\mathrm{d}x;$　　　　　(4) $\displaystyle\int_0^{+\infty} \frac{\sqrt{x}\sin x}{1+x}\,\mathrm{d}x;$

(5) $\displaystyle\int_1^{+\infty} \frac{\sin\dfrac{1}{x}}{x}\,\mathrm{d}x;$　　　　　(6) $\displaystyle\int_1^{+\infty} (\ln x)^p \frac{\sin x}{x}\,\mathrm{d}x.$

4. 判别下列积分的敛散性:

(1) $\displaystyle\int_0^{+\infty} \sin(x^p)\,\mathrm{d}x;$　　　　　(2) $\displaystyle\int_0^{+\infty} \frac{\cos x}{x^p}\,\mathrm{d}x;$

(3) $\displaystyle\int_0^{+\infty} \frac{1-\cos x}{x}\mathrm{e}^{-x}\,\mathrm{d}x;$　　　　　(4) $\displaystyle\int_1^{+\infty} \frac{\mathrm{d}x}{x^p\ln^q x};$

(5) $\displaystyle\int_0^{+\infty} \frac{\sin x\cos\dfrac{1}{x}}{x^p}\,\mathrm{d}x;$　　　　　(6) $\displaystyle\int_0^{+\infty} \frac{\cos x\sin\dfrac{1}{x}}{x^p}\,\mathrm{d}x.$

5. 设 $f\in C[1,+\infty)$, 如果 $\displaystyle\int_1^{+\infty} f^2(x)\,\mathrm{d}x$ 收敛, 证明: $\displaystyle\int_1^{+\infty} \frac{f(x)}{x}\,\mathrm{d}x$ 绝对收敛.

6. 设 $b>0$ 时 f 在有界区间 $(0,b)$ 上的积分均收敛, 且 $\displaystyle\lim_{x\to+\infty} f(x)=0$. 证明:

$$\lim_{b\to+\infty} \frac{1}{b}\int_0^b f(x)\,\mathrm{d}x = 0.$$

7. 设 $f\in C[0,+\infty)$, 如果 f 处处为正且 $\displaystyle\int_0^{+\infty} \frac{\mathrm{d}x}{f(x)}$ 收敛, 证明:

$$\lim_{b\to+\infty} \frac{1}{b^2}\int_0^b f(x)\,\mathrm{d}x = +\infty.$$

8. 设 f 在 $[0, +\infty)$ 上单调递减地趋于零, 证明: 积分

$$\int_0^{+\infty} f(x)\,\mathrm{d}x \quad \text{与} \quad \int_0^{+\infty} f(x)\sin^2 x\,\mathrm{d}x$$

同时收敛或发散.

9. 设 γ 为 Euler 常数, 证明:

$$\int_1^{+\infty} \left(\frac{1}{[x]} - \frac{1}{x} \right) \mathrm{d}x = \gamma.$$

10. 研究广义积分 $\displaystyle\int_0^{+\infty} \frac{\mathrm{d}x}{1 + x^4 \sin^2 x}$ 的敛散性.

11. 设 $p > 0$, 研究广义积分 $\displaystyle\int_1^{+\infty} \frac{\sin x}{x^p + \sin x}\,\mathrm{d}x$ 的敛散性.

12. 设 $p \in \mathbb{R}$, 研究广义积分 $\displaystyle\int_0^{+\infty} \frac{\sin\left(x + \dfrac{1}{x}\right)}{x^p}\,\mathrm{d}x$ 的敛散性.

10.3 广义积分的几个例子

我们来计算几个常见的广义积分.

例 10.3.1 计算积分 $I = \displaystyle\int_0^{+\infty} \mathrm{e}^{-ax} \sin bx\,\mathrm{d}x \ (a > 0).$

解 利用分部积分可以计算出被积函数的一个原函数

$$F(x) = -\frac{a\sin bx + b\cos bx}{a^2 + b^2}\mathrm{e}^{-ax},$$

因此, 由 Newton-Leibniz 公式, 有

$$I = F(+\infty) - F(0) = -F(0) = \frac{b}{a^2 + b^2}. \qquad \square$$

例 10.3.2 计算积分 $I = \displaystyle\int_0^{+\infty} \frac{1}{1 + x^4}\,\mathrm{d}x.$

解 令 $x = \dfrac{1}{t}$ 可得

$$I = \int_0^{+\infty} \frac{t^{-2}\,\mathrm{d}t}{1 + t^{-4}} = \int_0^{+\infty} \frac{t^2\,\mathrm{d}t}{1 + t^4},$$

这说明

$$2I = \int_0^{+\infty} \frac{1 + x^2}{1 + x^4}\,\mathrm{d}x = \int_0^{+\infty} \frac{1 + x^{-2}}{x^2 + x^{-2}}\,\mathrm{d}x$$

$$= \int_0^{+\infty} \frac{(x - 1/x)' \, \mathrm{d}x}{(x - 1/x)^2 + 2} = \int_{-\infty}^{+\infty} \frac{\mathrm{d}u}{u^2 + 2}$$

$$= \frac{1}{\sqrt{2}} \arctan \frac{u}{\sqrt{2}} \Big|_{-\infty}^{+\infty} = \frac{\pi}{\sqrt{2}}.$$

这说明 $I = \dfrac{\pi}{2\sqrt{2}}$. □

例 10.3.3　设 n 为非负整数, 计算积分 $I_n = \displaystyle\int_0^{+\infty} x^n \mathrm{e}^{-x} \, \mathrm{d}x$.

解　当 $n = 0$ 时, $I_0 = -\mathrm{e}^{-x} \big|_0^{+\infty} = 1$. 当 $n \geqslant 1$ 时, 由分部积分可得

$$I_n = \int_0^{+\infty} x^n \mathrm{e}^{-x} \, \mathrm{d}x = -\mathrm{e}^{-x} x^n \Big|_0^{+\infty} + n \int_0^{+\infty} x^{n-1} \mathrm{e}^{-x} \, \mathrm{d}x$$

$$= n \int_0^{+\infty} x^{n-1} \mathrm{e}^{-x} \, \mathrm{d}x = n I_{n-1},$$

这说明 $I_n = n!$. □

例 10.3.4　设 n 为正整数, 计算积分 $I_n = \displaystyle\int_0^{+\infty} \frac{1}{(1 + x^2)^n} \, \mathrm{d}x$.

解　当 $n = 1$ 时, $I_1 = \arctan x \big|_0^{+\infty} = \dfrac{\pi}{2}$. 当 $n \geqslant 2$ 时,

$$I_n = \int_0^{+\infty} \frac{1}{(1 + x^2)^n} \, \mathrm{d}x = \int_0^{+\infty} \frac{1 + x^2 - x^2}{(1 + x^2)^n} \, \mathrm{d}x$$

$$= I_{n-1} - \int_0^{+\infty} \frac{x^2 \, \mathrm{d}x}{(1 + x^2)^n}$$

$$= I_{n-1} + \frac{1}{2(n-1)} \frac{x}{(1 + x^2)^{n-1}} \Big|_0^{+\infty} - \frac{1}{2(n-1)} \int_0^{+\infty} \frac{1}{(1 + x^2)^{n-1}} \, \mathrm{d}x$$

$$= \frac{2n - 3}{2n - 2} I_{n-1}.$$

这说明 $I_n = \dfrac{\pi}{2} \dfrac{(2n-3)!!}{(2n-2)!!}$. □

注 10.3.1　也可以利用变换 $x = \tan t$ 化为例 9.4.6.

例 10.3.5　计算 Euler-Poisson[①] 积分 $\displaystyle\int_0^{+\infty} \mathrm{e}^{-x^2} \, \mathrm{d}x$.

解　从不等式 $\mathrm{e}^t \geqslant 1 + t$ 可得 $1 - x^2 \leqslant \mathrm{e}^{-x^2} \leqslant (1 + x^2)^{-1}$. 当 $n \geqslant 1$ 时, 就有

$$\int_0^1 (1 - x^2)^n \, \mathrm{d}x \leqslant \int_0^1 \mathrm{e}^{-nx^2} \, \mathrm{d}x \leqslant \int_0^{+\infty} \mathrm{e}^{-nx^2} \, \mathrm{d}x \leqslant \int_0^{+\infty} \frac{\mathrm{d}x}{(1 + x^2)^n},$$

---

① Poisson, Siméon Denis, 1781 年 6 月 21 日—1840 年 4 月 25 日, 法国数学家、物理学家.

上式左边利用变量代换 $x = \cos t$ 以及例 9.4.6, 中间利用 $x = \dfrac{t}{\sqrt{n}}$, 右边利用前一例, 最后得到

$$\frac{(2n)!!}{(2n+1)!!} \leqslant \frac{1}{\sqrt{n}} \int_0^{+\infty} \mathrm{e}^{-t^2} \, \mathrm{d}t \leqslant \frac{\pi}{2} \frac{(2n-3)!!}{(2n-2)!!},$$

两边乘 $\sqrt{n}$, 再利用 Wallis 公式不难看出, 当 $n \to \infty$ 时, 左右极限均为 $\dfrac{\sqrt{\pi}}{2}$, 这说明

$$\int_0^{+\infty} \mathrm{e}^{-t^2} \, \mathrm{d}t = \frac{\sqrt{\pi}}{2}. \tag{10.3.1}$$

例 10.3.6　计算积分 $\displaystyle\int_0^{+\infty} \frac{\sin^2 x}{x^2} \, \mathrm{d}x$.

解　当 $n \geqslant 0$ 时, 利用等式 $\sin(2n+1)x - \sin(2n-1)x = 2\sin x \cos 2nx$ 易得

$$\int_0^{\frac{\pi}{2}} \frac{\sin(2n+1)x}{\sin x} \, \mathrm{d}x = \frac{\pi}{2}. \tag{10.3.2}$$

再利用等式 $\sin^2 nx - \sin^2(n-1)x = \sin(2n-1)x \sin x$ 可得

$$\int_0^{\frac{\pi}{2}} \frac{\sin^2 nx}{\sin^2 x} \, \mathrm{d}x = \sum_{k=1}^n \int_0^{\frac{\pi}{2}} \frac{\sin(2k-1)x}{\sin x} \, \mathrm{d}x = \frac{\pi}{2} n. \tag{10.3.3}$$

当 $x \in \left(0, \dfrac{\pi}{2}\right)$ 时, 注意到

$$0 < \frac{1}{\sin^2 x} - \frac{1}{x^2} = 1 + \frac{1}{\tan^2 x} - \frac{1}{x^2} < 1, \tag{10.3.4}$$

这说明

$$\begin{aligned}
\int_0^{+\infty} \frac{\sin^2 x}{x^2} \, \mathrm{d}x &= \lim_{n \to +\infty} \int_0^{\frac{\pi}{2}n} \frac{\sin^2 x}{x^2} \, \mathrm{d}x = \lim_{n \to +\infty} \frac{1}{n} \int_0^{\frac{\pi}{2}} \frac{\sin^2 nx}{x^2} \, \mathrm{d}x \\
&= \lim_{n \to +\infty} \frac{1}{n} \int_0^{\frac{\pi}{2}} \sin^2 nx \left(\frac{1}{x^2} - \frac{1}{\sin^2 x} \right) \mathrm{d}x + \lim_{n \to +\infty} \frac{1}{n} \int_0^{\frac{\pi}{2}} \frac{\sin^2 nx}{\sin^2 x} \, \mathrm{d}x \\
&= 0 + \frac{\pi}{2} = \frac{\pi}{2}. \qquad\qquad\qquad \square
\end{aligned}$$

例 10.3.7　计算 Euler 积分 $I = \displaystyle\int_0^{\frac{\pi}{2}} \ln \sin x \, \mathrm{d}x$.

解　令 $x = \dfrac{\pi}{2} - t$ 可得

$$I = \int_0^{\frac{\pi}{2}} \ln \cos t \, \mathrm{d}t,$$

这说明

$$\begin{aligned}
2I &= \int_0^{\frac{\pi}{2}} \ln(\sin t \cos t) \, \mathrm{d}t = \int_0^{\frac{\pi}{2}} \ln \sin 2t \, \mathrm{d}t - \frac{\pi}{2} \ln 2 \\
&= \frac{1}{2} \int_0^{\pi} \ln \sin x \, \mathrm{d}x - \frac{\pi}{2} \ln 2.
\end{aligned}$$

在 $\left[\dfrac{\pi}{2}, \pi\right]$ 中令 $x = \pi - t$ 可得

$$\int_{\frac{\pi}{2}}^{\pi} \ln \sin x \, \mathrm{d}x = I,$$

这说明 $2I = I - \dfrac{\pi}{2} \ln 2$, 即 $I = -\dfrac{\pi}{2} \ln 2$. □

例 10.3.8 设 f 是定义在 $(0, +\infty)$ 上的函数, 如果任给 $b > a > 0$, 积分 $\displaystyle\int_a^b \dfrac{f(x)}{x} \, \mathrm{d}x$ 均存在, 且

$$\lim_{x \to 0^+} f(x) = L, \quad \lim_{x \to +\infty} f(x) = M,$$

求 Frullani 积分 $I = \displaystyle\int_0^{+\infty} \dfrac{f(\alpha x) - f(\beta x)}{x} \, \mathrm{d}x$, 其中 $\alpha, \beta > 0$.

解 不妨设 $\alpha > \beta$. 任给 $b > a > 0$, 利用换元法以及积分第一中值定理可得

$$\begin{aligned}
\int_a^b \frac{f(\alpha x) - f(\beta x)}{x} \, \mathrm{d}x &= \int_a^b \frac{f(\alpha x)}{x} \, \mathrm{d}x - \int_a^b \frac{f(\beta x)}{x} \, \mathrm{d}x \\
&= \int_{a\alpha}^{b\alpha} \frac{f(y)}{y} \, \mathrm{d}y - \int_{a\beta}^{b\beta} \frac{f(y)}{y} \, \mathrm{d}y \\
&= \int_{b\beta}^{b\alpha} \frac{f(y)}{y} \, \mathrm{d}y - \int_{a\beta}^{a\alpha} \frac{f(y)}{y} \, \mathrm{d}y \\
&= \lambda \int_{b\beta}^{b\alpha} \frac{1}{y} \, \mathrm{d}y - \mu \int_{a\beta}^{a\alpha} \frac{1}{y} \, \mathrm{d}y \\
&= \lambda \ln \frac{\alpha}{\beta} - \mu \ln \frac{\alpha}{\beta},
\end{aligned}$$

其中

$$\inf_{[b\beta, b\alpha]} f \leqslant \lambda \leqslant \sup_{[b\beta, b\alpha]} f, \quad \inf_{[a\beta, a\alpha]} f \leqslant \mu \leqslant \sup_{[a\beta, a\alpha]} f.$$

令 $a \to 0^+$, $b \to +\infty$ 即得 $I = (M - L) \ln \dfrac{\alpha}{\beta}$. □

习题 10.3

1. 设 $a > 0$, 计算积分 $\displaystyle\int_0^{+\infty} \mathrm{e}^{-ax} \cos bx \, \mathrm{d}x$.

2. 设 n 为正整数, $a > 0$, 计算下列积分:

(1) $\displaystyle\int_0^{+\infty} x^{2n-1} \mathrm{e}^{-x^2} \, \mathrm{d}x$; (2) $\displaystyle\int_0^{+\infty} \dfrac{\mathrm{d}x}{(x^2 + a^2)^n}$;

(3) $\displaystyle\int_0^{+\infty} \mathrm{e}^{-ax} \sin^n x \, \mathrm{d}x$.

3. 计算积分 $I = \displaystyle\int_0^{+\infty} \dfrac{1}{1 + x^6} \, \mathrm{d}x$.

4. 利用例 10.3.6 证明: $\displaystyle\int_0^{+\infty} \frac{\sin x}{x}\,\mathrm{d}x = \frac{\pi}{2}$.

5. 计算下列积分:

(1) $\displaystyle\int_0^{\pi} x\ln\sin x\,\mathrm{d}x;$
(2) $\displaystyle\int_0^{\frac{\pi}{2}} x\cot x\,\mathrm{d}x;$

(3) $\displaystyle\int_0^1 \frac{\arcsin x}{x}\,\mathrm{d}x;$
(4) $\displaystyle\int_0^{\pi} \frac{x\sin x}{1-\cos x}\,\mathrm{d}x;$

(5) $\displaystyle\int_0^{\frac{\pi}{2}} \frac{x^2}{\sin^2 x}\,\mathrm{d}x;$
(6) $\displaystyle\int_0^{\pi} \frac{x^2}{1-\cos x}\,\mathrm{d}x.$

6. 设 $\alpha \in \mathbb{R}$, 计算下列积分:

(1) $\displaystyle\int_0^{+\infty} \frac{\mathrm{d}x}{(1+x^2)(1+x^\alpha)};$
(2) $\displaystyle\int_0^{+\infty} \frac{\ln x}{1+x^2}\,\mathrm{d}x.$

7. 计算积分 $\displaystyle\int_0^{\frac{\pi}{2}} \left(\sqrt{\tan x} + \sqrt{\cot x}\right)\,\mathrm{d}x.$

8. 设广义积分 $\displaystyle\int_0^{+\infty} f(x^2)\,\mathrm{d}x$ 收敛, $a,b > 0$, 证明:

$$\int_0^{+\infty} f\left((ax-b/x)^2\right)\,\mathrm{d}x = \frac{1}{a}\int_0^{+\infty} f(y^2)\,\mathrm{d}y.$$

9. 设 $f \in C(-\infty, +\infty)$, 且

$$\lim_{x\to-\infty} f(x) = L, \quad \lim_{x\to+\infty} f(x) = M.$$

当 $\alpha > 0$ 时, 证明: 积分

$$\int_{-\infty}^{+\infty} (f(x+\alpha) - f(x))\,\mathrm{d}x$$

收敛, 并计算它的值.

10. 设 $f \in C[0,+\infty)$, 且积分 $\displaystyle\int_1^{+\infty} \frac{f(x)}{x}\,\mathrm{d}x$ 收敛. 当 $\alpha, \beta > 0$ 时, 证明:

$$\int_0^{+\infty} \frac{f(\alpha x) - f(\beta x)}{x}\,\mathrm{d}x = f(0)\ln\frac{\beta}{\alpha}.$$

11. 设 $f \in C(0,+\infty)$, $\displaystyle\lim_{x\to+\infty} f(x) = M$ 存在, 且积分 $\displaystyle\int_0^1 \frac{f(x)}{x}\,\mathrm{d}x$ 收敛. 当 $\alpha, \beta > 0$ 时, 证明:

$$\int_0^{+\infty} \frac{f(\alpha x) - f(\beta x)}{x}\,\mathrm{d}x = M\ln\frac{\beta}{\alpha}.$$

12. 设 $\alpha, \beta > 0$, 计算下列积分:

(1) $\displaystyle\int_0^{+\infty} \frac{\mathrm{e}^{-\alpha x} - \mathrm{e}^{-\beta x}}{x}\,\mathrm{d}x;$
(2) $\displaystyle\int_0^{+\infty} \frac{\cos(\alpha x) - \cos(\beta x)}{x}\,\mathrm{d}x.$

第十一章

数项级数

从本章开始, 我们将陆续讨论数学分析的另一重要板块: (可数) 无穷多个实数或函数的求和问题, 即所谓的**无穷级数理论**. 无穷级数本质上是利用极限这一强大的分析工具, 把初等数学中有限个元素的求和 (更一般地, 有限个元素的代数运算) 推广到无穷多个元素的求和 (或相应的代数运算).

无穷求和问题是初等数学有限项求和的一种自然推广. 粗略地说, 它有两种主要的表现形式, 一种是离散型求和, 一种是连续型求和. 离散型求和就是下面将要讨论的级数, 而连续型求和主要是与积分和广义积分有关, 在其他章节另有讨论. 离散型求和又大致分成两部分, 一部分是考虑无穷多个数相加的问题, 即所谓的数项级数理论; 另一部分则重点讨论无穷多个函数相加的问题, 即所谓的函数项级数理论.

本章我们主要讨论数项级数. 在引入了级数的收敛发散定义后, 我们将给出级数敛散性的判定方法以及收敛级数的基本性质. 作为本章的主要内容之一, 我们将系统回答实数求和的基本问题, 如果用初等数学的语言表述的话, 就是三律问题: 结合律、交换律, 以及加法对乘法的分配律. 我们得到一个高度概括的充分条件: 对于**绝对收敛**的级数, 初等数学中有限个元素间的三律运算可以推广到级数.

11.1   级数敛散性定义与基本性质

11.1.1   级数敛散性定义

数项级数是指可数无穷多个数的相加问题, 它是初等数学中有限个实数相加的自然推广. 本章内容的基本出发点是考虑可数无穷多个实数的求和, 虽然对复数的求和也有平行的结构和相似的理论.

设 $a_1, a_2, \cdots a_n, \cdots$ 为一给定的实数列, 则**形式上**的求和 (可理解为一个形式记号而已)

$$\sum_{n=1}^{+\infty} a_n = a_1 + a_2 + \cdots + a_n + \cdots \tag{11.1.1}$$

称为**无穷级数**, a_n 称为级数的**通项**或**一般项**,

$$S_n = \sum_{k=1}^{n} a_k = a_1 + a_2 + \cdots + a_n \tag{11.1.2}$$

称为级数的第 n 个**部分和**, $\{S_n\}$ 称为级数的**部分和序列**或**部分和数列**,

$$T_n = \sum_{k=n}^{+\infty} a_k = a_n + a_{n+1} + \cdots \tag{11.1.3}$$

称为级数的第 n 个**余项和** [①] 或简称**余和**.

形式记号 (11.1.1) 能否赋予实质内涵, 这一问题可以通过级数的收敛和发散这些概念来实现, 而级数的敛散性可以通过部分和数列 $\{S_n\}$ 的敛散性来定义, 即

<u>定义 11.1.1</u> 给定形如 (11.1.1) 的级数 $\sum\limits_{n=1}^{+\infty} a_n$, 如果部分和序列 $\{S_n\}$ 极限存在且为有限 $\lim\limits_{n\to+\infty} S_n = S$, 则称级数 (11.1.1) **收敛**, 简记为 $\sum\limits_{n=1}^{+\infty} a_n \in c$ (convergent), 并称其**和**为 S, 记为

$$\sum_{n=1}^{+\infty} a_n = S. \tag{11.1.4}$$

否则, 称该级数**发散**, 简记为 $\sum\limits_{n=1}^{+\infty} a_n \in d$ (divergent). 特别地, 如果数列 $\{S_n\}$ 的极限为无穷, 那么我们称级数 (11.1.1) **发散到无穷** (包括 $-\infty$, $+\infty$ 或 ∞).

级数的收敛或发散属性统称为级数的**敛散性**, 本章的最主要内容之一就是讨论级数的敛散性以及在收敛情况下级数的性质及级数的求和.

可以看出, 级数的敛散性本质上等价于部分和数列 $\{S_n\}$ 极限的存在性. 这样看来, 级数理论好像了无新意. 但事实上, 由于部分和数列构成的特殊形式, 因此相比于一般的数列极限, 对级数的研究有许多独特的方法, 这些方法对一般数列也许并不适用, 或者并非显然可以从序列的研究中得到. 另一方面, 级数也具有很多比一般数列的极限好得多的性质, 某些性质或结论甚至超乎我们的直觉想象.

例 11.1.1 判断级数 $\sum\limits_{n=1}^{+\infty} \dfrac{1}{n(n+1)}$ 的敛散性.

解 考虑其部分和

$$S_n = \sum_{k=1}^{n} \frac{1}{k(k+1)} = \sum_{k=1}^{n} \left(\frac{1}{k} - \frac{1}{k+1}\right) = 1 - \frac{1}{n+1} \to 1 \quad (n\to+\infty),$$

所以原级数收敛, 且其和为 1. □

例 11.1.2 形如 $\sum\limits_{n=1}^{+\infty} \dfrac{1}{n}$ 的级数称为**调和级数**. 试证调和级数发散.

证明 对级数的部分和数列 $\{S_n\}$ 应用 Cauchy 准则, 有

$$S_{2n} - S_n = \frac{1}{n+1} + \frac{1}{n+2} + \cdots + \frac{1}{2n} \geqslant \frac{1}{2n} + \frac{1}{2n} + \cdots + \frac{1}{2n} = \frac{1}{2}.$$

故 $\{S_n\}$ 发散, 从而原级数发散. □

① 有的教材或参考书中余项和可能定义为 $T_n = \sum\limits_{k=n+1}^{+\infty} a_k = a_{n+1} + a_{n+2} + \cdots$, 两者没有实质性的区别.

例 11.1.3　形如 $\displaystyle\sum_{n=1}^{+\infty} q^n$ 的级数称为**等比级数**或**几何级数**, 试讨论几何级数的敛散性.

解　首先, 如果 $q = 1$, 那么显然有 $S_n = n \to +\infty\ (n \to +\infty)$, 所以原级数发散. 下设 $q \neq 1$, 此时

$$S_n = \sum_{k=1}^{n} q^k = q \cdot \frac{1 - q^n}{1 - q},$$

故有

(1) 当 $|q| < 1$ 时, $S_n \to \dfrac{q}{1-q}\quad (n \to +\infty)$, 原级数收敛.

(2) 当 $|q| > 1$ 时, $S_n \to \infty\quad (n \to +\infty)$, 原级数发散.

(3) 当 $q = -1$ 时, $S_{2n} = 0, S_{2n+1} = -1$, 从而 $\{S_n\}$ 无极限, 原级数发散.　□

11.1.2　级数敛散性的基本性质

下面我们先介绍级数敛散性的一些最基本的性质, 更多的性质在后续内容中陆续展开. 首先, 从级数敛散性的定义, 显然下面的结论成立:

定理 11.1.1　对于给定的级数 $\displaystyle\sum_{n=1}^{+\infty} a_n$, 增加、减少或者改变有限项的值均不改变级数的敛散性.

下面的定理是关于一个级数收敛时应该满足的必要条件.

定理 11.1.2 (级数收敛的必要条件)　若级数 $\displaystyle\sum_{n=1}^{+\infty} a_n$ 收敛, 则必有 $\displaystyle\lim_{n \to +\infty} a_n = 0$.

证明　利用级数收敛的 Cauchy 准则, 注意到

$$a_n = S_n - S_{n-1} \to S - S = 0 \quad (n \to +\infty),$$

即得结论.　□

由级数收敛的必要条件, 可以直接看出例 11.1.3 中的级数当 $q = -1$ 时, $\displaystyle\sum_{n=1}^{+\infty} q^n$ 是发散的, 因为其通项不趋于 0.

例 11.1.4　判断级数 $\displaystyle\sum_{n=1}^{+\infty} \sin n$ 的敛散性.

解　如果级数收敛, 则应该有 $\sin n \to 0\ (n \to +\infty)$, 从而也有 $\sin(n+1) \to 0\ (n \to +\infty)$. 但另一方面, 由关系式

$$\sin(n+1) = \sin n \cdot \cos 1 + \cos n \cdot \sin 1$$

可得 $\cos n \to 0\ (n \to +\infty)$. 但这与另一关系式 $\sin^2 n + \cos^2 n = 1$ 矛盾. 从而不可能有 $\sin n \to 0$, 故原级数发散.　□

注 11.1.1 通项 $a_n \to 0 \, (n \to +\infty)$ 仅仅是级数 $\sum\limits_{n=1}^{+\infty} a_n$ 收敛的必要而非充分的条件. 换句话说, 一般从 $a_n \to 0 \, (n \to +\infty)$ 是推不出相应级数收敛的. 例 11.1.2中的调和级数就是一个典型的例子.

注意到如果把 Cauchy 准则应用到级数部分和数列 $\{S_n\}$ 上, 则得到级数收敛的 Cauchy 准则:

定理 11.1.3 (级数收敛的充要条件, Cauchy 准则) 级数 $\sum\limits_{n=1}^{+\infty} a_n$ 收敛的充要条件是, $\forall \varepsilon > 0$, 存在自然数 $N = N(\varepsilon)$, 当 $n > N$ 时,

$$|a_{n+1} + a_{n+2} + \cdots + a_{n+p}| < \varepsilon, \quad \forall p \geqslant 1.$$

证明 只要注意到 $a_{n+1} + a_{n+2} + \cdots + a_{n+p} = S_{n+p} - S_n$, 对 $\{S_n\}$ 应用 Cauchy 准则即可. $\qquad\square$

例 11.1.5 试判断级数 $\sum\limits_{n=1}^{+\infty} \dfrac{(-1)^{n+1}}{n}$ 的敛散性.

这是一道非常经典的交错级数题, 用后面的 Leibniz 判别法很容易得知其收敛性. 这里我们从 Cauchy 准则出发, 直接讨论其收敛性.

解 为了判断该级数的敛散性, 根据 Cauchy 准则, 我们只需考虑对任意的 $\varepsilon > 0$, 当 n 充分大时, 对任意的自然数 p, 能否成立下面的关系式:

$$|a_{n+1} + a_{n+2} + \cdots + a_{n+p}| < \varepsilon, \quad \forall p \geqslant 1. \tag{11.1.5}$$

为此, 我们分别考虑 p 为偶数 $2m$ 和奇数 $2m+1$ 的情况.

首先注意到当 $k > 1$ 时, 下面的不等式成立:

$$\frac{1}{k+1} - \frac{1}{k+2} = \frac{1}{(k+1)(k+2)} < \frac{1}{k(k+1)} = \frac{1}{k} - \frac{1}{k+1} < \frac{1}{k-1} - \frac{1}{k}.$$

(1) 若 $p = 2m,\, m \geqslant 1$.

$$\left| \sum_{k=n+1}^{n+2m} \frac{(-1)^{k+1}}{k} \right| = \left| \sum_{i=1}^{m} \left(\frac{1}{n+2i-1} - \frac{1}{n+2i} \right) \right|$$

$$< \left| \sum_{i=1}^{m} \left(\frac{1}{n+i} - \frac{1}{n+i+1} \right) \right| = \left| \frac{1}{n+1} - \frac{1}{n+m+1} \right| < \frac{2}{n}.$$

(2) 若 $p = 2m+1,\, m \geqslant 1$, 完全类似分析, 把最后一项单独分出来, 可得

$$\left| \sum_{k=n+1}^{n+2m+1} \frac{(-1)^{k+1}}{k} \right| \leqslant \frac{3}{n+1}.$$

所以, 对任意的 $\varepsilon > 0$, 当 n 充分大时, 对任意的自然数 p, 关系式 (11.1.5) 总是成立, 因此原级数收敛. $\square$

注意到级数的敛散性是通过部分和数列定义的, 因此下面的性质是数列极限具有的线性封闭性的直接应用.

定理 11.1.4 (收敛级数的线性性)   所有收敛的级数构成一个线性空间, 即, 如果级数 $\displaystyle\sum_{n=1}^{+\infty} a_n$ 和 $\displaystyle\sum_{n=1}^{+\infty} b_n$ 都收敛, 则 $\forall \alpha, \beta \in \mathbb{R}$, 级数 $\displaystyle\sum_{n=1}^{+\infty} (\alpha a_n + \beta b_n)$ 也收敛, 且其和满足关系式

$$\sum_{n=1}^{+\infty} (\alpha a_n + \beta b_n) = \alpha \sum_{n=1}^{+\infty} a_n + \beta \sum_{n=1}^{+\infty} b_n.$$

习题 11.1

1. 设级数 $\displaystyle\sum_{n=1}^{+\infty} a_n$ 收敛, 证明:

$$\lim_{n \to +\infty} \frac{1}{n} \sum_{k=1}^{n} k a_k = 0.$$

2. 讨论级数

$$\sum_{n=1}^{+\infty} \left(\frac{1}{(n+1)^\alpha n^\beta} - \frac{1}{n^\alpha (n+1)^\beta} \right), \qquad \alpha > 0, \beta > 0$$

的敛散性.

3. 设数列 $\{a_n\}, \{b_n\}$ 均单调有界, 试讨论级数 $\displaystyle\sum_{n=2}^{+\infty} (a_n b_{n-1} - b_n a_{n-1})$ 的敛散性.

4. 设 $a_n > 0$, $\{a_n - a_{n+1}\}$ 严格递减. 如果 $\displaystyle\sum_{n=1}^{+\infty} a_n$ 收敛, 求证

$$\lim_{n \to +\infty} \left(\frac{1}{a_{n+1}} - \frac{1}{a_n} \right) = +\infty.$$

5. 设 $a_n \neq 0$, $\displaystyle\lim_{n \to +\infty} a_n = a \neq 0$. 证明:

$$\sum_{n=1}^{+\infty} \left(\frac{1}{a_n} - \frac{1}{a_{n+1}} \right) \text{ 收敛.}$$

6. 若 $\displaystyle\sum_{n=1}^{+\infty} a_n^2$ 收敛 , 证明: $\displaystyle\sum_{n=1}^{+\infty} a_n^3$ 绝对收敛.

7. 举例说明:

(1) 存在这样的级数: $\displaystyle\sum_{n=1}^{+\infty} a_n$ 收敛 但 $\displaystyle\sum_{n=1}^{+\infty} a_n^3$ 发散;

(2) 存在这样的级数: $\displaystyle\sum_{n=1}^{+\infty} a_n^3$ 收敛 但 $\displaystyle\sum_{n=1}^{+\infty} \frac{a_n}{n}$ 发散. $\left(\text{提示: } a_n = \frac{1}{\ln n}\sqrt[3]{\cos\frac{2n\pi}{3}}.\right)$

11.2 正项级数

下面我们将转向讨论级数的第一个基本问题: 敛散性问题. 按照由特殊到一般的基本思路, 本节我们先讨论正项级数的敛散性, 然后在下一节再讨论特殊的变号级数——交错级数, 最后讨论任意项级数的敛散性.

根据级数收敛的定义, 我们知道, 它的敛散性本质上等价于部分和数列极限的存在性. 因此, 这几节的主题内容就是给出敛散性的一些判别方法. 而判断级数敛散性的方法众多, 在看待和处理这些判别方法时, 我们没有遵循罗列 "药方", 陈列越多越好的标准, 而是更侧重于基本的和深刻的判别方法.

定义 11.2.1 若数项级数 $\displaystyle\sum_{n=1}^{+\infty} a_n$ 的通项 $a_n \geqslant 0 \ (\forall n \geqslant 1)$, 则称级数为**正项级数**. 如果 $a_n > 0$, 则称级数为**严格正项级数**.

正项级数最明显的特点之一是部分和数列 $\{S_n\}$ 是单调上升的. 因此下面定理的结论显然, 我们把它列为正项级数的第一个判别标准, 以示其基础性.

定理 11.2.1 正项级数 $\displaystyle\sum_{n=1}^{+\infty} a_n$ 收敛的充要条件是其部分和数列 $\{S_n\}$ 有界; 如果正项级数发散, 则必发散到 $+\infty$.

例 11.2.1 设 $F_1 = 1, F_2 = 2, F_n = F_{n-1} + F_{n-2},\ n = 3, 4, \cdots$. 试讨论级数 $\displaystyle\sum_{n=1}^{+\infty} \frac{1}{F_n}$ 的敛散性.

解 这是一个正项级数. 我们下面证明该级数的部分和有界. 为此, $\forall n \geqslant 3$, 显然有

$$F_{n-1} < F_n < 2F_{n-1},$$

从而有

$$F_n = F_{n-1} + F_{n-2} > F_{n-1} + \frac{1}{2}F_{n-1} = \frac{3}{2}F_{n-1}.$$

故有

$$\lim_{n \to +\infty} F_n = +\infty.$$

考虑级数的第 n $(n \geqslant 3)$ 个部分和 S_n：

$$S_n \overset{\text{记}}{=} \sum_{k=3}^{n} \frac{1}{F_k} < \frac{2}{3} \sum_{k=3}^{n} \frac{1}{F_{k-1}} = \frac{2}{3} \left(\frac{1}{2} + \sum_{k=3}^{n} \frac{1}{F_k} - \frac{1}{F_n} \right),$$

即

$$S_n < 1 + \frac{2}{3} S_n - \frac{2}{3F_n} \quad \Rightarrow \quad S_n < 3 - 2\frac{1}{F_n} < 3.$$

因此, 级数的部分和有界, 所以根据定理 11.2.1, 原级数收敛. □

注 11.2.1   定理 11.2.1 是处理正项级数敛散性最基本的方法之一, 很多其他判别法是它的具体表现或推论. 例如, 我们知道单调数列 $\{S_n\}$ 有极限的充要条件是它的一个子列 $\{S_{n_k}\}$ 有极限, 利用此性质, 可以很方便地考虑下面的例子.

例 11.2.2   级数 $\sum_{n=1}^{+\infty} \frac{1}{n^p}$ 通常被称为 p-级数. 证明: 当 $p > 1$ 时, p-级数是收敛的.

证明   这是一个正项级数, 考虑其部分和序列的子列 $\{S_{2^k-1}\}$.

$$S_{2^k-1} = 1 + \underbrace{\left(\frac{1}{2^p} + \frac{1}{3^p} \right)}_{\text{共 2 项, 每项} \leqslant 2^{-p}} + \underbrace{\left(\frac{1}{4^p} + \frac{1}{5^p} + \frac{1}{6^p} + \frac{1}{7^p} \right)}_{\text{共 4 项, 每项} \leqslant 4^{-p}} + \cdots +$$

$$\underbrace{\left(\frac{1}{2^{(k-1)p}} + \frac{1}{(2^{k-1}+1)^p} + \cdots + \frac{1}{(2^k-1)^p} \right)}_{\text{共} 2^{k-1} \text{项, 每项} \leqslant 2^{-(k-1)p}}$$

$$\leqslant \sum_{i=1}^{k} \frac{1}{2^{(i-1)p}} \cdot 2^{i-1} = \sum_{i=1}^{k} 2^{-(i-1)(p-1)} < \frac{1}{1 - 2^{1-p}}.$$

所以部分和子列 $\{S_{2^k-1}\}$ 是有界的, 从而原级数收敛. □

借鉴正项级数部分和数列的敛散性等价于其子列的敛散性这一性质, 对于通项单调递减的正项级数, 我们也有下面非常方便的判别法, 也称 **Cauchy 判别法**.

定理 11.2.2 (Cauchy 判别法)   设非负数列 $\{a_n\}$ 单调下降, 则级数 $\sum_{n=1}^{+\infty} a_n$ 收敛当且仅当级数 $\sum_{n=0}^{+\infty} 2^n a_{2^n}$ 收敛.

证明   容易看出, 对于 $n \geqslant 1$, 由 $\{a_n\}$ 的单调性与非负性, 我们有

$$\sum_{k=1}^{2^n} a_k = a_1 + \sum_{j=1}^{n} \sum_{k=2^{j-1}+1}^{2^j} a_k \geqslant a_1 + \sum_{j=1}^{n} (2^j - 2^{j-1}) a_{2^j} \geqslant \frac{1}{2} \sum_{j=0}^{n} 2^j a_{2^j},$$

以及

$$\sum_{k=1}^{2^n-1} a_k = \sum_{j=0}^{n-1}\sum_{k=2^j}^{2^{j+1}-1} a_k \leqslant \sum_{j=0}^{n-1}(2^{j+1}-2^j)a_{2^j} = \sum_{j=0}^{n-1} 2^j a_{2^j}.$$

这表明正项级数 $\sum_{n=1}^{+\infty} a_n$ 与正项级数 $\sum_{n=0}^{+\infty} 2^n a_{2^n}$ 有相同的有界性. 因此它们有相同的收敛性. $\qquad\square$

作为例子, 我们应用定理 11.2.2 来判断形如 $\sum_{n=1}^{+\infty} \dfrac{1}{n^p}$ 和 $\sum_{n=2}^{+\infty} \dfrac{1}{n \ln^p n}$ 的级数敛散性. 事实上, 对于 $p \geqslant 0$, 由定理 11.2.2, $\sum_{n=1}^{+\infty} \dfrac{1}{n^p}$ 收敛当且仅当 $\sum_{n=0}^{+\infty} \dfrac{2^n}{2^{np}}$ 收敛. 因此, 当且仅当 $p>1$ 时 $\sum_{n=1}^{+\infty} \dfrac{1}{n^p}$ 收敛.

对于通项为单调递减的正项级数 $\sum_{n=1}^{+\infty} a_n$, 除了上面的 Cauchy 判别法外, 我们还有更一般的处理手法. 即, 如果能找到一个相应的单调下降的非负函数 $f(x)$, 使得 $f(n)=a_n$, 那么, 级数 $\sum_{n=1}^{+\infty} a_n$ 的敛散性就可以与广义积分 $\int_1^{+\infty} f(x)\,\mathrm{d}x$ 的敛散性建立内在的联系, 这就是非常实用的级数收敛的 Cauchy 积分判别法. 我们将在本节后面详细讨论.

11.2.1 比较判别法（控制判别法）

判断正项级数敛散性最基本的方法之一是**比较判别法**, 又称**控制判别法**. 控制判别法的基本思想是, 选取一个易知其收敛的正项级数 $\sum_{n=1}^{+\infty} b_n$, 并且通项 b_n 控制着 a_n ($a_n \leqslant b_n$, $n=1,2,\cdots$), 那么 $\sum_{n=1}^{+\infty} b_n$ 的部分和数列单调上升且有界, 所以对应的级数 $\sum_{n=1}^{+\infty} a_n$ 的部分和数列单调上升且 (更) 有界, 从而收敛. 在上面的例 11.2.2 和定理 11.2.2 的证明中, 事实上我们已经应用了比较判别法.

这种由 "大" 级数的收敛控制着 "小" 级数的收敛, 或者 "小" 级数的发散逼着 "大" 级数 "更" 发散的基本做法, 在讨论级数时非常重要, 是分析学中最基本的技巧和方法, 这也是此基本做法被称为控制判别法的原因.

上面的级数 $\sum_{n=1}^{+\infty} b_n$ 又形象地称为级数 $\sum_{n=1}^{+\infty} a_n$ 的**优级数**.

作为基本的练习, 我们把此结论的证明留给读者:

定理 11.2.3（比较判别法的普通形式） 设 $\sum_{n=1}^{+\infty} a_n$ 和 $\sum_{n=1}^{+\infty} b_n$ 均为正项级数, 如

果存在常数 $c > 0$, 以及某自然数 n_0, 使得当 $n > n_0$ 时, 有

$$a_n \leqslant c \cdot b_n, \tag{11.2.1}$$

则

(1) 如果 $\sum\limits_{n=1}^{+\infty} b_n$ 收敛, 则 $\sum\limits_{n=1}^{+\infty} a_n$ 必收敛.

(2) 如果 $\sum\limits_{n=1}^{+\infty} a_n$ 发散, 则 $\sum\limits_{n=1}^{+\infty} b_n$ 必发散.

例 11.2.3　设 $q > 1$ 为正整数, $\forall n \geqslant 1$, $a_n \in \{0, 1, \cdots, q-1\}$, 证明: 级数 $\sum\limits_{n=1}^{+\infty} \dfrac{a_n}{q^n}$ 收敛, 并且其和介于 0 与 1 之间.

证明　可以看出, 虽然通项 a_n 在 0 和 $q-1$ 之间 "随意" 取值, 但由于 a_n 最大不超过 $q-1$, 因此粗略的预判可以看出, 此级数本性上被一个公比为 $\dfrac{1}{q}(<1)$ 的等比级数所控制, 为此, 我们寻找一个通项为 $b_n = (q-1)\dfrac{1}{q^n}$ 的级数. 容易看出, 以 b_n 为通项的级数的确能控制原来的级数. 故有下面的关系式:

$$0 \leqslant S_n = \sum_{k=1}^{n} \frac{a_k}{q^k} \leqslant \sum_{k=1}^{n} b_k = (q-1) \sum_{k=1}^{n} \frac{1}{q^k} = 1 - \frac{1}{q^n} < 1.$$

所以, 原级数收敛, 且其和介于 0 和 1 之间.　　　　□

如果在本例中, 取 $q = 10$, 那么 $a_n \in \{0, 1, \cdots, 9\}$. 此时, 十进制表示下的实数 $0.a_1 a_2 a_3 \cdots$ 恰好就是上述级数. 例如

$$s = 0.31415926\cdots = \frac{3}{10} + \frac{1}{10^2} + \frac{4}{10^3} + \cdots,$$

$$s = 0.9999999\cdots = \frac{9}{10} + \frac{9}{10^2} + \frac{9}{10^3} + \cdots = \lim_{n \to +\infty} \frac{9}{10} \cdot \frac{1 - 10^{-n}}{1 - 10^{-1}} = 1.$$

此式也说明了实数表示法的不唯一性.

如果取 $q = 2$ 或 $q = 3$, 而 a_n 相应地取值于 $\{0,1\}$ 或 $\{0,1,2\}$, 则得到实数的二进制和三进制表示. 它们都是常见的进制, 前者广泛应用于计算机和信息领域, 后者在处理某些特殊集合, 如 Cantor 集合中的元素时, 非常方便.

例 11.2.4　试判断下列级数的敛散性:

(1) $\sum\limits_{n=3}^{+\infty} \dfrac{1}{(\ln n)^{\ln n}}$;

(2) $\sum\limits_{n=3}^{+\infty} \dfrac{1}{(\ln n)^{\ln(\ln n)}}$.

解 (1) 考虑级数通项

$$a_n = \frac{1}{(\ln n)^{\ln n}} = \frac{1}{\mathrm{e}^{\ln n \cdot \ln(\ln n)}} = \frac{1}{n^{\ln(\ln n)}},$$

当 n 适当大（比如 $n > \mathrm{e}^{\mathrm{e}^2}$）时，有 $n^{\ln(\ln n)} > n^2$，从而有 $a_n < \dfrac{1}{n^2}$. 取优级数 $b_n = \dfrac{1}{n^2}$，

根据前面 p-级数敛散性的结论知 $\displaystyle\sum_{n=1}^{+\infty} b_n \in c$，从而级数 $\displaystyle\sum_{n=3}^{+\infty} a_n \in c$.

(2) 注意到显然存在自然数 n_0，当 $n > n_0$ 时，成立下面的关系式：

$$\frac{1}{(\ln n)^{\ln(\ln n)}} = \frac{1}{\mathrm{e}^{(\ln(\ln n))^2}} > \frac{1}{\mathrm{e}^{\ln n}} = \frac{1}{n},$$

取 $b_n = \dfrac{1}{n}$，则由级数 $\displaystyle\sum_{n=1}^{+\infty} b_n \in d$，得知原级数发散. $\qquad\square$

回到定理 11.2.3，我们知道关系式 (11.2.1) 等价于不等式 $\dfrac{a_n}{b_n} \leqslant c\ (n > n_0)$. 另一方面，由于一个级数改变其有限项的值并不改变其敛散性，因此上述不等式只要当 n 充分大时成立即可. 因此我们有下面极限形式的判别法：

推论 11.2.4 (比较判别法的极限形式) 设 $\displaystyle\sum_{n=1}^{+\infty} a_n$ 和 $\displaystyle\sum_{n=1}^{+\infty} b_n$ 是两个正项级数，如果

$$\lim_{n \to +\infty} \frac{a_n}{b_n} = \ell,$$

那么

(1) 若 $0 < \ell < +\infty$，则 $\displaystyle\sum_{n=1}^{+\infty} a_n$ 和 $\displaystyle\sum_{n=1}^{+\infty} b_n$ 同敛散.

(2) 若 $\ell = 0$，则当 $\displaystyle\sum_{n=1}^{+\infty} b_n$ 收敛时，$\displaystyle\sum_{n=1}^{+\infty} a_n$ 也收敛.

(3) 若 $\ell = +\infty$，则当 $\displaystyle\sum_{n=1}^{+\infty} b_n$ 发散时，$\displaystyle\sum_{n=1}^{+\infty} a_n$ 也发散.

证明 (1) 设 $0 < \ell < +\infty$，则对 $\varepsilon = \dfrac{\ell}{2} > 0$，存在 N，当 $n > N$ 时，有

$$\left| \frac{a_n}{b_n} - \ell \right| < \frac{\ell}{2},$$

即

$$\frac{\ell}{2} b_n < a_n < \frac{3\ell}{2} b_n.$$

故两级数同敛散.

(2) 若 $\ell = 0$, 则对 $\varepsilon = 1$, 存在 N, 当 $n > N$ 时, 有

$$0 < \frac{a_n}{b_n} < 1, \quad 即 \quad a_n < b_n.$$

故当 $\displaystyle\sum_{n=1}^{+\infty} b_n$ 收敛时, 有 $\displaystyle\sum_{n=1}^{+\infty} a_n$ 收敛.

(3) 本情形是情形 (2) 的对偶, 证明可类似给出.　□

例 11.2.5　试判断下列级数的敛散性:

(1) $\displaystyle\sum_{n=1}^{+\infty} \frac{n+1}{\sqrt{n^4+1}}$;　　(2) $\displaystyle\sum_{n=1}^{+\infty} \frac{n+2}{\sqrt{n^5+1}}$;

(3) $\displaystyle\sum_{n=1}^{+\infty} \left(\frac{1}{n} - \ln\left(1 + \frac{1}{n}\right)\right)$.

解　只要注意到 $n \to +\infty$ 时,

$$\frac{n+1}{\sqrt{n^4+1}} \sim \frac{1}{n}, \qquad \frac{n+2}{\sqrt{n^5+1}} \sim \frac{1}{\sqrt{n^3}}, \qquad \lim_{n\to+\infty} \left(\frac{1}{n} - \ln\left(1 + \frac{1}{n}\right)\right) \Big/ \frac{1}{n^2} = \frac{1}{2},$$

则可得第一个级数发散, 第二和第三个级数收敛.　□

下面我们考虑定理 11.2.3 中关系式 (11.2.1) 和推论 11.2.4 中关系式的极限形式 $\displaystyle\lim_{n\to+\infty} \frac{a_n}{b_n} = \ell$ 的一种特殊情况, 即, 考虑数列 $\left\{\dfrac{a_n}{b_n}\right\}$ 单调下降的情况: 如果该数列单调下降, 由于其非负性, 则知其极限 ℓ 必存在且为有限. 因此级数 $\displaystyle\sum_{n=1}^{+\infty} a_n$ 和 $\displaystyle\sum_{n=1}^{+\infty} b_n$ 要么同敛散 $(0 < \ell < +\infty)$, 要么后者的收敛蕴涵着前者的收敛 $(\ell = 0)$. 另一方面, 注意到

$$\left\{\frac{a_n}{b_n}\right\} 单调下降 \iff \frac{a_{n+1}}{b_{n+1}} \leqslant \frac{a_n}{b_n} \iff \frac{a_{n+1}}{a_n} \leqslant \frac{b_{n+1}}{b_n}.$$

这样, 我们得到下面一种非常实用的判别法:

定理 11.2.5（比值型比较判别法的普通形式）　设 $\displaystyle\sum_{n=1}^{+\infty} a_n$ 和 $\displaystyle\sum_{n=1}^{+\infty} b_n$ 是两个正项级数, 如果存在自然数 n_0, 使得当 $n > n_0$ 时, 有

$$\frac{a_{n+1}}{a_n} \leqslant \frac{b_{n+1}}{b_n}, \tag{11.2.2}$$

那么

(1) 如果 $\displaystyle\sum_{n=1}^{+\infty} b_n \in c$, 则 $\displaystyle\sum_{n=1}^{+\infty} a_n \in c$.

(2) 如果 $\displaystyle\sum_{n=1}^{+\infty} a_n \in d$, 则 $\displaystyle\sum_{n=1}^{+\infty} b_n \in d$.

比值判别法有相应的极限形式, 但此时需要注意的是 (11.2.2) 中的不等号 $\leqslant$ 应该是严格不等号 $<$, 因为很容易看出若取 $a_n = \dfrac{1}{n}$, $b_n = \dfrac{1}{n^2}$, 则两个比值的极限相等, 但敛散性不同. 即有下面的结论:

推论 11.2.6(比值型比较判别法的极限形式)　设 $\displaystyle\sum_{n=1}^{+\infty} a_n$ 和 $\displaystyle\sum_{n=1}^{+\infty} b_n$ 是两个正项级数, 如果

$$\lim_{n\to+\infty} \frac{a_{n+1}}{a_n} < \lim_{n\to+\infty} \frac{b_{n+1}}{b_n}, \tag{11.2.3}$$

那么

(1) 若 $\displaystyle\sum_{n=1}^{+\infty} b_n \in c$, 则 $\displaystyle\sum_{n=1}^{+\infty} a_n \in c$.

(2) 若 $\displaystyle\sum_{n=1}^{+\infty} a_n \in d$, 则 $\displaystyle\sum_{n=1}^{+\infty} b_n \in d$.

有时候, 我们也可以将上述推论中的极限改成更一般的上、下极限形式, 结论仍然成立, 证明从略.

推论 11.2.7(比值型比较判别法的上、下极限形式)　设 $\displaystyle\sum_{n=1}^{+\infty} a_n$ 和 $\displaystyle\sum_{n=1}^{+\infty} b_n$ 是两个正项级数, 如果

$$\varlimsup_{n\to+\infty} \frac{a_{n+1}}{a_n} < \varliminf_{n\to+\infty} \frac{b_{n+1}}{b_n}, \tag{11.2.4}$$

那么

(1) 若 $\displaystyle\sum_{n=1}^{+\infty} b_n \in c$, 则 $\displaystyle\sum_{n=1}^{+\infty} a_n \in c$.

(2) 若 $\displaystyle\sum_{n=1}^{+\infty} a_n \in d$, 则 $\displaystyle\sum_{n=1}^{+\infty} b_n \in d$.

下面我们讨论定理 11.2.5 的具体应用, 并给出几个实用的判别法. 在具体应用定理 11.2.5 时, 我们常把对标级数 $\displaystyle\sum_{n=1}^{+\infty} b_n$ 选为几何级数 $\displaystyle\sum_{n=1}^{+\infty} q^n$ $(q > 0)$ 或者 p-级数 $\displaystyle\sum_{n=1}^{+\infty} \frac{1}{n^p}$. 下面我们就这两种情况分别给予讨论.

11.2.2　几何级数为对标级数

如果把对标级数 $\displaystyle\sum_{n=1}^{+\infty} b_n$ 选为几何级数 $\displaystyle\sum_{n=1}^{+\infty} q^n$ $(q > 0)$, 然后把被讨论的级数 $\displaystyle\sum_{n=1}^{+\infty} a_n$ 与之比较, 可以得到一些非常实用的级数敛散性判别法. 而两个级数之间的大小比较, 常见的比较方式有下面两种:

$$\text{(i)} \ \frac{a_{n+1}}{a_n} \ \text{与} \ \frac{b_{n+1}}{b_n} = q \ \text{比较}; \qquad \text{(ii)} \ \sqrt[n]{a_n} \ \text{与} \ \sqrt[n]{b_n} = q \ \text{比较}. \tag{11.2.5}$$

下面的 d'Alembert 比值判别法和 Cauchy 根值判别法就是根据情况 (i) 和 (ii) 的具体应用得到的.

我们先看 (11.2.5) 中情况 (i) 下的 d'Alembert 比值判别法.

定理 11.2.8 (d'Alembert 比值判别法的普通形式) 设 $\sum\limits_{n=1}^{+\infty} a_n$ 为一正项级数.

(1) 如果存在自然数 n_0, 使得当 $n > n_0$ 时, 有 $\dfrac{a_{n+1}}{a_n} \leqslant q < 1$, 则级数 $\sum\limits_{n=1}^{+\infty} a_n$ 收敛.

(2) 如果对于充分大的 n, 有 $\dfrac{a_{n+1}}{a_n} \geqslant 1$, 则级数 $\sum\limits_{n=1}^{+\infty} a_n$ 发散.

例 11.2.6 设 $a > 0$, 试讨论级数 $\sum\limits_{n=1}^{+\infty} n!\left(\dfrac{a}{n}\right)^n$ 的敛散性.

解 因为

$$\frac{a_{n+1}}{a_n} = \frac{a}{\left(1+\dfrac{1}{n}\right)^n} \to \frac{a}{\mathrm{e}} \quad (n \to +\infty).$$

我们在几何级数通项 $b_n = q^n$ 中取 $q = \dfrac{a}{\mathrm{e}}$, 则有: 当 $0 < a < \mathrm{e}$ 时, 原级数收敛; 当 $a > \mathrm{e}$ 时, 原级数发散.

当 $a = \mathrm{e}$ 时, 注意到

$$\frac{a_{n+1}}{a_n} = \frac{\mathrm{e}}{\left(1+\dfrac{1}{n}\right)^n} \geqslant 1,$$

此时通项不趋于 0, 故级数也发散. □

由于通项的前有限项不影响级数的敛散性, 因此, 在应用 d'Alembert 比值判别法定理 11.2.8 时, 直接考虑比值 $\dfrac{a_{n+1}}{a_n}$ 的极限往往更方便. 具体来说, 有

推论 11.2.9 (d'Alembert 比值判别法的极限形式) 设 $\sum\limits_{n=1}^{+\infty} a_n$ 为一正项级数, 且

$$\lim_{n \to +\infty} \frac{a_{n+1}}{a_n} = q. \tag{11.2.6}$$

(1) 如果 $q < 1$, 则级数 $\sum\limits_{n=1}^{+\infty} a_n$ 收敛.

(2) 如果 $q > 1$, 则级数 $\sum\limits_{n=1}^{+\infty} a_n$ 发散.

而当 $q = 1$ 时, 是级数收敛和发散的临界值, 一般来说级数 $\sum\limits_{n=1}^{+\infty} a_n$ 的敛散性需要用其他方法做进一步讨论.

更一般地, 如果 (11.2.6) 式中的极限不存在, 那么代之以考虑它的上、下极限更方便, 即

推论 11.2.10 (d'Alembert 比值判别法的上、下极限形式) 设 $\sum\limits_{n=1}^{+\infty} a_n$ 为正项级数.

(1) 如果 $\varlimsup\limits_{n\to+\infty} \dfrac{a_{n+1}}{a_n} = \overline{q} < 1$, 则级数 $\sum\limits_{n=1}^{+\infty} a_n$ 收敛.

(2) 如果 $\varliminf\limits_{n\to+\infty} \dfrac{a_{n+1}}{a_n} = \underline{q} > 1$, 则级数 $\sum\limits_{n=1}^{+\infty} a_n$ 发散.

证明 (1) 取实数 $\varepsilon > 0$ 满足 $\overline{q} + \varepsilon < 1$, 则存在 $N_1 > 0$, 使得 $n > N_1$ 时, $\dfrac{a_{n+1}}{a_n} < \overline{q} + \varepsilon$. 因此有

$$a_{n+1} = \frac{a_{n+1}}{a_n}\frac{a_n}{a_{n-1}}\cdots\frac{a_{N_1+1}}{a_{N_1}}\cdot a_{N_1} < (\overline{q}+\varepsilon)^n (\overline{q}+\varepsilon)^{-N_1} a_{N_1} = c(\overline{q}+\varepsilon)^n,$$

其中 $c = a_{N_1}(\overline{q}+\varepsilon)^{-N_1}$. 由于几何级数 $\sum\limits_{n=1}^{+\infty}(\overline{q}+\varepsilon)^n$ 收敛, 得证.

(2) 类似 (1) 的证明, 只要取实数 $\varepsilon > 0$ 满足 $\underline{q} - \varepsilon > 1$, 可证 (2), 证略. $\square$

例 11.2.7 设 a 为一给定实数, $a_n = \dfrac{2^n}{1+a^{2^n}}$ $n = 0, 1, \cdots$. 试判断级数

$$\sum_{n=0}^{+\infty} a_n = \frac{1}{1+a} + \frac{2}{1+a^2} + \frac{4}{1+a^4} + \cdots$$

的敛散性.

解 考虑

$$\frac{a_{n+1}}{a_n} = 2\frac{1+a^{2^n}}{1+a^{2^{n+1}}}.$$

当 $|a| > 1$ 时,

$$\frac{a_{n+1}}{a_n} = 2\frac{1+a^{2^n}}{1+a^{2^{n+1}}} = 2\frac{1+a^{-2^n}}{a^{2^n}+a^{-2^n}} \to 0 \quad (n\to+\infty).$$

所以由 d'Alembert 比值判别法知所给级数收敛.

当 $|a| \leqslant 1$ 时, 级数通项不趋于 0, 级数发散. $\square$

注 11.2.2 在推论 11.2.10 中, 如果 $\underline{q} = \overline{q} = 1$, 那么比值判别法也不能给出敛散的结论, 需要另寻他法. 比如对于调和级数 $\sum\limits_{n=1}^{+\infty}\dfrac{1}{n}$, d'Alembert 比值判别法不是一个有效的方法.

注 11.2.3   如果在推论 11.2.10中 $\varlimsup\limits_{n\to+\infty}\dfrac{a_{n+1}}{a_n}=\overline{q}>1$, 我们得不出发散的结论; 类似地, 如果 $\varliminf\limits_{n\to+\infty}\dfrac{a_{n+1}}{a_n}=\underline{q}<1$, 我们也得不出收敛的结论. 参见后面的例 11.2.11. 事实上, 我们很容易通过构造性方法来解释这点:

任取一个收敛的正项级数 $\sum\limits_{n=1}^{+\infty}a_n$, 令

$$\tilde{a}_{2n+1}=a_{2n+1},\qquad \tilde{a}_{2n}=\min\left\{\frac{1}{2}a_{2n},\frac{1}{2}a_{2n+1}\right\},$$

则显然级数 $\sum\limits_{n=1}^{+\infty}\tilde{a}_n$ 收敛, 但 $\varlimsup\limits_{n\to+\infty}\dfrac{\tilde{a}_{n+1}}{\tilde{a}_n}\geqslant 2$.

我们再来讨论 (11.2.5) 中情况 (ii) 下的 Cauchy 根值判别法. 即, 在定理 11.2.3 中, 我们仍然选取几何级数 $b_n=q^n\ (q>0)$ 作为参照比较的级数, 但现在不是通过考虑相邻两项的比值, 而是直接比较 a_n 与 q^n 的大小. 基于显然的不等式关系

$$a_n\leqslant q^n\quad\Longleftrightarrow\quad \sqrt[n]{a_n}\leqslant q,$$

我们可得下面的根值判别法.

定理 11.2.11 (Cauchy 根值判别法的普通形式)   设 $\sum\limits_{n=1}^{+\infty}a_n$ 为一正项级数.

(1) 如果存在自然数 n_0, 使得当 $n>n_0$ 时, 有

$$\sqrt[n]{a_n}\leqslant q<1,\tag{11.2.7}$$

则级数 $\sum\limits_{n=1}^{+\infty}a_n$ 收敛.

(2) 如果存在无穷多个 n, 使得

$$\sqrt[n]{a_n}\geqslant 1,\tag{11.2.8}$$

则级数 $\sum\limits_{n=1}^{+\infty}a_n$ 发散.

注 11.2.4   在断定级数 $\sum\limits_{n=1}^{+\infty}a_n$ 收敛时, 我们要求对所有充分大的 n, 都满足 (11.2.7) 式; 而在断定级数 $\sum\limits_{n=1}^{+\infty}a_n$ 发散时, 我们只需要存在无穷多项满足 (11.2.8) 式即可, 因为这足以破坏通项趋于 0 的必要条件了.

Cauchy 根值判别法也有相应的极限形式:

推论 11.2.12 (Cauchy 根值判别法的极限形式) 设 $\sum\limits_{n=1}^{+\infty} a_n$ 为一正项级数, 且

$$\lim_{n\to+\infty} \sqrt[n]{a_n} = q.$$

(1) 如果 $q < 1$, 则级数 $\sum\limits_{n=1}^{+\infty} a_n$ 收敛.

(2) 如果 $q > 1$ 则级数 $\sum\limits_{n=1}^{+\infty} a_n$ 发散.

当根值列 $\{\sqrt[n]{a_n}\}$ 的极限不存在时, 可以通过讨论相应的上极限来判定级数的敛散性.

推论 11.2.13 (Cauchy 根值判别法的上极限形式) 设 $\sum\limits_{n=1}^{+\infty} a_n$ 为一正项级数, 且

$$\varlimsup_{n\to+\infty} \sqrt[n]{a_n} = q.$$

(1) 如果 $q < 1$, 则级数 $\sum\limits_{n=1}^{+\infty} a_n$ 收敛.

(2) 如果 $q > 1$ 则级数 $\sum\limits_{n=1}^{+\infty} a_n$ 发散.

推论 11.2.12 和推论 11.2.13 的证明完全类似于推论 11.2.10的证明, 我们留给读者完成.

注 11.2.5 当用上、下极限值来判别级数的敛散性时, 与 d'Alembert 比值判别法不同之处在于, Cauchy 根值判别法只需要考虑上极限即可: 这是因为如果存在子列 $\{a_{n_k}\}$, $\sqrt[n_k]{a_{n_k}} \geqslant 1$, 则 $a_{n_k} \geqslant 1$, 从而通项 $\{a_n\}$ 有一子列不趋于 0, 故级数 $\sum\limits_{n=1}^{+\infty} a_n$ 必然发散. 而如果上极限 $\bar{q} < 1$, 则通项趋于 0 的速度比几何级数 $\bar{q}^n$ 趋于 0 的速度还要快, 从而级数收敛. 所以, 根值判别法只需考虑上极限即可.

注 11.2.6 在上述推论中, 如果 $q = 1$, 类似于比值判别法, 根值判别法也不能给出敛散的结论, 需要另寻他法. 比如对于 p-级数, Cauchy 根值判别法并不是一个有效的方法, 因为对于 $p = \{1, 2\}$, 都有

$$\lim_{n\to+\infty} \sqrt[n]{\frac{1}{n^p}} = 1,$$

但是 p 的两个不同值对应的级数敛散性刚好不同.

例 11.2.8 判断级数 $\sum\limits_{n=1}^{+\infty} \dfrac{1}{2^n}\left(1+\dfrac{1}{n}\right)^{n^2}$ 的敛散性.

解 因为

$$\lim_{n\to+\infty}\sqrt[n]{a_n}=\lim_{n\to+\infty}\frac{1}{2}\left(1+\frac{1}{n}\right)^n=\frac{\mathrm{e}}{2}>1,$$

所以由 Cauchy 根值判别法知所给级数发散. □

例 11.2.9 设 $a_{2n-1}=\dfrac{1}{2^n},a_{2n}=\dfrac{1}{3^n}$，试讨论级数 $\sum\limits_{n=1}^{+\infty}a_n$ 的敛散性.

解 由于

$$\varlimsup_{n\to+\infty}\sqrt[n]{a_n}=\frac{1}{\sqrt{2}}<1,$$

故由 Cauchy 根值判别法知所给级数收敛. □

例 11.2.10 设 $a>0$，试讨论级数 $\sum\limits_{n=1}^{+\infty}\dfrac{a^n}{1+a^{2n}}$ 的敛散性.

解 当 $a=1$ 时，级数通项 $a_n=\dfrac{1}{2}\nrightarrow 0$，故原级数发散.

当 $0<a\neq 1$ 时，

$$\lim_{n\to+\infty}\sqrt[n]{a_n}=\lim_{n\to+\infty}\frac{a}{\sqrt[n]{1+a^{2n}}}=\begin{cases}a<1,&a<1,\\\dfrac{1}{a}<1,&a>1,\end{cases}$$

所以，当 $a\neq 1$ 时，原级数收敛. □

注 11.2.7 从理论上来说，凡是能用 d'Alembert 判别法来判别敛散性的级数，由 Cauchy 判别法也一定可以判别其敛散性，而反过来则不一定. 这是基于以下事实: 对正项级数 $\sum\limits_{n=1}^{+\infty}a_n\ (a_n>0)$，总成立以下不等式:

$$\varliminf_{n\to+\infty}\frac{a_{n+1}}{a_n}\leqslant\varliminf_{n\to+\infty}\sqrt[n]{a_n}\leqslant\varlimsup_{n\to+\infty}\sqrt[n]{a_n}\leqslant\varlimsup_{n\to+\infty}\frac{a_{n+1}}{a_n}. \tag{11.2.9}$$

我们给出 (11.2.9) 式的一个证明，只考虑最右边的不等式，最左边的不等式可以类似给出.

不妨设 $\varlimsup\limits_{n\to+\infty}\dfrac{a_{n+1}}{a_n}=L<+\infty$，则对任何 $\varepsilon>0$，存在 $N\geqslant 1$ 使得当 $n\geqslant N$ 时有 $\dfrac{a_{n+1}}{a_n}\leqslant L+\varepsilon$. 从而对任何 $n\geqslant N$，成立

$$a_n\leqslant a_N\cdot(L+\varepsilon)^{n-N}.$$

因此,

$$\varlimsup_{n\to+\infty} \sqrt[n]{a_n} \leqslant L + \varepsilon.$$

由 $\varepsilon > 0$ 的任意性得到 $\varlimsup\limits_{n\to+\infty} \sqrt[n]{a_n} \leqslant L$. □

例 11.2.11 试分别讨论以

(1) $u_n = \dfrac{2+(-1)^n}{2^n}$, (2) $v_n = \left(\dfrac{2+(-1)^n}{4}\right)^n$ $n = 1, 2, \cdots$

为通项的级数的敛散性.

解 因为

(1) $\varlimsup\limits_{n\to+\infty} \sqrt[n]{u_n} = \dfrac{1}{2} < 1$, (2) $\varlimsup\limits_{n\to+\infty} \sqrt[n]{v_n} = \dfrac{3}{4} < 1$,

所以根据 Cauchy 根值判别法知这两个级数均收敛. 但是如果在本例中应用比值判别法, 则分别有

(1)
$$\frac{u_{2n}}{u_{2n-1}} = \frac{1}{2} \cdot \frac{2+(-1)^{2n}}{2+(-1)^{2n-1}} = \frac{3}{2},$$

$$\frac{u_{2n+1}}{u_{2n}} = \frac{1}{2} \cdot \frac{2+(-1)^{2n+1}}{2+(-1)^{2n}} = \frac{1}{6}.$$

所以有

$$\varlimsup_{n\to+\infty} \frac{u_{n+1}}{u_n} = \frac{3}{2}, \qquad \varliminf_{n\to+\infty} \frac{u_{n+1}}{u_n} = \frac{1}{6}.$$

可以看出, d'Alembert 判别法失效.

(2)
$$\frac{v_{2n}}{v_{2n-1}} = \frac{1}{4} \cdot \frac{(2+(-1)^{2n})^{2n}}{(2+(-1)^{2n-1})^{2n-1}} = \frac{1}{4} \cdot 3^{2n},$$

$$\frac{v_{2n+1}}{v_{2n}} = \frac{1}{4} \cdot \frac{(2+(-1)^{2n+1})^{2n+1}}{(2+(-1)^{2n})^{2n}} = \frac{1}{4} \cdot \frac{1}{3^{2n}}.$$

所以有

$$\varlimsup_{n\to+\infty} \frac{v_{n+1}}{v_n} = +\infty, \qquad \varliminf_{n\to+\infty} \frac{v_{n+1}}{v_n} = 0.$$

同样, d'Alembert 判别法也不能给出敛散性的结论.

需要注意的是, 虽然 Cauchy 根值判别法的适用范围比 d'Alembert 判别法要广泛一些, 但在具体问题中, 还是要充分考虑通项的具体表达形式选取适合的判别法, 而不是一味使用单一方法. 比如形如例 11.2.6 的级数或者以 $a_n = n!n^{-n}$ 为通项的级数的敛散性, 用 d'Alembert 比值判别法就要比 Cauchy 根值判别法来得方便.

11.2.3 p-级数为对标级数

在上面的讨论中我们是基于把 b_n 选为几何级数 q^n 作为对标级数, 然后具体应用, 得到了 d'Alembert 判别法和 Cauchy 判别法, 这两种判别法都存在一种临界状态 $(q=1)$.

比如在讨论 p-级数敛散性时, 两种方法也都不再有效. 下面, 我们再介绍一些其他的判别方法. 为此, 我们选 $b_n = \dfrac{1}{n^p}$, 即选 p-级数 $\displaystyle\sum_{n=1}^{+\infty} \dfrac{1}{n^p}$ 作为对标级数, 那么, 我们可得到下面的 Raabe 判别法.

> **定理 11.2.14 (Raabe 判别法的普通形式)**　设 $\displaystyle\sum_{n=1}^{+\infty} a_n$ 为一正项级数.

(1) 如果存在 $r > 1, N > 1$, 使得当 $n > N$ 时, 有 $n\left(\dfrac{a_n}{a_{n+1}} - 1\right) \geqslant r$, 则级数 $\displaystyle\sum_{n=1}^{+\infty} a_n$ 收敛.

(2) 如果存在 $N > 1$, 使得当 $n > N$ 时, 有

$$n\left(\frac{a_n}{a_{n+1}} - 1\right) \leqslant 1,$$

则级数 $\displaystyle\sum_{n=1}^{+\infty} a_n$ 发散.

> **定理 11.2.15 (Raabe 判别法的极限形式)**　设 $\displaystyle\sum_{n=1}^{+\infty} a_n$ 为一正项级数, 有

$$\lim_{n \to +\infty} n\left(\frac{a_n}{a_{n+1}} - 1\right) = r,$$

其中 $r \in [-\infty, +\infty]$.

(1) 如果 $r > 1$, 则级数 $\displaystyle\sum_{n=1}^{+\infty} a_n$ 收敛.

(2) 如果 $r < 1$, 则级数 $\displaystyle\sum_{n=1}^{+\infty} a_n$ 发散.

(3) 如果 $r = 1$, 则级数 $\displaystyle\sum_{n=1}^{+\infty} a_n$ 可能收敛也可能发散.

我们只给出 Raabe 判别法极限形式的证明, 普通形式 Raabe 定理的证明读者可以自行补充. 在给出定理的逻辑验证之前, 我们来分析一下定理中的关系式在说些什么. 因为一旦明白了结论由来的心路过程, 逻辑证明就成为水到渠成的事了.

我们选取 p-级数 $b_n = \dfrac{1}{n^p}$ 作为比较判别法中的对标级数. 这样, 一方面我们有

$$\frac{b_n}{b_{n+1}} = \frac{(n+1)^p}{n^p} = \left(1 + \frac{1}{n}\right)^p \cong 1 + \frac{p}{n} \quad (n \gg 1).$$

另一方面, 定理中的假设蕴涵着下面的关系式成立:

$$\lim_{n \to +\infty} n\left(\frac{a_n}{a_{n+1}} - 1\right) = r \iff \frac{a_n}{a_{n+1}} \cong 1 + \frac{r}{n} \quad (n \gg 1).$$

可以看出, 两个级数通项的比值已经具备了完全相同的表达形式.

为了应用比较判别法, 需要建立 $\dfrac{a_n}{a_{n+1}}$ 和 $\dfrac{b_n}{b_{n+1}}$ 之间的大小关系. 具体来说, 如果我们希望级数 $\sum\limits_{n=1}^{+\infty} a_n$ 收敛, 则需要一个收敛的 p-级数 $\sum\limits_{n=1}^{+\infty} \dfrac{1}{n^p}$, 并且有关系式 $\dfrac{a_n}{a_{n+1}} \geqslant \dfrac{b_n}{b_{n+1}}$. 这等价于 $p>1$ 且成立关系式

$$1 + \frac{r}{n} \cong \frac{a_n}{a_{n+1}} \geqslant \frac{b_n}{b_{n+1}} \cong 1 + \frac{p}{n} \qquad (n \gg 1). \tag{11.2.10}$$

至此, 情况就非常清楚了: 当定理中的极限值 $r>1$ 时, 级数 $\sum\limits_{n=1}^{+\infty} a_n$ 的收敛与否取决于在保证关系式 (11.2.10) 成立的条件下, 是否还有余地选取 $p>1$. 而这一点是显然的, 因为对任意的 $r>1$, 都有足够多的实数 p 加塞到 1 和 r 之间. 事实上, 我们甚至可以做到: 对于任意实数 $r>1$, 存在实数 p 和 q 满足 $1<p<q<r$, 至于在 p 和 r 之间插入一个实数 q, 是给逻辑证明中的 ε 留余地的. 类似的分析表明, 如果定理中的 $r<1$, 则只要选取 b_n 为调和级数 $(p=1)$, 即可证明原级数发散了.

证明 (1) 由假设 $\lim\limits_{n\to+\infty} n\left(\dfrac{a_n}{a_{n+1}} - 1\right) = r > 1$, 取 q, $1<q<r$, 则存在自然数 N_1, 当 $n \geqslant N_1$ 时, 有

$$\frac{a_n}{a_{n+1}} > 1 + \frac{q}{n}.$$

再取 p, $1<p<q<r$. 考虑极限

$$\lim_{n\to+\infty} \frac{\left(1+\dfrac{1}{n}\right)^p - 1}{\dfrac{q}{n}} = \lim_{x\to 0} \frac{(1+x)^p - 1}{qx} = \frac{p}{q} < 1.$$

因此, 存在 $N_2 > 0$, 当 $n \geqslant N_2$ 时, 有

$$\left(1 + \frac{1}{n}\right)^p \leqslant 1 + \frac{q}{n}.$$

所以, 当 $n > \max\{N_1, N_2\}$ 时, 有

$$\frac{a_n}{a_{n+1}} > 1 + \frac{q}{n} \geqslant \left(1 + \frac{1}{n}\right)^p = \frac{\dfrac{1}{n^p}}{\dfrac{1}{(n+1)^p}} = \frac{b_n}{b_{n+1}}.$$

注意到以 b_n 为通项的 p-级数当 $p>1$ 时是收敛的, 故由比较判别法知 $\sum\limits_{n=1}^{+\infty} a_n$ 收敛.

(2) 如果 $\lim\limits_{n \to +\infty} n\left(\dfrac{a_n}{a_{n+1}} - 1\right) = r < 1$, 取 $r < q < 1$, 则存在 $N > 0$, 当 $n > N$ 时,

$$\frac{a_n}{a_{n+1}} < 1 + \frac{q}{n} < 1 + \frac{1}{n} = \frac{\dfrac{1}{n}}{\dfrac{1}{n+1}} = \frac{b_n}{b_{n+1}}.$$

注意到以 $b_n = \dfrac{1}{n}$ 为通项的调和级数是发散的, 故由比较判别法知 $\sum\limits_{n=1}^{+\infty} a_n$ 发散. □

例 11.2.12　试讨论下列级数的敛散性:

(1) $\sum\limits_{n=1}^{+\infty} \dfrac{(2n-1)!!}{(2n)!!}$;　　　　　　　　(2) $\sum\limits_{n=1}^{+\infty} \left(\dfrac{(2n-1)!!}{(2n)!!}\right)^3$.

解　记 $u_n = \dfrac{(2n-1)!!}{(2n)!!}$,　$v_n = \left(\dfrac{(2n-1)!!}{(2n)!!}\right)^3$. 则有

$$\lim_{n \to +\infty} \frac{u_{n+1}}{u_n} = 1, \qquad \lim_{n \to +\infty} \frac{v_{n+1}}{v_n} = 1.$$

利用 Stirling 公式 $n! \sim \left(\dfrac{n}{e}\right)^n \sqrt{2\pi n}$, 可以证明

$$\lim_{n \to +\infty} \sqrt[n]{u_n} = 1, \qquad \lim_{n \to +\infty} \sqrt[n]{v_n} = 1.$$

这说明无论用 d'Alembert 比值判别法还是 Cauchy 根值判别法, 都不能确定这两个级数的敛散性.

现在我们用 Raabe 判别法来讨论. 由于

$$n\left(\frac{u_n}{u_{n+1}} - 1\right) = n\left(\frac{2n+2}{2n+1} - 1\right) \to \frac{1}{2} \quad (n \to +\infty),$$

根据 Raabe 判别法知, 级数 (1) 发散.

同理,

$$n\left(\frac{v_n}{v_{n+1}} - 1\right) = n\left(\left(\frac{2n+2}{2n+1}\right)^3 - 1\right) = n \cdot \frac{12n^2 + 18n + 7}{(2n+1)^3} \to \frac{3}{2} \quad (n \to +\infty),$$

根据 Raabe 判别法知, 级数 (2) 收敛. □

注 11.2.8　类似于注 11.2.7, 可以证明凡是能用 d'Alembert 比值判别法给出敛散答案的级数, 都可以用 Raabe 判别法回答, 所以后者是前者的一个加强版. 尽管如此, Raabe 判别法也有一个临界状态, 即定理 11.2.15 中 $r = 1$

时, Raabe 判别法也将无效, 还需另寻他法. 比如, 级数 $\sum\limits_{n=1}^{+\infty}\left(\dfrac{(2n-1)!!}{(2n)!!}\right)^2$ 和 $\sum\limits_{n=2}^{+\infty}\dfrac{1}{n\ln^\alpha n}$ 的敛散性用 Raabe 判别法都无法给出.

当定理 11.2.15 中的极限不存在时, 可以考虑相应的上、下极限, 即有下面更一般的 Raabe 判别法. 读者可以给出相应的证明.

定理 11.2.16 (Raabe 判别法) 设 $\sum\limits_{n=1}^{+\infty}a_n$ 为一正项级数.

(1) 如果 $\varliminf\limits_{n\to+\infty} n\left(\dfrac{a_n}{a_{n+1}}-1\right)=r>1$, 则级数 $\sum\limits_{n=1}^{+\infty}a_n$ 收敛.

(2) 如果 $\varlimsup\limits_{n\to+\infty} n\left(\dfrac{a_n}{a_{n+1}}-1\right)=\tilde r<1$, 则级数 $\sum\limits_{n=1}^{+\infty}a_n$ 发散.

11.2.4 其他的对标级数

前面我们把几何级数作为对标级数, 得到了 d'Alembert[1] 比值判别法和 Cauchy 根值判别法. 然后又把 p-级数作为对标级数, 得到了 Raabe[2] 判别法. 我们还看到, Raabe 判别法虽然判别的范围比根值判别法和比值判别法要广泛一些, 但仍然有临界状态, 即判别法失效的情况. 事实上, 后面我们将证明, 对于任何一个收敛的级数, 都可以构造出一个比它收敛得还慢的收敛级数. 因此除非像 Cauchy 准则或者像正项级数部分和序列的有界性这样的充要条件, 任何充分性的判别法都有其解决不了的情况. 换句话说, 任何一个充分性判别法, 都有其局限性, 都只能解决若干类而非全部级数的敛散问题. 尽管如此, 建立一些比 Raabe 更精细的判别法还是很值得的.

事实上, 如果我们选

$$b_n=\frac{1}{n\ln^p n}, \quad b_n=\frac{1}{n\ln n(\ln\ln n)^p}, \quad b_n=\frac{1}{n\ln n\ln\ln n(\ln\ln\ln n)^p}, \quad \cdots$$

作为对标级数的通项, 则可以得到更多的判别法, 比如 Gauss 或 Bertrand 判别法. 这个细化过程是无穷尽的, 不再赘述.

将前面基本的比较法应用到具体的场景, 得到诸多的判别法, 由于大多没有明显的思想上的不同, 因此我们把诸如 Bertrand[3] 判别法、Gauss 判别法、Kummer[4] 判别法

[1] d'Alembert, Jean le Rond, 1717 年 11 月 17 日—1783 年 10 月 29 日, 法国数学家、哲学家.
[2] Raabe, Joseph Ludwig, 1801 年 5 月 15 日—1859 年 1 月 22 日, 瑞士数学家.
[3] Bertrand, Joseph Louis François, 1822 年 3 月 11 日—1900 年 4 月 5 日, 法国数学家、经济学家.
[4] Kummer, Ernst Eduard, 1810 年 1 月 29 日—1893 年 5 月 14 日, 德国数学家.

等, 都放到后面的习题里, 供读者熟悉一下技术手法. 需要指出的是, Kummer 判别法的思想是来自正项级数收敛的充要条件是其部分和数列有上界, 与这里的比较判别法没有太多直接的联系 (参见《美国数学月刊》102 卷 (1995) 817–818 页中的历史观点).

11.2.5　Cauchy 积分判别法

不难看出, 对于形如

$$\sum_{n=3}^{+\infty} \frac{1}{n^p}, \quad \sum_{n=3}^{+\infty} \frac{1}{n^p \ln^q n}, \quad \sum_{n=3}^{+\infty} \frac{1}{n^p \ln^q n \ln^r \ln n}$$

的级数, 用前面的比值判别法、根值判别法, 甚至 Raabe 判别法, 都很难确定它们的敛散性. 但这些级数有一个共同的特点, 就是通项为正, 单调下降趋于 0. 对于这类级数, 我们有下面的 Cauchy 积分判别法. 具体说来, 假设 $\{a_n\}$ 是一个单调下降趋于 0 的数列, 我们可以任取一个定义在 $[1, +\infty)$ 上的单调下降的连续函数 $f(x)$, 使得 $f(n) = a_n$. 从广义积分的基本性质可以看出

$$\sum_{n=2}^{+\infty} a_n \leqslant \int_1^{+\infty} f(x)\mathrm{d}x \leqslant \sum_{n=1}^{+\infty} a_n.$$

因此, 下面的定理成立.

定理 11.2.17　设函数 $f(x)$ 在 $[1, +\infty)$ 上单调下降, 则级数 $\sum\limits_{n=1}^{+\infty} f(n)$ 与无穷限广义积分 $\int_1^{+\infty} f(x)\mathrm{d}x$ 同敛散.

证明　对任一自然数 n, 当 $n \leqslant x \leqslant n+1$ 时, 有

$$f(n+1) \leqslant f(x) \leqslant f(n).$$

所以有

$$a_{n+1} = \int_n^{n+1} f(n+1)\mathrm{d}x \leqslant \int_n^{n+1} f(x)\mathrm{d}x \leqslant \int_n^{n+1} f(n)\mathrm{d}x = a_n.$$

因此有

$$\sum_{n=2}^{+\infty} a_n \leqslant \int_1^{+\infty} f(x)\mathrm{d}x \leqslant \sum_{n=1}^{+\infty} a_n.$$

故定理结论成立. □

例 11.2.13　试讨论下列级数的敛散性:

(1) $\sum\limits_{n=3}^{+\infty} \dfrac{1}{n^p}$;

(2) $\sum\limits_{n=3}^{+\infty} \dfrac{1}{n^p \ln^q n}$;

(3) $\displaystyle\sum_{n=3}^{+\infty} \frac{1}{n^p \ln^q n \ln^r \ln n}$.

解 (1) 选取 $f(x) = \dfrac{1}{x^p}$, $x \geqslant 1$. 根据定理 11.2.17 可知广义积分 $\displaystyle\int_1^{+\infty} f(x)\mathrm{d}x$ 的敛散性如下: 当 $p \leqslant 1$ 时, 广义积分发散; 当 $p > 1$ 时, 广义积分收敛. 因此, 相应 p-级数的敛散性亦然.

(2) 选取 $f(x) = \dfrac{1}{x^p \ln^q x}$, $x \geqslant a > 1$, 一方面, 我们知道广义积分 $\displaystyle\int_a^{+\infty} f(x)\mathrm{d}x$ 的敛散性如下:

(i) 当 $p < 1$ 时, 积分发散;

(ii) 当 $p = 1, q \leqslant 1$ 时, 积分发散; 当 $p = 1, q > 1$ 时, 积分收敛;

(iii) 当 $p > 1$ 时, 积分收敛.

另一方面, 根据定理 11.2.17, 可知相应级数的敛散性与上面 p, q 的取值相对应.

(3) 可类似讨论, 级数的敛散性如下:

(i) 当 $p < 1$ 时, 级数发散;

(ii) 当 $p = 1, q < 1$ 时, 级数发散;

(iii) 当 $p = 1, q > 1$ 时, 级数收敛;

(iv) 当 $p = 1, q = 1, r \leqslant 1$ 时, 级数发散; 当 $p = 1, q = 1, r > 1$ 时, 级数收敛;

(v) 当 $p > 1$ 时, 级数收敛. □

选取适当的不等式放缩, 有时候可以利用 Cauchy 积分判别法, 非常方便地判定通项级别很靠近 $\dfrac{1}{n^{1+a_n}}$ ($a_n \to 0$, $n \to +\infty$) 的级数的敛散性.

例 11.2.14 证明: 级数 $\displaystyle\sum_{n=1}^{+\infty} \frac{1}{n^{1+\frac{1}{n}}}$ 发散.

证明 根据 Cauchy 积分判别法, 考虑广义积分

$$\int_1^{+\infty} \frac{1}{x^{1+\frac{1}{x}}}\,\mathrm{d}x = \int_0^{+\infty} \frac{1}{\mathrm{e}^{t\mathrm{e}^{-t}}}\,\mathrm{d}t > \int_0^{+\infty} \frac{1}{\mathrm{e}^{t/t}}\,\mathrm{d}t = +\infty,$$

其中第一个等式是由变换 $x = \mathrm{e}^t$ 得到. □

11.2.6 级数敛散的快慢 Abel-Dini 定理

前面我们已经看到, 凡是用几何级数做比较可以判断出收敛性的级数一定也可以用 p-级数加以比较来判断出敛散性. 事实上, 对于任何 $q \in [0,1)$, 以及 $p \in \mathbb{R}$, 均有 $\displaystyle\lim_{n \to +\infty} \frac{q^n}{1/n^p} = 0$. 而对于 $q > 1$, 有 $\displaystyle\lim_{n \to +\infty} \frac{q^n}{1/n^p} = +\infty$. 上面的事实可以表示为: 任何一个收敛的 p-级数都比任何一个收敛的正项几何级数要收敛得 "更慢", 而任何一个发散的 p-级数要比任何一个发散的正项几何级数发散得 "更慢". 同理, $\displaystyle\sum_{n=2}^{+\infty} \frac{1}{n \ln n}$ 是

比所有发散的 p-级数发散得"更慢"的发散级数, 而 $\displaystyle\sum_{n=2}^{+\infty} \frac{1}{n \ln^2 n}$ 是比所有收敛的 p-级数收敛得"更慢"的收敛级数. 当然, 我们也可以用敛散得"更快"来描述, 比如收敛的正项几何级数总是比收敛的 p-级数收敛得"更快". 注意, 并非任意两个级数敛散的速度都可以比较的.

这里关于级数敛散得快慢的定义必须要加以明确了, 否则, 比如级数 $\displaystyle\sum_{n=1}^{+\infty} a_n$ 收敛时, 则级数 $\displaystyle\sum_{n=1}^{+\infty} 2a_n$ 也收敛, 我们能说后者比前者收敛得快或者慢吗? 而且, 比较这两个级数敛散的快慢似乎不是我们感兴趣的话题. 我们给出下面级数敛散快慢的定义. 除非另外说明, 我们这里讨论的级数均指严格正项级数.

定义 11.2.2　设 $\displaystyle\sum_{n=1}^{+\infty} a_n$ 和 $\displaystyle\sum_{n=1}^{+\infty} b_n$ 是两个给定的正项级数.

(1) 若两者均收敛, 且 $a_n = o(b_n)$, 则称 $\displaystyle\sum_{n=1}^{+\infty} b_n$ 比 $\displaystyle\sum_{n=1}^{+\infty} a_n$ 收敛得慢, 或称 $\displaystyle\sum_{n=1}^{+\infty} a_n$ 比 $\displaystyle\sum_{n=1}^{+\infty} b_n$ 收敛得快.

(2) 若两者均发散, 且 $b_n = o(a_n)$, 则称 $\displaystyle\sum_{n=1}^{+\infty} b_n$ 比 $\displaystyle\sum_{n=1}^{+\infty} a_n$ 发散得慢, 或称 $\displaystyle\sum_{n=1}^{+\infty} a_n$ 比 $\displaystyle\sum_{n=1}^{+\infty} b_n$ 发散得快.

关于正项级数敛散性的快慢, 下面结论成立:

定理 11.2.18 (du Bois-Reymond 定理)　(1) 对任一收敛的正项级数, 都存在比它收敛得更慢的正项级数.

(2) 对任一发散的正项级数, 都存在比它发散得更慢的正项级数.

定理 11.2.18 可以通过下面 Abel-Dini 定理的构造性证明来完成. 为此, 我们介绍下面的 Abel-Dini 定理:

定理 11.2.19 (Abel-Dini 定理)　(1) 设正项级数 $\displaystyle\sum_{k=1}^{+\infty} a_k$ 收敛. 则级数 $\displaystyle\sum_{n=1}^{+\infty} \frac{a_n}{T_n^{1+\alpha}}$ 收敛的充要条件是 $\alpha < 0$, 其中 T_n 为级数 $\displaystyle\sum_{k=1}^{+\infty} a_k$ 的第 n 个余式和, 即 $T_n = a_n + a_{n+1} + \cdots$.

(2) 设正项级数 $\displaystyle\sum_{k=1}^{+\infty} a_k$ 发散. 则 $\displaystyle\sum_{n=1}^{+\infty} \frac{a_n}{S_n^{1+\alpha}}$ 收敛的充要条件是 $\alpha > 0$, 其中 S_n 为级数 $\displaystyle\sum_{k=1}^{+\infty} a_k$ 的第 n 个部分和, 即 $S_n = a_1 + a_2 + \cdots + a_n$.

证明 (1) 设正项级数 $\sum\limits_{k=1}^{+\infty} a_k$ 收敛. 记 $a_0 = 0$, $S_0 = 0$, $\sum\limits_{k=0}^{+\infty} a_k = S$. 由 $T_n = S - S_{n-1}$ ($n = 1, 2, \cdots$), 以及 $\{S_n\}$ 单调上升趋于 S, 知 $\{T_n\}$ 单调下降趋于 0, 即

$$S = T_1 \geqslant T_2 \geqslant T_3 \geqslant \cdots, \quad T_n > 0, \quad T_n \to 0 \quad (n \to +\infty).$$

(i) 当 $\alpha \leqslant -1$ 时, 由 $T_n \to 0$ $(n \to +\infty)$ 知, 存在 $N > 0$, 当 $n > N$ 时, $T_n < 1$, 故 $\dfrac{1}{T_n^{1+\alpha}} \leqslant 1$. 因此有 $\dfrac{a_n}{T_n^{1+\alpha}} \leqslant a_n$, 由比较判别法知级数 $\sum\limits_{n=1}^{+\infty} \dfrac{a_n}{T_n^{1+\alpha}}$ 收敛.

(ii) 当 $-1 < \alpha < 0$, $x \in [T_{n+1}, T_n]$ 时, 考察广义积分 $\displaystyle\int_0^S \dfrac{\mathrm{d}x}{x^{1+\alpha}}$ 和级数 $\sum\limits_{n=1}^{+\infty} \dfrac{a_n}{T_n^{1+\alpha}}$, 注意到 $a_n = T_n - T_{n+1}$, $\displaystyle\int_{T_{n+1}}^{T_n} \dfrac{\mathrm{d}x}{x^{1+\alpha}} = \dfrac{a_n}{\xi^{1+\alpha}} \geqslant \dfrac{a_n}{T_n^{1+\alpha}}$, 其中 $\xi \in [T_{n+1}, T_n]$, 知

$$\sum_{n=1}^{+\infty} \frac{a_n}{T_n^{1+\alpha}} \leqslant \sum_{n=1}^{+\infty} \int_{T_{n+1}}^{T_n} \frac{\mathrm{d}x}{x^{1+\alpha}} \leqslant \int_0^S \frac{\mathrm{d}x}{x^{1+\alpha}} < +\infty.$$

因此, 级数 $\sum\limits_{n=1}^{+\infty} \dfrac{a_n}{T_n^{1+\alpha}}$ 收敛.

(iii) 当 $\alpha = 0$ 时, 我们用 Cauchy 准则证明级数 $\sum\limits_{n=1}^{+\infty} \dfrac{a_n}{T_n}$ 发散. 事实上, 我们有

$$\left| \frac{a_{n+1}}{T_{n+1}} + \frac{a_{n+2}}{T_{n+2}} + \cdots + \frac{a_{n+p}}{T_{n+p}} \right| \geqslant \frac{1}{T_{n+1}} |a_{n+1} + a_{n+2} + \cdots + a_{n+p}| = 1 - \frac{T_{n+p+1}}{T_{n+1}}.$$

不论取 n 多么大, 都可以选取这样的 p, 使得 $\dfrac{T_{n+p+1}}{T_{n+1}} < \dfrac{1}{2}$, 因而

$$\left| \frac{a_{n+1}}{T_{n+1}} + \frac{a_{n+2}}{T_{n+2}} + \cdots + \frac{a_{n+p}}{T_{n+p}} \right| > \frac{1}{2}.$$

从而原级数发散.

(iv) 当 $\alpha > 0$ 时, 由

$$\frac{a_n}{T_n^{1+\alpha}} = \frac{a_n}{T_n} \cdot \frac{1}{T_n^{\alpha}},$$

和 $T_n \to 0$ $(n \to +\infty)$, 知存在 $N > 0$, 当 $n > N$ 时, $\dfrac{1}{T_n^{\alpha}} \geqslant 2$, 从而有

$$\frac{a_n}{T_n^{1+\alpha}} \geqslant 2 \frac{a_n}{T_n}.$$

根据比较判别法知, 原级数发散.

(2) 设正项级数 $\sum\limits_{k=1}^{+\infty} a_k$ 发散, 这种情况下定理的证明思路和 (1) 完全类似, 可简述如下.

(i) 当 $\alpha > 0$ 时, 利用 Cauchy 积分判别法, 比较广义积分 $\int_1^{+\infty} \dfrac{\mathrm{d}x}{x^{1+\alpha}}$ 和级数 $\sum\limits_{n=1}^{+\infty} \dfrac{a_n}{S_n^{1+\alpha}}$ 的大小. 由于

$$\frac{a_n}{S_n^{1+\alpha}} = \frac{S_n - S_{n-1}}{S_n^{1+\alpha}} \leqslant \int_{S_{n-1}}^{S_n} \frac{\mathrm{d}x}{x^{1+\alpha}} \quad (n = 2, 3, \cdots),$$

故

$$\sum_{n=2}^{+\infty} \frac{a_n}{S_n^{1+\alpha}} \leqslant \int_{a_1}^{+\infty} \frac{\mathrm{d}x}{x^{1+\alpha}},$$

而右端的无穷限积分当 $\alpha > 0$ 时收敛, 故 $\sum\limits_{n=1}^{+\infty} \dfrac{a_n}{S_n^{1+\alpha}}$ 收敛.

(ii) 当 $\alpha = 0$ 时, 我们利用 Cauchy 准则证明级数 $\sum\limits_{n=1}^{+\infty} \dfrac{a_n}{S_n}$ 发散. 为此, 考虑

$$\left| \frac{a_{n+1}}{S_{n+1}} + \frac{a_{n+2}}{S_{n+2}} + \cdots + \frac{a_{n+p}}{S_{n+p}} \right| \geqslant \frac{1}{S_{n+p}} |a_{n+1} + a_{n+2} + \cdots + a_{n+p}| = 1 - \frac{S_n}{S_{n+p}}.$$

不论取 n 多么大, 都可以选取这样的 p, 使得 $\dfrac{S_n}{S_{n+p}} < \dfrac{1}{2}$, 因而

$$\left| \frac{a_{n+1}}{S_{n+1}} + \frac{a_{n+2}}{S_{n+2}} + \cdots + \frac{a_{n+p}}{S_{n+p}} \right| > \frac{1}{2}.$$

故级数发散.

(iii) 当 $\alpha < 0$ 时, 注意到

$$\frac{a_n}{S_n^{1+\alpha}} = \frac{a_n}{S_n} \cdot S_n^{-\alpha}.$$

由 $S_n \to +\infty$ $(n \to +\infty)$ 且 $\alpha < 0$, 知, 存在 $N > 0$, 使得当 $n > N$ 时, $S_n^{-\alpha} > 2$. 因此, 当 $n > N$ 时, $\dfrac{a_n}{S_n^{1+\alpha}} > 2\dfrac{a_n}{S_n}$. 根据比较判别法知, 原级数发散. $\qquad\square$

作为 Abel-Dini 定理的一个具体案例, 有下面的结论:

例 11.2.15 (1) 若正项级数 $\sum\limits_{n=1}^{+\infty} a_n$ 收敛,

$$b_n = \sqrt{T_n} - \sqrt{T_{n+1}} = \sqrt{\sum_{k=n}^{+\infty} a_k} - \sqrt{\sum_{k=n+1}^{+\infty} a_k},$$

则级数 $\sum\limits_{n=1}^{+\infty} b_n$ 是收敛得比 $\sum\limits_{n=1}^{+\infty} a_n$ 慢的收敛级数.

(2) 若正项级数 $\sum\limits_{n=1}^{+\infty} a_n$ 发散,

$$c_n = \sqrt{S_{n+1}} - \sqrt{S_n} = \sqrt{\sum_{k=1}^{n+1} a_k} - \sqrt{\sum_{k=1}^{n} a_k},$$

则级数 $\sum\limits_{n=1}^{+\infty} c_n$ 是发散得比 $\sum\limits_{n=1}^{+\infty} a_n$ 慢的发散级数.

证明 例子中的级数相当于定理中 $\alpha = -\dfrac{1}{2}$ 的情况, 对于这种特殊情况, 可以用下面更直接的方法验证:

(1)
$$\sum_{k=1}^{n} b_k = \sqrt{T_1} - \sqrt{T_{n+1}} < \sqrt{T_1} = \sqrt{\sum_{n=1}^{+\infty} a_n},$$

而且

$$\frac{a_n}{b_n} = \frac{T_n - T_{n+1}}{\sqrt{T_n} - \sqrt{T_{n+1}}} = \sqrt{T_n} + \sqrt{T_{n+1}} \to 0 \quad (n \to +\infty)$$

结论 (2) 的证明完全类似于 (1) 的思路, 证略. □

注 11.2.9 前面我们讨论了以几何级数、p-级数、$\dfrac{1}{n \ln n}$ 为对标级数, 得到的几种重要的判别方法, 而 Abel-Dini 定理告诉我们: 任何收敛级数都不可能作为万能的对标级数. 换句话说, 我们总能找到一些级数, 它们的敛散性判别不能以给定的级数为对标级数.

习题 11.2

1. 举例说明, 当 $\varlimsup\limits_{n \to +\infty} \sqrt[n]{a_n} = 1$ 时, 正项级数 $\sum\limits_{n=0}^{+\infty} a_n$ 既可能收敛也可能发散.

2. 设 $a_1 \geqslant a_2 \geqslant a_3 \geqslant \cdots \geqslant 0$. 证明: 若 $\sum\limits_{n=1}^{+\infty} a_n$ 收敛, 则 $\lim\limits_{n \to +\infty} n a_n = 0$.

3. (1) 设 $\{a_n\}$ 单调递减趋于零, 级数 $\sum\limits_{n=0}^{+\infty} a_n$ 发散, 证明: 级数 $\sum\limits_{n=1}^{+\infty} \min\left\{a_n, \dfrac{1}{n}\right\}$ 也发散.

(2) 设 $\{a_n\}$ 和 $\{b_n\}$ 均单调递减趋于零, 级数 $\sum\limits_{n=0}^{+\infty} a_n$ 和 $\sum\limits_{n=0}^{+\infty} b_n$ 均发散, 问级数

$\displaystyle\sum_{n=0}^{+\infty}\min\{a_n,b_n\}$ 的敛散性如何?

4. 问是否存在收敛的正项级数, 使得它有无限多项满足条件 $a_{n_k}\geqslant\dfrac{1}{n_k}$?

5. 设正项级数 $\displaystyle\sum_{n=1}^{+\infty}a_n$ 收敛, $\displaystyle\lim_{n\to+\infty}na_n=a$. 证明: $a=0$.

6. 讨论以下级数的敛散性:

$$\left(\frac{1}{2}\right)^p+\left(\frac{1\times3}{2\times4}\right)^p+\left(\frac{1\times3\times5}{2\times4\times6}\right)^p+\cdots.$$

7. 设 $\alpha>0$ 为一常数, 试研究下面数列当 n 趋于无穷时的阶:

$$\left\{\frac{1}{1+\alpha}\times\frac{2}{2+\alpha}\times\cdots\times\frac{n}{n+\alpha}\right\}_{n=1}^{+\infty}.$$

8. 研究级数 $\displaystyle\sum_{n=10}^{+\infty}\frac{1}{n^p(\ln n)^q(\ln\ln n)^r}$ 的敛散性, 其中 p,q,r 为实数.

9. 设 $\{a_n\}_{n=1}^{+\infty}$ 是单调递减的正项数列, $\displaystyle\sum_{n=1}^{+\infty}a_n$ 发散. 证明: $\displaystyle\sum_{n=1}^{+\infty}a_n\mathrm{e}^{-\frac{a_n}{a_{n+1}}}$ 也发散.

10. 研究下列级数的敛散性:

(1) $\displaystyle\sum_{n=10}^{+\infty}\frac{1}{n^{1+\frac{1}{\ln\ln n}}}$;

(2) $\displaystyle\sum_{n=10}^{+\infty}\frac{1}{n^{1+\frac{\ln\ln n}{\ln n}}}$;

(3) $\displaystyle\sum_{n=10}^{+\infty}\frac{1}{n^{1+2\frac{\ln\ln n}{\ln n}}}$;

(4) $\displaystyle\sum_{n=10}^{+\infty}\frac{1}{(\ln n)^{\ln n}}$;

(5) $\displaystyle\sum_{n=10}^{+\infty}\frac{1}{(\ln n)^{\ln\ln n}}$;

(6) $\displaystyle\sum_{n=10}^{+\infty}\frac{1}{(\ln\ln n)^{\ln n}}$;

(7) $\displaystyle\sum_{n=10}^{+\infty}\frac{1}{a^{\ln n}}$,　$a>1$;

(8) $\displaystyle\sum_{n=1}^{+\infty}\frac{1}{n^{\sqrt[n]{n}}}$.

11. 判断下列级数的敛散性:

(1) $\displaystyle\sum_{n=1}^{+\infty}\frac{1}{\sqrt{n+n^2}}$;

(2) $\displaystyle\sum_{n=1}^{+\infty}2^n\sin\frac{\pi}{3n}$;

(3) $\displaystyle\sum_{n=1}^{+\infty}\left(1-\cos\frac{1}{n}\right)$;

(4) $\displaystyle\sum_{n=1}^{+\infty}\frac{1}{n}\tan\frac{1}{n}$;

(5) $\displaystyle\sum_{n=1}^{+\infty}\frac{1}{\sqrt{n^3+1}}$;

(6) $\displaystyle\sum_{n=1}^{+\infty}\frac{\ln n}{n^p}$.

12. 判断下列级数的敛散性:

(1) $\displaystyle\sum_{n=1}^{+\infty} \frac{(2n-1)!!}{n!}$;

(2) $\displaystyle\sum_{n=1}^{+\infty} \frac{n!}{n^n}$;

(3) $\displaystyle\sum_{n=1}^{+\infty} \frac{n^2}{2^n}$;

(4) $\displaystyle\sum_{n=1}^{+\infty} \left(\sqrt[n]{a}-1\right)^p \ (a>1)$;

(5) $\displaystyle\sum_{n=1}^{+\infty} \left(1-n\sin\frac{1}{n}\right)^p$;

(6) $\displaystyle\sum_{n=1}^{+\infty} \left(\frac{n}{2n+1}\right)^n$.

13. 设 $a_n>0, \displaystyle\sum_{n=1}^{+\infty} a_n$ 收敛. 证明:

(1) $\displaystyle\sum_{n=1}^{+\infty} a_n^{1-\frac{1}{kn+1}}$ 收敛, 其中 $k>0$.

(2) 若 b_n 满足 $b_n\ln n\to 0 \ (n\to +\infty)$, 证明: $\displaystyle\sum_{n=1}^{+\infty} a_n^{1-b_n}$ 收敛.

14. 证明: $\displaystyle\sum_{n=2}^{+\infty} \frac{1}{n^{1+\frac{1}{\ln n}}}$ 发散, $\displaystyle\sum_{n=2}^{+\infty} \frac{1}{n^{1+\frac{1}{\sqrt{\ln n}}}}$ 收敛, $\displaystyle\sum_{n=1}^{+\infty} \frac{1}{n^{1+|\sin n|}}$ 发散.

15. 证明: 调和级数中去掉所有的合数项, 剩下的质数的倒数和仍然发散, 即, 设 $p_1, p_2, \cdots$ 为由质数形成的单调上升数列. 证明: 级数 $\displaystyle\sum_{n=1}^{+\infty} \frac{1}{p_n}$ 发散.

16. 证明: 调和级数中去掉所有含有数字 9 的项, 剩下的和收敛, 即, 设 A 是自然数集合的子集

$$A = \{n\in\mathbb{N}_+ \mid n \text{ 的十进制表示中不含数字9}\},$$

则级数 $\displaystyle\sum_{n\in A} \frac{1}{n}$ 收敛;

17. 证明: (1) 设 A 是自然数集合的子集

$$A = \{n\in\mathbb{N}_+ \mid n \text{ 的十进制表示中不含字串99}\},$$

则级数 $\displaystyle\sum_{n\in A} \frac{1}{n}$ 收敛.

(2) 设 α 是一个由给定的数字组成的字串, 比如 $\alpha = 123456789$, A 是自然数集合的子集

$$A = \{n\in\mathbb{N}_+ \mid n \text{ 的十进制表示中不含字串}\alpha\},$$

则级数 $\displaystyle\sum_{n\in A} \frac{1}{n}$ 收敛.

18. 考虑级数 $\displaystyle\sum_{n=1}^{+\infty} \frac{(n-1)!n!4^n}{(2n)!\sqrt{n}}$ 和 $\displaystyle\sum_{n=1}^{+\infty} \frac{n!(n+1)!4^{n+1}}{(2n+2)!\sqrt{n+1}}$, 可以看出后者通项是前者通项向左平移一位后得到的级数, 因此两者应该有相同的敛散性. 但如果利用 Raabe

判别法的普通形式, 可以得到对前者判别法失效而后者发散. 试通过此例分析并证明 Raabe 判别法有下面的推论:

设 $\sum\limits_{n=1}^{+\infty} a_n$ 为正项级数. 若存在 $\ell > 0$, 当 n 充分大时, 有 $(n-\ell)\left(\dfrac{a_n}{a_{n+1}} - 1\right) \leqslant 1$, 则级数 $\sum\limits_{n=1}^{+\infty} a_n$ 发散.

19. 设 $\sum\limits_{n=1}^{+\infty} a_n$ 为正项级数, 常数 $\lambda > 0$. 记

$$r_{n,1} = \ln(\lambda n)\left(\frac{a_n}{a_{2n}} - 2\right), \qquad r_{n,2} = \ln(\lambda n)\left(\frac{a_n}{a_{2n+1}} - 2\right),$$

$$\bar{r} = \max\left\{\varlimsup_{n\to+\infty} r_{n,1}, \varlimsup_{n\to+\infty} r_{n,2}\right\}, \qquad \underline{r} = \min\left\{\varliminf_{n\to+\infty} r_{n,1}, \varliminf_{n\to+\infty} r_{n,2}\right\}.$$

证明:

(1) 当 $\underline{r} > 2\ln 2$ 时, 级数 $\sum\limits_{n=1}^{+\infty} a_n$ 收敛.

(2) 当 $\bar{r} < 2\ln 2$ 时, 级数 $\sum\limits_{n=1}^{+\infty} a_n$ 发散.

(3) 当 $\underline{r} \leqslant 2\ln 2 \leqslant \bar{r}$ 时, 判别法失效.

20. 试给出无穷限积分相应的 Abel-Dini 定理.

21. 设 $a_n > 0$, $\sum\limits_{n=1}^{+\infty} a_n$ 收敛. 证明: 级数 $\sum\limits_{n=1}^{+\infty} H_n$, $\sum\limits_{n=1}^{+\infty} A_n$ 和 $\sum\limits_{n=1}^{+\infty} G_n$ 均收敛, 其中

$$H_n = \frac{1}{\dfrac{1}{a_1} + \dfrac{1}{a_2} + \cdots + \dfrac{1}{a_n}}, \quad A_n = \frac{1}{n}(a_1 + a_2 + \cdots + a_n), \quad G_n = \sqrt[n]{a_1 a_2 \cdots a_n}.$$

22. 证明: 不可能存在严格正项数列 $\{a_n\}$ 使得级数 $\sum\limits_{n=1}^{+\infty} a_n$ 与 $\sum\limits_{n=1}^{+\infty} \dfrac{1}{n^2 a_n}$ 同时收敛.

23. 设 $\alpha > 0$, 证明: 存在严格正项数列 $\{a_n\}$ 使得级数 $\sum\limits_{n=1}^{+\infty} a_n$ 与 $\sum\limits_{n=1}^{+\infty} \dfrac{1}{n^{2+\alpha} a_n}$ 同时收敛.

24. 设 $\alpha > 0$, 证明: 存在严格正项数列 $\{a_n\}$ 使得级数 $\sum\limits_{n=1}^{+\infty} a_n$ 与 $\sum\limits_{n=2}^{+\infty} \dfrac{1}{n^2(\ln^{2+\alpha} n) a_n}$ 同时收敛.

25. 设严格正项级数 $\sum\limits_{n=1}^{+\infty} a_n$ 收敛, $\alpha > 0$, 问下面哪些级数有可能收敛, 哪些级数一

定发散?

$$\sum_{n=1}^{+\infty} \frac{1}{n^2 a_n}; \quad \sum_{n=2}^{+\infty} \frac{1}{(n^2 \ln^2 n)a_n}; \quad \sum_{n=1}^{+\infty} \frac{1}{n^{2+\alpha} a_n}; \quad \sum_{n=2}^{+\infty} \frac{1}{(n^2 \ln^{2+\alpha} n) a_n}.$$

26. 证明: (1) 设正项数列 $\{a_n\}$ 单调下降, 则

$$\lim_{n\to+\infty} a_n = 0 \Longleftrightarrow \sum_{n=1}^{+\infty} \left(1 - \frac{a_{n+1}}{a_n}\right) \text{ 发散}.$$

(2) 设正项数列 $\{a_n\}$ 单调上升, 则 $\{a_n\}$ 与 $\sum_{n=1}^{+\infty} \left(1 - \frac{a_n}{a_{n+1}}\right)$ 同敛散, 即 $\{a_n\}$ 有上界时, 该级数收敛, 无上界时发散.

(3) 设 $\{S_n\}$ 为正项级数 Σa_n 的部分和数列, 则 $\sum_{n=1}^{+\infty} a_n$ 与 $\sum_{n=1}^{+\infty} \frac{a_n}{S_n}$ 同敛散.

27. (Gauss 判别法) 证明: 设 $\sum_{n=1}^{+\infty} a_n$ 为一正项级数. 存在常数 $r, p > 0$ 使得

$$\frac{a_n}{a_{n+1}} = \frac{1}{r} + \frac{p}{n} + O\left(\frac{1}{n^2}\right).$$

(1) 若 $r < 1$, 则级数 $\sum_{n=1}^{+\infty} a_n$ 收敛, 与 p 的值无关.

(2) 若 $r > 1$, 则级数 $\sum_{n=1}^{+\infty} a_n$ 发散, 与 p 的值无关.

(3) 若 $r = 1$, 则级数的收敛性与 p 的值有关.

(i) 当 $p > 1$ 时, 级数 $\sum_{n=1}^{+\infty} a_n$ 收敛.

(ii) 当 $p \leqslant 1$ 时, 级数 $\sum_{n=1}^{+\infty} a_n$ 发散.

28. 试讨论下面几何级数的敛散性, 其中 α, β, γ, x 均为正数:

$$F(\alpha, \beta, \gamma, x) = 1 + \sum_{n=1}^{+\infty} \frac{\alpha(\alpha+1)\cdots(\alpha+n-1)\beta(\beta+1)\cdots(\beta+n-1)}{n!\gamma(\gamma+1)\cdots(\gamma+n-1)} x^n.$$

29. 设 Σa_n 是一个发散的正项级数, 考虑以下级数的敛散性:

(1) $\Sigma \frac{a_n}{1+a_n}$; 　　　　　　　　(2) $\Sigma \frac{a_n}{1+n^2 a_n}$;

(3) $\Sigma \frac{a_n}{1+a_n^2}$; 　　　　　　　　(4) $\Sigma \frac{a_n}{1+n a_n}$.

11.3   任意项级数

所谓任意项级数, 也称一般项级数, 是指其通项可正可负的级数. 任意项级数的敛散性也是通过部分和序列极限的存在性来定义的, 但一般来说, 它们敛散性的判定要比正项级数敛散性的判定困难得多. 尽管如此, 其中有一类所谓的绝对收敛的级数, 其收敛性可以通过正项级数收敛性判别法得到. 而且一般来说, 绝对收敛的级数具有较好的代数性质. 为此, 我们先引入定义:

<u>**定义 11.3.1**</u>   若级数 $\sum\limits_{n=1}^{+\infty} |a_n|$ 收敛, 则称级数 $\sum\limits_{n=1}^{+\infty} a_n$ **绝对收敛**.

若级数 $\sum\limits_{n=1}^{+\infty} a_n$ 收敛, 而 $\sum\limits_{n=1}^{+\infty} |a_n|$ 发散, 则称级数 $\sum\limits_{n=1}^{+\infty} a_n$ **条件收敛**.

需要注意的是收敛、条件收敛和绝对收敛是三个概念, 当我们泛泛地说一个级数收敛时, 通常是指该级数已经收敛了, 但它是条件收敛还是绝对收敛并不明确. 绝对收敛的级数一定**不是**条件收敛的, 反之, 条件收敛的级数也一定**不是**绝对收敛的.

下面的结论在讨论任意项级数时格外重要.

定理 11.3.1   绝对收敛的级数一定收敛.

证明   由 Cauchy 准则及不等式 $|a_{n+1} + \cdots + a_{n+p}| \leqslant |a_{n+1}| + \cdots + |a_{n+p}|$ 可得. □

根据定理 11.3.1, 要讨论一个任意项级数的敛散性, 通常可按以下步骤来判断. 一是看通项是否趋于零, 若通项趋于零, 则看它是否绝对收敛, 因为这时我们可以应用前面正项级数的各种判别法; 如果级数绝对收敛, 自然也就收敛. 如果不然, 则需要更细腻的判别方法, 而这正是我们本节讨论的重点.

例 11.3.1   容易证明级数 $\sum\limits_{n=1}^{+\infty} \dfrac{(-1)^n}{n^2}$ 和 $\sum\limits_{n=1}^{+\infty} \dfrac{\sin^3 n}{n\sqrt{n}}$ 均收敛, 这是因为两者均绝对收敛.

11.3.1   交错级数的敛散性

在任意项级数中, 有一类特殊的任意项级数, 即所谓的交错级数. 形如 $\sum\limits_{n=1}^{+\infty} (-1)^{n+1} a_n$, 其中 $a_n > 0 \ (n = 1, 2, \cdots)$, 的级数称为交错级数. 交错级数最显著的特点是其通项正负交错出现. 我们先给出关于交错级数的 Leibniz 定理:

定理 11.3.2 (Leibniz 交错判别法)   设数列 $\{a_n\}$ 是单调且趋于零的, 则级数 $\sum\limits_{n=1}^{+\infty} (-1)^{n+1} a_n$ 收敛.

证明 不妨设 a_n 单调递减趋于零, 从而必有 $a_n > 0$. 我们考虑该级数的部分和数列的子列 $\{S_{2n}\}$ 和 $\{S_{2n+1}\}$:

一方面, 我们有

$$S_{2(n+1)} - S_{2n} = a_{2n+1} - a_{2n+2} \geqslant 0,$$

即 $\{S_{2n}\}$ 单调上升. 另一方面,

$$S_{2n} = a_1 - a_2 + a_3 - \cdots - a_{2n-2} + a_{2n-1} - a_{2n}$$
$$= a_1 - (a_2 - a_3) - \cdots - (a_{2n-2} - a_{2n-1}) - a_{2n}$$
$$\leqslant a_1,$$

所以 $\{S_{2n}\}$ 有上界, 故 $\{S_{2n}\}$ 有极限 ℓ_1.

同理, 一方面, 我们有

$$S_{2n+3} - S_{2n+1} = a_{2n+3} - a_{2n+2} \leqslant 0,$$

即 $\{S_{2n+1}\}$ 单调下降. 另一方面,

$$S_{2n+1} = a_1 - a_2 + \cdots + a_{2n-1} - a_{2n} + a_{2n+1}$$
$$= (a_1 - a_2) + \cdots + (a_{2n-1} - a_{2n}) + a_{2n+1}$$
$$\geqslant a_{2n+1},$$

所以 $\{S_{2n+1}\}$ 有下界, 故 $\{S_{2n+1}\}$ 有极限 ℓ_2. 由于

$$S_{2n+1} - S_{2n} = a_{2n+1} \to 0 \quad (n \to +\infty),$$

所以 $\ell_1 = \ell_2$. 因此级数的部分和数列 $\{S_n\}$ 收敛, 故原级数收敛. $\quad\square$

例 11.3.2 我们知道级数

$$\sum_{n=1}^{+\infty} \frac{1}{n}, \quad \sum_{n=1}^{+\infty} \frac{1}{\sqrt{n}}, \quad \sum_{n=2}^{+\infty} \frac{1}{\ln n}, \quad \sum_{n=3}^{+\infty} \frac{1}{\ln\ln n}$$

均发散, 但根据 Leibniz 交错判别法知它们对应的交错级数

$$\sum_{n=1}^{+\infty} \frac{(-1)^n}{n}, \quad \sum_{n=1}^{+\infty} \frac{(-1)^n}{\sqrt{n}}, \quad \sum_{n=2}^{+\infty} \frac{(-1)^n}{\ln n}, \quad \sum_{n=3}^{+\infty} \frac{(-1)^n}{\ln\ln n}$$

均收敛, 即这四个级数均为条件收敛级数.

从这些例子可以得到某种直观认识: 即使交错级数通项趋于零的速度远比正项级数通项趋于零的速度慢, 仍然有可能收敛.

注 11.3.1   如果交错级数通项趋于零, 但不单调, 则结论不成立. 比如级数

$$1 - \frac{1}{2} + \frac{1}{3^2} - \frac{1}{4} + \frac{1}{5^2} - \frac{1}{6} + \frac{1}{7^2} - \cdots$$

是交错级数, 通项趋于 0, 但发散.

事实上, 此例很容易一般化: 选两个正项级数, 级数 $\sum\limits_{n=1}^{+\infty} a_n$ 收敛, 级数 $\sum\limits_{n=1}^{+\infty} b_n$ 通项趋于 0 但发散, 则交错级数 $a_1 - b_1 + a_2 - b_2 + \cdots$ 通项趋于 0 且一定发散.

例 11.3.3   试讨论交错级数 $\sum\limits_{n=2}^{+\infty} \dfrac{(-1)^n}{\sqrt{n} + (-1)^n}$ 的敛散性.

解   记 $a_n = \dfrac{(-1)^n}{\sqrt{n}}$, $b_n = \dfrac{(-1)^n}{\sqrt{n} + (-1)^n}$, $c_n := a_n - b_n = \dfrac{1}{n + (-1)^n \sqrt{n}}$, 可以看出级数 $\sum\limits_{n=2}^{+\infty} c_n$ 发散. 注意到级数 $\sum\limits_{n=2}^{+\infty} a_n$ 收敛, 知原级数 $\sum\limits_{n=2}^{+\infty} b_n$ 发散.

注意到当 $n \to +\infty$ 时, a_n 与 b_n 是等价无穷小, 但以它们为通项的交错级数的敛散性完全不同, 因此本例告诉我们, 在讨论任意项级数敛散性时, 利用等价无穷小代换判断敛散性需要格外小心!

11.3.2   Abel 变换、Abel 判别法和 Dirichlet 判别法

在讨论广义积分收敛时, 我们曾经介绍过 Abel 判别法和 Dirichlet 判别法 (简称 A–D 判别法), 这是两个针对形如 $\int_I f(x)g(x)\mathrm{d}x$ (其中 I 可以是无穷限区间或者是有界闭区间时 $f(x)g(x)$ 有瑕点) 的广义积分敛散性的判别法. 类似于广义积分, 在考虑形如 $\sum\limits_{n=1}^{+\infty} a_n b_n$ 的任意项级数敛散性时, 也有相应的 A–D 判别法.

A–D 判别法是分析学中两种基本的技术手法, 有着广泛的应用. 事实上, 在后续章节内容中, 我们还会多次遇到这两种判别法. A–D 判别法虽然是两种不同的表现形式, 但它们本质上遵循着同一种基本思想. 具体来说, 就是在研究形如 $\sum\limits_{n=1}^{+\infty} a_n b_n$ 或 $\int_I f(x)g(x)\mathrm{d}x$ 的敛散性时, 两个因子乘积的效果决定了它们的敛散性: 因此, 如果两因子是强强搭配, 则级数或广义积分可以收敛, 甚至绝对收敛; 但如果是强弱搭配, 则需要考虑两者间的协调问题. 形象地说, 当一个因子条件较强, 另一因子条件则可以适当放宽. 反之亦然, 此时仍有可能收敛或条件收敛; 当两者条件都比较弱时, 一般来说需要考虑两者间特殊的搭配, 此时也许能得到某种弱形式下的性质.

A–D 判别法均源于 Abel 变换, 后者逐渐演变成一种基本手法和思想. Abel 变换朴素的改变求和方式的直观做法对 Lebesgue 积分的诞生等诸多领域都有直接的影响. 在前面定积分章节证明积分第二中值定理时, 也有不少参考书中将 Abel 变换的手法应用到相应的 Riemann 和上. 下面我们再简单介绍一下 Abel 变换.

1. Abel 变换

定理 11.3.3 (Abel 变换)　设 $a_1, a_2, \cdots, a_n$ 和 $b_1, b_2, \cdots, b_n$ 为两组给定的实数, 则有

$$\sum_{i=1}^{n} a_i b_i = \sum_{i=1}^{n-1} (a_i - a_{i+1}) B_i + a_n B_n, \tag{11.3.1}$$

其中 $B_i = b_1 + b_2 + \cdots + b_i, \ i = 1, 2, \cdots, n.$

证法 1　为方便起见, 记 $B_0 = 0$. 由 $b_i = B_i - B_{i-1}$, 于是有

$$\sum_{i=1}^{n} a_i b_i = \sum_{i=1}^{n} a_i (B_i - B_{i-1}) = \sum_{i=1}^{n} a_i B_i - \sum_{i=1}^{n} a_i B_{i-1}$$

$$= \sum_{i=1}^{n} a_i B_i - \sum_{i=0}^{n-1} a_{i+1} B_i = \sum_{i=1}^{n-1} (a_i - a_{i+1}) B_i + a_n B_n. \qquad \square$$

Abel 变换的正确性可以通过逻辑直接验证, 然后它的几何直观性更值得体会和思考. 图 11.1 是 Abel 变换的一个示意图 (为方便起见, 我们假设 $a_1 > a_2 > \cdots > a_n > 0$, $b_i > 0$. 这些假设丝毫不影响 Abel 变换的基本思想).

可以看出, Abel 变换 (11.3.1) 的两端恰恰对应的是计算图中阴影部分面积的两种模式.

证法 2　我们给出 Abel 变换的一种代数处理: 分别把 $a_1, a_2, \cdots, a_n$ 和 $b_1, b_2, \cdots, b_n$ 看成两个 n 维向量,

$$\boldsymbol{\alpha}_0 = (a_1, a_2, \cdots, a_n), \qquad \boldsymbol{\beta}_0 = (b_1, b_2, \cdots, b_n).$$

则方程 (11.3.1) 的左端即为 $\boldsymbol{\alpha}_0$ 和 $\boldsymbol{\beta}_0$ 的内积, 即

$$\sum_{i=1}^{n} a_i b_i = (\boldsymbol{\alpha}_0, \ \boldsymbol{\beta}_0).$$

任取一个 $n \times n$ 非奇异矩阵 $\boldsymbol{M}$, 记 $\boldsymbol{M}^{-1}$ 为其逆. 则有

$$(\boldsymbol{\alpha}_0, \ \boldsymbol{\beta}_0) = (\boldsymbol{\alpha}_0 \boldsymbol{M}, \ \boldsymbol{\beta}_0 (\boldsymbol{M}^{-1})^{\mathrm{T}}) = (\boldsymbol{\alpha}_1, \ \boldsymbol{\beta}_1),$$

其中 $\boldsymbol{\alpha}_1 = \boldsymbol{\alpha}_0 \boldsymbol{M}, \boldsymbol{\beta}_1 = \boldsymbol{\beta}_0 (\boldsymbol{M}^{-1})^{\mathrm{T}}, (\boldsymbol{M}^{-1})^{\mathrm{T}}$ 是 $\boldsymbol{M}^{-1}$ 的转置.

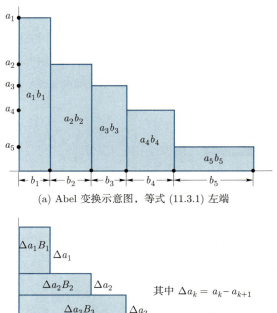

(a) Abel 变换示意图，等式 (11.3.1) 左端

(b) Abel 变换示意图，等式 (11.3.1) 右端

图 11.1

直接验证, 选取下面的矩阵 $\boldsymbol{M}$, 即可得到经典的 Abel 变换 (11.3.1).

$$\boldsymbol{M} = \begin{pmatrix} 1 & 0 & 0 & \cdots & 0 \\ -1 & 1 & 0 & \cdots & 0 \\ 0 & -1 & 1 & \cdots & 0 \\ \vdots & \vdots & \vdots & & \vdots \\ 0 & 0 & 0 & -1 & 1 \end{pmatrix}, \qquad \boldsymbol{M}^{-1} = \begin{pmatrix} 1 & 0 & 0 & \cdots & 0 \\ 1 & 1 & 0 & \cdots & 0 \\ 1 & 1 & 1 & \cdots & 0 \\ \vdots & \vdots & \vdots & & \vdots \\ 1 & 1 & 1 & 1 & 1 \end{pmatrix}.$$

事实上, 可以看出 (注意, 我们已约定 $a_{n+1} = 0$):

$$\boldsymbol{\alpha}_1 = \boldsymbol{\alpha}_0 \boldsymbol{M} = (a_1 - a_2, a_2 - a_3, \cdots, a_{n-1} - a_n, a_n)$$

$$= (\Delta a_1, \Delta a_2, \cdots, \Delta a_n).$$

$$\boldsymbol{\beta}_1 = \boldsymbol{\beta}_0 (\boldsymbol{M}^{-1})^{\mathrm{T}} = (b_1, b_1 + b_2, \cdots, b_1 + \cdots + b_n)$$

$$= (B_1, B_2, \cdots, B_n).$$

从而 $(\boldsymbol{\alpha}_1, \boldsymbol{\beta}_1)$ 刚好给出了关系式 (11.3.1) 的右端. $\qquad\square$

上述证明给我们提供了一种更灵活和方便的代数手法, 是进一步深刻理解 Abel 变换的新的角度. 可以看到, 由于矩阵 $\boldsymbol{M}$ 的选取具有极大的自由度, 因此, 我们可以很容易通过选取 $\boldsymbol{M}$ 而将经典的 Abel 变换推广到非常一般的场景. 另外, 这一手法还为我们引入二阶、三阶等高阶 Abel 变换提供了可能.

比如我们可以很自然地引入二阶 Abel 变换:

$$\left(\boldsymbol{\alpha}_0, \ \boldsymbol{\beta}_0\right) = \left(\boldsymbol{\alpha}_0 \boldsymbol{M}^2, \ \boldsymbol{\beta}_0 (\boldsymbol{M}^{-2})^{\mathrm{T}}\right) = \left(\boldsymbol{\alpha}_2, \ \boldsymbol{\beta}_2\right),$$

其中 $\boldsymbol{\alpha}_2 = \boldsymbol{\alpha}_0 \boldsymbol{M}^2, \boldsymbol{\beta}_2 = \boldsymbol{\beta}_0 (\boldsymbol{M}^{-2})^{\mathrm{T}}$.

$$\boldsymbol{M}^2 = \begin{pmatrix} 1 & 0 & 0 & \cdots & 0 & 0 \\ -2 & 1 & 0 & \cdots & 0 & 0 \\ 1 & -2 & 1 & \cdots & 0 & 0 \\ 0 & 1 & -2 & \cdots & 0 & 0 \\ \vdots & \vdots & \vdots & & \vdots & \vdots \\ 0 & 0 & 0 & \cdots & 1 & 0 \\ 0 & 0 & 0 & \cdots & -2 & 1 \end{pmatrix}, \quad \boldsymbol{M}^{-2} = \begin{pmatrix} 1 & 0 & 0 & \cdots & 0 \\ 2 & 1 & 0 & \cdots & 0 \\ 3 & 2 & 1 & \cdots & 0 \\ \vdots & \vdots & \vdots & & \vdots \\ n & n-1 & n-2 & \cdots & 1 \end{pmatrix}.$$

可以看出, 内积 $(\boldsymbol{\alpha}_2, \boldsymbol{\beta}_2)$ 刚好给出了等式 (11.3.1) 中的右端.

2. Abel 判别法和 Dirichlet 判别法

由 Abel 变换, 易得如下判别法.

定理 11.3.4 (Abel 判别法、Dirichlet 判别法) 设级数 $\displaystyle\sum_{n=1}^{+\infty} a_n$ 的部分和 $\{S_n\}$ 有界, 数列 $\{b_n\}$ 单调有界. 则下面两条件之一满足时, 必有级数 $\displaystyle\sum_{n=1}^{+\infty} a_n b_n$ 收敛.

(1) **(Abel 判别法)** 如果 $\{S_n\}$ 收敛, 则 $\displaystyle\sum_{n=1}^{+\infty} a_n b_n$ 收敛.

(2) **(Dirichlet 判别法)** 如果 $\{b_n\}$ 收敛到零, 则 $\displaystyle\sum_{n=1}^{+\infty} a_n b_n$ 收敛.

证明 由 Abel 变换, 对于 $m > n \geqslant 1$,

$$\sum_{k=n+1}^{m} a_k b_k = (S_m - S_n) b_m + \sum_{k=n+1}^{m-1} (S_k - S_n)(b_k - b_{k+1}).$$

故当 $\{b_n\}$ 单调时, 对于 $m > n \geqslant N \geqslant 1$, 有

$$
\begin{aligned}
\left| \sum_{k=n+1}^{m} a_k b_k \right| &\leqslant \left(|b_m| + \sum_{k=n+1}^{m-1} |b_k - b_{k+1}| \right) \sup_{k,j \geqslant N} |S_k - S_j| \\
&\leqslant \left(|b_m| + |b_{n+1} - b_m| \right) \sup_{k,j \geqslant N} |S_k - S_j| \qquad (11.3.2) \\
&\leqslant 3 \sup_{k \geqslant N} |b_k| \cdot \sup_{k,j \geqslant N} |S_k - S_j|.
\end{aligned}
$$

根据假设, 由 $\{S_n\}, \{b_n\}$ 的有界性, 无论是 $\{S_n\}$ 收敛还是 $\{b_n\}$ 收敛到 0, 均可推得

$$
\lim_{N \to +\infty} \sup_{m,n \geqslant N} \left| \sum_{k=n+1}^{m} a_k b_k \right| = 0.
$$

从而由 Cauchy 准则, $\displaystyle\sum_{n=1}^{+\infty} a_n b_n$ 收敛. $\qquad\qquad\qquad\qquad\qquad\qquad\qquad\qquad\square$

可以看出关于交错级数的 Leibniz 定理 11.3.2 是 A–D 判别法的直接推论, 这只要取 $a_n = (-1)^n$ 即可. 事实上, 我们还可以有更一般的结论, 为此, 先引入一个类似于周期函数的概念:

定义 11.3.2　无穷数列 $\{\lambda_n\}$ 称为**周期数列**, 是指存在自然数 k, 以及某 n_0, 使得 $\lambda_{n+k} = \lambda_n \ (n \geqslant n_0)$ 成立, 满足此性质的最小正整数 k 称为该数列的**周期**.

$$
A := \lambda_{n_0+1} + \lambda_{n_0+2} + \cdots + \lambda_{n_0+k}
$$

称为周期数列的**周期值**.

例 11.3.4　(1) 数列 $\{(-1)^n\}$ 是一个周期为 2, 周期值为 0 的周期数列.

(2) 数列 $1, \dfrac{1}{2}, -2, 1, \dfrac{1}{2}, -2, 1, \dfrac{1}{2}, -2, \cdots$ 是一个周期为 3, 周期值为 $-\dfrac{1}{2}$ 的周期数列.

经典的 Leibniz 判别法可以重述如下:

Leibniz 定理: 设 $\{a_n\}$ 是一个周期为 2, 周期值为 0 的数列, $\{b_n\}$ 是单调且趋于零的数列, 则级数 $\displaystyle\sum_{n=1}^{+\infty} a_n b_n$ 收敛.

推论 11.3.5 (Leibniz 判别法的推广)　设数列 $\{b_n\}$ 单调且趋于零, $\{a_n\}$ 是一个周期为 k, 周期值为 A 的数列.

(1) 如果 $A = 0$, 则级数 $\displaystyle\sum_{n=1}^{+\infty} a_n b_n$ 收敛.

(2) 如果 $A \neq 0$, 则级数 $\displaystyle\sum_{n=1}^{+\infty} a_n b_n$ 与 $\displaystyle\sum_{n=1}^{+\infty} b_n$ 同敛散.

证明　(1) 若 $A = 0$, 则显然级数 $\displaystyle\sum_{n=1}^{+\infty} a_n$ 的部分和总是有界的, 此时根据 Dirichlet 判别法知结论成立.

(2) 若 $A \neq 0$, 则一方面数列 $\{\tilde{a}_n\}$, $\tilde{a}_n = a_n - \dfrac{A}{k}$, 是一个周期为 k, 周期值为 0 的

数列, 因此, 根据 (1), 知级数 $\displaystyle\sum_{n=1}^{+\infty} \tilde{a}_n b_n$ 收敛, 记其和为 $\tilde{S}$. 另一方面, 若记

$$S_n = \sum_{i=1}^{n} a_i b_i, \qquad B_n = \sum_{i=1}^{n} b_i, \qquad \tilde{S}_n = \sum_{i=1}^{n} \tilde{a}_i b_i,$$

则有

$$\tilde{S}_n = \sum_{i=1}^{n} \left(a_i - \frac{A}{k} \right) b_i = S_n - \frac{A}{k} B_n \to \tilde{S} \quad (n \to +\infty),$$

因此 $\{S_n\}$ 与 $\{B_n\}$ 同敛散. $\qquad\square$

例 11.3.5 (1) 数列 $1, 2, -3, 1, 2, -3, \cdots$ 是一个周期为 3, 周期值为 0 的数列,

数列 $\{a_n\}$ 单调趋于 0, 故级数 $\displaystyle\sum_{n=0}^{+\infty}(a_{3n+1} + 2a_{3n+2} - 3a_{3n+3})$ 收敛.

(2) 数列 $1, 2, -2, 1, 2, -2, \cdots$ 是一个周期为 3, 周期值为 1 的数列, 设 $\{a_n\}$ 为单

调趋于 0 的数列, 则级数 $\displaystyle\sum_{n=0}^{+\infty}(a_{3n+1} + 2a_{3n+2} - 2a_{3n+3})$ 与级数 $\displaystyle\sum_{n=1}^{+\infty} a_n$ 同敛散.

读者可能已经注意到该推论在连续型框架下的相似表述了. 换句话说, 在讨论定积
分 (广义积分) 时, 我们也有类似的结论, 而且在实际应用中, 经常遇到被积函数中含有
$\sin x, \cos x, \sin^2 x$ 等因子的场景. 在那里, 我们经常利用这些因子函数的周期性以及一
个周期上的周期值是否为 0 这些性质.

作为例子, 我们仅列举下面的结果形成对比. 证明细节略.

例 11.3.6 设 $f(x)$ 在 $[0, +\infty)$ 上单调趋于 0, $g(x)$ 为 $(-\infty, +\infty)$ 内的周期为 T
的连续函数.

(1) 若 $\displaystyle\int_0^T g(x)\,\mathrm{d}x = 0$, 则 $\displaystyle\int_0^{+\infty} f(x)g(x)\,\mathrm{d}x$ 收敛;

(2) 若 $\displaystyle\int_0^T g(x)\,\mathrm{d}x \neq 0$, 则 $\displaystyle\int_0^{+\infty} f(x)\,\mathrm{d}x$ 收敛的充要条件是 $\displaystyle\int_0^{+\infty} f(x)g(x)\,\mathrm{d}x$ 收敛.

作为特例, 有下面的结论:

例 11.3.7 下面两个广义积分的结论成立:

$$\int_1^{+\infty} \frac{\sin x}{x}\,\mathrm{d}x \text{ 收敛}; \qquad \int_1^{+\infty} \frac{\sin^2 x}{x}\,\mathrm{d}x \text{ 发散}.$$

这是因为 $\sin x$ 与 $\sin^2 x$ 均作为周期函数, 前者在一个周期上的积分为零, 而后者非零,
同时又有当 $x \to +\infty$ 时, $\dfrac{1}{x}$ 单调下降趋于零.

下面我们也对 Abel 和 Dirichlet 判别法给出一些推广. 为此, 对级数 $\displaystyle\sum_{n=1}^{+\infty} a_n b_n$ 的部

分和作 Abel 变换, 当 $n \geqslant 2$ 时, 有

$$\sum_{k=1}^{n} a_k b_k = S_n b_n - \sum_{k=1}^{n-1} S_k (b_{k+1} - b_k).$$

注意到在定理 11.3.4 中, 只要数列 $\{a_n\}, \{b_n\}$ 满足 Abel 判别法的条件或 Dirichlet 判别法的条件之一, 都有 $\{S_n b_n\}$ 收敛. 另一方面, 由于 $\{S_n\}$ 的有界性和 $\{b_n\}$ 的单调有界性, 上式右端第二项成立

$$\sum_{k=1}^{n} |S_k (b_{k+1} - b_k)| \leqslant M \sum_{k=1}^{n} |b_{k+1} - b_k| = M|b_{n+1} - b_1| \to |b - b_1|M,$$

其中 b 为 $\{b_n\}$ 的极限, 所以级数 $\sum_{k=1}^{+\infty} S_k (b_{k+1} - b_k)$ 总是绝对收敛, 从而 $\sum_{n=1}^{+\infty} a_n b_n$ 收敛. 故我们有下面推广的 Abel 和 Dirichlet 判别法:

定理 11.3.6 设级数 $\sum_{n=1}^{+\infty} a_n$ 的部分和有界, 数列 $\{b_n\}$ 有界且级数 $\sum_{n=1}^{+\infty} (b_n - b_{n+1})$ 绝对收敛.

(1) (**Abel 判别法的推广**) 若级数 $\sum_{n=1}^{+\infty} a_n$ 收敛, 则级数 $\sum_{n=1}^{+\infty} a_n b_n$ 收敛.

(2) (**Dirichlet 判别法的推广**) 若 $\{b_n\}$ 收敛到零, 则级数 $\sum_{n=1}^{+\infty} a_n b_n$ 收敛.

例 11.3.8 讨论 $\sum_{n=1}^{+\infty} \dfrac{\sin nx}{n^{\alpha}}$ 的敛散性.

解 一方面, 显然只需考虑 $x \in [0, 2\pi)$, 另一方面, 当 $x = 0, \pi$ 时级数绝对收敛. 因此, 以下只考虑 $x \in (0, \pi) \cup (\pi, 2\pi)$.

(1) $\alpha \leqslant 0$: 此时不难证明通项不趋于零, 因此级数发散.

(2) $\alpha > 1$: 此时易见级数绝对收敛.

(3) $0 < \alpha \leqslant 1$: 此时,

$$2\sin\frac{x}{2} \sum_{k=1}^{n} \sin kx = \sum_{k=1}^{n} \left(\cos\frac{(2k-1)x}{2} - \cos\frac{(2k+1)x}{2} \right) = \cos\frac{x}{2} - \cos\frac{(2n+1)x}{2}.$$

因此, $\left| \sum_{k=1}^{n} \sin kx \right| \leqslant \dfrac{1}{\left| \sin\frac{x}{2} \right|}$, 即级数 $\sum_{n=1}^{+\infty} \sin nx$ 的部分和有界, 由 Dirichlet 判别法知, 原级数收敛. 另一方面,

$$\sum_{n=1}^{+\infty} \left| \frac{\sin nx}{n^{\alpha}} \right| \geqslant \sum_{n=1}^{+\infty} \frac{\sin^2 nx}{n^{\alpha}} = \sum_{n=1}^{+\infty} \frac{1 - \cos 2nx}{2n^{\alpha}}.$$

类似地可证 $\sum_{n=1}^{+\infty} \dfrac{\cos 2nx}{n^{\alpha}}$ 收敛, 由于 $\sum_{n=1}^{+\infty} \dfrac{1}{n^{\alpha}}$ 发散, 因此 $\sum_{n=1}^{+\infty} \left| \dfrac{\sin nx}{n^{\alpha}} \right|$ 发散. 所以原级数

$\sum\limits_{n=1}^{+\infty} \dfrac{\sin nx}{n^\alpha}$ 条件收敛.

习题 11.3

1. 讨论下列级数的敛散性:

(1) $\sum\limits_{n=1}^{+\infty} \dfrac{(-1)^{[\sqrt{n}]}}{\sqrt{n}}$;

(2) $\sum\limits_{n=2}^{+\infty} \dfrac{(-1)^{[\sqrt{n}]}}{n}$;

(3) $\sum\limits_{n=2}^{+\infty} \dfrac{(-1)^n}{\sqrt{n}+(-1)^n}$;

(4) $\sum\limits_{n=2}^{+\infty} \dfrac{(-1)^{[\sqrt{n}]}}{\sqrt{n}+(-1)^n}$;

(5) $\sum\limits_{n=2}^{+\infty} \dfrac{(-1)^n}{\sqrt{n}+(-1)^{[\sqrt{n}]}}$;

(6) $\sum\limits_{n=2}^{+\infty} \dfrac{(-1)^{[\sqrt{n}]}}{\sqrt{n+(-1)^{[\sqrt{n}]}}}$.

2. 若对任一趋于 0 的序列 $\{x_n\}$, 级数 $\sum\limits_{n=1}^{+\infty} a_n x_n$ 均收敛, 证明: 级数 $\sum\limits_{n=1}^{+\infty} |a_n|$ 收敛.

3. 证明: 对于任意满足 $\sum\limits_{n=1}^{+\infty} a_n^2 = +\infty$ 的数列 $\{a_n\}$, 都存在数列 $\{b_n\}$ 满足 $\sum\limits_{n=1}^{+\infty} b_n^2 < +\infty$, 但 $\sum\limits_{n=1}^{+\infty} a_n b_n = +\infty$.

4. 设序列 $\{a_n\}$ 单调且 $\lim\limits_{n\to+\infty} a_n = 0$. 证明:

(1) 若级数 $\sum\limits_{n=1}^{+\infty} a_n$ 收敛, 则级数 $\sum\limits_{n=1}^{+\infty} a_n \sin nx$ 和 $\sum\limits_{n=1}^{+\infty} a_n \cos nx$ 对一切 x 均绝对收敛.

(2) 若级数 $\sum\limits_{n=1}^{+\infty} a_n$ 发散, 则级数 $\sum\limits_{n=1}^{+\infty} a_n \sin nx$ 和 $\sum\limits_{n=1}^{+\infty} a_n \cos nx$ 对一切 x 均条件收敛.

5. 设 $\sum\limits_{n=1}^{+\infty} a_n$ 是一个条件收敛的级数, 其前 n 项部分和 S_n 具有分解 $S_n = S_n^+ + S_n^-$, 其中 S_n^+ 与 S_n^- 分别为正项之和与负项之和. 证明极限 $\lim\limits_{n\to+\infty} \dfrac{S_n^+}{S_n^-}$ 存在并求之.

6. 设 $b_n > 0$, $\lim\limits_{n\to+\infty} n\left(\dfrac{b_n}{b_{n+1}} - 1\right) > 0$. 证明: $\sum\limits_{n=1}^{+\infty} (-1)^n b_n$ 收敛.

7. 设 m 是一给定的自然数, 数列 $\{a_n\}$ 单调趋于零, 试讨论级数 $\sum\limits_{n=1}^{+\infty} a_n \sin \dfrac{n^2}{2m+1}\pi$ 的敛散性.

8. 如果 $\sum\limits_{n=1}^{+\infty} |a_n - a_{n+1}| < +\infty$, 那么级数 $\sum\limits_{n=1}^{+\infty} a_n$ 称为是有界变差的. 证明: 级数

$$\sum_{n=1}^{+\infty} a_n \text{ 是有界变差的充要条件是对任意收敛级数 } \sum_{n=1}^{+\infty} b_n, \text{ 都有 } \sum_{n=1}^{+\infty} a_n b_n \text{ 收敛.}$$

9. 设 m 为自然数. 证明: 级数 $\displaystyle\sum_{n=1}^{+\infty} \frac{|\sin n^m|}{n}$ 发散.

10. 证明: 级数 $\displaystyle\sum_{n=1}^{+\infty} \frac{\sin n^2}{n}$ 条件收敛.

11.4 绝对收敛级数与条件收敛级数的代数性质

级数考虑的是可数无穷多个实数的求和, 可以看成是有限个实数和的推广. 当级数收敛时, 我们可以理解为给定的无穷多个实数是可以求和的. 由于无限求和是通过极限来实现的, 因此有限个实数间代数运算的某些性质在取极限过程中可能不再被继承. 本节我们将重点讨论级数运算过程中**结合律、交换律和分配律**是否成立的问题 (简称 "三律"). 换句话说, 我们感兴趣于在什么情况下, 对于无穷次运算这三律仍然成立, 以及如果这三律不能成立, 又会出现什么样的现象. 一个可以高度概况的充分条件就是**绝对收敛的级数继承代数运算的三律**. 下面我们详细解释这句话的具体含义.

11.4.1 级数运算的结合律

所谓级数的结合律, 就是我们通常所说的级数的**加括号**或**去括号**, 是指对于给定的级数 $\displaystyle\sum_{n=1}^{+\infty} a_n$, 在保持级数通项位置次序不变的前提下, 对其若干项加括号, 得到级数

$$(a_1 + \cdots + a_{n_1}) + (a_{n_1+1} + \cdots + a_{n_2}) + \cdots + (a_{n_k+1} + \cdots + a_{n_{k+1}}) + \cdots = \sum_{k=1}^{+\infty} \tilde{a}_k,$$

其中 $\tilde{a}_k = a_{n_{k-1}+1} + \cdots + a_{n_k}, n_0 = 0, \ k = 1, 2, \cdots$, 即 $\tilde{a}_k$ 是原级数的第 k 个括号内的项之和. 级数 $\displaystyle\sum_{k=1}^{+\infty} \tilde{a}_k$ 称为原级数加括号后得到的级数.

对于级数的加括号运算, 有下面重要的结论: 收敛级数任意添加括号不会改变级数的收敛性, 也不改变级数的和. 具体来说, 即

定理 11.4.1（加括号法则） 设级数 $\displaystyle\sum_{n=1}^{+\infty} a_n$ 收敛, 则加括号后的级数仍然收敛, 并且与原级数有相等的和.

证明　设原级数的部分和序列为 $A_1, A_2, \cdots$，加括号后的级数的部分和序列为 $\tilde{A}_1$, $\tilde{A}_2, \cdots$. 则显然有

$$\tilde{A}_1 = A_{n_1}, \quad \tilde{A}_2 = A_{n_2}, \cdots$$

即 $\{\tilde{A}_k\}$ 是数列 $\{A_n\}$ 的子列. 因此, 当 $\{A_n\}$ 收敛时, 其子列 $\{\tilde{A}_k\}$ 必收敛且收敛于同一个值.　　　　　　　　　　　　　　　　　　　　　　　□

注 11.4.1　(1) 对于发散的级数, 上述结论不成立, 即发散级数加括号后有可能收敛, 比如典型的反例是级数 $1 - 1 + 1 - 1 + \cdots$. 由于该级数通项不趋于 0, 故发散. 但每两项加一个括号, 得到的新级数是收敛的. 当然, 如果加括号后的级数发散, 原级数必然发散.

(2) 可以构造更复杂的反例: 存在通项趋于 0 的发散级数, 使得适当加括号后收敛. 只不过对这样的级数, 添加的括号一定具有如下特点: 对任意的自然数 N, 一定存在一个括号, 其括号内的项数大于 N. 而且也一定存在这样的括号, 其括号内的所有项不可能同号.

(3) 对于正项级数或不变号级数, 定理的逆命题也成立. 这是基于如下事实: 不变号级数的部分和数列是单调的, 而单调数列如果存在一个子列收敛, 则原数列也必定收敛并且有与子列相同的极限.

下面我们对注 11.4.1中涉及的问题做进一步的讨论. 注中第 (1) 条告诉我们, 如果一个级数本身就是通过加括号得到的, 那么一般来说, 我们是不能去括号的. 换句话说, 去括号有可能使得收敛级数变成发散级数. 但我们有下面的定理, 这个定理也部分回答了注中第 (2) 条的问题.

定理 11.4.2（去括号法则 1）　设 $\displaystyle\lim_{n \to +\infty} a_n = 0$, 如果 $\displaystyle\sum_{n=1}^{+\infty} a_n$ 加括号后的级数 $\displaystyle\sum_{n=1}^{+\infty} \tilde{a}_n$ 收敛, 且所有括号长度有一致的上界 N (即括号内的项数一致有界), 则去掉括号后的原级数 $\displaystyle\sum_{n=1}^{+\infty} a_n$ 也一定收敛, 且和不变.

在给出严格的逻辑证明之前, 我们看看这定理在说什么. 为了证明级数 $\displaystyle\sum_{n=1}^{+\infty} a_n$ 收敛, 可以考察其部分和的 Cauchy 列, 即当 $n \gg 1$ 时, $\forall p > 0$, 是否有 $|a_{n+1} + \cdots + a_{n+p}|$ 充分小. 这点还是比较显然的, 事实上, 这 p 个项可以分成三部分: 第一部分是前头的若干项, 它们没有构成一个完整的括号, 这些项充其量只有 N 项, 由于 $\displaystyle\lim_{n \to +\infty} a_n = 0$, 故这些项之和可以做到充分小. 第二部分是中间的 (大部分) 项, 它们形成若干个完整的括号, 从而对应着级数 $\displaystyle\sum_{n=1}^{+\infty} \tilde{a}_n$ 中的若干项, 这些项的估计恰好满足该级数部分和序列

的 Cauchy 准则, 因此也可以做到充分小. 同理, 第三部分是最后的若干项, 它们也没有构成一个完整的括号, 这些项充其量不超过 N, 所以也可以做到充分小. 因此, 这 p 个项之和, 只要 n 充分大, 在定理条件假设下, 是可以任意小的.

证明   由于 $\tilde{a}_k = a_{n_{k-1}+1} + a_{n_{k-1}+2} + \cdots + a_{n_k}, |n_k - n_{k-1}| \leqslant N, k = 1, 2, \cdots$, 根据假设, 级数 $\sum\limits_{n=1}^{+\infty} \tilde{a}_n$ 的部分和数列 $\{\tilde{S}_k\}$ 收敛到 $\tilde{S}$, 于是 $\forall \varepsilon > 0, k \gg 1$ 时, $\forall p > 0$, 有

$$
\begin{aligned}
|\tilde{S}_{k+p} - \tilde{S}_k| &= |\tilde{a}_{k+1} + \cdots + \tilde{a}_{k+p}| \\
&= |(a_{n_k+1} + \cdots + a_{n_{k+1}}) + \cdots + (a_{n_{k+p-1}+1} + \cdots + a_{n_{k+p}})| \\
&< \varepsilon.
\end{aligned}
\tag{11.4.1}
$$

记 S_n 为级数 $\sum\limits_{n=1}^{+\infty} a_n$ 的部分和. 则数列 $\{\tilde{S}_k\}$ 是数列 $\{S_n\}$ 的一个子列. 我们往证数列 $\{S_n\}$ 也收敛, 且收敛到 $\tilde{S}$. 为此, 考虑

$$
|S_n - \tilde{S}_k| = |S_n - S_{n_k}| = |\text{第一部分}| + |\text{第二部分}| + |\text{第三部分}|,
\tag{11.4.2}
$$

其中第一部分和第三部分是级数 $\sum\limits_{n=1}^{+\infty} a_n$ 中还不够形成一个完整括号的项, 因此

$$
|\text{第一部分}| \leqslant N \cdot \max_{n_k+1 < m \leqslant n_{k+1}} \{|a_m|\}.
$$

由于 $\lim\limits_{n \to +\infty} a_n = 0$, 因此, 只要 $n \gg 1, k \gg 1$, 第一部分就可以小于 ε.

同理, 第三部分也可以小于 ε.

第二部分是由级数 $\sum\limits_{n=1}^{+\infty} a_n$ 中若干个完整的括号构成, 即它们是 $\sum\limits_{n=1}^{+\infty} \tilde{a}_n$ 中若干项. 因此, 只要 $n \gg 1, k \gg 1$, 则根据 (11.4.1) 式知这一部分也可以小于 ε. 从而根据 Cauchy 准则以及 (11.4.2) 式, 我们不但证明了级数 $\sum\limits_{n=1}^{+\infty} a_n$ 收敛, 还证明了它与级数 $\sum\limits_{n=1}^{+\infty} \tilde{a}_n$ 有相同的和. □

关于级数的去括号, 还有下面的定理成立.

定理 11.4.3 (去括号法则 2)   设级数 $\sum\limits_{n=1}^{+\infty} \tilde{a}_n$ 是由级数 $\sum\limits_{n=1}^{+\infty} a_n$ 加括号后而得, 其中 $\tilde{a}_n$ 是原级数的第 n 个括号内的项. 假定对每个 n, $\tilde{a}_n$ 中的各项都具有相同的符号, 则 $\sum\limits_{n=1}^{+\infty} a_n$ 与级数 $\sum\limits_{n=1}^{+\infty} \tilde{a}_n$ 有相同的敛散性, 并且当级数收敛时, 两者有相同的和.

我们给出这个定理证明的要点分析. 技术细节读者可参考定理 11.4.2加以补充.

首先若 $\sum\limits_{n=1}^{+\infty} a_n$ 收敛, 则根据定理 11.4.1 知级数 $\sum\limits_{n=1}^{+\infty} \tilde{a}_n$ 也收敛. 相反方向的结论, 证明思路非常类似于定理 11.4.2 的证明过程, 我们只需估计当 $n \gg 1$ 时, $\forall p > 0$, 是否有 $|a_{n+1} + \cdots + a_{n+p}|$ 充分小. 将此和式分成三部分: 第一部分是前面还没有形成一个完整 $\tilde{a}_n$ 的若干项, 第二部分是中间形成完整 $\tilde{a}_n$ 的项, 第三部分还是没有形成一个完整 $\tilde{a}_n$ 的项. 显然有

$$|a_{n+1} + \cdots + a_{n+p}| \leqslant |第一部分| + |第二部分| + |第三部分|.$$

首先第二部分可以对级数 $\sum\limits_{n=1}^{+\infty} \tilde{a}_n$ 应用 Cauchy 准则, 因此可以得到它的估计. 即, 如果级数收敛, 则可以使得第二部分充分小.

对于第一部分, 我们在它的首项前面补充若干项, 使得成为一个完整的括号, 即成为某一项 $\tilde{a}_m$. 由于括号内的项具有相同的正负性, 因此,

$$|第一部分| \leqslant |对应的一个完整的括号| = |\tilde{a}_m|,$$

其中 $\tilde{a}_m$ 是级数 $\sum\limits_{n=1}^{+\infty} \tilde{a}_n$ 中的一项. 因此, 只要该级数收敛, 通项就必然趋于 0, 所以这一项可以做到充分小.

同理, 对于第三部分, 可以类似讨论.

11.4.2　级数运算的交换律

我们知道, 有限个实数的加法满足交换律, 即被加项可以任意交换求和次序而不影响其和. 但是, 当无限多个数相加, 即级数求和时, 一般说来, 如果任意交换求和次序的话, 有可能改变原级数的敛散性, 而且即使收敛, 其和也有可能改变. 由于显然如果只交换级数中有限多项的次序, 则既不改变级数的收敛性, 也不会改变它的和, 因此, 除非特别声明, 当说交换级数的求和次序时, 我们默认是指改变无穷多项的求和次序.

我们首先定义正整数集 $\mathbb{N}_+$ 的重排:

集合 $\mathbb{N}_+$ 的一个重排是指 $\mathbb{N}_+$ 到 $\mathbb{N}_+$ 的一个一一对应, 记此对应关系为 $\varphi(n)$, $n \in \mathbb{N}_+$. 在上下文清楚时, 我们也简称 "重排 $\varphi(n)$" "重排 $\psi(n)$" 等.

级数的重排可以通过 $\mathbb{N}_+$ 的重排来刻画: 称级数 $\sum\limits_{n=1}^{+\infty} b_n$ 是级数 $\sum\limits_{n=1}^{+\infty} a_n$ 的一个重排, 是指存在 $\mathbb{N}+$ 的一个重排 $\varphi(n)$, 使得 $b_n = a_{\varphi(n)}$. 即 $\sum\limits_{n=1}^{+\infty} b_n = \sum\limits_{n=1}^{+\infty} a_{\varphi(n)}$.

我们看到, 重排 $\varphi(n)$ 的效果是把原来位于 n 处的项 "搬" 到了位置 $\varphi(n)$. 因此, 我们可以很形象地通过 $|\varphi(n) - n|$ 的大小确定位置 n 处的项被搬动的远近. 如果存在

实数 $M > 0$, 使得对任意的 $n \in \mathbb{N}_+$, 都有 $|\varphi(n) - n| < M$, 则称 $\varphi(n)$ 是一个**有界重排**.

级数重排的直观理解就是原来级数中的每一项都搬家了 (原地不动称之为 "平凡搬家"), 而有界重排则是指级数的每一项被搬到了离 "老家" 最远不超过 M 的 "新家". 关于有界重排, 成立下面有趣的结论:

定理 11.4.4 (有界重排法则) 级数的有界重排既不改变其敛散性, 在收敛的情况下也不改变其和.

证明 设级数 $\sum\limits_{n=1}^{+\infty} a_n$ 收敛, $\varphi(n)$ 是 $\mathbb{N}_+$ 的一个有界重排. 我们证明级数 $\sum\limits_{n=1}^{+\infty} a_{\varphi(n)}$ 收敛, 并且和不变. 事实上, 设对任意的 n, 有 $|\varphi(n) - n| \leqslant M$, 其中 M 是一个正整数. 因为 $\sum\limits_{n=1}^{+\infty} a_n$ 收敛, 所以有 $\lim\limits_{n \to +\infty} a_n = 0$, 从而有 $\lim\limits_{n \to +\infty} \sum\limits_{i=-M}^{M} |a_{n+i}| = 0$. 设 $\{S_n\}$ 和 $\{S_n'\}$ 分别为级数 $\sum\limits_{n=1}^{+\infty} a_n$ 和 $\sum\limits_{n=1}^{+\infty} a_{\varphi(n)}$ 的部分和数列. 则有 $|S_n - S_n'| \leqslant \sum\limits_{i=-M}^{M} |a_{n+i}| \to 0 \quad (n \to +\infty)$. 因此 $\lim\limits_{n \to +\infty} S_n = \lim\limits_{n \to +\infty} S_n'$.

同理, 若 $\sum\limits_{n=1}^{+\infty} a_{\varphi(n)}$ 收敛, 则通过考虑有界重排 $\varphi^{-1}(n)$ 可知级数 $\sum\limits_{n=1}^{+\infty} a_n$ 收敛.

反之, 如果级数 $\sum\limits_{n=1}^{+\infty} a_n$ 发散, 则其有界重排 $\sum\limits_{n=1}^{+\infty} a_{\varphi(n)}$ 也必然发散. 因若不然, 根据上述论证, 经过有界重排 $\varphi^{-1}(n)$ 后的级数 $\sum\limits_{n=1}^{+\infty} a_n$ 仍收敛, 与假设矛盾. □

绝对收敛级数的重排成立下面的重要结论, 无须有界性假设.

定理 11.4.5 绝对收敛级数的任意重排仍绝对收敛, 且其和不变.

证明 设 $\sum\limits_{n=1}^{+\infty} a_n$ 绝对收敛, $\sum\limits_{n=1}^{+\infty} a_{\varphi(n)}$ 是它的一个重排.

对于 $n \geqslant 1$, 令 N_n 为使得 $\{k | 1 \leqslant k \leqslant N\} \subseteq E_n := \{\varphi(k) | 1 \leqslant k \leqslant n\}$ 的最大的 N, 若 $1 \notin E_n$, 规定 N_n 为零. 根据重排的定义, 可得 $\lim\limits_{n \to +\infty} N_n = +\infty$.

我们有

$$\left| \sum_{k=1}^{n} a_{\varphi(k)} - \sum_{k=1}^{N_n} a_k \right| \leqslant \sum_{k=N_n+1}^{+\infty} |a_k|.$$

于是由 $\sum\limits_{n=1}^{+\infty} a_n$ 的绝对收敛性得到

$$\lim_{n \to +\infty} \sum_{k=1}^{n} a_{\varphi(k)} = \lim_{n \to +\infty} \sum_{k=1}^{N_n} a_k.$$

即 $\sum\limits_{n=1}^{+\infty} a_{\varphi(n)}$ 收敛且和为 $\sum\limits_{n=1}^{+\infty} a_n$.

同理, $\displaystyle\sum_{n=1}^{+\infty}|a_{\varphi(n)}|$ 收敛到 $\displaystyle\sum_{n=1}^{+\infty}|a_n|$. 即重排级数 $\displaystyle\sum_{n=1}^{+\infty}a_{\varphi(n)}$ 绝对收敛, 且和不变.   □

条件收敛级数的重排就没有上述定理中那么强的结论了, 当然我们也可以说条件收敛级数的重排可以产生更为丰富的现象. 具体来说, 条件收敛的级数, 重排有可能改变其敛散性, 而且即使在收敛的情况下, 重排后的级数的和通常也很"脆弱", 严重依赖于重排的方式.

我们先讨论一下条件收敛的级数的基本性质:

命题 11.4.6   设级数 $\displaystyle\sum_{n=1}^{+\infty}a_n$ 条件收敛, 则其正、负项部分构成的级数均发散: 即

$$\sum_{n=1}^{+\infty}a_n^+ = \sum_{n=1}^{+\infty}a_n^- = +\infty,$$

其中

$$a_n^+ = \begin{cases} a_n, & a_n \geqslant 0, \\ 0, & a_n < 0, \end{cases} \qquad a_n^- = \begin{cases} 0, & a_n \geqslant 0, \\ -a_n, & a_n < 0. \end{cases}$$

证明   注意到 $a_n^{\pm} = \dfrac{1}{2}\left(|a_n| \pm a_n\right) \geqslant 0$, 以及 $\displaystyle\sum_{n=1}^{+\infty}a_n \in c$, $\displaystyle\sum_{n=1}^{+\infty}|a_n| \in d$, 故 $\displaystyle\sum_{n=1}^{+\infty}a_n^{\pm}$ 均发散到 $+\infty$.   □

定理 11.4.7 (Riemann 重排定理)   设 $\displaystyle\sum_{n=1}^{+\infty}a_n$ 条件收敛, 则该级数经重排后可以

(1) 收敛到事先给定的任何实数 μ.

(2) 发散到 $\pm\infty$, 或者使部分和数列的上、下极限收敛到事先给定的任意两个不同的实数.

下面我们只给出 (1) 的证明, (2) 的证明思路完全类似. 首先我们将一下证明思路: 对于任意给定的实数 μ (不妨假设 $\mu > 0$), 我们依序选取级数中的正项, 对其求和, 因为正项部分和发散到 $+\infty$, 所以加到适当的时候必有正项部分和大于 μ. 一旦其和大于 μ, 我们就开始按负项的出场顺序依次加上负项, 由于负项部分和发散到 $-\infty$, 故加到适当时候, 上述之和必定不再大于 μ. 一旦其和不大于 μ, 我们就再从上次停止的正项处添加下一个正项, 直到其和再次大于 μ, 将此过程一直进行下去, 使得其和围绕着 μ 上下振荡. 因为原级数收敛, 所以通项趋于零, 因此偏离 μ 的振幅趋于零, 即如此构造的正负相间的部分和序列极限为 μ. 显然这是原级数的一个重排. 下面我们给出严格的证明.

证明   设 $\{a_n\}$ 中第 k 个非负数为 b_k, 第 j 个负数为 $-c_j$. 则

$$\lim_{n \to +\infty} b_n = \lim_{n \to +\infty} c_n = 0, \tag{11.4.3}$$

$$\sum_{n=1}^{+\infty}b_n = \sum_{n=1}^{+\infty}c_n = +\infty. \tag{11.4.4}$$

对于任意实数 $\mu \in \mathbb{R}$ (不妨 $\mu \geqslant 0$), 取 a_{n_1} 为 b_1. 若已经选定 $a_{n_1}, a_{n_2}, \cdots, a_{n_m}$ $(m \geqslant 1)$, 记 $S_m := \sum\limits_{j=1}^{m} a_{n_j}$.

(i) 当 $S_m \geqslant \mu$ 时, 选数列 $\{-c_n\}$ 中未被取走的元素中的第一个为 $a_{n_{m+1}}$.

(ii) 当 $S_m < \mu$ 时, 选数列 $\{b_n\}$ 中未被取走的元素中的第一个为 $a_{n_{m+1}}$.

由于 (11.4.4) 式, a_{n_k} 不可能一直在 $\{b_n\}$ 中选, 或一直在 $\{-c_n\}$ 中选. 因此, $\sum\limits_{k=1}^{+\infty} a_{n_k}$ 为 $\sum\limits_{n=1}^{+\infty} a_n$ 的重排.

进一步, 设 N_m 是使得 $\{S_k | N \leqslant k \leqslant m\}$ 与 $(-\infty, \mu)$ 和 $[\mu, +\infty)$ 的交均非空的最大的 N (这样的 N 不存在时, $N_m := 1$), 则 $\lim\limits_{m \to +\infty} N_m = +\infty$. 易见当 $k > m$ 时, 成立

$$-\inf_{j \geqslant N_m} a_{n_j}^- \leqslant S_k - \mu \leqslant \sup_{j \geqslant N_m} a_{n_j}^+.$$

由此即得 $\sum\limits_{k=1}^{+\infty} a_{n_k}$ 收敛到 μ. □

例 11.4.1 构造条件收敛级数 $\sum\limits_{n=1}^{+\infty} \dfrac{(-1)^{n+1}}{n}$ 的一个重排, 使得重排后的级数收敛到 $\dfrac{3}{2} \ln 2$.

解 注意到

$$1 + \frac{1}{2} + \cdots + \frac{1}{n} = \ln n + \gamma + \varepsilon_n, \tag{11.4.5}$$

其中 γ 是 Euler 常数, $\varepsilon_n \to 0$ $(n \to +\infty)$. 考虑如下重排级数:

$$1 + \frac{1}{3} - \frac{1}{2} + \frac{1}{5} + \frac{1}{7} - \frac{1}{4} + \cdots + \frac{1}{4n-3} + \frac{1}{4n-1} - \frac{1}{2n} + \cdots, \tag{11.4.6}$$

记此级数的部分和为 $\tilde{S}_n$. 则

$$\begin{aligned}
\tilde{S}_{3n} &= \sum_{k=1}^{n} \left(\frac{1}{4k-3} + \frac{1}{4k-1} - \frac{1}{2k} \right) \\
&= \sum_{k=1}^{4n} \frac{1}{k} - \sum_{k=1}^{n} \left(\frac{1}{4k-2} + \frac{1}{4k} + \frac{1}{2k} \right) \\
&= \sum_{k=1}^{4n} \frac{1}{k} - \frac{1}{2} \left(\sum_{k=1}^{2n} \frac{1}{k} - \frac{1}{2} \sum_{k=1}^{n} \frac{1}{k} \right) - \frac{3}{4} \sum_{k=1}^{n} \frac{1}{k}.
\end{aligned}$$

将关系式 (11.4.5) 代入到上面表达式中, 可得

$$\tilde{S}_{3n} \to \frac{3}{2} \ln 2 \qquad (n \to +\infty).$$

又因为

$$\tilde{S}_{3n+1} = \tilde{S}_{3n} + \frac{1}{4n+1} \to \frac{3}{2}\ln 2 \qquad (n \to +\infty),$$

$$\tilde{S}_{3n+2} = \tilde{S}_{3n+1} + \frac{1}{4n+3} \to \frac{3}{2}\ln 2 \qquad (n \to +\infty),$$

所以重排后的级数收敛到给定的值 $\frac{3}{2}\ln 2$. □

注 11.4.2 此例中的重排级数 (11.4.6) 初看起来有点神奇, 其实它的构造过程本质上就是定理 11.4.7 证明过程的具体实现. 另外, 收敛于给定实数 μ 的重排显然不是唯一的.

11.4.3 级数运算的分配律

我们知道两个有限和 $\displaystyle\sum_{n=1}^{N} a_n$ 和 $\displaystyle\sum_{n=1}^{M} b_n$ 的乘积满足加法和乘法的分配律, 其值等于一切可能的形如 $a_i b_j$ 的项的和

$$\left(\sum_{n=1}^{N} a_n\right) \cdot \left(\sum_{n=1}^{M} b_n\right) = \sum_{\substack{1 \leqslant i \leqslant N \\ 1 \leqslant j \leqslant M}} a_i b_j.$$

同时, 我们也知道收敛级数对于实数 λ 的分配律也成立:

$$\lambda \cdot \left(\sum_{n=1}^{+\infty} a_n\right) = \sum_{n=1}^{+\infty} \lambda \cdot a_n.$$

由这两点, 进一步可得

$$(b_1 + b_2 + \cdots + b_N) \cdot \sum a_n = \sum_{\substack{1 \leqslant n < +\infty \\ 1 \leqslant i \leqslant N}} a_n b_i.$$

一个自然的问题是如果两个无穷级数相乘, 是否也有分配律成立. 下面我们给出一些讨论.

首先可以看出, 两个级数 $\displaystyle\sum_{n=1}^{+\infty} a_n$ 和 $\displaystyle\sum_{n=1}^{+\infty} b_n$ 形式上的分配律给出了所有形如 $a_i b_j$ 的项, 把这些项排成一个无穷阶矩阵的形式

$$\begin{pmatrix} a_1 b_1 & a_1 b_2 & \cdots & a_1 b_n & \cdots \\ a_2 b_1 & a_2 b_2 & \cdots & a_2 b_n & \cdots \\ \vdots & \vdots & & \vdots & \\ a_n b_1 & a_n b_2 & \cdots & a_n b_n & \cdots \\ \vdots & \vdots & & \vdots & \end{pmatrix}.$$

我们感兴趣的是这些项相加时的敛散性, 以及收敛时其和与求和次序的依赖关系.

把这矩阵中的无穷多个元素排序然后相加, 显然有无穷多种排序方式. 常用的排序方式包括正方形法和对角线法.

正方形排序法是指如下求和方式: 记 $\sum\limits_{n=1}^{+\infty} a_n$ 和 $\sum\limits_{n=1}^{+\infty} b_n$ 的乘积为 $\sum\limits_{n=1}^{+\infty} d_n$, 其中

$$d_n = a_1 b_n + a_2 b_n + \cdots + a_n b_n + a_n b_{n-1} + \cdots + a_n b_1$$

$$= \sum_{k=1}^{n-1} a_k b_n + \sum_{k=1}^{n-1} b_k a_n + a_n b_n, \quad n = 1, 2, \cdots.$$

可以看出, d_n 相当于在无穷矩阵中, 把元素 $a_n b_n$ 所在行的左边的所有元素与所在列的上方的所有元素加起来得到的和. 而部分和 $D_n = d_1 + d_2 + \cdots + d_n$ 相当于在无穷矩阵中把元素 $a_n b_n$ 处左上角的 n^2 个元素加起来.

分别记 $\sum\limits_{n=1}^{+\infty} a_n, \sum\limits_{n=1}^{+\infty} b_n$ 和 $\sum\limits_{n=1}^{+\infty} d_n$ 的部分和分别为 A_n, B_n 和 D_n, 则有 $D_n = A_n \cdot B_n$. 因此, 当 $\sum\limits_{n=1}^{+\infty} a_n$ 与 $\sum\limits_{n=1}^{+\infty} b_n$ 都收敛时, $\sum\limits_{n=1}^{+\infty} d_n$ 也收敛, 且

$$\sum_{n=1}^{+\infty} d_n = \left(\sum_{n=1}^{+\infty} a_n\right)\left(\sum_{n=1}^{+\infty} b_n\right). \tag{11.4.7}$$

对角线排序法源于 Cauchy 研究幂级数乘法时产生的一种自然的求和方式. 考虑两个幂级数 $\sum\limits_{n=0}^{+\infty} u_n x^n$ 和 $\sum\limits_{n=0}^{+\infty} v_n x^n$ 的乘积, 形式上有

$$\sum_{n=0}^{+\infty} u_n x^n \cdot \sum_{n=0}^{+\infty} v_n x^n = \sum_{n=0}^{+\infty} w_n x^n, \quad \text{其中} \quad w_n = \sum_{k=0}^{n} u_k v_{n-k}, \quad n = 0, 1, 2, \cdots.$$

我们称幂级数 $\sum\limits_{n=0}^{+\infty} w_n x^n$ 为幂级数 $\sum\limits_{n=0}^{+\infty} u_n x^n$ 和 $\sum\limits_{n=0}^{+\infty} v_n x^n$ 的 **Cauchy 乘积**. 基于此, 更一般地, 对于级数 $\sum\limits_{n=1}^{+\infty} a_n$ 和 $\sum\limits_{n=1}^{+\infty} b_n$, 我们定义 $\sum\limits_{n=1}^{+\infty} c_n$ 为它们的 Cauchy 乘积级数, 其中 $c_n = a_1 b_n + a_2 b_{n-1} + \cdots + a_n b_1, n = 1, 2, \cdots.$

可以看出, Cauchy 乘积级数的通项 c_n 刚好是无穷矩阵中, 从右上角 $a_1 b_n$ 到左下角 $a_n b_1$ 第 n 个对角线上的 n 个元素之和.

关于级数的分配律, 下面的定理成立:

定理 11.4.8 (Cauchy 定理) 设级数 $\sum\limits_{n=1}^{+\infty} a_n$ 与 $\sum\limits_{n=1}^{+\infty} b_n$ 均绝对收敛, 则其乘积矩阵中所有元素所构成的任何级数也绝对收敛, 并且它的和为 $\left(\sum\limits_{n=1}^{+\infty} a_n\right)\left(\sum\limits_{n=1}^{+\infty} b_n\right).$

证明　设 $\sum\limits_{n=1}^{+\infty} a_{k_n} b_{j_n}$ 是上面无穷矩阵中元素的某种次序的求和, 该级数的 第 n 项 $a_{k_n} b_{j_n}$ 为矩阵中的某一元素. 记

$$M_n = \max_{1\leqslant i \leqslant n}\{k_i, j_i\},$$

则显然 $\sum\limits_{i=1}^{n} |a_{k_i} b_{j_i}|$ 表示无穷矩阵中若干个元素取绝对值之后的和, 它应该不超过此矩阵中下标最大元素 $a_{M_n} b_{M_n}$ 左上角 M_n^2 个元素取绝对值之后的和. 即

$$\sum_{i=1}^{n} |a_{k_i} b_{j_i}| \leqslant \sum_{k=1}^{M_n} |a_k| \cdot \sum_{j=1}^{M_n} |b_j| \leqslant \sum_{k=1}^{+\infty} |a_k| \cdot \sum_{j=1}^{+\infty} |b_j|.$$

因此级数 $\sum\limits_{i=1}^{+\infty} |a_{k_i} b_{j_i}|$ 绝对收敛. 故根据定理 11.4.5, 它的任何一个重排也绝对收敛并且和不变. 从前面的讨论可知, 当我们取特殊的正方形排序法时, (11.4.7) 式成立, 因此定理得证. □

例 11.4.2　级数 $\sum\limits_{n=0}^{+\infty} \dfrac{x^n}{n!}$ 对任意实数 x 均绝对收敛, 因此, 将这样的两个级数 $\sum\limits_{n=0}^{+\infty} \dfrac{x^n}{n!}$ 和 $\sum\limits_{n=0}^{+\infty} \dfrac{y^n}{n!}$ 相乘, 然后取 Cauchy 乘积级数可得

$$\left(\sum_{n=0}^{+\infty} \frac{x^n}{n!}\right) \cdot \left(\sum_{m=0}^{+\infty} \frac{y^m}{m!}\right) = \sum_{\ell=0}^{+\infty} \left(\sum_{k=0}^{\ell} \frac{x^k y^{\ell-k}}{k!(\ell-k)!}\right) = \sum_{\ell=0}^{+\infty} \frac{(x+y)^\ell}{\ell!}.$$

因此, 我们得到

$$e^{x+y} = e^x \cdot e^y.$$

如果在定理 11.4.8 中条件减弱为两个级数中只有一个级数绝对收敛, 另一个收敛, 那么一般来说, 我们得不到定理 11.4.8 那么强的结论, 但可以得到某些特殊排序求和时的收敛, 比如 Cauchy 乘积级数收敛. 事实上, 我们有下面的 Mertens[①] 定理, 为此, 我们先证明一个引理:

引理 11.4.9　若 $\lim\limits_{n\to+\infty} \beta_n = 0$, $\sum\limits_{n=1}^{+\infty} a_n$ 绝对收敛, 设 $\gamma_n = a_1\beta_n + a_2\beta_{n-1} + \cdots + a_n\beta_1$, 则 $\lim\limits_{n\to+\infty} \gamma_n = 0$.

证明　事实上, 由 $\lim\limits_{n\to+\infty} \beta_n = 0$ 知该数列有界, 即存在 $M > 0$ 使得对所有的 n, $|\beta_n| \leqslant M$, 而且 $\forall \varepsilon > 0$, $\exists N_1 > 0$ 当 $n > N_1$ 时, $|\beta_n| < \varepsilon$.

又由级数 $\sum\limits_{n=1}^{+\infty} |a_n|$ 收敛, 记其和为 $\tilde{A}$, 知 $\tilde{A} < +\infty$, 且 $\exists N_2 > 0$, 使得 $n > N_2$ 时,

---

① Mertens, Franciszek, 1840 年 3 月 20 日—1927 年 3 月 5 日, 波兰—奥地利数学家.

$$|a_{n+1}| + |a_{n+2}| + \cdots + |a_{n+p}| < \varepsilon, \quad \forall p > 0.$$

现在取 $n > N_1 + N_2$, 则有 $n - N_2 > N_1$, 且

$$|\gamma_n| = |a_1\beta_n + a_2\beta_{n-1} + \cdots + a_n\beta_1|$$

$$\leqslant (|a_1||\beta_n| + \cdots + |a_{N_2+1}||\beta_{n-N_2}|) + (|a_{N_2+2}||\beta_{n-N_2-1}| + \cdots + |a_n||\beta_1|)$$

$$\leqslant (|a_1| + \cdots + |a_{N_2+1}|)\varepsilon + M(|a_{N_2+2}| + \cdots + |a_n|)$$

$$\leqslant (\tilde{A} + M)\varepsilon. \qquad\qquad \square$$

定理 11.4.10 (Mertens 定理)　设级数 $\displaystyle\sum_{n=1}^{+\infty} a_n$ 绝对收敛, 其和为 A, $\displaystyle\sum_{n=1}^{+\infty} b_n$ 收

敛, 其和为 B. 则 Cauchy 乘积级数 $\displaystyle\sum_{n=1}^{+\infty} c_n$ 收敛, 且其和为 AB, 其中

$$c_n = a_1 b_n + a_2 b_{n-1} + \cdots + a_n b_1.$$

证明　设

$$A_n = \sum_{k=1}^{n} a_k, \qquad B_n = \sum_{k=1}^{n} b_k, \qquad C_n = \sum_{k=1}^{n} c_k.$$

则有

$$\lim_{n \to +\infty} A_n = A, \qquad \lim_{n \to +\infty} B_n = B.$$

令 $\beta_n = B - \displaystyle\sum_{k=1}^{n} b_k$, 显然有 $\displaystyle\lim_{n \to +\infty} \beta_n = 0$. 考虑

$$C_n = \sum_{k=1}^{n} c_k = a_1 b_1 + (a_1 b_2 + a_2 b_1) + \cdots + (a_1 b_n + \cdots + a_n b_1),$$

将等式右端重新组合可得

$$C_n = a_1 B_n + a_2 B_{n-1} + \cdots + a_n B_1. \qquad\qquad (11.4.8)$$

因此, 有

$$C_n = a_1(B - \beta_n) + a_2(B - \beta_{n-1}) + \cdots + a_n(B - \beta_1)$$

$$= (a_1 + a_2 + \cdots + a_n)B - (a_1\beta_n + a_2\beta_{n-1} + \cdots + a_n\beta_1)$$

$$\to AB - 0 = AB \quad (n \to +\infty).$$

其中, 最后一步我们利用了引理 11.4.9, 定理得证. $\qquad\qquad \square$

注 11.4.3　定理 11.4.10 中的条件 "$\displaystyle\sum_{n=1}^{+\infty} a_n$ 绝对收敛, $\displaystyle\sum_{n=1}^{+\infty} b_n$ 收敛" 是保证 Cauchy 乘积级数收敛的充分而非必要条件.

事实上, 存在两个条件收敛的级数, 它们的 Cauchy 乘积级数绝对收敛. 下面我们仅给出结论, 其证明需要一点幂级数的基本知识, 我们放到例 13.5.9 中给出.

例 11.4.3 存在两个条件收敛的级数, 它们的 Cauchy 乘积级数绝对收敛.

我们需要强调指出, 一般情况下 Mertens 定理 11.4.10 的条件也很难再减弱了, 换句话说, 两个均条件收敛的级数已经不能保证其 Cauchy 乘积级数的收敛性了.

例 11.4.4 存在两个条件收敛的级数, 其 Cauchy 乘积级数发散.

解 考虑通项为 $a_n = \dfrac{(-1)^n}{\sqrt{n+1}}$ $(n = 0, 1, \cdots)$ 的级数, 可以证明其自身相乘的 Cauchy 乘积级数 $\displaystyle\sum_{n=0}^{+\infty} c_n$ 发散, 其中 $c_n = \displaystyle\sum_{k=0}^{n} a_k a_{n-k}$. 这是因为

$$|c_n| = \sum_{k=0}^{n} \frac{1}{\sqrt{(n-k+1)(k+1)}} \geqslant \sum_{k=0}^{n} \frac{1}{\frac{n+2}{2}} = \frac{2(n+1)}{n+2} \geqslant 1,$$

故 $\displaystyle\sum_{n=0}^{+\infty} c_n$ 发散. 这里我们应用了不等式 $\sqrt{a(b-a)} \leqslant \dfrac{b}{2}$, 其中 $b \geqslant a > 0$.

该例表明, 两个条件收敛的级数其 Cauchy 乘积级数有可能不收敛, 但是一个有意思的结论是, 假如其 Cauchy 乘积级数收敛, 那么它的值一定等于两个条件级数和的乘积, 即

> **定理 11.4.11 (Abel 定理)** 设 $\displaystyle\sum_{n=1}^{+\infty} a_n = A$ 和 $\displaystyle\sum_{n=1}^{+\infty} b_n = B$ 均为收敛级数, 如果它们的 Cauchy 乘积级数 $\displaystyle\sum_{n=1}^{+\infty} c_n = C$ 也收敛, 其中 $c_n = a_1 b_n + a_2 b_{n-1} + \cdots + a_n b_1$, 则必成立
> $$C = AB.$$

证明 我们将用到数列极限的两个经典结论, 此处证略: 如果

$$\lim_{n \to +\infty} \alpha_n = \alpha, \qquad \lim_{n \to +\infty} \beta_n = \beta,$$

则

$$\lim_{n \to +\infty} \frac{\alpha_1 + \alpha_2 + \cdots + \alpha_n}{n} = \alpha. \tag{11.4.9}$$

$$\lim_{n \to +\infty} \frac{\alpha_1 \beta_n + \alpha_2 \beta_{n-1} + \cdots + \alpha_n \beta_1}{n} = \alpha\beta. \tag{11.4.10}$$

记级数 $\displaystyle\sum_{n=1}^{+\infty} a_n, \displaystyle\sum_{n=1}^{+\infty} b_n$ 和 $\displaystyle\sum_{n=1}^{+\infty} c_n$ 的第 n 个部分和分别为 A_n, B_n 和 C_n, 则由关系式 (11.4.8) 得

$$\sum_{n=1}^{N} C_n = A_1 B_N + \cdots + A_N B_1.$$

这等价于

$$\frac{1}{N} \sum_{n=1}^{N} C_n = \frac{A_1 B_N + \cdots + A_N B_1}{N}.$$

上式两端取 $N \to +\infty$ 的极限, 再注意到结论 (11.4.9) 式和 (11.4.10) 式, 可得 $C = AB$. □

最后我们举例说明另一类极端, 算是从另一个角度理解相关内容: 类似于两个发散级数的和有可能收敛一样, 两个发散级数的 Cauchy 乘积级数也有可能收敛. 读者可以验证下面两个发散级数的 Cauchy 乘积级数收敛.

$$\sum a_n = 1 - 1 + 1 - 1 + \cdots, \quad \sum b_n = 1 + \left(2 + \frac{1}{2}\right) + \left(2^2 + \frac{1}{2^2}\right) + \left(2^3 + \frac{1}{2^3}\right) + \cdots.$$

习题 11.4

1. 问是否存在这样的级数: 通项趋于零, 加括号时收敛, 去括号后发散? 如果不存在, 给出证明; 如果存在, 试构造一个.

2. 证明: 如果两个通项不恒为零的正项级数, 一个收敛一个发散, 则两者的 Cauchy 乘积级数必然发散.

3. 试构造两个级数 $\sum\limits_{n=1}^{+\infty} a_n$ 和 $\sum\limits_{n=1}^{+\infty} b_n$, 其一绝对收敛, 另一个条件收敛, 但正方形乘积求和的级数 $\sum\limits_{n=1}^{+\infty} d_n$ 发散, 其中 $d_n = a_1 b_n + a_2 b_n + \cdots + a_n b_n + a_n b_{n-1} + \cdots + a_n b_1$.

4. (Hölder 不等式) 设 $p > 1$, $\dfrac{1}{p} + \dfrac{1}{q} = 1$, $\sum\limits_{k=1}^{+\infty} |x_k|^p$ 和 $\sum\limits_{k=1}^{+\infty} |y_k|^q$ 均收敛, 证明: $\sum\limits_{k=1}^{+\infty} |x_k y_k|$ 也收敛, 且

$$\sum_{k=1}^{+\infty} |x_k y_k| \leqslant \left(\sum_{k=1}^{+\infty} |x_k|^p\right)^{\frac{1}{p}} \left(\sum_{k=1}^{+\infty} |y_k|^q\right)^{\frac{1}{q}}.$$

5. (Minkowski 不等式) 设 $p > 1$, $\sum\limits_{k=1}^{+\infty} |x_k|^p$ 和 $\sum\limits_{k=1}^{+\infty} |y_k|^p$ 均收敛, 证明:

$$\left(\sum_{k=1}^{+\infty} |x_k + y_k|^p\right)^{\frac{1}{p}} \leqslant \left(\sum_{k=1}^{+\infty} |x_k|^p\right)^{\frac{1}{p}} + \left(\sum_{k=1}^{+\infty} |y_k|^p\right)^{\frac{1}{p}}.$$

6. 设 $1 \leqslant p < +\infty$, 定义

$$\ell_p := \left\{ (a_1, a_2, \cdots) \,\bigg|\, \sum_{n=1}^{+\infty} |a_n|^p < +\infty \right\},$$

$$\ell_{+\infty} := \{ (a_1, a_2, \cdots) \mid \sup |a_i| < +\infty \} \text{ 是所有有界数列构成的集合.}$$

证明: (1) 在通常的数列加法和数乘意义下, 对所有的 $1 \leqslant p \leqslant +\infty$, 集合 ℓ_p 形成一个线性空间.

(2) 如果 $p < q$, 证明: $\ell_p \subsetneqq \ell_q$.

11.5 无穷乘积

本节我们简要讨论一下无穷多个实数相乘的问题.

给定实数列 $\{a_n\}$, 形式乘积

$$a_1 \cdot a_2 \cdots a_n \cdots$$

为由数列 $\{a_n\}$ 定义的**无穷乘积**. 记

$$T_n = \prod_{k=1}^{n} a_k, \quad n = 1, 2, \cdots,$$

称之为该数列的第 n 个部分积, a_n 称为无穷乘积的通项. 由于乘法的一个显著特点是只要有一个因子为 0, 则乘积为 0, 因此给定序列中我们默认所有项非零.

定义 11.5.1 设 $\{a_n\}$ 是一个给定数列, 如果其部分积数列 $\{T_n\}$ 极限 $\lim\limits_{n\to+\infty} T_n = a$ 存在有限**且非零**, 则称无穷乘积 $\prod\limits_{n=1}^{+\infty} a_n$ 收敛. 并记为 $\prod\limits_{n=1}^{+\infty} a_n = a$. 否则, 如果极限不存在, 或者存在但等于零, 则称无穷乘积发散.

例 11.5.1 证明: 无穷乘积 $\prod\limits_{n=2}^{+\infty} \left(1 - \dfrac{1}{n^2}\right)$ 是收敛的.

证明 直接计算, 有

$$T_n = \prod_{k=2}^{n} \left(1 - \frac{1}{k^2}\right) = \prod_{k=2}^{n} \left(1 - \frac{1}{k}\right)\left(1 + \frac{1}{k}\right) = \frac{1}{2} \cdot \frac{n+1}{n} \to \frac{1}{2} \quad (n \to +\infty). \qquad \square$$

定理 11.5.1 无穷乘积 $\prod\limits_{n=1}^{+\infty} a_n$ 收敛的必要条件是 $\lim\limits_{n\to+\infty} a_n = 1$.

证明 证明可以由

$$a_n = \frac{T_n}{T_{n-1}} \to \frac{a}{a} = 1 \quad (n \to +\infty)$$

得到. $\qquad \square$

由此定理可知, 对于收敛的无穷乘积, $\forall \varepsilon > 0$, 当 n 充分大时, 有 $0 < 1 - \varepsilon < a_n < 1 + \varepsilon$. 又由于改变前面有限多项 (不能变为 0), 不改变无穷乘积的收敛性, 因此我们不

妨假设无穷乘积的通项均为正数. 这样, 可以把无穷乘积的形式改写为 $\prod\limits_{n=1}^{+\infty}(1+a_n)$. 随之而来的结论是: 若无穷乘积 $\prod\limits_{n=1}^{+\infty}(1+a_n)$ 收敛, 则必有 $\lim\limits_{n\to+\infty}a_n=0$.

定理 11.5.2 设 $a_n>-1$, 无穷乘积 $\prod\limits_{n=1}^{+\infty}(1+a_n)$ 收敛的充要条件是无穷级数 $\sum\limits_{n=1}^{+\infty}\ln(1+a_n)$ 收敛. 如果分别收敛到 T 和 S, 那么 $T=\mathrm{e}^S$.

证明 只要注意到定理中的无穷乘积的部分积 T_n 和无穷级数的部分和 S_n 之间成立关系 $T_n=\mathrm{e}^{S_n}$ 即得结论. □

定理 11.5.3 (1) 若存在某 $n_0>0$ 使得 $n>n_0$ 时, 有 $a_n>0$ (或 $a_n<0$), 则无穷乘积 $\prod\limits_{n=1}^{+\infty}(1+a_n)$ 与无穷级数 $\sum\limits_{n=1}^{+\infty}a_n$ 同敛散.

(2) 如果级数 $\sum\limits_{n=1}^{+\infty}a_n$ 和 $\sum\limits_{n=1}^{+\infty}a_n^2$ 均收敛, 则无穷乘积 $\prod\limits_{n=1}^{+\infty}(1+a_n)$ 也收敛.

证明 (1) 只要注意到 $\lim\limits_{n\to+\infty}\dfrac{\ln(1+a_n)}{a_n}=1$ 可知级数 $\sum\limits_{n=1}^{+\infty}\ln(1+a_n)$ 与 $\sum\limits_{n=1}^{+\infty}a_n$ 同敛散.

(2) 注意到 $a_n\neq0$ 时, $\lim\limits_{n\to+\infty}\dfrac{a_n-\ln(1+a_n)}{a_n^2}=\dfrac{1}{2}$ 以及定理 11.5.2即可. □

例 11.5.2 计算无穷乘积 $\prod\limits_{n=1}^{+\infty}\cos\dfrac{x}{2^n}$, $x\neq0$.

解 注意到 $T_n=\prod\limits_{k=1}^{n}\cos\dfrac{x}{2^k}=\dfrac{\sin x}{2^n\sin\frac{x}{2^n}}\to\dfrac{\sin x}{x}(n\to+\infty)$. 可得 $\prod\limits_{n=1}^{+\infty}\cos\dfrac{x}{2^n}=\dfrac{\sin x}{x}$. 特别地, 取 $x=\dfrac{\pi}{2}$, 成立下面的等式:

$$\frac{2}{\pi}=\sqrt{\frac{1}{2}}\cdot\sqrt{\frac{1}{2}+\frac{1}{2}\sqrt{\frac{1}{2}}}\cdot\sqrt{\frac{1}{2}+\frac{1}{2}\sqrt{\frac{1}{2}+\frac{1}{2}\sqrt{\frac{1}{2}}}}\cdots.$$ □

例 11.5.3 (Riemann-ζ 函数的 Euler 乘积形式) 设 $\zeta(s)=\sum\limits_{n=1}^{+\infty}\dfrac{1}{n^s}$, $\{p_n\}$ 是全体素数组成的数列. 证明:

$$\zeta(s)=\prod_{n=1}^{+\infty}\left(1-\frac{1}{p_n^s}\right)^{-1}.$$

证明 根据级数敛散性判别法知函数 $\zeta(s)$ 在 $s>1$ 时有定义. 设 $s>1$, p 为素数, 则有如下展开式:

$$\left(1-\frac{1}{p^s}\right)^{-1}=1+\frac{1}{p^s}+\cdots+\frac{1}{p^{ns}}+\cdots.$$

对任意正整数 $N > 1$, 取所有不超过 N 的素数 $p_1 = 2, p_2 = 3, \cdots, p_k \leqslant N$, 将其分别代入上述展开式并做这 k 个级数的乘积, 这样可得到一个形式级数, 该级数包含了所有如下形式的项: $\dfrac{1}{2^{n_1 s}} \cdot \dfrac{1}{3^{n_2 s}} \cdots \dfrac{1}{p_k^{n_k s}}$, 其中 $n_1, \cdots, n_k$ 为非负整数, 且对指定的 $n_1, \cdots, n_k$, 该形式的项只出现一次. 由整数的因子分解定理, 任一正整数 $n < N$ 都存在唯一因式分解 $n = 2^{n_1} \cdot 3^{n_2} \cdots p_k^{n_k}$. 注意到 $N \to +\infty \Leftrightarrow k \to +\infty$, 故得

$$0 < \sum_{n=1}^{+\infty} \frac{1}{n^s} - \prod_{i=1}^{k} \left(1 - \frac{1}{p_i^s}\right)^{-1} < \sum_{n > N} \frac{1}{n^s} \to 0 \quad (N \to +\infty). \qquad \square$$

例 11.5.4 (Euler 定理)　设 $\{p_n\}$ 是由所有素数所组成的数列. 证明: 无穷乘积 $\displaystyle\prod_{n=1}^{+\infty} \left(1 - \frac{1}{p_n}\right)^{-1}$ 和级数 $\displaystyle\sum_{n=1}^{+\infty} \frac{1}{p_n}$ 均发散.

证明　取正整数 $N > 1$, 记所有不超过 N 的素数为 $\{p_1, p_2, \cdots, p_k\}$ $(p_1 = 2, p_2 = 3, \cdots, p_k \leqslant N)$, 则有

$$\prod_{i=1}^{k} \left(1 - \frac{1}{p_i}\right)^{-1} \geqslant \sum_{n=1}^{N} \frac{1}{n},$$

故

$$\prod_{n=1}^{+\infty} \left(1 - \frac{1}{p_n}\right)^{-1} = +\infty,$$

所以原无穷乘积发散. 又从上式可得

$$\sum_{n=1}^{+\infty} \ln\left(1 - \frac{1}{p_n}\right) = -\infty,$$

注意到 $\ln(1 - x) \sim -x \, (x \to 0)$, 可得 $\displaystyle\sum_{n=1}^{+\infty} \frac{1}{p_n} = +\infty$. $\qquad \square$

注 11.5.1　(1) 由上面例子的结论, 我们可以证明素数一定有无穷多. 事实上, 假如不然, 设 P_N 是最大素数, 则对任意的 $s > 1$ 有

$$\frac{1}{\zeta(s)} = \prod_{n=1}^{N} \left(1 - \frac{1}{p_n^s}\right).$$

注意等式右端仅有有限项相乘, 因此, 在上式两端取 $s \to 1^+$ 的极限, 得

$$\prod_{n=1}^{N} \left(1 - \frac{1}{p_n^s}\right) \to \prod_{n=1}^{N} \left(1 - \frac{1}{p_n}\right) > 0 \quad (s \to 1^+).$$

但是另一方面, $\displaystyle\lim_{s \to 1^+} \frac{1}{\zeta(s)} = 0$, 矛盾.

(2) 比较例 11.5.4 中的结论 $\displaystyle\sum_{n=1}^{+\infty} \frac{1}{p_n} = +\infty$ 与级数 $\displaystyle\sum_{n=1}^{+\infty} \frac{1}{n^2} = \frac{\pi^2}{6}$, 可以看出在所有正整数中, 素数并不稀少, 甚至比平方数还要 "多".

习题 11.5

1. (Cauchy 准则) 证明: 无穷乘积 $\prod\limits_{n=1}^{+\infty} a_n$ 收敛当且仅当对任意的 $\varepsilon > 0$, 存在 $N > 0$, 使得对任意的 $n \geqslant N$, 任意的 $p \geqslant 0$, 都有

$$|a_n a_{n+1} \cdots a_{n+p} - 1| < \varepsilon.$$

2. 证明下列等式:

(1) $\prod\limits_{n=2}^{+\infty} \dfrac{n^3 - 1}{n^3 + 1} = \dfrac{2}{3}$;

(2) $\prod\limits_{n=2}^{+\infty} \left(1 - \dfrac{2}{n(n+1)}\right) = \dfrac{1}{3}$;

(3) $\prod\limits_{n=0}^{+\infty} \left(1 + \left(\dfrac{1}{2}\right)^n\right) = 2$.

3. 试用 Wallis 公式证明:

(1) $\prod\limits_{n=1}^{+\infty} \left(1 - \dfrac{1}{4n^2}\right) = \dfrac{2}{\pi}$;

(2) $\prod\limits_{n=1}^{+\infty} \left(1 - \dfrac{1}{(2n+1)^2}\right) = \dfrac{\pi}{4}$.

4. 讨论下列无穷乘积的敛散性:

(1) $\prod\limits_{n=1}^{+\infty} \dfrac{1}{n}$;

(2) $\prod\limits_{n=1}^{+\infty} \dfrac{(n+1)^2}{n(n+2)}$;

(3) $\prod\limits_{n=1}^{+\infty} \sqrt{1 + \dfrac{1}{n}}$.

5. 讨论下列无穷乘积的敛散性:

(1) $\prod\limits_{n=1}^{+\infty} \dfrac{n}{\sqrt{n^2+1}}$;

(2) $\prod\limits_{n=2}^{+\infty} \left(\dfrac{n^2-1}{n^2+1}\right)^p$, p 为任意实数;

(3) $\prod\limits_{n=1}^{+\infty} \sqrt{\ln(n+x) - \ln n}$, $x \neq 0, -1, -2, \cdots$.

6. 证明: 若级数 $\sum\limits_{n=1}^{+\infty} a_n^2 < +\infty$, 则 $\prod\limits_{n=1}^{+\infty} \cos a_n$ 收敛.

7. 能否由 $\prod\limits_{n=1}^{+\infty} p_n$ $\prod\limits_{n=1}^{+\infty} q_n$ 的敛散性, 得出下列乘积的敛散性?

$$\prod\limits_{n=1}^{+\infty} (p_n + q_n); \qquad \prod\limits_{n=1}^{+\infty} p_n q_n; \qquad \prod\limits_{n=1}^{+\infty} \dfrac{p_n}{q_n}.$$

8. 设

$$a_n = \begin{cases} -\dfrac{1}{\sqrt{k}}, & n = 2k-1, \\ \dfrac{1}{k} + \dfrac{1}{k} + \dfrac{1}{k\sqrt{k}}, & n = 2k, \end{cases}$$

证明: $\displaystyle\sum_{n=1}^{+\infty} a_n,\ \sum_{n=1}^{+\infty} a_n^2$ 都发散, 但 $\displaystyle\prod_{n=1}^{+\infty}(1+a_n)$ 收敛.

9. 证明:

$$\prod_{n=1}^{+\infty} \frac{1}{\mathrm{e}}\left(1+\frac{1}{n}\right)^n = 0,$$

并由此证明:

$$\lim_{n\to\infty} \frac{n^n}{n!}\mathrm{e}^{-n} = 0.$$

10. 设 $|a_n| < \dfrac{\pi}{4}$, 级数 $\displaystyle\sum_{n=1}^{+\infty} a_n$ 绝对收敛. 证明: 无穷乘积

$$\prod_{n=1}^{+\infty} \tan\left(\frac{\pi}{4} + a_n\right)$$

收敛.

第十二章

函数序列与函数项级数

上一章我们讨论了数项级数的敛散性及其在收敛时级数的基本性质, 本章我们将重点研究函数项级数, 即通项均为函数的无穷求和问题. 显然, 在函数项级数通项中, 如果固定自变量, 那么函数项级数即为常数项级数. 此时判别常数项级数敛散性的所有方法都可以用于函数项级数的敛散判别. 这种固定一点然后考虑函数项级数收敛的情形称之为函数项级数的 "点态" 收敛. 在上一章学习了数项级数敛散性之后, 函数项级数的重点将不再是点态收敛问题, 而更侧重于每一项作为一个函数来看它们的 "整体" 收敛问题. 换句话说, 点态收敛是进一步研究函数项级数性质的入门级假设: 只有在点态收敛假设下, 函数项级数才能定义出一个和函数, 而我们更感兴趣的则是和函数能否继承通项中逐个函数的性质.

作为本章的主要内容之一, 我们将系统回答函数项级数求和时的 "三观问题": 我们知道在有限个函数求和时, 逐个函数的连续性、可微性和可积性都能传承到和函数上. 一个自然的问题是对无穷多个函数求和时, 这三个基本性质是否还能得以传承? 我们给出了一个高度概括的充分条件: 粗略说来就是, 对于**一致收敛**的级数, 初等数学中有限个函数求和时的三观传承性可以推广到无穷多个函数求和时的情形①.

本章的研究对象主要有两种表现形式: **函数序列** (简称函数列) 和**函数项级数**, 因为它们之间存在众多的结构相似和内容平行之特点, 所以在技术细节处理上, 一般来说, 我们只详细讨论一种情况, 另一种情况 "同理可证" 了.

12.1   函数列与函数项级数的基本问题

12.1.1   逐点收敛与一致收敛

本章的重点研究对象是**函数列**的**极限函数**和**函数项级数**的**和函数**. 前者是说各项都是 x 的函数组成的函数列

$$f_1(x), f_2(x), \cdots, f_n(x), \cdots \tag{12.1.1}$$

后者是说以 x 的函数为通项构成的函数项级数

$$\sum_{n=1}^{+\infty} u_n(x). \tag{12.1.2}$$

这里, 我们默认式中涉及的所有函数具有共同的定义域. 为此, 我们假设函数列中的所有函数 $f_n(x)$, 或者函数项级数中的所有函数 $u_n(x)$, 均在集合 I 上有定义. 称使得函

---

① 可微性的继承需要把 "一致收敛" 的充分性条件加在导函数为通项的函数项级数上.

数列 (12.1.1) 或函数项级数 (12.1.2) 收敛的 x 的全体为函数列 (12.1.1) 或函数项级数 (12.1.2) 的**收敛域**. 在收敛域内, 函数列收敛于**极限函数**, 函数项级数收敛于**和函数**.

从前面数项级数章节我们知道, 对级数 $\sum\limits_{n=1}^{+\infty} a_n$ 的研究和对数列 $\{S_n\}$ 的研究本质上是相同的. 因为两者可以相互转换: 由级数可诱导出相应的部分和数列 $\{S_n\}$, 而由后者 $\{S_n\}$ 可以构造相应的数项级数 $\sum\limits_{n=1}^{+\infty}(S_n - S_{n-1})$. 完全类似, 函数列与函数项级数之间也存在着上述转换关系. 基于此, 我们在本章的讨论中, 将以函数列为重点, 阐明基本思想、介绍典型手法、陈述主要结论, 然后将其主体结构复述到相应的函数项级数中, 而省略了某些细节证明.[①]

定义 12.1.1　定义在集合 I 上的函数列 $f_1(x), f_2(x), \cdots, f_n(x), \cdots$, 如果 $x_0 \in I$, 数列 $\{f_n(x_0)\}$ 极限存在 (且为有限), 则称 x_0 为该函数列的**收敛点**.

使得函数列收敛的点的全体 $E \subseteq I$ 称为该函数列的**收敛域**.

可以完全平行地给出函数项级数的**收敛点**和**收敛域**.

例 12.1.1　不难验证下列结论:

级数 $\sum\limits_{n=1}^{+\infty} \dfrac{x^n}{n!}$ 的收敛域为 $\mathbb{R}$.

级数 $\sum\limits_{n=1}^{+\infty} \mathrm{e}^{nx}$ 的收敛域为 $(-\infty, 0)$.

函数列 $\{x^n\}$ 的收敛域为 $(-1, 1]$.

级数 $\sum\limits_{n=1}^{+\infty} n! x^n$ 的收敛域为 $\{0\}$.

级数 $\sum\limits_{n=1}^{+\infty} \mathrm{e}^{nx^2}$ 的收敛域为空集 $\varnothing$.

当然, 并非每个函数列或函数项级数的收敛域都能给出, 比如函数列 $\{n \sin(n!\pi x)\}$ 的收敛域就很难给出一个完整的刻画. 读者可以尝试一下, 该函数列的收敛域既包含 $\mathbb{R}$ 中的稠密子集 $\mathbb{Q}$, 也包含形如 $r + 2ke$ ($r \in \mathbb{Q}, k \in \mathbb{Z}$) 的点, 但却不包含形如 $r + (2k+1)e$ 或形如 $\dfrac{e}{2}$ 的点, 至于是否包含诸如 $\sqrt{2}, \sqrt{3}, \pi, \cdots$ 的点, 则需要进一步单独讨论.

显然, 对收敛域 E 中的每一点 x_0, 函数列 (函数项级数) 的收敛性和数列 (常数项级数) 的收敛性没有区别. 记此数列在点 x_0 处的极限为 $f(x_0)$, 以示与 x_0 的关系. 那么可以看出, 在收敛域 E 上, 存在函数 $f(x)$ 使得 $\forall x \in E, f_n(x) \to f(x)(n \to +\infty)$. 函数 $f(x)$ 称为给定函数列的**极限函数**.

上述对收敛域 E 上每一指定点收敛的方式通常称为函数列的**逐点收敛** (又称**点点收敛**或**点态收敛**). 逐点收敛是得以讨论极限函数的基本假设.

---

① 偶尔我们也会倒过来讨论: 详细研究函数项级数, "同理可证"函数列.

例 12.1.2 函数列 $\{f_n(x)\}$, $f_n(x) = x^n$, 在其收敛域的子集区间 $[0,1]$ 上逐点收敛到极限函数

$$f(x) = \begin{cases} 0, & 0 \leqslant x < 1, \\ 1, & x = 1. \end{cases}$$

注意, 函数列中的每一项均为连续函数, 但极限函数有间断点, 即

$$\lim_{x \to x_0} \lim_{n \to +\infty} f_n(x) \neq \lim_{n \to +\infty} \lim_{x \to x_0} f_n(x). \tag{12.1.3}$$

例 12.1.3 函数列 $\{f_n(x)\}$, $f_n(x) = \dfrac{x^{n+1}}{n+1}$ $(n = 1, 2, \cdots)$, 在 $[0,1]$ 上逐点收敛到极限函数 $f(x) \equiv 0$. 可以看出, 其相应的导函数列 $\{f_n'(x)\}$, $f_n'(x) = x^n$, 虽然逐点收敛到极限函数

$$g(x) = \begin{cases} 0, & 0 \leqslant x < 1, \\ 1, & x = 1, \end{cases}$$

但此极限函数在 $x = 1$ 处并不可导 (单侧导数), 当然也谈不上等于极限函数 $f(x)$ 的导函数 $f'(x)$ 了, 即

$$\lim_{n \to +\infty} \frac{\mathrm{d}}{\mathrm{d}x} f_n(x) \neq \frac{\mathrm{d}}{\mathrm{d}x} \left(\lim_{n \to +\infty} f_n(x) \right) = 0, \tag{12.1.4}$$

这里左端项在 $x = 1$ 处没有定义.

例 12.1.4 函数列 $\{f_n(x)\}$, $f_n(x) = nx(1 - x^2)^n$, 在 $[0,1]$ 上逐点收敛到极限函数 $f(x) \equiv 0$. 考察 $f_n(x)$ 的积分

$$\int_0^1 f_n(x)\mathrm{d}x = \frac{n}{2(n+1)} \to \frac{1}{2} \quad (n \to +\infty).$$

注意到极限函数 $f(x)$ 的积分 $\displaystyle\int_0^1 f(x)\mathrm{d}x = 0$, 即

$$\int_0^1 \lim_{n \to +\infty} f_n(x) \, \mathrm{d}x \neq \lim_{n \to +\infty} \int_0^1 f_n(x) \, \mathrm{d}x. \tag{12.1.5}$$

从这些例子可以看出, 虽然给定的函数列都逐点收敛, 但函数列中每个函数具有的若干重要的分析性质并不能传递给极限函数. 而到底能否把每个函数的性质传递给极限函数, 我们是通过把极限函数计算出来再加以验证的. 这种做法虽然具有其本质性, 但显然也给我们带来极大的不便, 因为一般来说求出极限函数可能并不比证明其存在性容易.

如何不必求出极限函数的具体表达而又能保证重要的分析性质得以传承到极限函数, 是分析中的一个基本问题. 进一步的分析发现, 函数列的点态收敛有点太弱, 不足以保证性质的传承. 这是因为对于不同的收敛点, 由于收敛速度可能有快有慢, 收敛的步调不一致, 从而导致某些点 "掉队" 了. 为了克服这个问题, 我们引入下面的**一致收敛**概念.

定义 12.1.2　设 $E \subseteq \mathbb{R}$. 称函数列 $\{f_n\}$ 在 E 上**一致收敛**到 f, 是指对任何 $\varepsilon > 0$, 存在 $N \geqslant 1$, 使得当 $n \geqslant N$ 时, 对任何 $x \in E$ 成立 $\left| f_n(x) - f(x) \right| < \varepsilon$. 记为 $f_n(x) \rightrightarrows f(x)$ $(n \to +\infty)(x \in E)$. 也简称为 $\{f_n(x)\}$ 关于 $x \in E$ 一致收敛.

完全类似, 我们称函数项级数 $\displaystyle\sum_{n=1}^{+\infty} u_n(x)$ 在 E 上一致收敛到函数 $S(x)$, 是指它的部分和组成的函数列 $\{S_n(x)\}$ 在 E 上一致收敛到 $S(x)$, 记为 $\displaystyle\sum_{n=1}^{+\infty} u_n(x) \rightrightarrows S(x)$ $(x \in E)$.

显然, 一致收敛蕴涵着逐点收敛, 并且一致收敛的极限函数等同于点态收敛的极限函数. 一致性强调的是定义中的 N 仅与 ε 有关, 与 x 在 E 中的位置无关.

我们只对集合 E 为无限集的情形感兴趣, 因为有限集的情形是平凡的.

容易看出, 函数列 $\{f_n\}$ 在 E 上一致收敛到 f 当且仅当

$$\lim_{n \to +\infty} \sup_{x \in E} \left| f_n(x) - f(x) \right| = 0,$$

即

$$\varlimsup_{n \to +\infty} \sup_{x \in E} \left| f_n(x) - f(x) \right| = 0.$$

所以下面的 Cauchy 准则成立.

定理 12.1.1（Cauchy 准则）　函数列 $\{f_n\}$ 在 E 上一致收敛当且仅当对任何 $\varepsilon > 0$, 存在 $N \geqslant 1$, 使得当 $m, n \geqslant N$ 时, 对任何 $x \in E$ 成立 $\left| f_m(x) - f_n(x) \right| < \varepsilon$. 即

$$\lim_{m, n \to +\infty} \sup_{x \in E} \left| f_m(x) - f_n(x) \right| = 0,$$

即

$$\varlimsup_{m, n \to +\infty} \sup_{x \in E} \left| f_m(x) - f_n(x) \right| = 0.$$

函数项级数一致收敛的 Cauchy 准则, 只需将定理中的函数列 $\{f_n\}$ 改为函数项级数的部分和序列 $\{S_n(x)\}$ 即可.

Cauchy 准则的最大特点之一是无须知道极限函数的具体表述, 它的优点在于保证了极限函数的存在性. 当然, 也可以理解为该准则的一个缺憾: 不能给出极限函数的描述.

例 12.1.5　证明: 函数列 $\{f_n(x)\}$, $f_n(x) = \dfrac{D(x)}{n}$, $D(x)$ 是 Dirichlet 函数, 在 $\mathbb{R}$ 上一致收敛到极限函数 $f(x) = 0$.

证明　事实上, 我们可以利用下面的不等式证明函数列的一致收敛性而不必考虑极限函数 f 的具体形式. 对于任意的 $n > m \geqslant 1$,

$$|f_n(x) - f_m(x)| \leqslant \frac{1}{m}. \qquad\qquad \square$$

例 12.1.6　试研究例 12.1.2中的函数列 $\{x^n\}$ 在 $[0, 1]$ 上的一致收敛性.

解 我们知道该函数列的极限函数为

$$f(x) = \begin{cases} 0, & x \in [0,1), \\ 1, & x = 1. \end{cases}$$

而当 $n \to +\infty$ 时,

$$\sup_{x \in [0,1]} \left| x^n - f(x) \right| = \sup_{x \in [0,1)} |x^n| = 1 \not\to 0.$$

因此, 函数列非一致收敛. □

例 12.1.7 试讨论例 12.1.4 中的函数列 $\{nx(1-x^2)^n\}$ 的一致收敛性.

解 注意到

$$\sup_{x \in [0,1]} \left| nx(1-x^2)^n \right| \geqslant \frac{n}{\sqrt{2n+1}} \frac{(2n)^n}{(2n+1)^n} \to +\infty \neq 0 \quad (n \to +\infty),$$

故所给函数列在 $[0,1]$ 上非一致收敛. □

我们对上面例子中的函数列 $\{x^n\}$ 做一些更细致的分析. 可以看出, $\forall \varepsilon > 0$, 对于每个固定的点 $x_0 \in E$, 都可以找到一个 $N = N(x_0)$, 使得当 $n > N$ 时, 有 $|f_n(x_0) - f(x_0)| = x_0^n < \varepsilon$. 但是, 对于不同的 x_0, 使得 $x_0^n < \varepsilon$ 成立的最小的 N 可能有很大的区别. 比如, 令 $\varepsilon = \frac{1}{10^{100}}$, 则在 $x_0 = \frac{1}{10^{10}}$ 处, 只要取 $N_0 = 10$ 即可; 在 $x_1 = \frac{1}{10^5}$ 处, 可以取 $N_1 = 20$; 而在 $x_2 = \frac{1}{10}$ 处, 则需要取 $N_2 = 100$. 换句话说, 对任意的 ε, $0 < \varepsilon < 1$, 以及对任意给定的 N, 都可以找到 $\tilde{x} \in [0,1)$, 使得 $\tilde{x}^N > \varepsilon$, 比如, 这只要取 $\tilde{x} = \sqrt[2N]{\varepsilon}$ 即可. 又如, 在函数列 $\{x^n\}$ 中, 对于函数 x^n, 对应取点列 $\left\{1 - \frac{1}{n}\right\}$, 则 $f_n\left(1 - \frac{1}{n}\right) \to \frac{1}{e} (n \to +\infty)$; 如果取点列 $\left\{1 - \frac{1}{n^2}\right\}$, 则 $f_n\left(1 - \frac{1}{n^2}\right) \to 1 (n \to +\infty)$. 在函数列 $\{nx(1-x^2)^n\}$ 中取点列 $\left\{\frac{1}{\sqrt{2n+1}}\right\}$, 则 $f_n(x_n) \to +\infty (n \to +\infty)$.

这种在不同点, 虽然收敛, 但收敛的速度呈现参差不齐以至于最终导致极限函数的性质呈现"断崖式"改变的现象, 恰好是由于不一致收敛造成的. 换言之, 如果不一致收敛, 则难以保证关系式 (12.1.3), (12.1.4) 和 (12.1.5) 中的等号成立.

下面我们再讨论几个关于一致收敛的例子. 注意, 为了考察其一致收敛性, 代之以计算定理 12.1.1 的上确界, 往往给出上确界的估计会更方便些, 但这通常需要对是否一致收敛有个预判, 从而来确定不等式估计是放大还是缩小.

例 12.1.8 考察函数列 $\{x(1-x)^n\}$, $\{nx(1-x)^n\}$, $\left\{nx(1-x)^{n^2}\right\}$ 在 $[0,1]$ 区间上的一致收敛性.

解 容易证明, 这三个函数列的极限函数均为零函数. 注意到当 $n \to +\infty$ 时, 有

$$\sup_{x \in [0,1]} \left| x(1-x)^n \right| \leqslant \frac{1}{n+1}\left(1 - \frac{1}{n+1}\right)^n \to 0,$$

$$\sup_{x\in[0,1]} \left| nx(1-x)^n \right| \geqslant \left(1-\frac{1}{n}\right)^n \to \mathrm{e}^{-1} \neq 0,$$

$$\sup_{x\in[0,1]} \left| nx(1-x)^{n^2} \right| \leqslant \frac{n}{1+n^2} \to 0.$$

因此, $\{x(1-x)^n\}$ 和 $\left\{nx(1-x)^{n^2}\right\}$ 在 $[0,1]$ 上一致收敛, 而 $\{nx(1-x)^n\}$ 在 $[0,1]$ 上非一致收敛. $\qquad\square$

例 12.1.9 分别考察函数项级数 $\displaystyle\sum_{n=1}^{+\infty} n(1-x)x^{n^2}$ 和 $\displaystyle\sum_{n=1}^{+\infty} n(1-x)x^{n^3}$ 在 $[0,1)$ 上的一致收敛性.

解 记 $u_n(x)=n(1-x)x^{n^2}$, 则易知当 $x=\dfrac{n^2}{1+n^2}$ 时 $u_n(x)$ 在 $[0,1)$ 上取最大值.

$$\sup_{x\in[0,1)} \left| u_n(x) \right| \geqslant \frac{n}{n^2+1}\left(\frac{n^2}{n^2+1}\right)^{n^2} = \frac{1}{n}\cdot\left(1-\frac{1}{n^2+1}\right)^{n^2+1} \sim \frac{1}{n\mathrm{e}} \quad (n\to+\infty).$$

因此, $\displaystyle\sum_{n=1}^{+\infty} n(1-x)x^{n^2}$ 在 $[0,1)$ 上非一致收敛.

完全类似, 记 $v_n(x)=n(1-x)x^{n^3}$, 有相应的估计

$$\sup_{x\in[0,1)} |v_n(x)| \leqslant \frac{n}{n^3+1}\left(\frac{n^3}{n^3+1}\right)^{n^3} = \frac{1}{n^2}\cdot\left(1-\frac{1}{n^3+1}\right)^{n^3+1} = O\left(\frac{1}{n^2}\right) \quad (n\to+\infty).$$

因此, $\displaystyle\sum_{n=1}^{+\infty} n(1-x)x^{n^3}$ 在 $[0,1)$ 上一致收敛. $\qquad\square$

例 12.1.10 设 $\{f_n\}$ 在 $[0,1]$ 上点态收敛, f_n 可微, 且 $|f_n'| \leqslant M < +\infty$. 试证: $\{f_n\}$ 在 $[0,1]$ 上一致收敛.

证明 对于 $m,n \geqslant 1$, 任取 $k \geqslant 2$, 令 $x_j = \dfrac{j}{k}$, 则对任何 j,

$$\left| f_m(x)-f_n(x) \right| \leqslant \left| f_m(x)-f_m(x_j) \right| + \left| f_n(x_j)-f_n(x) \right| + \left| f_m(x_j)-f_n(x_j) \right|$$

$$\leqslant 2M\left| x-x_j \right| + \sum_{i=0}^{k} \left| f_m(x_i)-f_n(x_i) \right|.$$

从而, 取 j 使得 $|x-x_j| \leqslant \dfrac{1}{k}$ 可得

$$\sup_{x\in[0,1]} |f_m(x)-f_n(x)| \leqslant \frac{2M}{k} + \sum_{i=0}^{k} \left| f_m(x_i)-f_n(x_i) \right|.$$

因此,

$$\varlimsup_{\substack{m\to+\infty \\ n\to+\infty}} \sup_{x\in[0,1]} |f_m(x)-f_n(x)| \leqslant \frac{2M}{k}.$$

令 $k \to +\infty$ 得到

$$\varlimsup_{\substack{m \to +\infty \\ n \to +\infty}} \sup_{x \in [0,1]} |f_m(x) - f_n(x)| \leqslant 0.$$

即得 $\{f_n\}$ 在 $[0,1]$ 上一致收敛. $\qquad\qquad\qquad\qquad\qquad\qquad\qquad\qquad\square$

从上述例子的证明过程不难看出下面的结论成立: 设 $\{f_n\}$ 在闭区间 $[a,b]$ 上逐点收敛, f_n $(n = 1, 2, \cdots)$ 均 Lipschitz 连续, 且有一致的 Lipschitz 常数, 则 $\{f_n\}$ 在 $[a,b]$ 上一致收敛.

由于函数的很多基本性质比如连续可微等都是局部性的, 我们再通过一个例子来引出一个基本概念.

例 12.1.11 试研究函数列 $\left\{\dfrac{1}{nx}\right\}$ 在 $(0, +\infty)$ 内的一致收敛性.

解 $\forall x_0 \in (0, +\infty)$, 该函数列的极限均为零, 所以极限函数为零函数. 但因为当 $n \to +\infty$ 时,

$$\sup_{x \in (0, +\infty)} \left|\frac{1}{nx}\right| = +\infty \not\to 0,$$

所以函数列在 $(0, +\infty)$ 内不是一致收敛的.

另一方面, 对任何 $[a, b] \subseteq (0, +\infty)$, 显然当 $n \to +\infty$ 时,

$$\sup_{x \in E} \left|\frac{1}{nx}\right| \leqslant \sup_{x \in [a,b]} \left|\frac{1}{nx}\right| = \frac{1}{na} \to 0.$$

因此, 函数列 $\left\{\dfrac{1}{nx}\right\}$ 在任何 $[a, b] \subseteq (0, +\infty)$ 上一致收敛. 一般来说, 当函数列在所考虑集合的紧子集上一致收敛时, 我们称之为**内闭一致收敛**. 本例是说 $\left\{\dfrac{1}{nx}\right\}$ 在 $(0, +\infty)$ 中内闭一致收敛.

定义 12.1.3 设函数列 $\{f_n(x)\}$ 或函数项级数 $\sum\limits_{n=1}^{+\infty} u_n(x)$ 在区间 I 上有定义, 若对任何闭区间 $[a, b] \subseteq I$, $\{f_n(x)\}$ 或 $\sum\limits_{n=1}^{+\infty} u_n(x)$ 在 $[a, b]$ 上一致收敛, 则称该函数列或函数项级数在 I 上**内闭一致收敛**.

如果函数列 $\{f_n(x)\}$ 或函数项级数 $\sum\limits_{n=1}^{+\infty} u_n(x)$ 在 x_0 的一个邻域内一致收敛, 则称其为**局部一致收敛**.

定义 12.1.3 中的区间 I 通常是开区间或半开半闭区间, 因为对闭区间而言, 内闭的定义是平凡的.

"内闭"是分析中处理开集上定义的研究对象时常用的手法, 通过此区间上的"内闭"子集上的性质来分析整个集合上的性质. 比如内闭有界、内闭一致收敛, 等等.

不难证明, 对于开区间 I 而言, 内闭一致收敛等价于局部一致收敛. 但内闭一致收敛并不等价于开区间上的一致收敛, 比如 $\{x^n\}$ 在 $(0,1)$ 上是内闭一致收敛的, 但并非一致收敛; 又如函数 $f(x) = \dfrac{1}{x}$ 在 $(0,1)$ 上内闭有界, 但它并非有界.

朴素说来, 函数列 $\{f_n(x)\}$ 内闭一致收敛到 $f(x)$, 是对任意给定的闭区间, $\forall \varepsilon > 0$, 存在 N, 当 $n > N$ 时, $|f_n(x) - f(x)| \leqslant \varepsilon$, 这里的 N 与 x 在闭区间里的位置无关, 但通常与所选的闭区间有关. 比如考察 $\{x^n\}$ 在 $(0,1)$ 上的收敛情况, 一旦 δ_1, δ_2 选定, 则在 $[\delta_1, 1-\delta_2] \subseteq (0,1)$ 内函数列一致收敛, 但比如当 δ_1, δ_2 越来越小时, 对应的 N 可能就越来越大, 以至于在 $(0,1)$ 上时, 对于给定的 $\varepsilon > 0$, 无论 N 选得多么大, 都不可能适合所有的闭区间.

12.1.2 极限函数的基本问题

本章我们关心的中心问题是: **如果函数列中每个函数都具有性质 P, 且函数列收敛, 那么它们的极限函数是否也具有性质 P?** 其中性质 P 主要包括: 连续性、可微性以及可积性. 如果极限函数仍然具有性质 P, 我们称该函数列对性质 P 具有**传承性**, 简称性质 P 具有**传承性**. 具体说来, 本章我们主要讨论下面三个方面的问题:

(1) **连续性:** 如果函数列 $\{f_n\}$ 中的每个函数 $f_n(x)$ 均在 x_0 处连续, 其极限函数 f 是否也在 x_0 也连续? 即是否有 $\lim\limits_{x \to x_0} f(x) = f(x_0)$. 这相当于是否成立

$$\lim_{x \to x_0} \lim_{n \to +\infty} f_n(x) = \lim_{n \to +\infty} \lim_{x \to x_0} f_n(x)?$$

(2) **可微性:** 如果函数列 $\{f_n\}$ 中的每个函数均可导, 其极限函数 f 是否也可导, 且

$$\frac{\mathrm{d}}{\mathrm{d}x}\left(\lim_{n \to +\infty} f_n(x)\right) = \lim_{n \to +\infty} \frac{\mathrm{d}}{\mathrm{d}x} f_n(x)?$$

(3) **可积性:** 如果函数列 $\{f_n\}$ 中的每个函数均在 $[a,b]$ 上可积, 其极限函数 f 是否也可积, 且成立

$$\int_a^b \lim_{n \to +\infty} f_n(x)\,\mathrm{d}x = \lim_{n \to +\infty} \int_a^b f_n(x)\,\mathrm{d}x?$$

习题 12.1

1. 考虑下列级数, 试找出尽可能多的使级数收敛的点:

(1) $\sum\limits_{n=1}^{+\infty} \sin(n!x)$;

(2) $\sum\limits_{n=1}^{+\infty} (\sin(n!x) - \sin((n-1)!x))$.

2. 求下列函数项级数的收敛点集:

(1) $\sum\limits_{n=1}^{+\infty} \dfrac{n-1}{n+1}\left(\dfrac{x}{3x+1}\right)^n$;

(2) $\sum\limits_{n=1}^{+\infty} n\mathrm{e}^{-nx}$;

(3) $\sum\limits_{n=1}^{+\infty} \left(\dfrac{x(x+n)}{n}\right)^n$;

(4) $\sum\limits_{n=1}^{+\infty} \dfrac{x^n}{1+x^{2n}}$;

(5) $\sum\limits_{n=1}^{+\infty} \dfrac{n+x}{n^{n+x}}$;

(6) $\sum\limits_{n=1}^{+\infty} \dfrac{a^n x^n}{a^n + x^n}, a>0$;

(7) $\sum\limits_{n=1}^{+\infty} \dfrac{\ln(1+x^n)}{n^n}, x>0$;

(8) $\sum\limits_{n=1}^{+\infty} (\sqrt[n]{n}-1)^x, x>0$.

3. 设函数项级数 $\sum\limits_{n=1}^{+\infty} u_n(x)$ 在有界区间 $[a,b]$ 上收敛于 $S(x)$, 如果 $u_n(x)\ (n=1,2,\cdots)$ 都是 $[a,b]$ 上的非负连续函数, 证明: $S(x)$ 必在 $[a,b]$ 上取到最小值. 进一步问: $S(x)$ 是否一定能取到最大值?

4. 把上题中的有界闭区间 $[a,b]$ 换成开区间 (a,b) 或无穷区间, 结论是否成立?

5. 在区间 $[0,1]$ 上递归地定义函数列 $\{f_n\}$ 如下:

$$f_1(x) \equiv 1, \quad f_{n+1}(x) = \sqrt{x f_n(x)}, \quad n \geqslant 1.$$

证明: $\{f_n\}$ 一致收敛到 $[0,1]$ 上的一个连续函数.

6. 设 $a>0, f_1(x)$ 为 $[0,a]$ 上的可积函数, 递归地定义函数列 $\{f_n\}$ 如下:

$$f_{n+1}(x) = \int_0^x f_n(t)\,\mathrm{d}t, \quad n \geqslant 1.$$

证明: $\{f_n\}$ 一致收敛到 0.

7. 设 $\{f_n(x)\}$ 在 I 中一致收敛到 $f(x)$. 如果对 $n=1,2,\cdots, f_n(x)$ 均在 I 中一致连续, 证明: $f(x)$ 也在 I 中一致连续.

8. (1) 设 $\{f_n(x)\}$ 在 I 中一致收敛到 $f(x)$. 如果 $g(x)$ 是 I 中的有界函数, 证明: $\{f_n(x)g(x)\}$ 在 I 中一致收敛到 $f(x)g(x)$.

(2) 问是否存在满足如下条件的例子: $\{f_n(x)\}$ 在某区间 I 中收敛但不一致收敛, $g(x)$ 是 I 中非零的有界函数, $\{f_n(x)g(x)\}$ 在 I 中一致收敛到 $f(x)g(x)$?

9. 设 $f_n(x)$ 为 $[a,b]$ 中的连续函数列. 如果 $\{f_n(x)\}$ 一致收敛到正函数 $f(x)$, 证明: 存在 N, 当 $n>N$ 时 $f_n(x)$ 也是正函数, 且 $\left\{\dfrac{1}{f_n(x)}\right\}$ 一致收敛到 $\dfrac{1}{f(x)}$. 如果把闭区间 $[a,b]$ 换成开区间 (a,b), 结论还成立吗?

10. 设 $\{f_n(x)\}, \{g_n(x)\}$ 和 $\{h_n(x)\}$ 是定义在 I 中的函数, 且

$$f_n(x) \leqslant g_n(x) \leqslant h_n(x), \quad x \in I.$$

如果 $\{f_n(x)\}$ 和 $\{h_n(x)\}$ 一致收敛到 $f(x)$, 证明: $\{g_n(x)\}$ 也一致收敛到 $f(x)$.

12.2 一致收敛的判别法则

本节我们给出函数序列一致收敛的几个常用的判别法则. 除了前面讨论过的可以利用定义以及 Cauchy 准则定理 12.1.1 外, 下面几个定理也是非常基本和重要的. 这些法则与上一章数项级数中的法则, 在表述上有高度的相似性, 比如 Weierstrass 判别法可以与正项级数的比较定理类比, Abel 判别法和 Dirichlet 判别法与数项级数的情形也完全类似.

利用 Cauchy 准则易得如下的 **Weierstrass 判别法**, 又称 **M-判别法**或**优势级数判别法**, 证明省略.

定理 12.2.1 (Weierstrass 判别法, M-判别法) 设 $E \subseteq \mathbb{R}$, $\forall x \in E$, $|u_n(x)| \leqslant M_n$, 而数项级数 $\sum\limits_{n=1}^{+\infty} M_n$ 收敛, 则 $\sum\limits_{n=1}^{+\infty} u_n(x)$ 关于 $x \in E$ 一致收敛.

上述定理可以推广到如下情形.

定理 12.2.2 设 $E \subseteq \mathbb{R}$, $\forall x \in E$, $|u_n(x)| \leqslant M_n(x)$, 而函数项级数 $\sum\limits_{n=1}^{+\infty} M_n(x)$ 关于 $x \in E$ 一致收敛, 则 $\sum\limits_{n=1}^{+\infty} u_n(x)$ 亦然.

例 12.2.1 设级数 $\sum\limits_{n=1}^{+\infty} a_n$ 绝对收敛, 则函数项级数 $\sum\limits_{n=1}^{+\infty} a_n \sin nx$ 和 $\sum\limits_{n=1}^{+\infty} a_n \cos nx$ 在任何集合 $E \subseteq \mathbb{R}$ 上均一致收敛.

注 12.2.1 Weierstrass 判别法给出的结论是函数项级数的**绝对一致收敛**, 绝对一致收敛的内涵可以字面理解, 它是一个比一致收敛还要强的收敛. 因此, 如果讨论条件收敛级数的一致收敛性, 则通常需要下面更精细的判别法.

利用 Abel 变换, 采用完全类似于 (11.3.2) 的不等式估计模式, 容易得到下面的关于一致收敛性的 **Abel 判别法**和 **Dirichlet 判别法**, 证略.

定理 12.2.3 (Abel 判别法) 设函数项级数 $\sum\limits_{n=1}^{+\infty} u_n(x)$ 在 $E \subseteq \mathbb{R}$ 上一致收敛, 函数列 $\{v_n(x)\}$ 对于每个取定的 $x \in E$ 关于 n 单调且在 E 上一致有界, 则函数项级数 $\sum\limits_{n=1}^{+\infty} u_n(x)v_n(x)$ 在 E 上一致收敛.

定理 12.2.4 (Dirichlet 判别法) 设函数项级数 $\sum\limits_{n=1}^{+\infty} u_n(x)$ 的部分和

$$U_n(x) = \sum_{k=1}^{n} u_k(x)$$

组成的函数列 $\{U_n(x)\}$ 在 $E \subseteq \mathbb{R}$ 上一致有界, 函数列 $\{v_n(x)\}$ 对于每个取定的 $x \in E$ 关于 n 单调且在 E 上一致收敛到 0, 则函数项级数 $\sum\limits_{n=1}^{+\infty} u_n(x)v_n(x)$ 在 E 上一致收敛.

例 12.2.2 证明: 级数 $\sum\limits_{n=1}^{+\infty} \dfrac{\cos nx}{n}$ 和 $\sum\limits_{n=1}^{+\infty} \dfrac{\sin nx}{n}$ 在 $(0, 2\pi)$ 内闭一致收敛, 即 $\forall \delta$, $0 < \delta < \pi$, 级数在 $[\delta, 2\pi - \delta]$ 上一致收敛, 但级数在 $(0, 2\pi)$ 内并非一致收敛.

证明 令 $a_n(x) = \cos nx$, $b_n(x) = \dfrac{1}{n}$, 则 $b_n(x)$ 单调递减趋于 0, 而且

$$\left| \sum_{k=1}^{n} \cos kx \right| \leqslant \frac{1}{\sin \dfrac{x}{2}}.$$

因为 $x \in [\delta, 2\pi - \delta]$, 所以 $\sin \dfrac{x}{2} \geqslant \sin \dfrac{\delta}{2}$, 因而有

$$\left| \sum_{k=1}^{n} \cos kx \right| \leqslant \frac{1}{\sin \dfrac{\delta}{2}}.$$

即 $\sum\limits_{k=1}^{n} \cos kx$ 在 $[\delta, 2\pi - \delta]$ 上一致有界. 根据 Dirichlet 判别法知原级数在 $[\delta, 2\pi - \delta]$ 上一致收敛. 同理, 级数 $\sum\limits_{n=1}^{+\infty} \dfrac{\sin nx}{n}$ 在 $[\delta, 2\pi - \delta]$ 上也一致收敛.

为了证明 $\sum\limits_{n=1}^{+\infty} \dfrac{\sin nx}{n}$ 在 $(0, 2\pi)$ 内不一致收敛, 取 $x_m = \dfrac{\pi}{4m}$, 则

$$|S_{2m} - S_m| = \left| \frac{\sin \dfrac{(m+1)\pi}{4m}}{m+1} + \cdots + \frac{\sin \dfrac{\pi}{2}}{2m} \right| \geqslant m \cdot \frac{\sin \dfrac{\pi}{4}}{2m} = \frac{1}{2\sqrt{2}}.$$

由 Cauchy 准则知此收敛是逐点收敛但不是一致收敛. 级数 $\sum\limits_{n=1}^{+\infty} \dfrac{\cos nx}{n}$ 的情形可类似证明.

另外, 不难证明, 这两个级数在 $(0, \pi)$ 上都不是绝对收敛的, 这说明一致收敛的级数未必绝对收敛. 当然, 从例 12.1.9 可知绝对收敛也不等同于一致收敛. □

类似于定理 11.3.6, 我们也可以将 Abel 判别法与 Dirichlet 判别法推广为如下定理.

定理 12.2.5 设函数项级数 $\sum\limits_{n=1}^{+\infty} u_n(x)$ 在 $E \subseteq \mathbb{R}$ 上一致收敛, $\sum\limits_{n=1}^{+\infty} |v_n(x) - v_{n+1}(x)|$ 的部分和在 E 上一致有界. 则 $\sum\limits_{n=1}^{+\infty} u_n(x)v_n(x)$ 在 E 上一致收敛.

定理 12.2.6 设函数项级数 $\sum\limits_{n=1}^{+\infty} u_n(x)$ 和 $\sum\limits_{n=1}^{+\infty} |v_n(x) - v_{n+1}(x)|$ 的部分和均在

$E \subseteq \mathbb{R}$ 上一致有界, $\{v_n(x)\}$ 在 E 上一致收敛到 0, 则 $\sum\limits_{n=1}^{+\infty} u_n(x)v_n(x)$ 在 E 上一致收敛.

对于函数列的一致收敛性, 也有相应的 Abel 判别法和 Dirichlet 判别法, 不再赘述.

习题 12.2

1. 判断下列函数项级数的一致收敛性:

(1) $\sum\limits_{n=1}^{+\infty} ne^{-nx}, \quad x>0;$
(2) $\sum\limits_{n=1}^{+\infty} \dfrac{\sin x \sin nx}{\sqrt{n+x}}, \quad x \geqslant 0;$

(3) $\sum\limits_{n=1}^{+\infty} \dfrac{1}{(1+nx)^2}, \quad x \in \mathbb{R};$
(4) $\sum\limits_{n=1}^{+\infty} \dfrac{nx}{1+n^5x^2}, \quad x \in \mathbb{R}.$

2. 研究下面函数列在指定区间上的一致收敛性:

(1) $f_n(x) = \dfrac{1}{1+nx}:$ (i) $x>0;$ (ii) $0<x_0<x<+\infty.$

(2) $f_n(x) = \dfrac{x^n}{1+x^n}:$ (i) $0<x \leqslant x_0<1;$ (ii) $0.9 \leqslant x \leqslant 1.1.$

3. 若 $f_n(x)$ 在 $[a,b]$ 上连续, 且 $\{f_n(x)\}$ 在 (a,b) 上一致收敛, 证明其在 $[a,b]$ 上一致收敛.

4. 设 $\{x_n\}$ 是 $\mathbb{R}$ 中给定的无穷数列, 证明: 存在 $\mathbb{R}$ 上的单调函数 $y=f(x)$, 使得 $f(x)$ 恰在 x_n ($n=1,2,\cdots$) 处有第一类间断, 且跳跃值 $f(x_n^+)-f(x_n^-)$ 等于给定的实数 a_n, 其中 $\sum\limits_{n=1}^{+\infty}|a_n|<+\infty.$

5. 设 $\sum\limits_{n=1}^{+\infty} u_n(x)$ 在 $[a,b]$ 上收敛, $u_n(x)$ 可导且 $\sum\limits_{n=1}^{+\infty} u_n'(x)$ 的部分和 $\{S_n'(x)\}$ 在 $[a,b]$ 上一致有界, 证明: $\sum\limits_{n=1}^{+\infty} u_n(x)$ 在 $[a,b]$ 上一致收敛.

6. 若级数 $\sum\limits_{n=1}^{+\infty} a_n$ 收敛, 证明: 级数 $\sum\limits_{n=1}^{+\infty} a_n e^{-nx}$ 在 $0 \leqslant x < +\infty$ 上一致收敛.

7. 设 $\{f_n(x)\}$ 是定义在 $[a,b]\setminus\{x_0\}$ 的函数列, 其中 $x_0 \in [a,b]$. 如果 $f_n(x) \rightrightarrows f(x)$ $(x \in [a,b]\setminus\{x_0\})$, 并且对每个 $n \geqslant 1$ 有 $\lim\limits_{x \to x_0} f_n(x) = c_n$. 证明: $\lim\limits_{n \to +\infty} c_n$ 存在并且有 $\lim\limits_{x \to x_0} f(x) = \lim\limits_{n \to +\infty} c_n.$

8. 证明: 级数 $\sum\limits_{n=1}^{+\infty} (-1)^n \dfrac{1}{n+x}$ 在 $(0,+\infty)$ 上一致收敛但并不绝对逐点收敛.

9. 研究下面级数在指定区间上的一致收敛性:

(1) $\sum\limits_{n=1}^{+\infty} \dfrac{1}{(x+n)(x+n+1)}, \quad 0<x<+\infty;$

(2) $\sum\limits_{n=1}^{+\infty} \dfrac{\sin\left(n+\dfrac{1}{2}\right)x}{n^4+x^4}, \quad -\infty<x<+\infty;$

(3) $\displaystyle\sum_{n=2}^{+\infty} \ln\left(1 + \frac{x^2}{n\ln n}\right)$, $-L < x < L,\ L > 0$;

(4) $\displaystyle\sum_{n=1}^{+\infty} \frac{(-1)^n}{n + \sin x}$, $0 < x < 2\pi$;

(5) $\displaystyle\sum_{n=1}^{+\infty} 2^n \sin\left(\frac{1}{3^n x}\right)$, $0 < x < +\infty$.

10. 证明: 函数项级数 $\displaystyle\sum_{n=2}^{+\infty} \frac{\cos nx}{n\ln n}$ 在 $(0, \pi]$ 上不一致收敛.

11. 设 $f(x)$ 是定义在 $[a,b]$ 上的函数. 对 $n \geqslant 1$, 令

$$f_n(x) = \frac{[nf(x)]}{n}, \quad x \in [a, b],$$

其中 $[\cdot]$ 是取整函数. 证明: $\{f_n(x)\}$ 一致收敛到 $f(x)$.

12. 设 $u_n(x)$ ($n = 1, 2, \cdots$) 是 $[a,b]$ 上的单调函数, 如果级数

$$\sum_{n=1}^{+\infty} u_n(a) \text{和} \sum_{n=1}^{+\infty} u_n(b)$$

绝对收敛, 证明: 级数 $\displaystyle\sum_{n=1}^{+\infty} u_n(x)$ 在 $[a,b]$ 上绝对并一致收敛.

13. 证明: 级数

$$\sum_{n=0}^{+\infty} (-1)^n x^n (1 - x)$$

在 $[0,1]$ 上绝对并一致收敛, 但并不绝对一致收敛.

14. 设在区间 $[0,1]$ 上定义

$$u_n(x) = \begin{cases} 1/n, & x = 1/n, \\ 0, & x \neq 1/n. \end{cases}$$

证明: $\displaystyle\sum_{n=1}^{+\infty} u_n(x)$ 在 $[0,1]$ 上一致收敛.

15. 设 $\{u_n(x)\}$ 是 $[a,b]$ 中的连续函数列, 如果 $\displaystyle\sum_{n=1}^{+\infty} u_n(x)$ 在 $[a,b]$ 中每点收敛, 但 $\displaystyle\sum_{n=1}^{+\infty} u_n(b)$ 发散, 证明: $\displaystyle\sum_{n=1}^{+\infty} u_n(x)$ 在 $[a,b]$ 中不一致收敛.

16. 讨论级数

$$\sum_{n=1}^{+\infty} \frac{nx}{(1+x)(1+2x)\cdots(1+nx)}$$

在区间 $[0,\lambda]$ 和 $[a,+\infty)$ 上的一致收敛性, 其中 $\lambda > 0$.

17. 证明: 函数列

$$f_n(x) = xn^{-\alpha}(\ln n)^{\alpha}$$

在 $[0,+\infty)$ 上一致收敛的充要条件是 $\alpha < 1$.

18. 设 f_1 在 $[a,b]$ 上 Riemann 可积, 定义

$$f_{n+1}(x) = \int_a^x f_n(t)\,\mathrm{d}t, \quad n = 1, 2, \cdots,$$

证明: 函数列 $\{f_n\}$ 在 $[a,b]$ 上一致收敛于 0.

19. 设 $f_n(x), g_n(x)$ 在区间 I 中分别一致收敛到 $f(x), g(x)$. 如果对每一个 n, $f_n(x)$ 和 $g_n(x)$ 均有界 (不要求一致有界), 证明: $f(x)$ 和 $g(x)$ 也均有界, 且 $f_n(x)g_n(x)$ 在 I 中一致收敛到 $f(x)g(x)$.

20. 如果上题中去掉 f_n 和 g_n 有界的假设, 问结论是否还成立? 请证明或举反例说明之.

21. 设 $u_i(x) \ (i = 1, 2, \cdots)$ 在 $[a,b]$ 上可导, 级数 $\displaystyle\sum_{i=1}^{+\infty} u_i(x)$ 在 $[a,b]$ 上收敛, 如果有正常数 M, 使得对任意 $x \in [a,b]$ 及一切正整数 n 都有

$$\left| \sum_{i=1}^{n} u_i'(x) \right| \leqslant M,$$

证明: $\displaystyle\sum_{i=1}^{+\infty} u_i(x)$ 在 $[a,b]$ 上一致收敛.

22. 设 $\{P_n(x)\}$ 为一多项式列. 证明: 如果 $\{P_n(x)\}$ 在 $\mathbb{R}$ 中一致收敛到函数 $f(x)$, 则 $f(x)$ 也必为多项式.

23. 证明: 级数

$$\sum_{n=1}^{+\infty} \frac{x^n}{1 + x + x^2 + \cdots + x^{2n-1}} \cos nx$$

在 $(0,1]$ 中一致收敛.

24. 考虑 $\mathbb{R}$ 上的函数列 $f_n(x) = \dfrac{1}{n}\mathrm{e}^{-n^2x^2} \ (n = 1, 2, \cdots)$. 证明: 在 $\mathbb{R}$ 上

(1) $f_n(x)(n = 1, 2, \cdots)$ 一致收敛到 0.

(2) $f_n'(x)(n = 1, 2, \cdots)$ 收敛到 0, 但并非一致收敛.

25. 试举出一个函数列 $\{f_n(x)\}$, 使得它同时满足以下性质:

(1) $\{f_n(x)\}$ 在 $(-\infty, +\infty)$ 点态收敛.

(2) $\{f_n(x)\}$ 在 $(-\infty, +\infty)$ 不一致收敛.

(3) $\{f_n'(x)\}$ 在 $(-\infty, +\infty)$ 一致收敛.

26. 设 $\{b_n\}$ 为单调下降的正数列. 证明: $\sum\limits_{n=1}^{+\infty} b_n \sin nx$ 在 $[-\pi, \pi]$ 上一致收敛的充要条件是 $\lim\limits_{n\to+\infty} nb_n = 0$.

12.3 极限函数的分析性质

本节我们重点讨论在一致收敛条件下, 函数列的极限函数 (函数项级数的和函数) 几个基本性质的传承. 我们将给出几个重要的定理, 这些定理可以简要概括为: 如果函数列满足一致收敛的条件 (可微时要求导函数列一致收敛), 那么极限函数将继承原来函数列的连续性、可微性和可积性. 由此可以看出一致收敛的重要性. 当然, 一般来说, 一致收敛是保证这些性质得以传承的充分而非必要条件.

12.3.1 极限函数的连续性

定理 12.3.1   设函数列 $\{f_n(x)\}$ 在 $E \subseteq \mathbb{R}$ 上一致收敛到 $f(x)$. 若 $f_n(x)$ 在 $x_0 \in E$ 处连续, 则 $f(x)$ 也在 x_0 处连续.

证明   任取 $x \in E$. 则 $\forall n \geqslant 1$,

$$
\begin{aligned}
|f(x) - f(x_0)| &\leqslant |f(x) - f_n(x)| + |f_n(x) - f_n(x_0)| + |f_n(x_0) - f(x_0)| \\
&\leqslant 2 \sup_{y \in E} |f_n(y) - f(y)| + |f_n(x) - f_n(x_0)|.
\end{aligned} \tag{12.3.1}
$$

令 $x \to x_0$ 并利用 f_n 在 x_0 的连续性得到

$$
\varlimsup_{\substack{x \to x_0 \\ x \in E}} |f(x) - f(x_0)| \leqslant 2 \sup_{\xi \in E} |f_n(\xi) - f(\xi)|.
$$

再令 $n \to +\infty$ 得 $\varlimsup\limits_{\substack{x \to x_0 \\ x \in E}} |f(x) - f(x_0)| \leqslant 0$. 定理得证. $\square$

注 12.3.1   用极限的语言来表述定理 12.3.1, 则可以写成

$$
\lim_{\substack{x \to x_0 \\ x \in E}} \lim_{n \to +\infty} f_n(x) = \lim_{n \to +\infty} \lim_{\substack{x \to x_0 \\ x \in E}} f_n(x). \tag{12.3.2}
$$

即在定理条件下, 两个极限过程 $x \to x_0$ 和 $n \to +\infty$ 可交换次序.

注意, 定理是说, 只要函数列中的每一个函数在收敛域 E 中的一点 x_0 处连续, 则一致收敛就能保证极限函数在该点处连续. 这是一个很重要的局部性质, 有着广泛的应用.

根据上述定理, 不难得到下面推论.

推论 12.3.2 设 $f_n(x) \in C[a,b]$ $(n=1,2,\cdots)$, $f_n(x) \rightrightarrows f(x)$ $(n \to +\infty)$, $x \in [a,b]$, 则 $f(x) \in C[a,b]$.

推论 12.3.3 设 $f_n(x) \in C(a,b)$ $(n=1,2,\cdots)$, 且 $\{f_n(x)\}$ 在 (a,b) 内闭一致收敛于 $f(x)$, 则 $f(x) \in C(a,b)$.

仿照定理 12.3.1 的证明, 可以证明如下结论:

定理 12.3.4 设 $\{f_n(x)\}$ 是定义在 $[a,b] \setminus \{x_0\}$ 的函数列, 其中 $x_0 \in [a,b]$. 如果 $f_n(x) \rightrightarrows f(x)$ $(n=1,2,\cdots)$, $x \in [a,b] \setminus \{x_0\}$, 并且对每个 $n \geqslant 1$ 有 $\lim\limits_{x \to x_0} f_n(x) = c_n$. 则 $\lim\limits_{n \to +\infty} c_n$ 存在并且有 $\lim\limits_{x \to x_0} f(x) = \lim\limits_{n \to +\infty} c_n$, 即

$$\lim_{x \to x_0} \lim_{n \to +\infty} f_n(x) = \lim_{n \to +\infty} \lim_{x \to x_0} f_n(x).$$

证明 补充定义 $f_n(x_0) = c_n$. 由于

$$|f_m(x) - f_n(x)| \leqslant \sup_{\xi \in [a,b] \setminus \{x_0\}} |f_m(\xi) - f_n(\xi)|, \qquad \forall m, n \geqslant 1, x \in [a,b] \setminus \{x_0\},$$

令 $x \to x_0$ $(x \in [a,b])$ 即得

$$|f_m(x_0) - f_n(x_0)| \leqslant \sup_{\xi \in [a,b] \setminus \{x_0\}} |f_m(\xi) - f_n(\xi)|, \qquad \forall m, n \geqslant 1.$$

从而由 $\{f_n\}$ 的一致收敛性得到 $\{f_n(x_0)\}$ 收敛. 设极限为 $f(x_0)$, 即 $\lim\limits_{n \to +\infty} c_n$.

易见补充定义后, $\{f_n\}$ 在 x_0 点连续, 在 $[a,b]$ 上一致收敛到 f. 于是, 由定理 12.3.1 即得结论. $\qquad\qquad\square$

定理中的两个常见的特殊情况是 x_0 为区间端点 a 或 b. 读者可试着给出相应结论的描述.

上面关于函数列的所有讨论均可以以适当的形式对应到函数项级数中去, 我们仅复述一个结论, 证明不再赘述.

定理 12.3.5 设 $u_n(x) \in C[a,b]$ $(n=1,2,\cdots)$, 函数项级数 $\sum\limits_{n=1}^{+\infty} u_n(x)$ 在 $[a,b]$ 上一致收敛, 则和函数 $\sum\limits_{n=1}^{+\infty} u_n(x) \in C[a,b]$.

若 $\sum\limits_{n=1}^{+\infty} u_n(x)$ 在 $[a,b] \setminus \{x_0\}$ 上一致收敛, 其中 $x_0 \in [a,b]$, 如果

$$\lim_{x \to x_0} u_n(x) = a_n, \quad n = 1, 2, \cdots,$$

则 $\sum\limits_{n=1}^{+\infty} a_n$ 收敛, 且

$$\lim_{x \to x_0} \sum_{n=1}^{+\infty} u_n(x) = \sum_{n=1}^{+\infty} \left(\lim_{x \to x_0} u_n(x) \right) = \sum_{n=1}^{+\infty} a_n.$$

注 12.3.2　定理 12.3.4 中的闭区间 $[a, b]$ 是非实质性的. 事实上, 定理结论对于任何一个以 x_0 为其聚点的集合 E 均成立. 证明完全类似.

例 12.3.1　根据一致收敛对连续性的传承, 容易求得下面的极限:

$$\lim_{x \to 1} \sum_{n=1}^{+\infty} \frac{x^n}{2^n} \sin \frac{n\pi x}{2} = \sum_{n=1}^{+\infty} \frac{1}{2^n} \sin \frac{n\pi}{2} = \sum_{n=1}^{+\infty} \frac{(-1)^{n-1}}{2^{2n-1}} = \frac{2}{5}.$$

例 12.3.2　由 M-判别法容易得到, 级数 $\sum\limits_{n=1}^{+\infty} \frac{1}{2^n} \sin(n!\pi x)$ 在 $\mathbb{R}$ 上一致收敛, 因此其和函数在 $\mathbb{R}$ 上连续.

例 12.3.3　连续函数列 $\{n^2 x \mathrm{e}^{-n^2 x^2}\}$ 在 $[0, 1]$ 上逐点收敛到极限函数 $f(x) \equiv 0$, 极限函数是连续的, 但因为

$$f_n \left(\frac{1}{n} \right) - f \left(\frac{1}{n} \right) = n \mathrm{e}^{-1} \nrightarrow 0,$$

所以并非一致收敛.

例 12.3.4　考虑上一章无穷乘积一节中的例 11.5.3, Riemann-ζ 函数 $\zeta(s) = \sum\limits_{n=1}^{+\infty} \frac{1}{n^s}$. 容易证明, 当 $s > 1$ 时, 该级数收敛, 其和函数 $\zeta(s)$ 可以看成 $(1, +\infty)$ 上 s 的函数. 该函数项级数在 $(1, +\infty)$ 上并不是一致收敛的 (可以验证: $\sum\limits_{n=2}^{+\infty} \frac{1}{n^{1+1/\ln \ln n}}$ 发散), 但在任何闭区间 $I \subset (1, +\infty)$ 上都是一致收敛的, 因此 $\zeta(s)$ 在 I 上连续, 从而是整个定义域 $(1, +\infty)$ 上的连续函数.

例 12.3.5　设 $\{x_n\}$ 是给定的 $[a, b]$ 中的无穷数列, 证明: 存在 $[a, b]$ 上的单调函数 $y = f(x)$, 使得 $f(x)$ 恰在 x_n ($n = 1, 2, \cdots$) 处间断.

证明　构造函数

$$f_n(x) = \begin{cases} -1/n^2, & x < x_n, \\ 0, & x = x_n, \\ 1/n^2, & x > x_n. \end{cases}$$

则易见级数 $\sum\limits_{n=1}^{+\infty} f_n(x)$ 在 $[a, b]$ 上一致收敛到某函数 $f(x)$, 且 $f(x)$ 在该区间上单调增加.

当 $x \neq x_n$ 时, 由一致收敛知 $f(x)$ 显然连续; 而当 $x = x_{n_0}$ 时,

$$f(x) = f_{n_0}(x) + \sum_{n \neq n_0} f_n(x) = f_{n_0}(x) + \tilde{f}(x).$$

其中 $\tilde{f}(x)$ 在 x_{n_0} 处连续, 而 $f_{n_0}(x)$ 在 x_{n_0} 处不连续, 得证. □

在本例中, 特别地, 如果取 $\{x_n\}$ 为某闭区间上的有理点的全体, 可以得到在有理点间断的单调函数.

通过这些例子可以看出, 函数列中每个函数的连续性的好坏以及收敛性的强弱 (逐点收敛、一致收敛、条件一致收敛、绝对一致收敛等) 对极限函数的连续性都有影响. 具体来说, 一方面, 如果函数列中的每个函数都具有连续性, 同时又具有较强的收敛性 (比如一致收敛性), 那么极限函数必定连续; 另一方面, 不严谨地说, 如果函数列中的函数连续性太差, 同时收敛性又很弱, 那么我们对极限函数的连续性自然也没有太高的期望. 一个有趣的问题是: 如果函数列中的每个函数均连续, 同时又具有点态收敛, 那么极限函数的连续性会不会太差? 或者说, 极限函数的连续点会不会还是 "比较多" 的? 下面我们对这个问题做一些进一步的讨论. 为此, 我们先引入如下定义.

定义 12.3.1　若 $E \subseteq \mathbb{R}$ 是可数个闭集的并集, 则称 E 为 F_σ 集; 若 $E \subseteq \mathbb{R}$ 是可数个开集的交集, 则称 E 为 G_δ 集.

不难验证, F_σ 集与 G_δ 集具有下面的性质:

$$(F_\sigma)^c = G_\delta, \qquad (G_\delta)^c = F_\sigma,$$

其中 S^c 表示集合 S 的余集.

$\mathbb{R}$ 上的开集是 G_δ 集, 闭集是 F_σ 集.

$\mathbb{R}$ 上的可数点集是 F_σ 集, 无理点全体是 G_δ 集.

例 12.3.6　证明: 开区间 $I = (a, b)$ 上的连续函数 $f(x)$ 的连续点集是 G_δ 集.

证明　令 $\omega_f(x)$ 为 $f(x)$ 在 x 点处的振幅, 则 $f(x)$ 在 x_0 处连续等价于 $\omega_f(x_0) = 0$, 从而 $f(x)$ 的连续点的全体为

$$\bigcap_{n=1}^{+\infty} \left\{ x \in I \,\middle|\, \omega_f(x) < \frac{1}{n} \right\}.$$

由于 $\left\{ x \in I \,\middle|\, \omega_f(x) < \dfrac{1}{n} \right\}$ 是开集, 故 $f(x)$ 的连续点集为 G_δ 集. □

回想一下关于函数连续的几个具体例子: Dirichlet 函数处处不连续, Riemann 函数在无理点连续、有理点间断. 结合本例, 我们可以得到下面有趣的结论: 不存在只在有理点连续、无理点间断的函数.

定理 12.3.6 (Baire[①] 定理)　设 $I \subseteq \mathbb{R}$ 是 F_σ 集, 即 $I = \bigcup\limits_{n=1}^{+\infty} F_n$, F_n 是闭集 $(n = 1, 2, \cdots)$, 若每个 F_n 都没有内点, 则 I 也没有内点.

证明　假设 I 有内点 x_0, 则存在 $\delta_0 > 0$, 使 $\bar{B}_{\delta_0}(x_0) \subset I$. 因为 F_1 无内点, 所以必存在 $x_1 \in B_{\delta_0}(x_0)$, 且有 $x_1 \notin F_1$. 又因为 F_1 是闭集, 所以可以取到 $\delta_1 (0 < \delta_1 < 1)$,

---

① Baire, René-Louis, 1874 年 1 月 21 日 — 1932 年 7 月 5 日, 法国数学家.

使得

$$\overline{B}_{\delta_1}(x_1) \cap F_1 = \varnothing, \quad \text{且} \quad \overline{B}_{\delta_1}(x_1) \subset B_{\delta_0}(x_0).$$

重复上述过程, 考虑 $\overline{B}_{\delta_1}(x_1)$ 和集合 F_2, 可取 $\delta_2\left(0 < \delta_2 < \frac{1}{2}\right)$ 使得

$$\overline{B}_{\delta_2}(x_2) \cap F_2 = \varnothing, \quad \text{且} \quad \overline{B}_{\delta_2}(x_2) \subset B_{\delta_1}(x_1).$$

继续此过程, 可得到点列 $\{x_n\}$ 与数列 $\{\delta_n\}$ ($0 < \delta_n < \frac{1}{n}$), 使得对每个正整数 n, 有

$$\overline{B}_{\delta_n}(x_n) \subset B_{\delta_{n-1}}(x_{n-1}), \quad \overline{B}_{\delta_n}(x_n) \cap F_n = \varnothing.$$

由于当 $m > n$ 时, 有 $x_m \in B_{\delta_n}(x_n)$, 故

$$|x_m - x_n| < \delta_n < \frac{1}{n}.$$

即 $\{x_n\}$ 是 $\mathbb{R}$ 中的基本列, 从而收敛, 即 $\exists x \in \mathbb{R}$, 使得 $\lim\limits_{n \to +\infty} x_n = x$. 注意到 $m > n$ 时,

$$|x - x_n| \leqslant |x - x_m| + |x_m - x_n| < |x - x_m| + \delta_n,$$

令 $m \to +\infty$ 有 $|x - x_n| \leqslant \delta_n$. 这说明 $x \in \overline{B}_{\delta_n}(x_n)$, 即对一切 n, $x \notin I$. 这与 $x \in I$ 矛盾, 从而假设不成立. □

定理 12.3.7 设 $f_n \in C(\mathbb{R})$ $(n = 1, 2, \cdots)$, $\{f_n(x)\}$ 逐点收敛于 $f(x)$, 即

$$\lim_{n \to +\infty} f_n(x) = f(x), \quad \forall x \in \mathbb{R}.$$

则 $f(x)$ 的连续点集

$$\bigcap_{m=1}^{+\infty} \bigcup_{n=1}^{+\infty} E_n^{\circ}\left(\frac{1}{m}\right)$$

是 $\mathbb{R}$ 中稠密的 G_δ 集, 其中 $E_n(\varepsilon) = \{x \in \mathbb{R} \mid |f_n(x) - f(x)| \leqslant \varepsilon\}$, E° 表示集合 E 的内点全体.

证明 我们将证明分成三步:

(1) 首先, $\mathbb{R}$ 上任一开集上的实值函数 $h(x)$ 的连续点集都是 G_δ 集. 特别地, 定理中的函数 f 的连续点集是如下的 G_δ 集:

$$\bigcap_{m=1}^{+\infty} \bigcup_{n=1}^{+\infty} E_n^{\circ}\left(\frac{1}{m}\right),$$

其中 $E_n(\varepsilon) = \{x \in \mathbb{R} \mid |f_n(x) - f(x)| \leqslant \varepsilon\}$, E° 表示集合 E 的内点全体.

事实上, 如果 x_0 是 f 的连续点, 由题设知, 对 $\varepsilon > 0$, 存在 k_0, 使得

$$|f_{k_0}(x_0) - f(x_0)| < \frac{\varepsilon}{3},$$

且存在 $\delta > 0$, 使得

$$|f(x) - f(x_0)| < \frac{\varepsilon}{3}, \qquad |f_{k_0}(x) - f_{k_0}(x_0)| < \frac{\varepsilon}{3}, \quad |x - x_0| < \delta.$$

从而可知

$$|f_{k_0}(x) - f(x)| < \varepsilon, \quad x \in E_{k_0}^{\circ}(\varepsilon).$$

故 $x_0 \in \bigcup_{k=1}^{+\infty} E_k^{\circ}(\varepsilon)$. 又由 ε 的任意性, 知

$$x_0 \in \bigcap_{m=1}^{+\infty} \bigcup_{k=1}^{+\infty} E_k^{\circ}\left(\frac{1}{m}\right).$$

反过来, 假设 $x_0 \in \bigcap_{m=1}^{+\infty} \bigcup_{k=1}^{+\infty} E_k^{\circ}\left(\frac{1}{m}\right)$, 则对 $\varepsilon > 0$, 取 $m > \frac{3}{\varepsilon}$. 由于 $x_0 \in \bigcup_{k=1}^{+\infty} E_k^{\circ}\left(\frac{1}{m}\right)$, 故存在 k_0, 使得 $x_0 \in E_{k_0}^{\circ}\left(\frac{1}{m}\right)$, 从而可得 $B_{\delta_0}(x_0) \subset E_{k_0}\left(\frac{1}{m}\right)$ 即

$$|f_{k_0}(x) - f(x)| \leqslant \frac{1}{m} < \frac{\varepsilon}{3}, \quad |x - x_0| < \delta_0.$$

注意到 $f_{k_0}(x)$ 在 $x = x_0$ 处连续, 故有 $\delta_1 > 0$, 使得

$$|f_{k_0}(x) - f_{k_0}(x_0)| < \frac{\varepsilon}{3}, \quad x \in B_{\delta_1}(x_0).$$

记 $\delta = \min\{\delta_0, \delta_1\}$, 则当 $x \in B_\delta(x_0)$ 时, 有

$$|f(x) - f(x_0)| < \varepsilon,$$

这说明 $f(x)$ 在 $x = x_0$ 处连续.

(2) 下面证明: 如果 G 是 $\mathbb{R}$ 中的开集, 则 $f^{-1}(G)$ 是 F_σ 集. 由于 $\mathbb{R}$ 中的开集 G 总可以写成可数个开区间的并, 故只需证明对于开区间 (a, b). 则 $f^{-1}((a, b))$ 是 F_σ 集即可.

事实上, 我们知道对每个连续函数 f_n, 集合

$$\{x \mid f_n(x) \geqslant a + \varepsilon\}$$

是闭集, 由 $f_n(x)$ 的连续性, 可得

$$\{x|f(x)>a\}=\bigcup_{n=1}^{+\infty}\bigcup_{m=1}^{+\infty}\bigcap_{k=m}^{+\infty}\left\{x\Big|f_k(x)\geqslant a+\frac{1}{n}\right\}$$

是 F_σ 集. 同理 $\{x|f(x)<b\}$ 也是 F_σ 集合. 从而交集

$$f^{-1}((a,b))=\{x|\ f(x)>a\}\bigcap\{x|\ f(x)<b\}$$

是 F_σ 集.

因此, 我们证明了开集 $G\subseteq\mathbb{R}$ 对应的集合 $f^{-1}(G)$ 为 F_σ 集. 类似可得闭集 $F\subseteq\mathbb{R}$ 对应的集合 $f^{-1}(F)$ 为 G_δ 集.

(3) 为了证明 $f(x)$ 的连续点是稠密的 G_δ 集, 只需证其不连续点是无内点的 F_σ 集即可. 为此, 记 $D(f)$ 为 $f(x)$ 的不连续点集合. $\forall a\in D(f)$, 存在 $p,q\in\mathbb{Q}\ (p<q)$, 使得

$$p<f(a)<q\iff a\in f^{-1}((p,q))\iff a\notin f^{-1}(\mathbb{R}\setminus(p,q)).$$

另一方面, 对应满足 $\lim\limits_{n\to+\infty}a_n=a$ 的点列 $\{a_n\}$, 成立

$$f(a_n)\notin(p,q)\iff a_n\notin f^{-1}((p,q))\iff a_n\in f^{-1}(\mathbb{R}\setminus(p,q)).$$

于是

$$a\in\overline{f^{-1}(\mathbb{R}\setminus(p,q))}\setminus f^{-1}(\mathbb{R}\setminus(p,q)).$$

所以

$$D(f)=\bigcup_{\substack{p<q\\p,q\in\mathbb{Q}}}\left(\overline{f^{-1}(\mathbb{R}\setminus(p,q))}\setminus f^{-1}(\mathbb{R}\setminus(p,q))\right)$$

由于集合 $f^{-1}(\mathbb{R}\setminus(p,q))$ 为 G_δ 集, 故 $\overline{f^{-1}(\mathbb{R}\setminus(p,q))}\setminus f^{-1}(\mathbb{R}\setminus(p,q))$ 为 F_σ 集, 且显然无内点. 从而 $D(f)$ 也是可数个无内点的闭集的并. 根据定理 12.3.6, 当 $D(f)$ 是无内点的 F_σ 集时, $\mathbb{R}\setminus D(f)$ 是稠密集. □

要给出极限函数连续的充要条件是比较复杂的, 比如需要引入准 (拟) 一致收敛等, 参见本节习题 4. 不过, 对某些具有特定性质的函数列, 有可能成立较强的结论. 下面我们给出几种特殊情形的讨论.

定理 12.3.8 (Dini 定理)　设 $\{f_n(x)\}$ 是 $[a,b]$ 上的单调、连续函数列, 即 $f_n(x)\in C[a,b], f_n(x)\leqslant f_{n+1}(x)x\in[a,b](n=1,2,\cdots)$. 假设 $f_n(x)$ 在 $[a,b]$ 上逐点收敛到 $f(x)$. 则 $f(x)$ 在 $[a,b]$ 上连续的充要条件是 $\{f_n(x)\}$ 在 $[a,b]$ 上一致收敛到 $f(x)$.

证明　充分性是显然的. 下证必要性.

假若不然, 即 $\{f_n(x)\}$ 在 $[a,b]$ 上不一致收敛到 $f(x)$, 则 $\exists \varepsilon_0 > 0$, 对任意的 $N > 0$, 总存在 $\tilde{n} > N$, $\tilde{x} \in [a,b]$, 使得 $|f_{\tilde{n}}(\tilde{x}) - f(\tilde{x})| \geqslant \varepsilon_0$. 因此可选取一列 $n_k \to +\infty$ 以及 $x_{n_k} \in [a,b]$, 使得

$$|f_{n_k}(x_{n_k}) - f(x_{n_k})| \geqslant \varepsilon_0.$$

由于 $\{x_{n_k}\}$ 为有界点集, 故不妨假设自身收敛, 即 $x_{n_k} \to \xi \in [a,b]$. 由逐点收敛的假设, 对于 ξ 点, 成立 $f_n(\xi) \to f(\xi)$ $(n \to +\infty)$, 取 $\varepsilon = \dfrac{\varepsilon_0}{4}$, 则存在 N, 当 $n > N$ 时, 有

$$|f_n(\xi) - f(\xi)| < \varepsilon.$$

令 $n_0 = N + 1$, 再由 $f_{n_0}(x)$ 和 $f(x)$ 的连续性, $\exists \delta > 0$, 当 $|x - \xi| < \delta$ 时, 有

$$|f_{n_0}(x) - f_{n_0}(\xi)| < \varepsilon, \quad \text{以及} \quad |f(x) - f(\xi)| < \varepsilon.$$

任取 $n_k > n_0$, 使得 $|x_{n_k} - \xi| < \delta$, 则有

$$f_{n_0}(x_{n_k}) \leqslant f_{n_k}(x_{n_k}) \leqslant f(x_{n_k}).$$

因此

$$\varepsilon_0 \leqslant |f_{n_k}(x_{n_k}) - f(x_{n_k})| \leqslant |f_{n_0}(x_{n_k}) - f(x_{n_k})|$$

$$\leqslant |f_{n_0}(x_{n_k}) - f_{n_0}(\xi)| + |f_{n_0}(\xi) - f(\xi)| + |f(\xi) - f(x_{n_k})|$$

$$\leqslant \frac{3}{4}\varepsilon_0,$$

矛盾. 因此, $\{f_n(x)\}$ 必在 $[a,b]$ 上一致收敛于 $f(x)$. $\qquad\square$

注 12.3.3 (1) 这里的单调增加是对任意指定的 $x \in [a,b]$ 关于 n 单调: $f_n(x) \leqslant f_{n+1}(x)$.

(2) 显然, 如果把定理中的单调上升列改为单调递减列, 结论仍然成立. 因此, 定理蕴涵着对于不同的 $x \in [a,b]$, f_n 关于 n 的单调性可以不同.

(3) 定理的两个常见等价形式是:

(i) 设 $g_n(x)$ 为 $[a,b]$ 上的非负连续函数, 且对每个 $x \in [a,b]$, $g_n(x)$ 关于 n 单调 (递减) 趋于零, 则

$$g_n(x) \rightrightarrows 0, \quad x \in [a,b];$$

(ii) 设 f_n $(n = 1, 2, \cdots)$ 和 f 均为 $[a,b]$ 上的连续函数, $\varphi_n(x) = |f_n(x) - f(x)|$, 如果对每个 $x \in [a,b]$, $\varphi_n(x)$ 关于 n 单调递减趋于零, 则

$$\varphi_n(x) \rightrightarrows 0, \quad x \in [a,b].$$

函数项级数形式的 Dini 定理可以陈述如下, 其中通项函数的非负性应用时非常方便. 证明显然.

推论 12.3.9 设 $u_n(x)$ $(n = 1, 2, \cdots)$ 在 $[a,b]$ 上非负连续, 级数 $\displaystyle\sum_{n=1}^{+\infty} u_n(x)$ 在 $[a,b]$ 上收敛且和函数连续, 则该级数在 $[a,b]$ 上一致收敛.

注 12.3.4 Dini 定理中的闭区间不能改为开区间或无穷区间.

下面定理的结论形式上非常类似于 Dini 定理: Dini 定理要求 E 上的函数列 $\{f_n(x)\}$ 的单调性是对每个指定的 $x \in E$, $f_n(x)$ 关于下标 n 单调; 而下面的定理要求对每个指定的 n, $f_n(x)$ 关于自变量 x 单调. 另外注意, 定理甚至不要求 $f_n(x)$ 连续. 我们把定理的证明留作习题.

定理 12.3.10 设 $\{f_n(x)\}$ 是 $[a,b]$ 上定义的函数列, 对每个指定的 n, $f_n(x)$ 都是 x 的单调函数. 又设 $\{f_n(x)\}$ 在 $[a,b]$ 上逐点收敛到 $f(x)$, 如果 $f(x) \in C[a,b]$, 则 $f_n(x) \rightrightarrows f(x)$ $(n \to +\infty)$, $x \in [a,b]$.

定义 12.3.2 设函数列 $\{f_n(x)\}$ 在 $[a,b]$ 上有定义, 若 $\forall \varepsilon > 0, \exists \delta > 0$, 当 $x_1, x_2 \in [a,b]$, 且 $|x_1 - x_2| < \delta$ 时, 对一切 $n \in \mathbb{N}$, 有

$$|f_n(x_1) - f_n(x_2)| < \varepsilon,$$

则称 $\{f_n(x)\}$ 在 $[a,b]$ 上**等度连续**.

若存在 $M > 0$, 使得对一切 n 和所有的 $x \in [a,b]$, 都有 $|f_n(x)| \leqslant M$, 则称 $\{f_n(x)\}$ 在 $[a,b]$ 上**一致有界**.

下面的定理说明, 等度连续的函数列只要逐点收敛就足以保证极限函数的连续性.

定理 12.3.11 设函数列 $\{f_n(x)\}$ 在 $[a,b]$ 上等度连续、逐点收敛到 $f(x)$, 则 $f(x)$ 在 $[a,b]$ 上连续.

证明 因为 $\{f_n(x)\}$ 在 $[a,b]$ 上等度连续, 所以 $\forall \varepsilon > 0, \exists \delta > 0$, 当 $x_1, x_2 \in [a,b]$, 且 $|x_1 - x_2| < \delta$ 时, 对一切 $n \in \mathbb{N}$, 有

$$|f_n(x_1) - f_n(x_2)| < \frac{\varepsilon}{2}.$$

令 $n \to +\infty$, 则有

$$|f(x_1) - f(x_2)| \leqslant \frac{\varepsilon}{2} < \varepsilon.$$

故得到 $f(x)$ 在 $[a,b]$ 上一致连续. $\square$

12.3.2 极限函数的可积性

对于给定的逐点收敛的函数列或函数项级数, 前面的例子告诉我们, 一般情况下通项函数的可积性并不能保证极限函数或和函数的可积性, 但在一致收敛的假设下, 可以保证可积性的传承, 即下面的定理成立:

定理 12.3.12 设 $\{f_n(x)\}$ 在 $[a,b]$ 上一致收敛到 $f(x)$, 如果 $f_n(x)$ $(n=1,2,\cdots)$ 在 $[a,b]$ 上均 Riemann 可积, 则 $f(x)$ 也在 $[a,b]$ 上 Riemann 可积, 且

$$\lim_{n\to+\infty}\int_a^b f_n(x)\,\mathrm{d}x = \int_a^b \lim_{n\to+\infty} f_n(x)\,\mathrm{d}x = \int_a^b f(x)\,\mathrm{d}x. \qquad (12.3.3)$$

证明 我们先来证明 $f(x)$ 的可积性. 为此, $\forall \varepsilon > 0$, 由 $f_n(x) \rightrightarrows f(x)(x\in[a,b])$, 知 $\exists N > 0$, 当 $n \geqslant N$ 时, $\forall x \in [a,b]$, 有

$$|f_n(x) - f(x)| \leqslant \frac{\varepsilon}{3(b-a)}.$$

特别地, 上式对 $f_N(x)$ 也成立. 根据 $f_N(x)$ 的可积性, 知存在 $[a,b]$ 的分划 P, 使得

$$\sum_P \omega_i(f_N(x))\Delta x_i < \frac{\varepsilon}{3}.$$

在区间 $[x_{i-1}, x_i]$ 上,

$$\omega_i(f(x)) \leqslant \omega_i(f_N(x)) + \frac{2\varepsilon}{3(b-a)},$$

因此

$$\sum_P \omega_i(f(x))\Delta x_i \leqslant \sum_P \omega_i(f_N(x))\Delta x_i + \frac{2\varepsilon}{3(b-a)}(b-a) < \varepsilon.$$

故 $f(x)$ 在 $[a,b]$ 上可积.

注意到当 $n \geqslant N$ 时, 有

$$\left|\int_a^b f_n(x)\,\mathrm{d}x - \int_a^b f(x)\,\mathrm{d}x\right| \leqslant \int_a^b |f_n(x) - f(x)|\,\mathrm{d}x \leqslant \frac{\varepsilon}{3(b-a)}(b-a) < \varepsilon.$$

因此关系式 (12.3.3) 成立. 证毕. □

完全类似, 我们可以给出函数项级数的逐项积分定理, 证略.

定理 12.3.13 设 $\sum_{n=1}^{+\infty} u_n(x)$ 在 $[a,b]$ 上一致收敛到 $U(x)$, 如果 $u_n(x)$ $(n=1,2,\cdots)$ 在 $[a,b]$ 上均 Riemann 可积, 则 $U(x)$ 也在 $[a,b]$ 上 Riemann 可积, 且

$$\sum_{n=1}^{+\infty}\int_a^b u_n(x)\,\mathrm{d}x = \int_a^b \sum_{n=1}^{+\infty} u_n(x)\,\mathrm{d}x = \int_a^b U(x)\,\mathrm{d}x.$$

上述定理中的极限函数或和函数与积分算子的次序在一致收敛条件下具有可交换性. 虽然定理中一致收敛的假设一般来说是不可去掉的, 但下面的例子表明, 一致收敛的假设的确是充分而非必要的.

例 12.3.7　考虑函数列 $\{f_n(x)\}$, $f_n(x) = x^n$ $(0 \leqslant x \leqslant 1)$. 则 $\{f_n(x)\}$ 逐点收敛而非一致收敛于函数

$$f(x) = \begin{cases} 0, & 0 \leqslant x < 1, \\ 1, & x = 1. \end{cases}$$

不难验证此时仍然有

$$\lim_{n \to +\infty} \int_0^1 f_n(x)\,\mathrm{d}x = \int_0^1 f(x)\,\mathrm{d}x = \int_0^1 \lim_{n \to +\infty} f_n(x)\,\mathrm{d}x.$$

注意到例 12.3.7 中的函数列虽然不一致收敛, 但如果已知逐点收敛的极限函数可积, 则一致收敛的条件可以减弱到函数列一致有界. 即, 对于一致有界的函数列, 可以证明, 下面的 Arzelà[①] 控制收敛定理成立, 我们在后面的章节还会对此定理进行更一般的讨论, 此处证明省略.

定理 12.3.14 (Arzelà 控制收敛定理)　设 $f_n(x)$ 在 $[a,b]$ 上逐点收敛到 $f(x)$, 且 $f_n(x)$ $(n = 1, 2, \cdots)$ 和 $f(x)$ 均为 $[a,b]$ 上的可积函数. 如果 $f_n(x)$ 在 $[a,b]$ 上一致有界, 即存在常数 M 使得 $|f_n(x)| \leqslant M$ $(\forall x \in [a,b], n \geqslant 1)$, 则

$$\lim_{n \to +\infty} \int_a^b f_n(x)\,\mathrm{d}x = \int_a^b f(x)\,\mathrm{d}x.$$

Arzelà 控制收敛定理比经典的逐项积分定理的结论要强得多. 这里仅仅要求函数列逐点收敛而不需要一致收敛, 但需要假设极限函数的可积性. 而一致收敛时则逻辑上蕴涵着能把函数列的可积性传承到极限函数. 从定理还可以看出, 如果逐项积分不成立, 则函数列一定不是一致有界的.

另外, 如果 $\{f_n(x)\}$ 满足可积、一致有界、逐点收敛到 $f(x)$, $x \in [a,b]$, 但是极限函数 $f(x)$ 并不一定可积, 那么, 仍然可以证明, 数列 $\left\{\int_a^b f_n(x)\,\mathrm{d}x\right\}$ 是 Cauchy 基本列. 因此在 $\mathbb{R}$ 中, 此数列必收敛到某实数 A. 即下面的推论成立:

推论 12.3.15　(1) 设 $f_n(x)$ $(n = 1, 2, \cdots)$ 是 $[a,b]$ 上的可积函数, 一致有界且逐点收敛 (到函数 $f(x)$). 则极限 $\lim_{n \to +\infty} \int_a^b f_n(x)\,\mathrm{d}x = A$ 存在.

(2) 设 $f_n(x), g_n(x)$ $(n = 1, 2, \cdots)$ 均为 $[a,b]$ 上的可积函数, 均一致有界, 都逐点收敛到同一个函数 $f(x)$, 即

$$\lim_{n \to +\infty} f_n(x) = \lim_{n \to +\infty} g_n(x) = f(x), \quad x \in [a,b].$$

① Arzelà, Cesare, 1847 年 3 月 6 日 —1912 年 3 月 15 日, 意大利数学家.

则有

$$\lim_{n \to +\infty} \int_a^b f_n(x)\,\mathrm{d}x = \lim_{n \to +\infty} \int_a^b g_n(x)\,\mathrm{d}x.$$

推论中的 (2) 说明了对于任意两个不同的一致有界的可积函数列 $\{f_n\}$ 和 $\{g_n\}$, 只要它们有相同的极限函数 $f(x)$, 则它们的定积分构成的数列就有相同的极限 A. 换句话说, 通过极限函数相等可以定义出函数列 $\{f_n\}$ 的等价类 $\{[f_n]\}$, 而每个等价类都对应唯一的极限函数 $f(x)$ 和积分值数列的唯一极限值 A. 另一方面, 一个自然的问题是: 如果我们并没有假设函数列 $\{f_n\}$ 的极限函数 $f(x)$ 是 Riemann 可积的, 那么 $f(x)$ 与 A 有什么关系? 这个问题, 恰好能给我们这样一种启发: 一旦能引入一种更宽泛的积分, 使得 $f(x)$ 在新的积分定义下是可积的话, 那么我们完全有理由规定 $f(x)$ 在新的积分定义下, 其积分值就是极限值 A. 我们通过下面的例子从侧面体会这一点.

例 12.3.8 设 $r_1, r_2, \cdots$ 是 $[0,1]$ 上的有理数全体, 考虑函数列

$$f_n(x) = \begin{cases} 1, & x = r_1, r_2, \cdots, r_n, \\ 0, & \text{其他点}. \end{cases}$$

则 $\{f_n(x)\}$, $n = 1, 2, \cdots$ 可积, 积分为 0, 一致有界且逐点收敛: $f_n(x) \to D(x)$ $(n \to +\infty)$, 其中 $D(x)$ 是 Dirichlet 函数.

可以看出, 该函数列恰好与推论 12.3.15 中的情形吻合: $f_n(x)$ 可积, 逐点收敛到并不可积的极限函数 $D(x)$, 函数列逐项积分的极限 $\displaystyle\lim_{n \to +\infty} \int_0^1 f_n(x)\,\mathrm{d}x$ 收敛于 0. 这是 Riemann 积分的局限性之一, 也说明了如果能引入更一般的积分, 使得 Dirichlet 函数在新的积分定义下可积, 则能保证逐项积分的极限与积分的极限相等.

在定理 12.3.13的条件下, 下面的推论在应用时非常方便:

推论 12.3.16 设 $\displaystyle\sum_{n=1}^{+\infty} u_n(x)$ 在 $[a,b]$ 上一致收敛到 $U(x)$, 如果 $u_n(x)$ $(n = 1, 2, \cdots)$ 在 $[a,b]$ 上均 Riemann 可积, 则 $U(x)$ 也在 $[a,b]$ 上 Riemann 可积, 且 $\forall x \in [a,b]$, 成立

$$\sum_{n=1}^{+\infty} \int_a^x u_n(t)\,\mathrm{d}t = \int_a^x \sum_{n=1}^{+\infty} u_n(t)\,\mathrm{d}t = \int_a^x U(t)\,\mathrm{d}t.$$

例 12.3.9 证明: 在 $(-1, 1)$ 内成立等式

$$\sum_{n=0}^{+\infty} \frac{x^{2n+1}}{2n+1} = \frac{1}{2} \ln \frac{1+x}{1-x}.$$

证明 设 $f(x) = \dfrac{1}{1-x^2}$, 则当 $x \in (-1, 1)$ 时, 有

$$f(x) = \sum_{n=0}^{+\infty} x^{2n}.$$

考察其部分和序列

$$S_n(x) = \sum_{k=0}^{n} x^{2k} = \frac{1-x^{2n+2}}{1-x^2}.$$

容易看出, $\{S_n(x)\}$ 在 $(-1,1)$ 内闭一致收敛到 $\dfrac{1}{1-x^2}$. 因此对于任何指定的 $x \in (-1,1)$, 该函数项级数可以在 $[0,x]$ (或 $[x,0]$, 若 $x < 0$) 上逐项积分. 故有

$$\frac{1}{2}\ln\frac{1+x}{1-x} = \int_0^x \frac{\mathrm{d}t}{1-t^2} = \sum_{n=0}^{+\infty}\int_0^x t^{2n}\,\mathrm{d}t = \sum_{n=0}^{+\infty}\frac{x^{2n+1}}{2n+1}. \qquad \square$$

例 12.3.10　求 $I = \displaystyle\int_0^1\left(\sum_{n=1}^{+\infty}\frac{x}{n(n+x)}\right)\mathrm{d}x.$

解　注意到 $\forall x \in [0,1]$, $n = 1, 2, \cdots$, 均有

$$0 \leqslant \frac{x}{n(n+x)} \leqslant \frac{1}{n^2}.$$

因此, 题目中的级数在 $[0,1]$ 上一致收敛. 故该级数可以逐项积分:

$$I = \sum_{n=1}^{+\infty}\int_0^1 \frac{x}{n(n+x)}\,\mathrm{d}x = \sum_{n=1}^{+\infty}\int_0^1\left(\frac{1}{n} - \frac{1}{n+x}\right)\mathrm{d}x = \sum_{n=1}^{+\infty}\left(\frac{1}{n} - \ln(n+1) + \ln n\right) = \gamma,$$

其中 γ 为 Euler 常数. $\qquad \square$

12.3.3　极限函数的可微性

对于函数列和极限函数的可微性之间的关系, 下面的定理成立:

定理 12.3.17　设 $\{f_n(x)\}$ 是 $[a,b]$ 上的可微函数列, 如果 $\{f_n'(x)\}$ 在 $[a,b]$ 上一致收敛于某函数 $g(x)$, 且函数列在某点 $c \in [a,b]$ 处构成的数列 $\{f_n(c)\}$ 收敛, 则 $f_n(x)$ 在 $[a,b]$ 上必一致收敛于某可微函数 $f(x)$, 且

$$f'(x) = g(x) = \lim_{n\to+\infty} f_n'(x), \quad \forall x \in [a,b]. \tag{12.3.4}$$

证明　对任何 $x \in [a,b]$, 对函数 $f_m(x) - f_n(x)$ 应用微分中值定理, 则有 $\xi \in (c,x)$ (或 $\xi \in (x,c)$) 使得

$$\begin{aligned}
|f_m(x) - f_n(x)| &\leqslant \left|\Big(f_m(x) - f_n(x)\Big) - \Big(f_m(c) - f_n(c)\Big)\right| + |f_m(c) - f_n(c)| \\
&= \left|\Big(f_m'(\xi) - f_n'(\xi)\Big)(x-c)\right| + |f_m(c) - f_n(c)| \\
&\leqslant (b-a)\sup_{t\in[a,b]}|f_m'(t) - f_n'(t)| + |f_m(c) - f_n(c)|.
\end{aligned}$$

因此, 由 $\{f_n'(x)\}$ 的一致收敛性与 $\{f_n(c)\}$ 的收敛性得到

$$\lim_{\substack{m\to+\infty\\n\to+\infty}} \sup_{x\in[a,b]} |f_m(x)-f_n(x)| = 0.$$

即 $\{f_n(x)\}$ 在 $[a,b]$ 上一致收敛到某函数 $f(x)$.

任取 $x_0\in[a,b]$, 令

$$F_n(x) := \begin{cases} \dfrac{f_n(x)-f_n(x_0)}{x-x_0}, & x\neq x_0, \\ f_n'(x_0), & x=x_0. \end{cases}$$

则 $F_n(x)$ 是 $[a,b]$ 上的连续函数. 下证 $\{F_n(x)\}$ 一致收敛. 为此, $\forall x\in[a,b]\setminus\{x_0\}$, 考虑

$$|F_m(x)-F_n(x)| = \frac{1}{|x-x_0|}\cdot\left|\Big(f_m(x)-f_n(x)\Big)-\Big(f_m(x_0)-f_n(x_0)\Big)\right|$$

$$= \left|f_m'(\eta)-f_n'(\eta)\right| \leqslant \sup_{x\in[a,b]}|f_m'(x)-f_n'(x)|.$$

其中 η 介于 x 和 x_0 之间, 于是 $\{F_n(x)\}$ 在 $x\in[a,b]\setminus\{x_0\}$ 一致收敛到连续函数 $\tilde{g}(x)$:

$$\tilde{g}(x) := \begin{cases} \dfrac{f(x)-f(x_0)}{x-x_0}, & x\neq x_0, \\ g(x_0), & x=x_0. \end{cases}$$

特别地, 由 $\tilde{g}(x)$ 在 x_0 处的连续性, 知 $f(x)$ 在 x_0 处可导, 且导数 $f'(x_0)=g(x_0)$. $\square$

定理中的假设 "函数列 $\{f_n(x)\}$ 可微且其导函数列一致收敛" 已经是比较强的条件了, 但仍然要求该函数列在某点 $x=c$ 处收敛, 这一假设的目的性很明确: 因为函数 $f_n(x)$ 的任何平移 $f_n(x)+a_n$ 既不改变它的可微性, 也不改变 $\{(f_n(x)+a_n)'\}$ 的一致收敛性, 但 a_n 的改变可以破坏函数列 $\{f_n(x)+a_n\}$ 的敛散性. 因此, 在某点 $c\in[a,b]$ 处数列 $\{f_n(c)\}$ 的收敛性假设相当于把这种可能的 "平移" 给固定住了.

作为特例, 在函数列连续可微的条件下, 我们有下面的推论, 定理的证明因为可以应用微积分基本公式而大幅简化.

定理 12.3.18 若 $[a,b]$ 上连续可微的函数列 $\{f_n\}$ 点点收敛到 f, 而 $\{f_n'\}$ 一致收敛. 则 f 可导, 且 (12.3.4) 式成立.

事实上, 此时定理的证明可以通过关系式

$$f_n(x) = f_n(c) + \int_c^x f_n'(t)\,\mathrm{d}t$$

得到

$$|f_m(x)-f_n(x)| \leqslant |f_m(c)-f_n(c)| + (b-a)\sup_{\xi\in[a,b]}|f_m'(\xi)-f_n'(\xi)|, \forall x\in[a,b], m,n\in\mathbb{N}. \quad (*)$$

根据假设, 易知函数列 $\{f_n(x)\}$ 在区间 $[a, b]$ 上一致收敛到某函数 $f(x)$. 在 $(*)$ 式中令 $n \to +\infty$, 利用逐项积分的定理 12.3.12, 我们可得

$$f(x) = f(a) + \int_a^x \varphi(t)\mathrm{d}t,$$

其中 $\varphi(x)$ 是导函数列 $\{f_n'(x)\}$ 一致收敛的极限函数. 这表明函数 $f(x)$ 是连续可微的, 并且

$$f'(x) = \varphi(x), \quad \forall x \in [a, b].$$

得证.

对于函数项级数, 我们复述一下相应的结论.

定理 12.3.19 设 $\{u_n(x)\}$ 是 $[a, b]$ 上的可微函数列, $\displaystyle\sum_{k=1}^{+\infty} u_k(c)(c \in [a, b])$ 收敛, $\displaystyle\sum_{k=1}^{+\infty} u_k'(x)$ 在 $[a, b]$ 上一致收敛, 则 $\displaystyle\sum_{k=1}^{+\infty} u_k(x)$ 在 $[a, b]$ 上一致收敛到一个处处可微的函数 $S(x)$, 满足

$$S'(x) = \left(\sum_{k=1}^{+\infty} u_k(x)\right)' = \sum_{k=1}^{+\infty} u_k'(x), \qquad \forall x \in [a, b]. \tag{12.3.5}$$

例 12.3.11 证明: Riemann-ζ 函数 $\zeta(s) = \displaystyle\sum_{n=1}^{+\infty} \frac{1}{n^s}$ 在 $(1, +\infty)$ 上无穷次可微.

证明 任取 $\delta_0 > 0$, 由于 $\displaystyle\sum_{n=1}^{+\infty} \frac{1}{n^s}$ 在 $[1 + \delta_0, +\infty)$ 一致收敛, 并且有

$$\left(\frac{1}{n^s}\right)' = -\frac{\ln n}{n^s} \in C(1, +\infty),$$

且 $\forall x \in [1 + \delta_0, +\infty)$, 有

$$\left|-\frac{\ln n}{n^s}\right| < \frac{\ln n}{n^{(1+\delta_0)/2}}.$$

显然级数 $\displaystyle\sum_{n=1}^{+\infty} \frac{\ln n}{n^{(1+\delta_0)/2}} \in c$, 因此 $\displaystyle\sum_{n=1}^{+\infty} \frac{-\ln n}{n^s}$ 在 $[1 + \delta_0, +\infty)$ 一致收敛. 根据定理 12.3.19 知 $\displaystyle\sum_{n=1}^{+\infty} \frac{1}{n^s}$ 在 $[1 + \delta_0, +\infty)$ 有连续的导数, 且

$$\left(\sum_{n=1}^{+\infty} \frac{1}{n^s}\right)' = \sum_{n=1}^{+\infty} \frac{-\ln n}{n^s}.$$

完全类似, 可以考虑 $\displaystyle\sum_{n=1}^{+\infty} \frac{-\ln n}{n^s}$ 逐项求导后的级数, 它在 $[1 + \delta_0, +\infty)$ 仍然一致收敛. 故原级数在 $[1 + \delta_0, +\infty)$ 上有连续的二阶导数, 以此类推可得 $\zeta(s) \in C^\infty(1, +\infty)$ 且

$$\zeta^{(k)}(s) = (-1)^k \sum_{n=1}^{+\infty} \frac{\ln^k n}{n^s}. \qquad \square$$

至此, 我们完成了函数列和函数项级数的连续性、可微性、可积性等基本性质对极限函数的传承性讨论. 可以看出, 可微性的传承要求的条件相对来说较强一些, 对函数列和导函数列都有一定的要求.

下面给出了函数列一致收敛到极限函数 $g(x)$, 导函数列逐点收敛甚至内闭一致收敛, 但 $g(x)$ 在某些点不可导的例子.

例 12.3.12 考察函数项级数 $\displaystyle\sum_{n=1}^{+\infty} \frac{\sin nx}{n^2}$ 的连续性和可微性.

解 由 Weierstrass M-判别法知, 级数 $\displaystyle\sum_{n=1}^{+\infty} \frac{\sin nx}{n^2}$ 在 $\mathbb{R}$ 上一致收敛, 因此其和函数 $S(x)$ 在 $\mathbb{R}$ 上连续. 现在考察 $\displaystyle\sum_{n=1}^{+\infty} \frac{\sin nx}{n^2}$ 逐项形式求导后的级数 $\displaystyle\sum_{n=1}^{+\infty} \frac{\cos nx}{n}$. 对于 $x \in (0, 2\pi)$, 我们有

$$\sum_{k=1}^{n} \cos kx = \frac{\sin \dfrac{(2n+1)x}{2} - \sin \dfrac{x}{2}}{2\sin \dfrac{x}{2}}.$$

由此, 由 Dirichlet 判别法易见 $\displaystyle\sum_{n=1}^{+\infty} \frac{\cos nx}{n}$ 关于 $x \in (0, 2\pi)$ 内闭一致收敛, 从而 $\displaystyle\sum_{n=1}^{+\infty} \frac{\sin nx}{n^2}$ 在 $(0, 2\pi)$ 内连续可导.

为了考察和函数 $S(x)$ 在 0 点的可微性, 我们采用两种方法.

证法 1 对于 $x \in (0, \pi)$, 以及 $m \geqslant 1$, 我们有

$$\left| \sum_{n=m+1}^{+\infty} \frac{\sin nx}{n^2} \right| = \left| \sum_{n=m+1}^{+\infty} \frac{\cos\left(n-\dfrac{1}{2}\right)x - \cos\left(n+\dfrac{1}{2}\right)x}{2n^2 \sin \dfrac{x}{2}} \right|$$

$$= \left| \sum_{n=m}^{+\infty} \frac{\cos\left(n+\dfrac{1}{2}\right)x}{2(n+1)^2 \sin \dfrac{x}{2}} - \sum_{n=m+1}^{+\infty} \frac{\cos\left(n+\dfrac{1}{2}\right)x}{2n^2 \sin \dfrac{x}{2}} \right|$$

$$\leqslant \frac{1}{2(m+1)^2 \sin \dfrac{x}{2}} + \frac{1}{\sin \dfrac{x}{2}} \sum_{n=m+1}^{+\infty} \left(\frac{1}{2n^2} - \frac{1}{2(n+1)^2} \right)$$

$$= \frac{1}{(m+1)^2 \sin \dfrac{x}{2}}.$$

因此,

$$m\left(S\left(\frac{1}{m}\right) - S(0) \right) = mS\left(\frac{1}{m}\right) = m\left(S_m\left(\frac{1}{m}\right) + R_m\left(\frac{1}{m}\right) \right)$$

$$\geqslant m \sum_{n=1}^{m} \frac{\sin \frac{n}{m}}{n^2} - \frac{m}{(m+1)^2 \sin \frac{1}{2m}}$$

$$\geqslant \frac{2}{\pi} \sum_{n=1}^{m} \frac{1}{n} - \frac{1}{(m+1) \sin \frac{1}{2m}},$$

其中 S_m 和 R_m 分别为级数的第 m 个部分和以及余项. 由此得知,

$$\lim_{m \to +\infty} m \Big(S \Big(\frac{1}{m} \Big) - S(0) \Big) = +\infty.$$

故 $S(x)$ 在 $x = 0$ 处不可导.

证法 2   如果 $S(x)$ 在 $x = 0$ 处可导, 则

$$\lim_{x \to 0^+} \frac{1}{x^2} \int_0^x S(t) \, \mathrm{d}t = \lim_{x \to 0^+} \frac{1}{2x} S(x) = \frac{1}{2} S'(0).$$

另一方面, 对于 $x \in (0, \pi)$ 以及 $m \geqslant 1$,

$$\frac{1}{x^2} \int_0^x S(t) \, \mathrm{d}t = \sum_{n=1}^{+\infty} \frac{1 - \cos nx}{n^3 x^2} \geqslant \sum_{n=1}^{m} \frac{1 - \cos nx}{n^3 x^2}.$$

因此, $\lim\limits_{x \to 0^+} \dfrac{1}{x^2} \int_0^x S(t) \, \mathrm{d}t \geqslant \sum\limits_{n=1}^{m} \dfrac{1}{2n}$. 从而 $\lim\limits_{x \to 0^+} \dfrac{1}{x^2} \int_0^x S(t) \, \mathrm{d}t = +\infty$. 矛盾.

总之, $\sum\limits_{n=1}^{+\infty} \dfrac{\sin nx}{n^2}$ 在 $\mathbb{R}$ 上连续, 在 $x = 2k\pi$ 不可导, 在其他点可导.   □

例 12.3.13   下面我们来讨论函数项级数的一些应用. 证明:

$$\frac{\sin x}{x} = \prod_{n=1}^{+\infty} \Big(1 - \Big(\frac{x}{n\pi} \Big)^2 \Big), \ \forall \, x \in [-\pi, \pi].$$
$$\frac{\sin x}{\cos x} = \sum_{n=1}^{+\infty} \Big(\frac{1}{(2n-1)\pi/2 - x} - \frac{1}{(2n-1)\pi/2 + x} \Big). \tag{12.3.6}$$
$$\frac{1}{\sin x} = \frac{1}{x} + \sum_{n=1}^{+\infty} (-1)^n \Big(\frac{1}{x + n\pi} + \frac{1}{x - n\pi} \Big).$$

证明   注意

$$\frac{1}{\sin^2 x} = \frac{\cos^2 \frac{x}{2} + \sin^2 \frac{x}{2}}{4 \sin^2 \frac{x}{2} \cos^2 \frac{x}{2}} = \frac{1}{4} \left(\frac{1}{\sin^2 \frac{x}{2}} + \frac{1}{\sin^2 \frac{\pi + x}{2}} \right).$$

反复利用此等式, 可得

$$\frac{1}{\sin^2 x} = \frac{1}{4}\left(\frac{1}{\sin^2 \frac{x}{2}} + \frac{1}{\sin^2 \frac{\pi+x}{2}}\right)$$

$$= \frac{1}{4^2}\left(\frac{1}{\sin^2 \frac{x}{4}} + \frac{1}{\sin^2 \frac{2\pi+x}{4}} + \frac{1}{\sin^2 \frac{\pi+x}{4}} + \frac{1}{\sin^2 \frac{3\pi+x}{4}}\right)$$

$$= \frac{1}{2^{2n}}\sum_{k=0}^{2^n-1} \sin^{-2}\frac{k\pi+x}{2^n}.$$

当 $2^{n-1} \leqslant k \leqslant 2^n - 1$ 时, 再利用

$$\sin^2 \frac{k\pi+x}{2^n} = \sin^2\left(\frac{k\pi+x-2^n\pi}{2^n} + \pi\right) = \sin^2 \frac{(k-2^n)\pi+x}{2^n},$$

可以将前式改写为

$$\frac{1}{\sin^2 x} = \frac{1}{2^{2n}}\sum_{k=-2^{n-1}}^{2^{n-1}-1} \sin^{-2}\frac{x+k\pi}{2^n}$$

$$= E_n + \sum_{k=-2^{n-1}}^{2^{n-1}-1} \frac{1}{(x+k\pi)^2},$$

其中

$$E_n = \frac{1}{2^{2n}}\sum_{k=-2^{n-1}}^{2^{n-1}-1}\left(\sin^{-2}\frac{x+k\pi}{2^n} - \left(\frac{x+k\pi}{2^n}\right)^{-2}\right). \tag{12.3.7}$$

注意到不等式

$$0 < \frac{1}{\sin^2 x} - \frac{1}{x^2} = 1 + \frac{1}{\tan^2 x} - \frac{1}{x^2} < 1,$$

有

$$0 < E_n < \frac{1}{2^{2n}}2^n = \frac{1}{2^n}, \quad \forall\, x \in [0, \pi/2],$$

令 $n \to +\infty$ 可得

$$\frac{1}{\sin^2 x} = \sum_{k\in\mathbb{Z}} \frac{1}{(x+k\pi)^2}, \quad \forall\, x \neq k\pi. \tag{12.3.8}$$

上式在不包含 $\{k\pi\}$ 的任何闭区间中都是一致收敛的, 将其改写为

$$\frac{1}{\sin^2 x} = \frac{1}{x^2} + \sum_{n=1}^{+\infty}\left(\frac{1}{(x+n\pi)^2} + \frac{1}{(x-n\pi)^2}\right), \quad x \neq k\pi. \tag{12.3.9}$$

特别地, 有

$$\frac{1}{3} = \lim_{x\to 0}\left(\frac{1}{\sin^2 x} - \frac{1}{x^2}\right) = 2\sum_{n=1}^{+\infty}\frac{1}{(n\pi)^2},$$

因此有

$$\zeta(2) = \sum_{n=1}^{+\infty} \frac{1}{n^2} = \frac{\pi^2}{6}. \tag{12.3.10}$$

当 $x \in (-\pi, \pi)$ 时, 对 (12.3.9) 式两边积分, 利用

$$\int_0^x \Big(\frac{1}{\sin^2 t} - \frac{1}{t^2}\Big) \mathrm{d}t = \Big(\frac{1}{t} - \frac{\cos t}{\sin t}\Big)\Big|_0^x = \frac{1}{x} - \frac{\cos x}{\sin x},$$

可得

$$\frac{\cos x}{\sin x} - \frac{1}{x} = \sum_{n=1}^{+\infty} \Big(\frac{1}{x+n\pi} + \frac{1}{x-n\pi}\Big), \quad \forall\, x \in (-\pi, \pi). \tag{12.3.11}$$

如果再对上式两边积分就可以得到

$$\frac{\sin x}{x} = \prod_{n=1}^{+\infty} \Big(1 - \Big(\frac{x}{n\pi}\Big)^2\Big), \quad \forall\, x \in [-\pi, \pi]. \tag{12.3.12}$$

这就重新得到了正弦函数的无穷乘积表示.

从等式 (12.3.11) 出发, 利用

$$\tan x = \cot\Big(\frac{\pi}{2} - x\Big), \quad \frac{1}{\sin x} = \cot\frac{x}{2} - \cot x,$$

可得到展开式

$$\frac{\sin x}{\cos x} = \sum_{n=1}^{+\infty} \Big(\frac{1}{(2n-1)\pi/2 - x} - \frac{1}{(2n-1)\pi/2 + x}\Big), \tag{12.3.13}$$

以及

$$\frac{1}{\sin x} = \frac{1}{x} + \sum_{n=1}^{+\infty} (-1)^n \Big(\frac{1}{x+n\pi} + \frac{1}{x-n\pi}\Big). \tag{12.3.14}$$

$\square$

例 12.3.14 设 $p > 1$, 计算 $I_p = \displaystyle\int_0^{+\infty} \frac{\mathrm{d}x}{1+x^p}$.

解 令 $x = t^{1/p}$ 可得

$$I_p = \frac{1}{p}\int_0^{+\infty} \frac{t^{1/p-1}}{1+t}\,\mathrm{d}t = \frac{1}{p}\int_0^1 \frac{t^{1/p-1}}{1+t}\,\mathrm{d}t + \frac{1}{p}\int_1^{+\infty} \frac{t^{1/p-1}}{1+t}\,\mathrm{d}t,$$

对于上式右边第二个积分, 将变量 t 换成 $1/t$, 整理以后可得

$$I_p = \frac{1}{p}\int_0^1 \frac{t^{1/p-1}}{1+t}\,\mathrm{d}t + \frac{1}{p}\int_0^1 \frac{t^{-1/p}}{1+t}\,\mathrm{d}t.$$

利用 $(1+t)^{-1} = \sum_{k=0}^{n} (-t)^k + (-t)^{n+1}(1+t)^{-1}$ 代入上式可得

$$I_p = \frac{1}{p}\left(\sum_{k=0}^{n} \frac{(-1)^k}{1/p+k} + \sum_{k=0}^{n} \frac{(-1)^k}{k-1/p+1}\right) + E_n,$$

其中

$$E_n = \frac{(-1)^{n+1}}{p}\left(\int_0^1 \frac{t^{n+1/p}}{1+t}\,\mathrm{d}t + \int_0^1 \frac{t^{n+1-1/p}}{1+t}\,\mathrm{d}t\right).$$

注意到当 $\alpha \to +\infty$ 时,

$$0 < \int_0^1 \frac{t^\alpha}{1+t}\,\mathrm{d}t < \int_0^1 t^\alpha\,\mathrm{d}t = \frac{1}{\alpha+1} \to 0,$$

于是

$$\begin{aligned}
I_p &= \frac{1}{p}\lim_{n\to+\infty}\left(\sum_{k=0}^{n}\frac{(-1)^k}{1/p+k} + \sum_{k=0}^{n}\frac{(-1)^k}{k-1/p+1}\right)\\
&= \frac{1}{p}\left(\frac{1}{1/p} + \sum_{k=1}^{+\infty}(-1)^k\left(\frac{1}{1/p+k} + \frac{1}{1/p-k}\right)\right)\\
&= \frac{\pi}{p}\frac{1}{\sin(\pi/p)}. \qquad\qquad\qquad\qquad\qquad\qquad \square
\end{aligned}$$

函数项级数的重要应用之一是通过性质较好的函数的无穷次"叠加"构造出许多具有特殊性质的函数. 下面我们举个这方面的例子.

例 12.3.15　设 $\{x_n\}$ 是 $[0,1]$ 中的所有有理点构成的序列, 证明: 级数

$$\sum_{n=1}^{+\infty}\frac{1}{2^n}\mathrm{sgn}(x-x_n)$$

定义的和函数 $S(x)$ 在且仅在 $[0,1]$ 中的有理点不连续.

证明　首先注意到, 对任意的 n, $\forall x \in [0,1]$, 有

$$\left|\frac{1}{2^n}\mathrm{sgn}(x-x_n)\right| \leqslant \frac{1}{2^n}.$$

因为 $\sum_{n=1}^{+\infty}\frac{1}{2^n}$ 收敛, 所以所考虑的级数在 $[0,1]$ 上一致收敛. 任取 $x_k \in \mathbb{Q} \cap [0,1]$, 则该级数中仅有一项 $\frac{1}{2^k}\mathrm{sgn}(x-x_k)$ 在 $x=x_k$ 处不连续, 其余项均在 $x=x_k$ 处连续, 因此原级数在 $x=x_k$ 处不连续.

当 $\xi \notin \{x_n\}$ 时, 由于该级数每一项都在 $x=\xi$ 处连续, 从而所考虑的级数在 $x=\xi$ 处连续. $\qquad\qquad\qquad\qquad\qquad\qquad\qquad\qquad\qquad\qquad \square$

例 12.3.16   令

$$f(x) = \begin{cases} x^2 \sin \dfrac{1}{x}, & 0 < x \leqslant 1, \\ 0, & x = 0, \end{cases}$$

以及

$$g(x) = \sum_{n=1}^{+\infty} \frac{f(x - x_n)}{2^n},$$

其中 $\{x_n\} = \mathbb{Q} \cap [0, 1]$. 则 $g(x)$ 是一个在 $[0, 1]$ 上可导, 且导函数在 $[0, 1]$ 上所有的无理点处连续、所有的有理点处不连续的函数.

习题 12.3

1. 设 $f_n(x) = \dfrac{1}{n\sqrt{\cos(x/n) - \cos(1/n)}}$. 求 $\displaystyle\lim_{n \to +\infty} \int_0^1 f_n(x)\, \mathrm{d}x$.

2. 记 $f(x) = \displaystyle\sum_{n=1}^{+\infty} \frac{x^2}{1 + n^2 x^2}, x \in (-\infty, +\infty)$. 求极限 $\displaystyle\lim_{x \to \infty} f(x)$.

3. 证明定理 12.3.10.

4. 设 $\displaystyle\sum_{n=1}^{+\infty} u_n(\cdot)$ 在 $[a, b]$ 上收敛. 若对任何 $\varepsilon > 0$ 及 $N \geqslant 1$, 存在区间 (a_1, b_1), $(a_2, b_2), \cdots, (a_k, b_k)$ 以及 $n_1, n_2, \cdots, n_k \geqslant N$ 使得 $\displaystyle\bigcup_{j=1}^{k}(a_j, b_j) \supset [a, b]$, 且

$$\left| \sum_{l=n_j}^{+\infty} u_l(x) \right| \leqslant \varepsilon, \quad \forall x \in (a_j, b_j) \cap [a, b], \quad j = 1, 2, \cdots, k.$$

则称 $\displaystyle\sum_{n=1}^{+\infty} u_n(\cdot)$ 在 $[a, b]$ 上**拟一致收敛**. 证明: 若 u_n（$n \geqslant 1$）都在 $[a, b]$ 上连续, 则 $\displaystyle\sum_{n=1}^{+\infty} u_n$ 在 $[a, b]$ 上连续当且仅当它在 $[a, b]$ 上拟一致收敛.

5. 设 $\{a_n\}$ 是一个单调趋于零的序列, 证明: $\displaystyle\sum_{n=1}^{+\infty} a_n \cos nx$ 和 $\displaystyle\sum_{n=1}^{+\infty} a_n \sin nx$ 给出两个在 $(0, 2\pi)$ 上连续的函数.

进一步, 如果 $\{a_n\}$ 单调趋于零, 那么当 $\displaystyle\sum_{n=1}^{+\infty} a_n$ 收敛时, 则两级数在 $\mathbb{R}$ 上一致收敛; 而当 $\displaystyle\sum_{n=1}^{+\infty} a_n$ 发散时, 则级数 $\displaystyle\sum_{n=1}^{+\infty} a_n \cos nx$ 在 $(0, 2\pi)$ 上必然不一致收敛.

6. 证明 Dirichlet 函数具有下面的表示:

$$D(x) = \lim_{m \to +\infty} \left(\lim_{n \to +\infty} \cos^m(2\pi n! x) \right), \quad \forall x \in [0,1].$$

7. 证明: Dirichlet 函数 $D(x)$ 不可能是连续函数列的逐点收敛的极限函数.

8. 证明：函数

$$f(x) = \sum_{n=2}^{+\infty} \left(\frac{x \sin x}{\ln n} \right)^n$$

是 $(-\infty, +\infty)$ 上的连续函数.

9. (1) 证明：$I = \int_0^1 \frac{1}{x^x}\, dx = \sum_{n=1}^{+\infty} \frac{1}{n^n}$.

(2) 模仿上式, 给出积分 $I_1 = \int_0^1 x^x\, dx$ 的一个级数表示.

10. 设 $u_n(x)$ $(n = 1, 2, \cdots)$ 在 $[a,b]$ 连续, 且 $\sum_{n=1}^{+\infty} u_n(x)$ 在 (a,b) 一致收敛, 证明: $\sum_{n=1}^{+\infty} u_n(x)$ 在 $[a,b]$ 一致收敛.

11. 设 $\sum_{n=1}^{+\infty} u_n(x)$ 在 $[a,b]$ 上收敛, 如果

$$|S_n(x)| = \left| \sum_{k=1}^{n} u_k(x) \right| \leqslant M, \quad a \leqslant x \leqslant b, \quad n = 1, 2, \cdots,$$

则称 $\sum_{n=1}^{+\infty} u_n(x)$ 在 $[a,b]$ 上**有界收敛**. 现假设 $\sum_{n=1}^{+\infty} u_n(x)$ 在 $[a,b]$ 上有界收敛, 且对任意 $\delta > 0$ 及 $c \in (a,b)$, $\sum_{n=1}^{+\infty} u_n(x)$ 在 $[a, c-\delta]$ 和 $[c+\delta, b]$ 上一致收敛, 如果 $u_n(x)$ $(n = 1, 2, \cdots)$ 在 $[a,b]$ 上 Riemann 可积, 证明: $\sum_{n=1}^{+\infty} u_n(x)$ 也在 $[a,b]$ 上 Riemann 可积, 而且

$$\int_a^b \left(\sum_{n=1}^{+\infty} u_n(x) \right) dx = \sum_{n=1}^{+\infty} \int_a^b u_n(x)\, dx.$$

12. 计算下列积分:

(1) $\int_{\ln 2}^{\ln 5} \sum_{n=1}^{+\infty} n e^{-nx}\, dx;$ \qquad (2) $\int_0^{2\pi} \sum_{n=1}^{+\infty} \frac{\cos^2 nx}{n(n+1)}\, dx.$

13. 研究函数 $f(x) = \sum_{n=1}^{+\infty} \frac{|x|}{n^2 + x^2}$ 的可微性质.

14. 在 $(0,1)$ 中任一数列 $\{a_n\}$, 其中两两不同. 证明: 函数

$$f(x) = \sum_{n=1}^{+\infty} \frac{|x - a_n|}{2^n}$$

在 $(0,1)$ 中连续, 且除了点 $x = a_n(n = 1, 2, \cdots)$ 处可微.

15. 设 $f(x) = \sum_{n=1}^{+\infty} \frac{1}{x + 2^n}, x \in (0, +\infty)$. 证明:

(1) $f(x)$ 在 $(0, +\infty)$ 上连续.

(2) $\forall x > 0$, 有 $0 < f(x) - \dfrac{\ln(1 + x)}{x \ln 2} < \dfrac{1}{1 + x}$.

16. 设 $f(x) = \sum_{n=1}^{+\infty} \frac{\cos nx}{\sqrt{n}}$.

(1) 证明: $\displaystyle\int_0^\pi |f(x)| \, \mathrm{d}x$ 收敛.

(2) 求极限 $\lim\limits_{x \to 0} f(x)$.

17. 构造一个可导函数, 使它在有理点处取有理数值, 它的导数在有理点处取无理数值.

18. 设 $f(x)$ 在 $\mathbb{R}$ 上有任意阶导数 $f^{(n)}(x)$, 且任意区间 $[a, b]$ 上 $f^{(n)}(x) \to \varphi(x)$ $(n \to +\infty)$. 求证: $\varphi(x) = ce^x$ (其中 c 为常数).

19. 设 $f(x) = \sum_{n=0}^{+\infty} 2^{-n} \cos 2^n x$, 求 $\lim\limits_{x \to 0^+} x^{-1}(f(x) - f(0))$.

20. 设 $f(x) = \sum_{n=1}^{+\infty} \frac{1}{10^n} \{10^n x\}$, 其中 $\{t\}$ 表示 t 到它最近的整数的距离. 证明: $f(x)$ 是一个处处连续、处处不可微的函数.

21. 设 $\{f_n(x)\}$ 是定义在区间 I 上的函数列, 收敛于连续函数 $f(x)$. 又设 $\forall n, f_n(x)$ 在 I 上处处可导, 且导函数列 $\{f_n'(x)\}$ 收敛于连续函数 $g(x)$. 问: 在 I 上是否有 $f'(x) = g(x)$?

22. 设 $b_n \geqslant 0$, $\sum_{n=1}^{+\infty} b_n \sin nx$ 在 $\mathbb{R}$ 上一致收敛到 $\varphi(x)$. 证明: $\varphi(x) \in C^1(\mathbb{R})$ 的充要条件是 $\sum_{n=1}^{+\infty} nb_n$ 收敛.

第十三章

幂级数

本章讨论一类重要的具有特殊形式 $\sum\limits_{n=0}^{+\infty} a_n(x-x_0)^n$ 的函数项级数——**幂级数**, 其中 $x_0 \in \mathbb{R}$, $\{a_n\}$ 是给定的实数列, 当 $x = 0$ 时, x^0 规定为 1. 幂级数看起来是一种形式极为简单的函数项级数, 然而无论在理论上还是实际应用中, 它都具有极其重要的地位, 有着丰富的内容、深刻的理论和广泛的应用. 在本章中, 我们将系统介绍幂级数的理论, 包括幂级数的收敛域问题、和函数的性质、函数的幂级数展开问题, 以及幂级数的应用问题.

13.1   幂级数的收敛半径与收敛域

由于 $x_0 \neq 0$ 的情形可以通过一个简单的平移化为 $x_0 = 0$ 的情形, 因此, 在下面的讨论中, 我们经常默认 $x_0 = 0$.

考虑幂级数

$$\sum_{n=0}^{+\infty} a_n x^n = a_0 + a_1 x + a_2 x^2 + \cdots. \tag{13.1.1}$$

一个显然的结论是该幂级数在 $x = 0$ 处总是收敛的, 因此幂级数的收敛域总是非空的, 其中幂级数收敛域的定义仍然沿用函数项级数章节中的定义, 即使得幂级数收敛的点的全体.

例 13.1.1   (1) 幂级数 $\sum\limits_{n=0}^{+\infty} n!x^n$ 的收敛域为 $\{0\}$. 事实上, 一方面, 当 $x = 0$ 时, 幂级数收敛; 另一方面, 当 $x \neq 0$ 时, $\lim\limits_{n\to+\infty} |n!x^n| = +\infty$, 所以该幂级数发散.

(2) 幂级数 $\sum\limits_{n=0}^{+\infty} \dfrac{x^n}{n!}$ 的收敛域为 $\mathbb{R}$.

(3) 考虑幂级数 $\sum\limits_{n=1}^{+\infty} \dfrac{x^n}{n}$ 的收敛域. 容易看出, 当 $|x| < 1$ 时, $\left| \dfrac{x^n}{n} \right| \leqslant |x^n|$, 故级数收敛; 当 $x = -1$ 时, 级数为一个收敛的交错级数; 而当 $x = 1$ 时, 是发散的调和级数. 当 $|x| > 1$ 时, 级数通项趋于无穷, 故发散. 因此, 级数的收敛域为 $[-1, 1)$.

例 13.1.2   试讨论级数 $\sum\limits_{n=0}^{+\infty} a_n x^n$ 的敛散性.

解   记 $L := \overline{\lim\limits_{n\to+\infty}} \sqrt[n]{|a_n|}$,

$$R := \frac{1}{L} \equiv \begin{cases} +\infty, & L = 0, \\ \dfrac{1}{L}, & L \in (0, +\infty), \\ 0, & L = +\infty. \end{cases} \tag{13.1.2}$$

则由 $\varlimsup\limits_{n\to+\infty}\sqrt[n]{|a_nx^n|}=L|x|$, 不难证明下面结论:

(1) 若 $R=0$, 级数在 $x=0$ 处收敛.

(2) 若 $R>0$, 则由 $\varlimsup\limits_{n\to+\infty}\sqrt[n]{|a_nx^n|}=L|x|$ 知:

(i) 当 $|x|<R$ 时, 根据 Cauchy 根值判别法知, 级数 $\sum\limits_{n=0}^{+\infty}a_nx^n$ 绝对收敛, 从而收敛.

(ii) 当 $|x|>R$ 时, 数列 $\{a_nx^n\}$ 不趋于零, 此时级数 $\sum\limits_{n=0}^{+\infty}a_nx^n$ 发散.

(iii) 当 $|x|=R$ 时, 级数的敛散性要依具体情况讨论. 比如下面三个级数

$$\sum_{n=1}^{+\infty}x^n,\qquad \sum_{n=1}^{+\infty}\frac{x^n}{n},\qquad \sum_{n=1}^{+\infty}\frac{x^n}{n^2}$$

对应的 L 均为 1, 所以 $R=1$, 但第一个级数当 $|x|=1$ 时发散; 第二个级数当 $x=1$ 时发散, 当 $x=-1$ 时条件收敛; 第三个级数当 $|x|=1$ 时绝对收敛. $\square$

幂级数的收敛域有以下特点:

定理 13.1.1 (Abel 第一定理) 幂级数 (13.1.1) 的收敛域是一个区间, 即对于 $x_0\in\mathbb{R}$, $x_0\neq 0$,

(1) 若级数在 x_0 处收敛, 则它一定在 $(-|x_0|,|x_0|)$ 内闭绝对一致收敛.

(2) 若 $\sum\limits_{n=0}^{+\infty}a_nx^n$ 在 $x_0\neq 0$ 发散, 则当 $|x|>|x_0|$ 时, $\sum\limits_{n=0}^{+\infty}a_nx^n$ 发散.

证明 (1) 任取闭区间 $[a,b]\in(-|x_0|,|x_0|)$, 则存在 $0<\delta_0<1$, 使得

$$[a,b]\subset[-\delta_0|x_0|,\ \delta_0|x_0|]\subset(-|x_0|,|x_0|).$$

下面我们证明 $\sum\limits_{n=0}^{+\infty}a_nx^n$ 在 $[-\delta_0|x_0|,\ \delta_0|x_0|]$ 上绝对一致收敛. 为此, 由 $\sum\limits_{n=0}^{+\infty}a_nx_0^n$ 收敛, 知 $|a_nx_0^n|$ 有界, 即存在 $c>0$, 使得 $\forall n$, 有 $|a_nx_0^n|\leqslant c$. 从而 $\forall x\in[-\delta_0|x_0|,\ \delta_0|x_0|]$ 有

$$|a_nx^n|=\left|a_nx_0^n\frac{x^n}{x_0^n}\right|\leqslant c\delta_0^n.$$

由 $\sum\limits_{n=0}^{+\infty}c\delta_0^n$ 收敛, 可得 $\sum\limits_{n=0}^{+\infty}|a_nx^n|$ 在 $[-\delta_0|x_0|,\ \delta_0|x_0|]$ 上一致收敛.

结论 (2) 与结论 (1) 本质上是等价的. $\square$

注 13.1.1 由定理 13.1.1知, 如果级数 $\sum\limits_{n=0}^{+\infty}a_nx^n$ 在 $x_0\neq 0$ 处收敛, 且在 x_1 处发散, 则必有 $x_1\neq 0$, $|x_0|\leqslant|x_1|$, 且一定存在一个开区间 $(-R,R)$, $|x_0|\leqslant R\leqslant|x_1|$, 使得幂级数在 $(-R,R)$ 内闭绝对一致收敛, 而在 $(-\infty,-R)\cup(R,+\infty)$ 发散.

级数在区间端点的敛散性需要另行做进一步的分析.

定理 13.1.2 (Cauchy-Hadamard 定理) 考虑幂级数 $\sum\limits_{n=0}^{+\infty} a_n x^n$, 记 $\rho = \overline{\lim\limits_{n\to+\infty}} |a_n|^{\frac{1}{n}}$, $R = \dfrac{1}{\rho}$, 则

(1) $R = +\infty$ 时, 幂级数在 $(-\infty, +\infty)$ 中绝对收敛.

(2) $R = 0$ 时, 幂级数仅在 $x = 0$ 处收敛.

(3) $0 < R < +\infty$ 时, 幂级数在 $(-R, R)$ 中绝对收敛, 在 $[-R, R]$ 之外发散.

证明 注意到 $\overline{\lim\limits_{n\to\infty}} |a_n x^n|^{\frac{1}{n}} = \rho|x|$, 由数项级数的根值判别法, 结合定理 13.1.1 的证明过程, 即可得到定理结论的证明. $\qquad\square$

定义 13.1.1 定理 13.1.2 中的 R 称为幂级数 (13.1.1) 的**收敛半径**.

如果幂级数 (13.1.1) 的收敛半径是 $R > 0$, 则称区间 $(-R, R)$ 为幂级数的**收敛区间**.

需要特别注意的是: 幂级数的**收敛区间**规定为开区间 $(-R, R)$, 它并不一定等同于幂级数的收敛域. 收敛区间的引入为下面的讨论带来很多表述上的方便. 不同的教科书或参考书上可能有不同的称呼.

可以验证, 幂级数的收敛半径 R 的定义等价于下面的定义

$$R := \sup\left\{|x| \;\middle|\; \sum_{n=0}^{+\infty} a_n x^n \text{ 收敛}\right\}.$$

例 13.1.3 容易证明, 级数 $\sum\limits_{n=1}^{+\infty} \dfrac{x^n}{n^2}$, $\sum\limits_{n=1}^{+\infty} \dfrac{x^n}{n}$ 和 $\sum\limits_{n=1}^{+\infty} n x^n$ 有相同的收敛半径 $R = 1$, 但在区间端点处有不同的敛散性. 其收敛域分别为 $[-1, 1], [-1, 1)$ 和 $(-1, 1)$.

事实上, 更一般的结论也成立: $\sum\limits_{n=0}^{+\infty} a_n x^n$, $\sum\limits_{n=0}^{+\infty} \dfrac{a_n}{n+1} x^{n+1}$ 和 $\sum\limits_{n=1}^{+\infty} n a_n x^{n-1}$ 有相同的收敛半径.

可以看出, 幂级数所有可能的收敛域共有如下五种情况 (其中 $R \in (0, +\infty)$):

$$\{0\}, \quad (-R, R), \quad [-R, R), \quad (-R, R], \quad [-R, R], \quad (-\infty, +\infty).$$

习题 13.1

1. 求下列幂级数的收敛半径, 并判断它们在收敛区间端点的收敛性:

(1) $\sum\limits_{n=1}^{+\infty} \dfrac{x^n}{n(n+1)}$;

(2) $\sum\limits_{n=1}^{+\infty} \left(1 + \dfrac{1}{n}\right)^2 x^n$;

(3) $\displaystyle\sum_{n=1}^{+\infty} \frac{(n!)^2}{(2n)!} x^n$;

(4) $\displaystyle\sum_{n=1}^{+\infty} \left(1 + \frac{1}{2} + \cdots + \frac{1}{n}\right) x^n$;

(5) $\displaystyle\sum_{n=1}^{+\infty} \frac{x^n}{n^\alpha}, \ \alpha \in \mathbb{R}$;

(6) $\displaystyle\sum_{n=1}^{+\infty} \frac{(\ln n)^\alpha}{n^2} x^n, \ \alpha \in \mathbb{R}$.

2. 求幂级数 $\displaystyle\sum_{n=1}^{+\infty} \frac{\sin n\alpha}{n} x^n$ 的收敛半径, 其中 α 为常数.

3. 设 $\displaystyle\sum_{n=0}^{+\infty} a_n$ 是一个发散的正项级数, 如果 $\displaystyle\lim_{n\to+\infty} \frac{a_n}{a_0 + a_1 + \cdots + a_n} = 0$, 那么级数 $\displaystyle\sum_{n=0}^{+\infty} a_n x^n$ 的收敛半径 $R = 1$. 试证之.

4. 设

$$l = \varliminf_{n\to+\infty} \left|\frac{a_n}{a_{n+1}}\right|, \quad L = \varlimsup_{n\to+\infty} \left|\frac{a_n}{a_{n+1}}\right|.$$

如果幂级数 $\displaystyle\sum_{n=0}^{+\infty} a_n x^n$ 的收敛半径为 R , 证明:

$$\frac{1}{L} \leqslant R \leqslant \frac{1}{l}.$$

进一步问: 有没有可能使得上述两个不等式都成立严格不等号?

5. 设幂级数 $\displaystyle\sum_{n=0}^{+\infty} a_n x^n$ 的收敛半径为 1, 且 $\displaystyle\lim_{x\to 1^-} \sum_{n=0}^{+\infty} a_n x^n = A$. 如果 $a_n \geqslant 0$, 证明:

$$\sum_{n=0}^{+\infty} a_n = A.$$

13.2 幂级数在收敛域内的性质

如果幂级数 $\displaystyle\sum_{n=0}^{+\infty} a_n x^n$ 的收敛半径 $R > 0$, 则在收敛区间 $(-R, R)$ 内幂级数可以定义出一个和函数 $S(x)$. 作为一类特殊的函数项级数, 我们自然很感兴趣于 $S(x)$ 的几个基本性质, 比如连续性、可微性和可积性. 由于幂级数的通项 $a_n x^n$ 总是连续、可微和可积的, 根据前面章节关于一般形式的函数项级数理论, 我们工作的重点也就自然转向了收敛域内幂级数一致收敛方面的讨论.

13.2.1　和函数的连续性

关于幂级数和函数的连续性, 有下面的结论:

定理 13.2.1 (Abel 第二定理)　设幂级数 $\sum\limits_{n=0}^{+\infty} a_n x^n$ 的收敛半径为 R $(0 < R < +\infty)$. 则

(1) 幂级数在收敛区间 $(-R, R)$ 内闭绝对一致收敛.

(2) 若 $\sum\limits_{n=0}^{+\infty} a_n R^n$ 收敛, 则级数在 $(-R, R]$ 的任何闭子区间一致收敛, 特别地,

$$\lim_{x \to R^-} \sum_{n=0}^{+\infty} a_n x^n = \sum_{n=0}^{+\infty} a_n R^n.$$

(3) 若 $\sum\limits_{n=0}^{+\infty} a_n (-R)^n$ 收敛, 则级数在 $[-R, R)$ 的任何闭子区间一致收敛, 特别地,

$$\lim_{x \to -R^+} \sum_{n=0}^{+\infty} a_n x^n = \sum_{n=0}^{+\infty} a_n (-R)^n.$$

证明　根据函数项级数内闭一致收敛的定理, 知结论 (1) 显然成立.

现设 $\sum\limits_{n=0}^{+\infty} a_n R^n$ 收敛, 考虑 $\sum\limits_{n=0}^{+\infty} a_n x^n = \sum\limits_{n=0}^{+\infty} a_n R^n \left(\dfrac{x}{R}\right)^n$. 在 $[0, R]$ 上, $\left|\left(\dfrac{x}{R}\right)^n\right| \leqslant 1$, 且 $\left(\dfrac{x}{R}\right)^n$ 关于 n 单调. 由 Abel 判别法可知 $\sum\limits_{n=0}^{+\infty} a_n x^n$ 在 $[0, R]$ 中一致收敛, 其和函数 $S(x)$ 在 $[0, R]$ 中连续, 因此

$$\sum_{n=0}^{+\infty} a_n R^n = S(R) = \lim_{x \to R^-} S(x) = \lim_{x \to R^-} \sum_{n=0}^{+\infty} a_n x^n.$$

完全类似可以证明情况 (3) 在 $x = -R$ 收敛时的情况. 　　□

注意, 一个幂级数的收敛半径为 $R > 0$, 一般来说我们得不出该级数在收敛区间内的一致收敛性, 比如级数 $\sum\limits_{n=1}^{+\infty} x^n$ 在 $(-1, 1)$ 中就不一致收敛. 但是我们能保证在收敛区间内的内闭绝对一致收敛性. 事实上, 如果幂级数在它收敛区间的端点 $x = R$ 处是发散的, 那么级数在区间 $[0, R)$ 是不可能一致收敛的. 这是因为, 如果一致收敛性成立的话, 根据上述定理, 可以对级数逐项取极限 $x \to R^-$ 得到一个收敛级数 $\sum\limits_{n=0}^{+\infty} a_n R^n$, 矛盾.

Abel 定理有很重要的应用. 比如, 如果在收敛区间 $(-R, R)$ 内

$$f(x) = \sum_{n=1}^{+\infty} a_n x^n \quad (-R < x < R), \tag{13.2.1}$$

若又知 $f(x)$ 在区间的某端点, 比如 $x = R$ 处连续, 且在 $x = R$ 处右端的幂级数也收敛, 则此展开式在这端点上也成立. 即关系式 (13.2.1) 可以延拓到 $(-R, R]$.

例 13.2.1 在 $-1 < x < 1$ 时成立展开式

$$\ln(1+x) = x - \frac{x^2}{2} + \frac{x^3}{3} - \cdots.$$

由于 $x = 1$ 时右端的幂级数收敛, 左端的函数 $\ln(1+x)$ 在 $x = 1$ 处也连续, 则级数的和为 $\ln 2$. 即

$$1 - \frac{1}{2} + \frac{1}{3} - \frac{1}{4} + \cdots = \ln 2.$$

值得指出的是, 如果关系式 (13.2.1) 左端的函数在区间端点不连续, 或者右端的幂级数在端点不收敛, 则一般不可在关系式两端取 $x \to R^-$ 或 $x \to -R^+$ 的极限. 换句话说, Abel 定理的逆定理不加额外条件的话, 一般来说不成立.

考虑如下经典例子: 幂级数

$$\frac{1}{1+x} = \sum_{n=0}^{+\infty} (-1)^n x^n$$

的收敛半径为 $R = 1$, 在 $x = 1$ 处, 左端函数连续, 其值为 $\frac{1}{2}$, 但右端为发散级数 $\sum_{n=0}^{+\infty} (-1)^n$.

研究级数求和方式的推广以及 Abel 定理的逆定理方面的问题, 是一个系统和专门的课题, 这些推广使得在经典定义下发散的级数有可能在新的定义下收敛并求和. 几种常见的推广有: Cesàro 求和、Abel 求和、Euler 求和、Borel 求和等. 特别地, 在所谓的 Abel 求和意义下, 就可以对"等式"

$$1 - 1 + 1 - 1 + \cdots = \frac{1}{2}$$

给出某种"合理"的解释. 感兴趣的读者可以参阅有关级数求和的 Tauber 理论等方面的资料. 我们下面简单介绍一个相关结论.

定理 13.2.2 (Tauber[1] 定理) 设 $|x| < 1$ 时, $f(x) = \sum_{n=0}^{+\infty} a_n x^n$, 其中 $\lim_{n \to +\infty} n a_n = 0$. 如果 $\lim_{x \to 1^-} f(x) = S$, 则 $\sum_{n=0}^{+\infty} a_n$ 收敛, 且其和为 S.

证明 考虑

$$\left| \sum_{k=0}^{n} a_k - S \right| = \left| \sum_{k=0}^{n} a_k - \sum_{k=0}^{+\infty} a_k x^k + \sum_{k=0}^{+\infty} a_k x^k - S \right|$$

[1] Tauber, Alfred, 1866 年 11 月 5 日 — 1942 年 7 月 26 日, 奥地利数学家.

$$\leqslant \left| \sum_{k=0}^{n} a_k - \sum_{k=0}^{n} a_k x^k \right| + \left| \sum_{k=n+1}^{+\infty} a_k x^k \right| + \left| \sum_{k=0}^{+\infty} a_k x^k - S \right|$$

$$= \left| \sum_{k=0}^{n} a_k (1 - x^k) \right| + \left| \sum_{k=n+1}^{+\infty} a_k x^k \right| + \left| \sum_{k=0}^{+\infty} a_k x^k - S \right|.$$

我们分别给出右端三项的估计.

首先, 由 $\lim\limits_{n \to +\infty} n a_n = 0$ 知, $\forall \varepsilon > 0, \exists N_1$, 使得 $\forall n > N_1$ 成立 $|n a_n| < \dfrac{\varepsilon}{3}$. 又由于

$$\lim_{n \to +\infty} \frac{1}{n} \sum_{k=0}^{n} k|a_k| = \lim_{n \to +\infty} n|a_n| = 0,$$

从而有 $\dfrac{1}{n} \sum\limits_{k=0}^{n} k|a_k| < \dfrac{\varepsilon}{3}$.

其次, 由于 $\lim\limits_{x \to 1^-} f(x) = S$, 故 $\exists N_2$, 使得 $\forall n > N_2$,

$$\left| f\left(1 - \frac{1}{n}\right) - S \right| < \frac{\varepsilon}{3}.$$

取 $x = 1 - \dfrac{1}{n}$, $N = N_1 + N_2$, 当 $n > N$ 时, 有

$$\left| \sum_{k=0}^{n} a_k (1 - x^k) \right| \leqslant \sum_{k=0}^{n} k|a_k|(1-x) = \frac{1}{n} \sum_{k=0}^{n} k|a_k| < \frac{\varepsilon}{3}.$$

$$\left| \sum_{k=n+1}^{+\infty} a_k x^k \right| \leqslant \frac{1}{n} \sum_{k=n+1}^{+\infty} k|a_k| \cdot |x|^k \leqslant \frac{\varepsilon}{3} \cdot \frac{1}{n} \sum_{k=n+1}^{+\infty} |x|^k \leqslant \frac{\varepsilon}{3n} \cdot \frac{1}{1 - |x|} = \frac{\varepsilon}{3}.$$

最后, 注意到 $\left| \sum\limits_{k=0}^{+\infty} a_k x^k - S \right| = \left| f\left(1 - \dfrac{1}{n}\right) - S \right| < \dfrac{\varepsilon}{3}$. 这样我们就得到了

$$\left| \sum_{k=0}^{n} a_k - S \right| < \varepsilon.$$

因此 $\sum\limits_{n=0}^{+\infty} a_n$ 收敛, 且 $\sum\limits_{n=0}^{+\infty} a_n = S$. □

13.2.2 和函数的可微性

给定级数 $\sum\limits_{n=0}^{+\infty} a_n x^n$, 我们称 $\sum\limits_{n=1}^{+\infty} n a_n x^{n-1}$ 和 $\sum\limits_{n=0}^{+\infty} \dfrac{a_n}{n+1} x^{n+1}$ 分别为其逐项求导后的

幂级数与逐项积分后的幂级数. 显然, 三个级数 $\sum\limits_{n=0}^{+\infty} a_n x^n$, $\sum\limits_{n=0}^{+\infty} \dfrac{a_n}{n+1} x^{n+1}$ 和 $\sum\limits_{n=1}^{+\infty} n a_n x^{n-1}$

具有完全相同的收敛半径. 事实上, 成立

$$\varlimsup_{n \to +\infty} \sqrt[n]{\left|\frac{a_{n-1}}{n}\right|} = \varlimsup_{n \to +\infty} \sqrt[n]{|(n+1)a_{n+1}|} = \varlimsup_{n \to +\infty} \sqrt[n]{|a_n|}. \tag{13.2.2}$$

关于幂级数的逐项求导, 下面的定理成立:

定理 13.2.3 设幂级数 $\displaystyle\sum_{n=0}^{+\infty} a_n x^n$ 的收敛半径为 R, 则 $\displaystyle S(x) = \sum_{n=0}^{+\infty} a_n x^n$ 在 $(-R, R)$ 中任意次可导, 且

$$S^{(k)}(x) = \sum_{n=k}^{+\infty} n(n-1)\cdots(n-k+1)a_n x^{n-k}.$$

证明 考虑 $k = 1$ 的情况: 首先, 幂级数 $\displaystyle\sum_{n=0}^{+\infty}(a_n x^n)' = \sum_{n=1}^{+\infty} n a_n x^{n-1}$ 的收敛半径仍为 R, 故对闭区间 $I \subset (-R, R)$, 级数在 I 上一致收敛. 所以, $\displaystyle\sum_{n=0}^{+\infty} a_n x^n$ 在 I 中可导, 且

$$S'(x) = \left(\sum_{n=0}^{+\infty} a_n x^n\right)' = \sum_{n=0}^{+\infty}(a_n x^n)' = \sum_{n=1}^{+\infty} n a_n x^{n-1}.$$

对一般的 $k > 1$, 可以完全类似证明 $S(x)$ 的 k 阶可导性. 由于 $S^{(n)}(0) = n!a_n$, 这说明函数 $S(x)$ 在 $x = 0$ 处的 Taylor 展开就是该幂级数本身. $\qquad\square$

例 13.2.2 幂级数

$$\sum_{n=1}^{+\infty} \frac{(-1)^{n-1}}{(2n-1)!} x^{2n-1}$$

的收敛半径 $R = +\infty$, 即幂级数在 $\mathbb{R}$ 上收敛, 记其和函数为 $S(x)$. 则该幂级数可以逐项求导, 从而得到幂级数

$$\sum_{n=0}^{+\infty} \frac{(-1)^n}{(2n)!} x^{2n}, \quad x \in \mathbb{R},$$

而且, 如果记其和函数为 $C(x)$ 的话, 有

$$S'(x) = C(x).$$

不难看出, $C(x)$ 对应的幂级数仍然可以继续求导, 且成立

$$C'(x) = -S(x).$$

13.2.3 和函数的可积性

关于幂级数的逐项积分, 下面的定理成立:

定理 13.2.4 设幂级数 $\sum\limits_{n=0}^{+\infty} a_n x^n$ 的收敛半径为 $R > 0$, 则当 $x \in (-R, R)$ 时, 有

$$\int_0^x \left(\sum_{n=0}^{+\infty} a_n t^n \right) \mathrm{d}t = \sum_{n=0}^{+\infty} \int_0^x a_n t^n \, \mathrm{d}t = \sum_{n=0}^{+\infty} \frac{a_n}{n+1} x^{n+1}, \quad \forall x \in (-R, R).$$

证明 不妨设 $x > 0$, 根据前面的讨论, 级数 $\sum\limits_{n=0}^{+\infty} a_n t^n$ 在 $[0, x]$ 中一致收敛, 因此可以逐项积分. □

注 13.2.1 如果 $\sum\limits_{n=0}^{+\infty} a_n R^n$ 收敛, 则上面的等式对 $x = R$ 也成立. 对 $-R$ 有类似结果.

例 13.2.3 幂级数

$$\sum_{n=0}^{+\infty} (-1)^n x^{2n} = 1 - x^2 + x^4 - \cdots$$

的收敛半径为 $R = 1$. 在 $(-1, 1)$ 内幂级数有和函数 $\dfrac{1}{1+x^2}$. 因此, 对于任意的 $|x| < 1$, 成立

$$\arctan x = \int_0^x \sum_{n=0}^{+\infty} (-1)^n t^{2n} \, \mathrm{d}t = x - \frac{x^3}{3} + \frac{x^5}{5} - \cdots.$$

注意到上式左端的函数在 $x = 1$ 处连续, 右端的级数收敛, 因此根据 Abel 第二定理知上式对 $-1 < x \leqslant 1$ 均成立, 特别地, 有

$$1 - \frac{1}{3} + \frac{1}{5} - \cdots = \arctan 1 = \frac{\pi}{4}.$$

且上式对 $-1 \leqslant x \leqslant 1$ 均成立, 在 $x = -1$ 处也连续, 右端的级数也收敛.

上述讨论表明, 逐项积分和逐项求导后的幂级数, 其收敛半径保持不变, 但对收敛域可能产生细微的影响: 逐项积分后的幂级数收敛域不会减小, 逐项求导后的幂级数收敛域不会增大. 区别只可能表现在收敛区间的端点处.

比如, 考虑级数 $\sum\limits_{n=1}^{+\infty} \dfrac{x^n}{n}$ 以及 $\sum\limits_{n=1}^{+\infty} \dfrac{x^{n+1}}{n(n+1)}$ 在 $x = 1$ 处的敛散性, 第一个级数在收敛域的边界点 $x = 1$ 处发散, 但它逐项积分后得到的第二个级数在该点收敛. 等价地, 第二个级数在收敛域的边界点 $x = 1$ 处收敛, 而它逐项求导后得到的第一个级数在该点发散.

关于幂级数的上述性质, 在论证一些等式或讨论幂级数展开时非常有用.

例 **13.2.4**　对于显然的等式

$$\frac{1}{1+x} = \sum_{n=0}^{+\infty}(-1)^n x^n, \quad |x| < 1,$$

当 $x \in (-1,1)$ 时, 逐项积分可得 $\ln(1+x)$ 的表达式:

$$\ln(1+x) = \sum_{n=0}^{+\infty}(-1)^n \frac{x^{n+1}}{n+1} = \sum_{n=1}^{+\infty}(-1)^{n-1}\frac{x^n}{n}, \quad |x| < 1. \tag{13.2.3}$$

注意到等式两端在 $x = 1$ 处可能的延拓: 左端函数有意义, 右端级数收敛. 因此 (13.2.3) 式可以延拓到 $-1 < x \leqslant 1$.

类似地可得

$$\sum_{n=0}^{+\infty}(n+1)x^n = \frac{1}{(1-x)^2}, \quad |x| < 1. \tag{13.2.4}$$

$$\sum_{n=0}^{+\infty}\frac{(n+1)(n+2)}{2}x^n = \frac{1}{(1-x)^3}, \quad |x| < 1. \tag{13.2.5}$$

$$\sum_{n=0}^{+\infty}(-1)^n \frac{x^{2n+1}}{2n+1} = \arctan x, \quad |x| \leqslant 1. \tag{13.2.6}$$

逐项求导或逐项积分在许多相关学科有广泛的应用, 比如读者可以直接验证下面的结论:

例 **13.2.5**　证明: Bessel 函数

$$B(x) = \sum_{n=1}^{+\infty}\frac{(-1)^n}{(n!)^2}\left(\frac{x}{2}\right)^{2n}$$

满足二阶常微分方程

$$xB(x)'' + B'(x) + xB(x) = 0, \quad x \in \mathbb{R}.$$

习题 **13.2**

1. 证明函数

$$f(x) = \sum_{n=0}^{+\infty} e^{-n}\cos^2 x$$

是 C^∞ 的, 试求其 Maclaurin 级数以及它的收敛半径.

2. 证明：函数

$$f(x) = \sum_{n=0}^{+\infty} \mathrm{e}^{-n} \cos n^2 x$$

是无穷次可微的, 其 Maclaurin 级数只有偶数次幂, 并且 $2k$ 次幂项的绝对值为

$$\sum_{n=0}^{+\infty} \frac{x^{2k}\mathrm{e}^{-n}n^{4k}}{(2k)!} > \left(\frac{n^2 x}{2k}\right)^{2k} \mathrm{e}^{-n}.$$

进一步证明, 此幂级数仅在 $x = 0$ 处收敛.

3. 设 $S(x) = \sum_{n=0}^{+\infty} a_n x^n$ 的收敛半径为 $R > 0$, 证明:

(1) 当 $\sum_{n=0}^{+\infty} \dfrac{a_n}{n+1} R^{n+1}$ 收敛时, 有 $\displaystyle\int_0^R S(x)\,\mathrm{d}x = \sum_{n=0}^{+\infty} \dfrac{a_n}{n+1} R^{n+1}$.

(2) 当 $\sum_{n=1}^{+\infty} na_n R^{n-1}$ 收敛时, 有 $S'(R) = \sum_{n=1}^{+\infty} na_n R^{n-1}$.

4. 设幂级数 $\sum_{n=0}^{+\infty} a_n x^n$ 在开区间 $(-R, R)$ 中一致收敛, 证明: 它在闭区间 $[-R, R]$ 中也是一致收敛的.

5. 设 $f(x)$ 是 $[0, 1]$ 上的连续函数, 满足

$$\int_0^1 f(x)x^n\,\mathrm{d}x = 0, \quad \forall n = 0, 1, 2, \cdots.$$

证明: 在 $[0, 1]$ 上 $f(x) \equiv 0$.

6. 设非常数函数 $f(x)$ 在 (a, b) 内每一点都可以展开成幂级数. 试证明 $f(x)$ 的零点集在 (a, b) 内没有聚点.

7. 设函数 $f(x)$ 在 $x = 0$ 的某个邻域内可以展开成幂级数, 并且序列 $\left\{f^{(n)}(0)\right\}$ 是有界的. 证明: $f(x)$ 必是 $(-\infty, +\infty)$ 内的一个 C^∞ 函数的限制.

8. 设 $f(x)$ 在 $[0, 1]$ 连续. 对每个正整数 n, 定义

$$B_n(f, x) = \sum_{k=0}^{n} \mathrm{C}_n^k f\left(\frac{k}{n}\right) x^k (1-x)^{n-k}, \tag{13.2.7}$$

$B_n(f, x)$ 称为函数 f 的 Bernstein 多项式. 证明: $B_n(f, x) \rightrightarrows f(x)$, $x \in [0, 1]$. 进一步对比讨论 $f(x)$ 不连续 (比如取 $f(x)$ 为 Dirichlet 函数) 的情况以及 $f(x)$ 的光滑性更好时的收敛情况.

13.3 Taylor 展开式

我们先给出函数的**幂级数展开**的定义:

__定义 13.3.1__　*如果存在 $\delta > 0$, 使得在 $(x_0 - \delta, x_0 + \delta)$ 内下式成立:*

$$f(x) = \sum_{n=0}^{+\infty} a_n(x - x_0)^n, \quad \forall\, x \in (x_0 - \delta, x_0 + \delta), \tag{13.3.1}$$

则称函数 $f(x)$ 在 x_0 点附近**可以展开成幂级数**. 如果函数 $f(x)$ 在区间 I 上每点附近都能展开成幂级数, 则称 $f(x)$ 是 I 上的**实解析函数**, 集合 I 上实解析函数的全体通常记为 $C^{\omega}(I)$.

注 13.3.1　显然 $C^{\omega}(I) \subseteq C^{\infty}(I)$. 后面的例 13.3.2 进一步表明 $C^{\omega}(I) \subsetneqq C^{\infty}(I)$.

注 13.3.2　很容易被忽略的一点是, $f(x)$ 在 x_0 点附近**可以展开成幂级数**是指等式 (13.3.1) 不但在 x_0 点成立, 而且要存在 x_0 的一个邻域, 使得在整个邻域内等式都成立.

由幂级数在收敛区间 $(x_0 - R, x_0 + R)$ 内的性质立即可得, 若 $f(x)$ 在 x_0 点附近可以展开成幂级数, 则 $f(x)$ 在收敛区间内必须无限次可导, 而且有

$$f^{(n)}(x_0) = n!a_n, \quad n \geqslant 0,$$

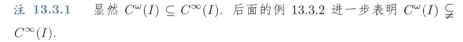

即, $a_n = \dfrac{f^{(n)}(x_0)}{n!}$. 从而 $f(x)$ 又可以表示成

$$f(x) = \sum_{n=0}^{+\infty} \frac{f^{(n)}(x_0)}{n!}(x - x_0)^n, \quad |x - x_0| < R. \tag{13.3.2}$$

上述讨论告诉我们, 如果 $f(x)$ 在 $(x_0 - R, x_0 + R)$ 内满足 (13.3.1) 式, 则必然满足 (13.3.2) 式. 下面我们讨论反过来的问题: 给定一个无穷次可导的光滑函数, 我们来构造它的形式幂级数.

__定义 13.3.2__(Taylor 级数)　*设 $f(x)$ 在 x_0 处具有任意阶导数, 则称幂级数*

$$\sum_{n=0}^{+\infty} \frac{f^{(n)}(x_0)}{n!}(x - x_0)^n$$

为 $f(x)$ 在 x_0 处的 **Taylor 级数**, 记为

$$f(x) \sim \sum_{n=0}^{+\infty} \frac{f^{(n)}(x_0)}{n!}(x - x_0)^n. \tag{13.3.3}$$

特别地, 当 $x_0 = 0$ 时, 级数

$$f(x) \sim \sum_{n=0}^{+\infty} \frac{f^{(n)}(0)}{n!} x^n$$

称为 $f(x)$ 的 **Maclaurin 级数**.

<u>定义 13.3.3</u>(Taylor 展开式)　设 $f(x)$ 在 x_0 处具有任意阶导数, 如果存在 x_0 的某个邻域 $(x_0 - \delta, x_0 + \delta)$ $(\delta > 0)$, 使得 $f(x)$ 在 x_0 处的 Taylor 级数不但在该邻域内收敛而且收敛于 $f(x)$, 则称 $f(x)$ 在 x_0 附近**可 Taylor 展开**, 而此时级数 $\sum_{n=0}^{+\infty} \frac{f^{(n)}(x_0)}{n!}(x - x_0)^n$ 称为 $f(x)$ 在该邻域内的 **Taylor 展开式**, 简称**展式**.

特别地, 当 $x_0 = 0$ 时, Taylor 展式也称为 **Maclaurin 展式**.

注 13.3.3　值得提醒的是, 任给一个在 x_0 处无穷次可导的函数 $f(x)$, 总可以 "诱导" 出一个形式幂级数 (13.3.3). 这个 "诱导" 关系通过 (13.3.3) 式中的 "$\sim$" 而非 "$=$" 表现得淋漓尽致: 右端的幂级数系数来自 $f(x)$, 但这个幂级数是否仅在一点 x_0 处收敛还是在某个区间内收敛, 收敛时是否收敛于 $f(x)$ 等, 都是两码事. 即, (13.3.3) 式右端的幂级数统称为 $f(x)$ 的 **Taylor 级数**.

换句话说, 当我们谈论函数 $f(x)$ 和它在 x_0 处的 Taylor 级数 (13.3.3) 时, 我们面对四个不同层次:

(1) $f(x)$ 在 x_0 处的光滑度不够 (不是无穷次可导), 此时**谈不上** $f(x)$ 的 Taylor 级数 (对比第一册微分中值定理章节中 $f(x)$ 有限阶光滑时的 Taylor 公式).

(2) 收敛半径为零, 即幂级数除 x_0 外都发散.

(3) 收敛半径大于零但和函数并不等于 $f(x)$.

(4) 收敛半径大于零且和函数等于 $f(x)$.

只有情况 (4), 我们才称 $f(x)$ **可 Taylor 展开**. 因此, 函数的 **Taylor 级数**与函数的 **Taylor 展式**在内涵上有本质的区别.

例 13.3.1　存在无穷光滑函数, 其 Maclaurin 级数的收敛半径为 0. 为此, 考察函数项级数

$$\sum_{n=0}^{+\infty} \frac{\sin(2^n x)}{n!}$$

与幂级数

$$\sum_{n=0}^{+\infty} \left(\frac{1}{n!} e^{2^n} \sin \frac{n\pi}{2} \right) x^n$$

之间的关系.

解　记 $u_n(x) = \dfrac{\sin(2^n x)}{n!}$. 则有 $|u_n(x)| \leqslant \dfrac{1}{n!}$, 因此级数 $\displaystyle\sum_{n=0}^{+\infty} u_n(x)$ 在 $\mathbb{R}$ 上一致收敛, 故该函数项级数定义了一个连续函数

$$f(x) = \sum_{n=0}^{+\infty} \frac{\sin(2^n x)}{n!}.$$

又因为

$$|u_n'(x)| = \left| \frac{2^n \cos(2^n x)}{n!} \right| \leqslant \frac{2^n}{n!},$$

所以函数项级数 $\displaystyle\sum_{n=0}^{+\infty} u_n'(x)$ 在 $\mathbb{R}$ 上也一致收敛, 从而

$$f'(x) = \sum_{n=0}^{+\infty} u_n'(x).$$

同理对于 $k = 1, 2, \cdots$, 可得

$$f^{(k)}(x) = \sum_{n=0}^{+\infty} u_n^{(k)}(x) = \sum_{n=0}^{+\infty} \frac{2^{kn} \sin(2^n x + k\pi/2)}{n!}.$$

因此, $f(x)$ 是一个无穷光滑的函数. 注意到

$$f^{(k)}(0) = \sum_{n=0}^{+\infty} \frac{2^{kn} \sin(k\pi/2)}{n!} = \mathrm{e}^{2^k} \sin \frac{k\pi}{2},$$

故根据前面的讨论, $f(x)$ 可以 "诱导" 出 Maclaurin 级数, 即 $f(x)$ 的 Taylor 级数:

$$f(x) \sim \sum_{n=0}^{+\infty} \left(\frac{1}{n!} \mathrm{e}^{2^n} \sin \frac{n\pi}{2} \right) x^n.$$

但是, 不难算出该幂级数的收敛半径为零. 因此这个幂级数仅在 $x = 0$ 处收敛. 换句话说, 由级数 $\displaystyle\sum_{n=0}^{+\infty} u_n(x)$ 给出的无穷光滑函数 $f(x)$ **不能展开**成 Maclaurin 级数.

例 13.3.2(**平坦函数**的存在性)　一个函数称为在 x_0 点是**平坦**的, 是指它在包含 x_0 的某邻域内是无穷光滑的, 且在 x_0 点的各阶导数均为零.

我们在第七章例 7.2.10 曾经讨论过的函数在 $x_0 = 0$ 处是平坦的.

$$f(x) = \begin{cases} \mathrm{e}^{-\frac{1}{x^2}}, & x \neq 0, \\ 0, & x = 0. \end{cases}$$

该函数在 $x=0$ 处具有无穷阶导数, 且 $f^{(k)}(0)=0$ $(k=0,1,2,\cdots)$. 因此, $f(x)$ "诱导" 出的 Taylor 级数恒为零, 其收敛半径为 $+\infty$, 由于在任何非零点处 $f(x)\neq 0$, 故 $f(x)$ 的 Taylor 级数虽然收敛但并不收敛于 $f(x)$ $(x\neq 0)$. 即, $f(x)$ 在 $x_0=0$ 附近**不能展开成幂级数**.

由于这类平坦函数的存在性, 可以看到, 任何一个无穷光滑函数 $g(x)$ 都和无穷多个函数 $g(x)+f(x)$ 在 x_0 点 "诱导" 出形式上相同的 Taylor 级数, 其中 $f(x)$ 是任意一个在 x_0 处平坦的函数. 因此, 研究一个函数的 Taylor 级数是否收敛到自身是很有必要的.

下面的定理给出了实解析函数在其收敛区间内的每一点都可展开成幂级数的结论.

定理 13.3.1　设 $R>0$,

$$f(x)=\sum_{n=0}^{+\infty}c_n x^n,\quad \forall\,|x|<R, \tag{13.3.4}$$

则 $\forall x_0,\ |x_0|<R$, 当 $|x-x_0|<R-|x_0|$ 时, 总成立

$$f(x)=\sum_{n=0}^{+\infty}b_n(x-x_0)^n, \tag{13.3.5}$$

其中

$$b_n=\sum_{k=n}^{+\infty}\mathrm{C}_k^n c_k x_0^{k-n},\quad n\geqslant 0. \tag{13.3.6}$$

证明　当 $|x-x_0|<R-|x_0|$ 时,

$$\sum_{k=0}^{+\infty}\sum_{n=0}^{k}\left|\mathrm{C}_k^n c_k x_0^{k-n}(x-x_0)^n\right|\leqslant\sum_{k=0}^{+\infty}\sum_{n=0}^{k}\mathrm{C}_k^n|c_k||x_0|^{k-n}|x-x_0|^n$$
$$=\sum_{k=0}^{+\infty}|c_k|\big(|x_0|+|x-x_0|\big)^k<+\infty.$$

即级数 $\sum_{k=0}^{+\infty}\sum_{n=0}^{k}\mathrm{C}_k^n c_k x_0^{k-n}(x-x_0)^n$ 绝对收敛, 从而

$$\sum_{n=0}^{+\infty}b_n(x-x_0)^n=\sum_{n=0}^{+\infty}\sum_{k=n}^{+\infty}\mathrm{C}_k^n c_k x_0^{k-n}(x-x_0)^n$$
$$=\sum_{k=0}^{+\infty}\sum_{n=0}^{k}\mathrm{C}_k^n c_k x_0^{k-n}(x-x_0)^n$$
$$=\sum_{k=0}^{+\infty}c_k x^k=f(x).$$

定理得证.　□

通过级数的余项来判断一个函数能否展开成 Taylor 级数是一种非常方便和实用的方法. 下面的结论显然:

定理 13.3.2 设区间 I 包含 0 点, $f(x)$ 是定义在 I 上的函数, 在 0 点有任意阶的导数,

$$r_n(x) := f(x) - \sum_{k=0}^{n} \frac{f^{(k)}(0)}{k!} x^k, \quad \forall x \in I. \tag{13.3.7}$$

则

$$f(x) = \sum_{n=0}^{+\infty} \frac{f^{(n)}(0)}{n!} x^n, \quad x \in I \tag{13.3.8}$$

当且仅当

$$\lim_{n \to +\infty} r_n(x) = 0, \quad \forall x \in I. \tag{13.3.9}$$

我们给出两种特殊情况的幂级数展开. 为此, 我们首先证明一个技术性引理.

引理 13.3.3 设 $a > 0$, $f \in C^{\infty}[0, a]$, $f^{(n)}(x) \geqslant 0, f^{(n)}(0) = 0 \, (n \geqslant 0)$, 则 $f \equiv 0$.

证明 若结论不真, 不失一般性, 不妨设 $\inf \left\{ x > 0 \big| f(x) > 0 \right\} = 0$. 任取 $\alpha \in \left(0, \frac{a}{3} \right]$. 我们有 $\xi_n \in (\alpha, a)$ 使得

$$f(a) = \sum_{k=0}^{n} \frac{f^{(k)}(\alpha)}{k!} (a - \alpha)^k + \frac{f^{(n+1)}(\xi_n)}{(n+1)!} (a - \alpha)^{n+1}$$

$$\geqslant \frac{f^{(n+1)}(\alpha)}{(n+1)!} (a - \alpha)^{n+1}.$$

即 $f^{(n+1)}(\alpha) \leqslant \dfrac{(n+1)! f(a)}{(a - \alpha)^{n+1}}$.

另一方面, 有 $\eta_n \in (0, \alpha)$ 使得

$$f(\alpha) = \frac{f^{(n+1)}(\eta_n)}{(n+1)!} \alpha^{n+1} \leqslant \frac{f^{(n+1)}(\alpha)}{(n+1)!} \alpha^{n+1} \leqslant f(a) \left(\frac{\alpha}{a - \alpha} \right)^{n+1}, \quad \forall n \geqslant 0.$$

令 $n \to +\infty$ 得到 $f(\alpha) = 0$. 即 $f|_{[0, \frac{a}{3}]} = 0$. 矛盾. 因此, 结论成立. $\square$

定理 13.3.4 (Bernstein 定理) 设 f 在 $[a, b]$ 中无穷次可导, 且各阶导数非负, $f^{(n)}(x) \geqslant 0$. 则对任意的 $x_0, x \in [a, b]$, 只要 $|x - x_0| \leqslant b - x_0$, 就有

$$f(x) = \sum_{n=0}^{+\infty} \frac{f^{(n)}(x_0)}{n!} (x - x_0)^n.$$

证明[①] 显然可以不妨取 $x_0 = 0$, 此时有 $a \leqslant 0 < b$, 而条件 $|x - x_0| \leqslant b - x_0$ 即为 $|x| \leqslant b$. 因此, 所证结论只需对如下的 x 成立即可:

(1) 如果 $-a \geqslant b$, 只需考虑 $x \in [-b, b]$.

(2) 如果 $-a \leqslant b$, 只需考虑 $x \in [a, b]$.

---

① 利用积分余项的证明可参见 R. Redheffer. From center of gravity to Bernstein's theorem. Amer. Math. Monthly, 1983, 90(2): 130-131.

记 $\alpha = \min\{-a, b\} \geqslant 0$,

$$P_n(x) = \sum_{k=0}^{n} \frac{f^{(k)}(0)}{k!} x^k, \quad x \in [-\alpha, b].$$

首先我们证明定理对于任意的 $x \in [0, b]$ 成立. 为此, 设 $x \in [0, b]$, $n \geqslant 0$, 有 $\xi_n \in (0, x)$ 使得

$$f(x) = P_n(x) + \frac{f^{(n+1)}(\xi_n)}{(n+1)!} x^{n+1} \geqslant P_n(x).$$

因此, 正项级数 $\displaystyle\sum_{k=0}^{+\infty} \frac{f^{(k)}(0)}{k!} x^k$ 在 $[0, b]$ 上收敛. 记其和函数为 $S(x)$. 则

$$S(x) \leqslant f(x), \quad \forall x \in [0, b].$$

注意到 $S^{(n)}$ 即为 $f^{(n)}$ 的 Maclaurin 级数的和函数, 同样有

$$S^{(n)}(x) \leqslant f^{(n)}(x), \quad \forall x \in [0, b].$$

令 $F = f - S$. 则 $F \in C^\infty[0, b]$, 且 F 的各阶导数在 $[0, b]$ 上非负, 而 $F^{(n)}(0) = 0\,(\forall n \geqslant 0)$. 由引理 13.3.3, 可得 F 在 $[0, b]$ 上恒为零. 即, 定理对于 $a = 0$ 时成立.

其次我们证明, 若 $\alpha > 0$, 定理结论在 $[-\alpha, 0]$ 上也成立. 为此考虑

$$g(x) = f(x) + f(-x), \quad x \in [0, \alpha].$$

由定理条件 $\forall x \in [-\alpha, \alpha]$, $f(x) \geqslant 0$, 故 $\forall x \in [0, \alpha]$, $g(x) \geqslant 0$.

注意到 $\forall x \in [-\alpha, \alpha]$, $g'(x) = f'(x) - f'(-x)$ 以及 $f''(x) \geqslant 0$, 故 $f'(x)$ 单调不减, 从而 $\forall x \in [0, \alpha]$, $f'(x) \geqslant f'(-x)$, 因此 $g'(x) \geqslant 0, \forall x \in [0, \alpha]$. 同理, 对任意自然数 n, $\forall x \in [0, \alpha]$, 成立 $g^{(n)}(x) = f^{(n)}(x) + (-1)^n f^{(n)}(-x) \geqslant 0, x \in [0, \alpha]$. 由前面的结果, 可得

$$g(x) = \sum_{k=0}^{+\infty} \frac{g^{(n)}(0)}{k!} x^k, \quad x \in [0, \alpha].$$

采取完全类似的论证, 考虑函数

$$h(x) = f(x) - f(-x), \quad x \in [0, \alpha].$$

可得

$$h(x) = \sum_{k=0}^{+\infty} \frac{h^{(n)}(0)}{k!} x^k, \quad x \in [0, \alpha].$$

最后, 由 $f = \frac{1}{2}(g + h)$, 可得

$$f(x) = \sum_{k=0}^{+\infty} \frac{f^{(n)}(0)}{k!} x^k, \quad x \in [-\alpha, 0].$$

定理得证. □

例 13.3.3 指数函数 $f(x) = \mathrm{e}^x$ 在 $(-\infty, +\infty)$ 中的各阶导数均大于零, 根据 Bernstein 定理, 可知其 Taylor 展开式收敛于自身. 即 $\forall x \in \mathbb{R}$, 成立

$$\mathrm{e}^x = 1 + x + \frac{x^2}{2} + \cdots = \sum_{n=0}^{+\infty} \frac{1}{n!} x^n.$$

例 13.3.4 考虑前面章节中的关系式 (12.3.9). 当 $x \in [0, \pi)$ 时, 根据逐项求导易见, 函数 $\dfrac{1}{\sin^2 x} - \dfrac{1}{x^2}$ 的各阶导数非负, 因此有 (注意偶函数的展开不含奇次幂项)

$$\frac{1}{\sin^2 x} - \frac{1}{x^2} = \sum_{m=0}^{+\infty} \frac{a_{2m}}{(2m)!} x^{2m}, \quad \forall\, x \in [0, \pi),$$

其中

$$a_{2m} = \left(\frac{1}{\sin^2 x} - \frac{1}{x^2} \right)^{(2m)}(0) = 2 \sum_{n=1}^{+\infty} \frac{(2m+1)!}{(n\pi)^{2m+2}} = 2(2m+1)! \frac{\zeta(2m+2)}{\pi^{2m+2}},$$

因此有

$$\frac{1}{\sin^2 x} - \frac{1}{x^2} = \sum_{m=0}^{+\infty} \frac{\zeta(2m+2)}{\pi^{2m+2}} (4m+2) x^{2m}, \quad \forall\, x \in [0, \pi). \tag{13.3.10}$$

定理 13.3.5 设 $R > 0$, f 在 $(x_0 - R, x_0 + R)$ 中无穷次可导. 如果存在 $M > 0$ 使得

$$|f^{(n)}(x)| \leqslant M, \quad \forall\, x \in (x_0 - R, \ x_0 + R), \quad \forall\, n \geqslant 1.$$

则

$$f(x) = \sum_{n=0}^{+\infty} \frac{f^{(n)}(x_0)}{n!} (x - x_0)^n, \quad \forall\, x \in (x_0 - R, \ x_0 + R).$$

证明 当 $x \in (x_0 - R, x_0 + R)$ 时, 由带 Lagrange 余项的 Taylor 公式, 我们有

$$\left| f(x) - \sum_{k=0}^{n} \frac{f^{(k)}(x_0)}{k!} (x - x_0)^k \right| = \left| \frac{f^{(n+1)}(\xi)}{(n+1)!} (x - x_0)^{n+1} \right|$$

$$\leqslant \frac{MR^{n+1}}{(n+1)!} \to 0 \quad (n \to +\infty).$$

这说明 f 在 x_0 处的 Taylor 展开的确收敛到 f 自身. $\qquad \square$

例 13.3.5 研究幂级数 $\displaystyle\sum_{n=0}^{+\infty} \mathrm{C}_\alpha^n x^n$, 其中 $\alpha \in \mathbb{R} \setminus \mathbb{Z}$,

$$a_n = \mathrm{C}_\alpha^n = \frac{1}{n!} \alpha(\alpha - 1) \cdots (\alpha - n + 1) \quad (\text{广义组合数}).$$

解 注意到

$$\left| \frac{a_{n+1}}{a_n} \right| = \left| \frac{\alpha - n}{n+1} \right| \to 1 \quad (n \to +\infty),$$

由此可知幂级数的收敛半径为 1. 在 $(-1, 1)$ 中记和函数为 $f(x)$, 逐项求导可得

$$(1+x)f'(x) = (1+x)\sum_{n=1}^{+\infty} \mathrm{C}_\alpha^n n x^{n-1} = \sum_{n=1}^{+\infty} n\mathrm{C}_\alpha^n x^{n-1} + \sum_{n=1}^{+\infty} n\mathrm{C}_\alpha^n x^n$$

$$= \mathrm{C}_\alpha^1 + \sum_{n=1}^{+\infty}\left((n+1)\mathrm{C}_\alpha^{n+1} + n\mathrm{C}_\alpha^n\right)x^n$$

$$= \alpha + \sum_{n=1}^{+\infty} \alpha\mathrm{C}_\alpha^n x^n = \alpha f(x),$$

这说明

$$((1+x)^{-\alpha} f(x))' = -\alpha(1+x)^{-\alpha-1}f(x) + (1+x)^{-\alpha}f'(x) = 0,$$

从而 $(1+x)^{-\alpha}f(x)$ 为常数. 由 $f(0)=1$ 可知 $f(x) = (1+x)^\alpha$. 即

$$(1+x)^\alpha = \sum_{n=0}^{+\infty} \mathrm{C}_\alpha^n x^n, \quad \forall\, x \in (-1,1). \tag{13.3.11}$$

特别地, 取 $\alpha = -1/2$, 并以 $-x^2$ 代替 x 得

$$\frac{1}{\sqrt{1-x^2}} = 1 + \sum_{n=1}^{+\infty} \frac{(2n-1)!!}{(2n)!!}x^{2n}, \quad \forall\, x \in (-1,1). \tag{13.3.12}$$

对此幂级数逐项积分, 得 (约定 $(-1)!! = 1, 0!! = 1$)

$$\arcsin x = \sum_{n=0}^{+\infty} \frac{(2n-1)!!}{(2n)!!} \frac{x^{2n+1}}{2n+1}, \quad \forall\, x \in (-1,1). \tag{13.3.13}$$

在 $x = \pm 1$ 处右式的收敛性可以通过 Raabe 判别法得到, 故上式在 $[-1,1]$ 中均成立, 并且在 $[-1,1]$ 中一致收敛. 代入 $x = \sin t$, 得

$$t = \sum_{n=0}^{+\infty} \frac{(2n-1)!!}{(2n)!!} \frac{\sin^{2n+1}t}{2n+1}, \quad \forall\, t \in [-\pi/2, \pi/2],$$

并且上式是一致收敛的. 再次逐项积分, 得

$$\frac{\pi^2}{8} = \sum_{n=0}^{+\infty} \frac{(2n-1)!!}{(2n)!!} \frac{1}{2n+1} \int_0^{\frac{\pi}{2}} \sin^{2n+1}t\, \mathrm{d}t$$

$$= \sum_{n=0}^{+\infty} \frac{(2n-1)!!}{(2n)!!} \frac{1}{2n+1} \frac{(2n)!!}{(2n+1)!!} = \sum_{n=0}^{+\infty} \frac{1}{(2n+1)^2}.$$

由此容易得到 $\dfrac{\pi^2}{6} = \displaystyle\sum_{n=1}^{+\infty} \frac{1}{n^2} = \zeta(2)$. $\qquad\qquad\qquad\square$

例 13.3.6 计算积分 $I = \displaystyle\int_0^1 \frac{\ln(1+x)}{x}\, \mathrm{d}x$.

解 根据 $\ln(1+x)$ 的 Taylor 展开可得

$$\frac{\ln(1+x)}{x} = \sum_{n=1}^{+\infty} \frac{(-1)^{n-1}x^{n-1}}{n}, \quad x \in (-1,1].$$

上式在 $[0,1]$ 中一致收敛, 因此可逐项积分:

$$I = \sum_{n=1}^{+\infty} \frac{(-1)^{n-1}}{n} \int_0^1 x^{n-1}\, \mathrm{d}x = \sum_{n=1}^{+\infty} \frac{(-1)^{n-1}}{n^2} = \frac{\pi^2}{12}. \qquad \square$$

我们以总结和对比几个名词结束本节内容.

Taylor 级数: 是指当函数 $f(x)$ 在 x_0 的某邻域内无穷光滑时下面的级数:

$$f(x) \sim f(x_0) + f'(x_0)(x-x_0) + \frac{f''(x_0)}{2!}(x-x_0)^2 + \cdots + \frac{f^{(n)}(x_0)}{n!}(x-x_0)^n + \cdots.$$
$$(13.3.14)$$

Taylor 展开式: 当 $f(x)$ 在包含 x_0 的某邻域内无穷光滑时, 其 Taylor 级数 (13.3.14) 中的右端有大于零的收敛半径, 并且在收敛域 I 内 "$\sim$" 成立等号 "$=$", 即

$$f(x) = f(x_0) + f'(x_0)(x-x_0) + \frac{f''(x_0)}{2!}(x-x_0)^2 + \cdots + \frac{f^{(n)}(x_0)}{n!}(x-x_0)^n + \cdots,$$

那么我们就称 $f(x)$ **可 Taylor 展开**或者称 $f(x)$ 在区域 I 上**可展成 Taylor 级数**. 一个函数可展成 Taylor 级数表明不但它的 Taylor 级数收敛, 而且收敛到它自身.

Taylor 公式: Taylor 公式是第一册讨论函数导数应用时出现的内容: 如果函数 $f(x)$ 在包含 x_0 的某个闭区间 $[a,b]$ 上具有 n 阶导数, 且在开区间 (a,b) 上具有 $n+1$ 阶导数, 则对闭区间 $[a,b]$ 上任意一点 x, 成立下式:

$$f(x) = f(x_0) + \frac{f'(x_0)}{1!}(x-x_0) + \cdots + \frac{f^{(n)}(x_0)}{n!}(x-x_0)^n + R_n(x),$$

其中 $R_n(x)$ 是 Taylor 公式的余项, 余项具有多种表现形式.

注意, Taylor 公式可以对有限阶光滑函数成立, 而且在其满足定理条件的区域都成立 (对于初等函数, 在其定义域内即可), 而 Taylor 展开则要求函数必须无穷光滑, 而且只能在收敛域内才有意义.

例如, 在 $\ln(1+x)$ 的定义域内, 都成立下面的 Taylor 公式:

$$\ln(1+x) = x - \frac{x^2}{2} + \frac{1}{3}\frac{x^3}{(1+\theta x)^3}, \quad 0 < \theta < 1,$$

但 $\ln(1+x)$ 的 Taylor 展开式只在 $(-1,1]$ 内成立, 即 $\ln(1+x)$ 在 $(-1,1]$ 内可 Taylor 展开为

$$\ln(1+x) = x - \frac{x^2}{2} + \frac{x^3}{3} + \cdots + (-1)^{n-1}\frac{x^n}{n} + \cdots.$$

习题 13.3

1. 求级数 $\displaystyle\sum_{n=0}^{+\infty} (-1)^n \frac{x^{4n+1}}{4n+1}$ 的和.

2. 求下列级数之和:

$$\sum_{n=1}^{+\infty} \frac{n^2+1}{n} x^n, \quad \sum_{n=1}^{+\infty} n^3 x^n, \quad \sum_{n=0}^{+\infty} \frac{1}{3!}(n+1)(n+2)(n+3)x^n.$$

3. 设

$$f(x) = \begin{cases} \dfrac{1}{x} - \dfrac{1}{\tan x}, & x \in (0,\pi), \quad x \neq \pi/2, \\ 2/\pi, & x = \pi/2. \end{cases}$$

证明: $f(x)$ 的 k 阶导数 $(k = 0,1,2,\cdots)$ 在 $(0,\pi)$ 内均恒正, 从而在 $(0,\pi)$ 的任何内闭区间上满足 Bernstein 定理 13.3.4 的条件.

4. 设 $x \in \left(-\dfrac{\pi}{2},0\right) \cup \left(0,\dfrac{\pi}{2}\right)$, 推导下列等式:

$$\frac{1}{x} - \frac{1}{\tan x} = 2 \sum_{k=1}^{+\infty} \frac{\zeta(2k)}{\pi^{2k}} x^{2k-1},$$
$$\frac{1}{\sin x} - \frac{1}{x} = 2 \sum_{k=1}^{+\infty} \frac{\zeta(2k)}{\pi^{2k}} \left(1 - 2^{1-2k}\right) x^{2k-1}.$$

5. 证明等式

$$\ln(x + \sqrt{1+x^2}) = \sum_{n=0}^{+\infty} (-1)^n \frac{(2n-1)!!}{(2n)!!} \frac{x^{2n+1}}{2n+1}, \quad x \in [-1,1].$$

6. 求级数 $\dfrac{1}{2} - \dfrac{1}{5} + \dfrac{1}{8} - \dfrac{1}{11} + \cdots$ 的和.

7. 证明:

$$1 - \frac{1}{5} + \frac{1}{9} - \frac{1}{13} + \cdots = \frac{1}{4\sqrt{2}} \left(\pi + 2\ln(\sqrt{2}+1)\right).$$

8. 证明:

$$1 + \frac{1}{2} - \frac{1}{3} + \frac{1}{4} - \frac{1}{5} + \frac{1}{6} - \frac{1}{7} + \cdots = \frac{\pi}{4} + \frac{1}{2}\ln 2.$$

9. 证明:

$$1 + \sum_{n=1}^{+\infty} \frac{(2n+1)!!}{(2n)!!} \frac{1}{(2n+1)^2} = \frac{\pi}{2}\ln 2.$$

13.4 初等函数的幂级数展开

函数的 Taylor 展开在分析学中有极其重要的意义和应用, 上面我们已经给出了一些初等函数的 Taylor 展开, 本节我们再给出几个常见的初等函数的 Taylor (Maclaurin) 展开. 由前面的定理可知, 一个定义在某区间 I 上的无穷光滑函数 $f(x)$ 能否展开成幂级数, 通常的做法是首先写出它的 Taylor 级数或 Maclaurin 级数 (下面我们主要讨论后者), 然后研究该幂级数的收敛半径 R. 如果 $R > 0$, 那么我们再进一步验证该幂级数在收敛区间 $(-R, R)$ 内是否收敛到该函数. 而后者又可依据定理 13.3.2 或 Bernstein 定理 13.3.4 等来判别.

我们先回顾一下曾经得到的几个初等函数的 Taylor 展开.

指数函数的幂级数展开:　在 (5.2.18) 式和例 13.3.3 中, 我们均讨论了 e^x 的 Maclaurin 级数展式:

$$\mathrm{e}^x = \sum_{n=0}^{+\infty} \frac{x^n}{n!}, \quad x \in \mathbb{R}.$$

幂函数的幂级数展开:　然后我们在例 13.3.5 中得到了 $(1+x)^\alpha$, $\alpha \in \mathbb{R} \backslash \mathbb{Z}$ 的 Maclaurin 展式 (13.3.11):

$$(1 + x)^\alpha = \sum_{n=0}^{+\infty} \mathrm{C}_\alpha^n x^n, \quad \forall\, x \in (-1, 1),$$

其中 $a_n = \mathrm{C}_\alpha^n = \dfrac{1}{n!} \alpha(\alpha - 1) \cdots (\alpha - n + 1)$.

反三角函数的幂级数展开:　我们还得到了 $\arcsin x$ 在 $x \in (-1, 1)$ 上的 Maclaurin 展式 (13.3.13):

$$\arcsin x = \sum_{n=0}^{+\infty} \frac{(2n - 1)!!}{(2n)!!} \frac{x^{2n+1}}{2n + 1}, \quad \forall\, x \in (-1, 1).$$

以及 $\arctan x$ 在 $x \in (-1, 1)$ 上的 Maclaurin 展式 (13.2.6):

$$\arctan x = \sum_{n=0}^{+\infty} \frac{(-1)^n x^{2n+1}}{2n + 1}.$$

下面我们给出另外几个初等函数的 Maclaurin 展式.

三角函数的幂级数展开:

例 13.4.1　在第五章讨论三角函数时, 我们通过关系式 (5.5.5) 和 (5.5.6) 引入了正弦函数和余弦函数. 下面我们证明: 对于 $x \in (-\infty, +\infty)$ 成立

$$\sin x = \sum_{n=0}^{+\infty} \frac{(-1)^n x^{2n+1}}{(2n + 1)!}, \tag{13.4.1}$$

$$\cos x = \sum_{n=0}^{+\infty} \frac{(-1)^n x^{2n}}{(2n)!}. \tag{13.4.2}$$

证明　对任意的正整数 n, 有 $\sin^{(n)}(0) = \sin \dfrac{n\pi}{2}$. 对任意的 $x \in \mathbb{R}$, 其 Taylor 公式中的 Lagrange 余项为

$$\left| \frac{\sin\left(\theta x + (2n + 1)\dfrac{\pi}{2}\right)}{(2n + 1)!} x^{2n+1} \right| \leqslant \frac{|x|^{2n+1}}{(2n + 1)!} \to 0 \quad (n \to +\infty),$$

其中 $\theta \in (0,1)$. 因此有 (13.4.1) 式成立.

同理, 由 $\cos^{(n)}(0) = \cos\dfrac{n\pi}{2}$, 对任意的 $x \in \mathbb{R}$, 其 Taylor 公式中的 Lagrange 余项为

$$\left|\frac{\cos(\theta x + n\pi)}{(2n)!}x^{2n}\right| \leqslant \frac{|x|^{2n}}{(2n)!} \to 0 \quad (n \to +\infty),$$

其中 $\theta \in (0,1)$. 因此有 (13.4.2) 式成立. $\qquad\square$

对数函数的幂级数展开: 用同样的方法, 也可以得到前面已经给出的对数函数的 Maclaurin 展式:

$$\ln(1+x) = \sum_{n=1}^{+\infty} \frac{(-1)^{n+1}}{n}x^n, \quad x \in (-1,1).$$

上述函数的 Taylor 展式的收敛域可以通过单独考虑幂级数在收敛区间端点的敛散性得到, 在此不再赘述. 比如可以证明 $\ln(1+x)$ 的收敛域为 $(-1,1]$, $\arctan x$ 的收敛域为 $[-1,1]$, $\arcsin x$ 的收敛域为 $[-1,1]$.

更一般函数的 Taylor 展式, 可以通过下一节幂级数之间的代数运算、已知幂级数展开的逐项求导或逐项积分, 再结合幂级数的唯一性的灵活运用得到. 前面提到的等式 (13.2.4), (13.2.5), (13.3.10) 和 (13.3.12) 等, 都是这些方法的灵活应用.

13.5 幂级数的代数运算

我们简要讨论一下幂级数间的代数运算. 首先, 关于幂级数的加减, 有下面的结论:

定理 13.5.1 如果幂级数 $\displaystyle\sum_{n=1}^{+\infty} a_n x^n$ 和 $\displaystyle\sum_{n=1}^{+\infty} b_n x^n$ 的收敛半径分别为 R_1 和 R_2, 则幂级数 $\displaystyle\sum_{n=1}^{+\infty}(a_n \pm b_n)x^n$ 的收敛半径 R 为

(1) 若 $R_1 \neq R_2$, 则 $R = \min\{R_1, R_2\}$.

(2) 若 $R_1 = R_2 = R_0$, 则 $R \geqslant R_0$.

不难看出, 在情形 (2), 对于任意的 $\lambda > R_0$, 都可以找到这样的幂级数, 使得两幂级数和形成的幂级数收敛半径为 λ. 事实上, 只要取 $a_n = -b_n + \dfrac{1}{\lambda^n}$ 即可.

关于两个幂级数的乘积, 首先, 我们知道, 对于两个给定的幂级数 $\displaystyle\sum_{n=0}^{+\infty} a_n x^n$ 和 $\displaystyle\sum_{n=0}^{+\infty} b_n x^n$, 如果它们的收敛半径均为 $R > 0$, 则当 $|x| < R$ 时, 这两个幂级数都绝对收敛, 因此它们

的乘积都等于它们的 Cauchy 乘积, 即

$$\left(\sum_{n=0}^{+\infty} a_n x^n\right)\left(\sum_{n=0}^{+\infty} b_n x^n\right) = \sum_{n=0}^{+\infty} c_n x^n,$$

其中 $c_n = \sum_{i=0}^{n} a_i b_{n-i}$ $(n=0,1,2,\cdots)$. 即有下面的结论:

定理 13.5.2 设幂级数 $\sum_{n=0}^{+\infty} a_n x^n$ 和 $\sum_{n=0}^{+\infty} b_n x^n$ 的收敛半径都是 R, 那么当 $x \in (-R, R)$ 时, 有

$$\left(\sum_{n=0}^{+\infty} a_n x^n\right)\left(\sum_{n=0}^{+\infty} b_n x^n\right) = \sum_{n=0}^{+\infty} c_n x^n,$$

其中 $c_n = \sum_{i=0}^{n} a_i b_{n-i}$ $(n=0,1,2,\cdots)$.

我们再从幂级数的角度重新考虑一下 Abel 定理 11.4.11.

定理 13.5.3 (Abel 定理) 设 $\sum_{n=0}^{+\infty} a_n = A$ 和 $\sum_{n=0}^{+\infty} b_n = B$ 均为收敛级数, 如果它们的 Cauchy 乘积级数 $\sum_{n=0}^{+\infty} c_n = C$ 也收敛, 其中 $c_n = a_0 b_n + a_1 b_{n-1} + \cdots + a_n b_0$, 则成立

$$C = AB.$$

证明 根据假设, 级数

$$\sum_{n=0}^{+\infty} a_n x^n, \quad \sum_{n=0}^{+\infty} b_n x^n, \quad \sum_{n=0}^{+\infty} c_n x^n$$

的收敛半径都不小于 1, 因此当 $|x| < 1$ 时, 成立

$$\left(\sum_{n=0}^{+\infty} a_n x^n\right)\left(\sum_{n=0}^{+\infty} b_n x^n\right) = \sum_{n=0}^{+\infty} c_n x^n.$$

在上式两端取 $x \to 1^-$ 的极限, 根据 Abel 第二定理知定理成立. $\square$

例 13.5.1 假设幂级数 $\sum_{n=0}^{+\infty} a_n x^n$ 的收敛半径为 1, 考虑它与幂级数 $\sum_{n=0}^{+\infty} x^n$ 的乘积. 因为两者有相同的收敛半径, 根据上述定理, 有

$$\left(\sum_{n=0}^{+\infty} x^n\right)\left(\sum_{n=0}^{+\infty} a_n x^n\right) = \sum_{n=0}^{+\infty} S_n x^n,$$

其中 $S_n = a_0 + a_1 + \cdots + a_n \ (n = 0, 1, 2, \cdots)$. 即

$$\frac{1}{1-x} \cdot \left(\sum_{n=0}^{+\infty} a_n x^n \right) = \sum_{n=0}^{+\infty} S_n x^n.$$

如果再进行一次上式操作过程, 可得

$$\frac{1}{(1-x)^2} \cdot \left(\sum_{n=0}^{+\infty} a_n x^n \right) = \sum_{n=0}^{+\infty} T_n x^n,$$

其中 $T_n = S_0 + S_1 + \cdots + S_n \ (n = 0, 1, 2, \cdots)$.

例 13.5.2 设 $r \in (-1, 1)$, $x \in \mathbb{R}$, 求下面级数的和:

$$1 + \sum_{n=1}^{+\infty} r^n \cos nx.$$

解 我们计算级数的乘积:

$$\left(1 - 2r \cos x + r^2 \right) \left(1 + \sum_{n=1}^{+\infty} r^n \cos nx \right)$$

$$= 1 - 2r \cos x + r^2 + \sum_{n=1}^{+\infty} r^n \cos nx - 2r \sum_{n=1}^{+\infty} r^n \cos x \cos nx + \sum_{n=1}^{+\infty} r^{n+2} \cos nx$$

$$= 1 - 2r \cos x + r^2 + \sum_{n=1}^{+\infty} r^n \cos nx - r \sum_{n=1}^{+\infty} r^n \big(\cos(n-1)x + \cos(n+1)x \big) +$$

$$\sum_{n=1}^{+\infty} r^{n+2} \cos nx$$

$$= 1 - r \cos x.$$

由此可得等式

$$\frac{1 - r \cos x}{1 - 2r \cos x + r^2} = 1 + \sum_{n=1}^{+\infty} r^n \cos nx, \quad r \in (-1, 1). \tag{13.5.1}$$

将上式中右端的 1 移到左端, 两边除以 r, 再关于 r 逐项积分, 得

$$\ln(1 - 2r \cos x + r^2) = -2 \sum_{n=1}^{+\infty} \frac{r^n}{n} \cos nx, \quad r \in (-1, 1). \tag{13.5.2}$$

上式两端关于 x 积分, 则得如下 Dini 积分:

$$\int_0^{\pi} \ln(1 - 2r \cos x + r^2) \, \mathrm{d}x = 0, \quad |r| < 1. \tag{13.5.3}$$

$\square$

下面我们考虑幂级数的除法运算, 它可以看成是乘法运算的逆运算.

定理 13.5.4 设幂级数 $\sum\limits_{n=0}^{+\infty} a_n x^n$ 在区间 $(-R, R)$ 中收敛, $a_0 \neq 0$. 则存在 $r > 0$, 使得幂级数 $\sum\limits_{n=0}^{+\infty} b_n x^n$ 在 $(-r, r)$ 中收敛, 且

$$\left(\sum_{n=0}^{+\infty} a_n x^n\right)\left(\sum_{n=0}^{+\infty} b_n x^n\right) \equiv 1, \quad \forall\ x \in (-r, r).$$

证明 不妨设 $a_0 = 1$. 递归定义 b_n 如下: 令 $b_0 = 1$,

$$b_n = -\sum_{i=0}^{n-1} a_{n-i} b_i, \quad n \geqslant 1.$$

我们先证明幂级数 $\sum\limits_{n=0}^{+\infty} b_n x^n$ 具有正的收敛半径. 事实上, 因为 $\sum\limits_{n=0}^{+\infty} a_n x^n$ 在 $(-R, R)$ 中收敛, 故存在 $M > 0$, 使得 $\left|a_n \left(\dfrac{R}{2}\right)^n\right| \leqslant M$. 因此有

$$\left|b_n\left(\frac{R}{2}\right)^n\right| \leqslant \sum_{i=0}^{n-1}\left|a_{n-i}\left(\frac{R}{2}\right)^{n-i}\right|\left|b_i\left(\frac{R}{2}\right)^i\right| \leqslant M\sum_{i=0}^{n-1}\left|b_i\left(\frac{R}{2}\right)^i\right|.$$

由数学归纳法不难得到

$$\left|b_n\left(\frac{R}{2}\right)^n\right| \leqslant (1+M)^n, \quad \forall\ n \geqslant 0.$$

故幂级数 $\sum\limits_{n=0}^{+\infty} b_n x^n$ 的收敛半径至少为 $r = \dfrac{R}{2(1+M)}$. 根据 $\{b_n\}$ 的构造, 显然有

$$\left(\sum_{n=0}^{+\infty} a_n x^n\right)\left(\sum_{n=0}^{+\infty} b_n x^n\right) = \sum_{n=0}^{+\infty}\left(\sum_{i+j=n} a_i b_j\right) x^n = 1. \qquad \Box$$

例 13.5.3 试研究函数 $\dfrac{1}{1 + x + x^2 + \cdots + x^{m-1}}\ (m > 1)$ 的 Maclaurin 级数展开.
解 直接计算可得

$$\frac{1}{1 + x + x^2 + \cdots + x^{m-1}} = (1-x)\sum_{n=0}^{+\infty} x^{mn} = \sum_{n=0}^{+\infty} x^{mn} - \sum_{n=0}^{+\infty} x^{mn+1}, \quad x \in (-1, 1). \quad \Box$$

例 13.5.4 试研究函数 $\dfrac{x}{\mathrm{e}^x - 1}$ 在 $x = 0$ 处的幂级数展开.
解 记

$$\frac{x}{\mathrm{e}^x - 1} = \sum_{n=0}^{+\infty} \frac{B_n}{n!} x^n, \tag{13.5.4}$$

其系数 B_n 称为第 n 个 Bernoulli 数. 我们有

$$\frac{x}{\mathrm{e}^x - 1} = \left(\frac{\mathrm{e}^x - 1}{x}\right)^{-1} = \left(\sum_{n=0}^{+\infty} \frac{x^n}{(n+1)!}\right)^{-1}$$

$$= 1 - \frac{x}{2} + \frac{x^2}{12} - \frac{x^4}{720} + \frac{x^6}{30240} - \frac{x^8}{1209600} + \cdots.$$

注意到上式中 $B_1 = -\dfrac{1}{2}$, 当 $n \geqslant 1$ 时 $B_{2n+1} = 0$, 这是因为

$$\frac{x}{\mathrm{e}^x - 1} + \frac{x}{2} = \frac{x}{2}\frac{\mathrm{e}^x + 1}{\mathrm{e}^x - 1} = \frac{x}{2}\coth\frac{x}{2}, \tag{13.5.5}$$

即 $\dfrac{x}{\mathrm{e}^x - 1} + \dfrac{x}{2}$ 为偶函数的缘故.

根据幂级数的除法公式, 我们容易得到 B_n 的如下递推公式:

$$B_0 = 1, \quad B_n = -\frac{1}{n+1}\sum_{k=0}^{n-1} \mathrm{C}_{n+1}^k B_k.$$

例如, 开头的几个 Bernoulli 数[1] 为

$$B_0 = 1, \quad B_1 = -\frac{1}{2}, \quad B_2 = \frac{1}{6}, \quad B_{3,5,7} = 0, \quad B_4 = -\frac{1}{30}, \quad B_6 = \frac{1}{42}, \quad B_8 = -\frac{1}{30}. \quad \square$$

例 13.5.5 设

$$f(x) = \frac{x}{1} + \frac{x^3}{1 \times 3} + \frac{x^5}{1 \times 3 \times 5} + \cdots + \frac{x^{2n+1}}{(2n+1)!!} + \cdots, \tag{13.5.6}$$

以及

$$g(x) = 1 + \frac{x^2}{2} + \frac{x^4}{2 \times 4} + \cdots + \frac{x^{2n}}{(2n)!!} + \cdots. \tag{13.5.7}$$

证明: 上述两个幂级数的比值满足

$$\frac{f(x)}{g(x)} = \sum_{n=0}^{+\infty} (-1)^n \frac{x^{2n+1}}{(2n)!!(2n+1)}. \tag{13.5.8}$$

证明 容易看出, $g(x) = \mathrm{e}^{x^2/2}$, 同时还有 (13.5.8) 式右边的级数

$$\sum_{n=0}^{+\infty} (-1)^n \frac{x^{2n+1}}{(2n)!!(2n+1)} = \sum_{n=0}^{+\infty} \int_0^x \frac{1}{n!}\left(\frac{-t^2}{2}\right)^n \mathrm{d}t = \int_0^x \mathrm{e}^{-t^2/2}\, \mathrm{d}t.$$

因此, 只需证明

$$f(x) = g(x)\int_0^x \mathrm{e}^{-t^2/2}\, \mathrm{d}t = \mathrm{e}^{x^2/2}\int_0^x \mathrm{e}^{-t^2/2}\, \mathrm{d}t$$

---

[1] 这样定义的 Bernoulli 数称为第一 Bernoulli 数, 此时 $B_1 = -\dfrac{1}{2}$. 当定义 $B_1 = \dfrac{1}{2}$, 其他 B_k 不变时, 称为第二 Bernoulli 数, 第二 Bernoulli 数可通过考虑函数 $\dfrac{x\mathrm{e}^x}{\mathrm{e}^x - 1}$ 的幂级数展开得到.

即可. 记 $h(x) = \mathrm{e}^{x^2/2} \displaystyle\int_0^x \mathrm{e}^{-t^2/2} \,\mathrm{d}t$. 事实上, 一方面由 (13.5.6) 式逐项求导, 容易看出

$$f'(x) = 1 + xf(x).$$

另一方面,

$$h'(x) = \frac{\mathrm{d}}{\mathrm{d}x}\left(\mathrm{e}^{x^2/2}\int_0^x \mathrm{e}^{-t^2/2}\,\mathrm{d}t\right) = 1 + x\mathrm{e}^{x^2/2}\int_0^x \mathrm{e}^{-t^2/2}\,\mathrm{d}t = 1 + xh(x).$$

所以, 我们看到 $f(x)$ 和 $h(x)$ 满足相同的微分方程关系式 $y' = 1 + xy$, 并且两者还都满足 $f(0) = 0$ 和 $h(0) = 0$. 因此 $f(x) \equiv h(x)$[①]. $\qquad\square$

幂级数之间还可以做代入运算, 或者称之为幂级数的复合运算, 即把一个幂级数代入到另一个幂级数. 限于篇幅, 我们在此不再铺开讨论.

下面的例子说明: **光滑函数的 Taylor 展开的系数可以为任意实数列.**

例 13.5.6 对于任意给定的数列 $\{a_n\}$, 都可以构造一个光滑函数 $f(x)$, 使得该函数在 $x = 0$ 处的 Maclaurin 级数的系数恰好满足 $f^{(n)}(0) = a_n, n = 0, 1, 2, \cdots$.

解 设 $\varphi \in C^\infty(\mathbb{R})$ 满足

$$\varphi(x) = \begin{cases} 1, & |x| \leqslant \dfrac{1}{4}, \\ 0, & |x| \geqslant \dfrac{1}{2}. \end{cases}$$

对于实数列 $a_0, a_1, a_2, \cdots$, 定义

$$f(x) = \sum_{n=0}^{+\infty} \frac{a_n}{n!}\varphi(a_n x)x^n, \quad \forall x \in \mathbb{R}.$$

可以证明 $f \in C^\infty(\mathbb{R})$, 且 $f^{(n)}(0) = a_n, \forall n \geqslant 0$.

事实上, 因为 $x^{k+1}\varphi^{(k)}(x) \in C^\infty(\mathbb{R})$ 且仅在有界集上非零. 因此, 它们在 $\mathbb{R}$ 上都是有界的. 设

$$\sup_{x\in\mathbb{R}} |x^{k+1}\varphi^{(k)}(x)| \leqslant M_k, \quad k = 0, 1, 2, \cdots.$$

则

$$\left|\frac{a_n}{n!}\varphi(a_n x)x^n\right| \leqslant \frac{M_0|x|^{n-1}}{n!}, \quad \forall n \geqslant 1, x \in \mathbb{R}.$$

因此, 级数 $\displaystyle\sum_{n=0}^{+\infty} \frac{a_n}{n!}\varphi(a_n x)x^n$ 在 $\mathbb{R}$ 上内闭一致收敛. 进而可得 $f(x)$ 连续. 从而

$$f(0) = \sum_{n=0}^{+\infty} \frac{a_n}{n!}\varphi(a_n x)x^n\Big|_{x=0} = a_0.$$

---

① 这里我们利用了常微分方程的一个基本结论: 一阶线性微分方程初值问题的解是存在唯一的. 读者也可以直接证明两者相等.

现考虑级数 $\sum\limits_{n=0}^{+\infty} \dfrac{a_n}{n!}\varphi(a_nx)x^n$ 形式求导后的级数

$$a_0^2\varphi'(a_0x) + \sum_{n=1}^{+\infty}\frac{1}{n!}\left(a_n^2\varphi'(a_nx)x^n + na_n\varphi(a_nx)x^{n-1}\right).$$

由于

$$\left|\frac{1}{n!}\left(a_n^2\varphi'(a_nx)x^n + na_n\varphi(a_nx)x^{n-1}\right)\right| \leqslant \frac{1}{n!}\left(M_1 + nM_0\right)|x|^{n-2}, \quad \forall n \geqslant 2,$$

可知

$$a_0^2\varphi'(a_0x) + \sum_{n=1}^{+\infty}\frac{1}{n!}\left(a_n^2\varphi'(a_nx)x^n + na_n\varphi(a_nx)x^{n-1}\right)$$

在 $\mathbb{R}$ 上内闭一致收敛. 从而 $f(x)$ 连续可导且导数可以通过对 $\sum\limits_{n=0}^{+\infty}\dfrac{a_n}{n!}\varphi(a_nx)x^n$ 逐项求导得到. 一般地, 可以证明 $f(x)$ 任意次可导, 且各阶导数可以通过对 $\sum\limits_{n=0}^{+\infty}\dfrac{a_n}{n!}\varphi(a_nx)x^n$ 逐项求导得到. 因此,

$$\begin{aligned}
f^{(n)}(0) &= \sum_{k=0}^{+\infty}\left(\frac{a_k}{k!}\varphi(a_kx)x^k\right)^{(n)}\bigg|_{x=0} = \sum_{k=0}^{n}\left(\frac{a_k}{k!}\varphi(a_kx)x^k\right)^{(n)}\bigg|_{x=0}\\
&= \sum_{k=0}^{n}\frac{a_k}{k!}\sum_{i=1}^{n}\mathrm{C}_n^i\left(\varphi(a_kx)\right)^{(i)}\left(x^k\right)^{(n-i)}\bigg|_{x=0}\\
&= \sum_{k=0}^{n}\frac{a_k}{k!}\mathrm{C}_n^{n-k}k!a_k^{n-k}\varphi^{(n-k)}(0)\\
&= \sum_{k=0}^{n}\mathrm{C}_n^{n-k}a_k^{n+1-k}\varphi^{(n-k)}(0)\\
&= \mathrm{C}_n^0 a_n\varphi^{(0)}(0) = a_n, \quad \forall n \in \mathbb{N}. \qquad \Box
\end{aligned}$$

我们上面看到, 的确存在无穷光滑的函数, 其 Taylor 级数的收敛半径为零, 但可以证明, 这些函数不应该是初等函数.

Tauber 型求和: Cesàro 求和, Abel 求和.

下面我们简要介绍一下另外两种模式下的级数求和: **Cesàro 求和** 与 **Abel 求和**. 我们知道, 对于给定的数列 $\{a_n\}$, 可以通过引入部分和数列 $\{S_n\}$, $S_n = a_1+a_2+\cdots+a_n$ ($n = 1,2,\cdots$), 以及 $\{S_n\}$ 的极限存在与否来定义级数的收敛与发散. 因此, 可以看到, 这仅仅是对给定数列 $\{a_n\}$ 的一种人为的 (经典) 求和模式而已. 既然如此, 我们也可以用其他的方式来定义级数的求和. Cesàro 求和以及 Abel 求和即为另外两种常见求和方式.

Cesàro 求和: 这是由意大利数学家 E. Cesàro 引入的一种计算级数和的方法, 此定义推广了经典的级数求和, 使得不仅适用于收敛的级数, 也适用于某些通常意义下发

散的级数. 如果级数在经典意义下收敛到 S, 则其 Cesàro 求和也收敛且其值也为 S. 对于某些经典模式下发散的级数, 通过 Cesàro 求和方式, 也有可能给出一个和.

定义 13.5.1　级数 $\displaystyle\sum_{n=1}^{+\infty} c_n$ 称为**可 Cesàro 求和** (或 Cesàro 可知), 是指当 $n \to +\infty$ 时数列 $\{\sigma_n\}$ 极限 $\displaystyle\lim_{n\to+\infty} \sigma_n$ 存在且为有限, 其中

$$\sigma_n = \frac{S_1 + S_2 + \cdots + S_n}{n}, \qquad S_k = \sum_{n=1}^{k} c_n,$$

并且把极限值定义为级数的 Cesàro 意义下的和, 简称 **Cesàro 和**.

下面的结论可以由 Stolz 公式 (Stolz-Cesàro 定理) 得到.

定理 13.5.5　如果级数 $\displaystyle\sum_{n=1}^{+\infty} c_n$ 收敛, 则该级数一定可 Cesàro 求和, 且级数和与 Cesàro 和相等.

注意, 定理的逆命题不成立.

例 13.5.7　发散级数 $\displaystyle\sum_{n=1}^{+\infty} (-1)^{n+1}$ 是可 Cesàro 求和的, 且 Cesàro 和为 $\dfrac{1}{2}$.

如果我们把上述 Cesàro 求和称为一阶 Cesàro 求和, 并称为 Cesàro $(C,1)$ 求和的话, 那么进一步, 我们还可以定义二阶甚至 p 阶的 Cesàro 求和 (C,p) 如下:

首先, 考虑通项为 $b_n \equiv 1$ 的特殊级数

$$\sum_{n=1}^{+\infty} b_n = 1 + 1 + 1 + \cdots.$$

定义

$$B_n^{(-1)} = b_n = 1 = \mathrm{C}_n^0, \qquad B_n^{(0)} = \sum_{k=1}^{n} b_k = n = \mathrm{C}_n^1,$$

$$B_n^{(1)} = \sum_{k=1}^{n} B_k^{(0)} = \frac{n(n+1)}{2} = \mathrm{C}_{n+1}^2, \quad \cdots, \quad B_n^{(p)} = \sum_{k=1}^{n} B_k^{(p-1)} = \mathrm{C}_{n+p}^{p+1}, \cdots.$$

其次, 对任一给定级数 $\displaystyle\sum_{n=1}^{+\infty} a_n$, 记 $A_n^{(0)} = \displaystyle\sum_{k=1}^{n} a_k$. 把前面定义中的级数 $\displaystyle\sum_{n=1}^{+\infty} a_n$ 的一阶 Cesàro $(C,1)$ 求和改记为

$$A_n^{(1)} = \lim_{n\to+\infty} \frac{\displaystyle\sum_{k=1}^{n} B_k^{(-1)} A_k^{(0)}}{B_n^{(0)}} = \frac{A_1^{(0)} + A_2^{(0)} + \cdots + A_n^{(0)}}{\mathrm{C}_n^1}.$$

定义级数 $\displaystyle\sum_{n=1}^{+\infty} a_n$ 的二阶 Cesàro $(C,2)$ 求和为

$$A_n^{(2)} = \lim_{n\to+\infty} \frac{\displaystyle\sum_{k=1}^{n} B_k^{(0)} A_k^{(1)}}{\displaystyle\sum_{k=1}^{n} B_k^{(0)}} = \frac{nA_1^{(0)} + (n-1)A_2^{(0)} + \cdots + A_n^{(0)}}{\mathrm{C}_{n+1}^2}.$$

更一般地, 定义级数 $\sum\limits_{n=1}^{+\infty} a_n$ 的 p 阶 $(p \geqslant 2)$ Cesàro (C, p) 求和为

$$A_n^{(p)} = \lim_{n \to +\infty} \frac{\sum\limits_{k=1}^{n} B_k^{(p-2)} A_k^{(p-1)}}{\sum\limits_{k=1}^{n} B_k^{(p-2)}} = \frac{C_{n+p-2}^{p-1} A_1^{(0)} + C_{n+p-3}^{p-1} A_2^{(0)} + \cdots + C_{p-1}^{p-1} A_n^{(0)}}{C_{n+p-1}^{p}}.$$

以上求和方法统称为 **Cesàro 求和法**.

　　Abel 求和: 我们再来看另一种常见的级数求和——**Abel 求和**.

　　<u>**定义 13.5.2**</u>　级数 $\sum\limits_{n=1}^{+\infty} a_n$ 称为**可 Abel 求和** (或 Abel 可知), 是指极限

$$\lim_{x \to 1^-} \sum_{n=0}^{+\infty} a_n x^n = S \tag{13.5.9}$$

存在且为有限. 极限值 S 定义为级数在 Abel 意义下的和, 简称 **Abel 和**.

　　容易看出, 若 $\sum\limits_{n=0}^{+\infty} a_n$ 收敛到 S, 则根据 Abel 定理, 关系式 (13.5.9) 必然成立. 另一方面, 易见级数 $\sum\limits_{n=0}^{+\infty} (-1)^n$ 是 Abel 可和的, 但非经典可和. 因此, Abel 可和的确是经典级数可和的推广.

　　如果我们对级数通项加适当条件, 可以得到 Abel 可和与经典可和的关系:

　　定理 13.5.6 (小 o Tauber 定理)　设 $\lim\limits_{x \to 1^-} \sum\limits_{n=1}^{+\infty} a_n x^n = A$ 且 $a_n = o\left(\dfrac{1}{n}\right)$, 则 $\sum\limits_{n=1}^{+\infty} a_n = A$.

　　证明　$\forall \varepsilon > 0$, 考虑 $\forall N > 0$, 令 $x = 1 - \dfrac{1}{N}$. 有

$$\left| \sum_{n=1}^{N} a_n - \sum_{n=1}^{N} a_n x^n \right| \leqslant \sum_{n=1}^{N} |a_n| \left(1 - \left(1 - \frac{1}{N}\right)^n\right) \leqslant \sum_{n=1}^{N} |a_n| \frac{n}{N} \to 0 \quad (N \to +\infty).$$

　　又

$$\left| \sum_{n=1}^{+\infty} a_n x^n - \sum_{n=1}^{N} a_n x^n \right| \leqslant \sum_{n>N} |a_n| \left(1 - \frac{1}{N}\right)^n \leqslant \sum_{n>N} \frac{na_n}{N} \left(1 - \frac{1}{N}\right)^n \leqslant \sum_{n>N} \frac{\varepsilon}{N} \left(1 - \frac{1}{N}\right)^n$$

$$= \varepsilon \left(1 - \frac{1}{N}\right)^{N+1} \to \frac{\varepsilon}{e} \quad (N \to +\infty).$$

综合二者结论得证.　　　　　　　　　　　　　　　　　　　　　　　　　　　　　□

　　Cesàro 可和与 Abel 可和的关系: 我们有

定理 13.5.7 若级数 $\sum\limits_{n=0}^{+\infty} a_n$ Cesàro 可和, 则 $\sum\limits_{n=0}^{+\infty} a_n$ 也 Abel 可和, 且 Abel 和等于 Cesàro 和.

证明 不妨设 $\sum\limits_{n=0}^{+\infty} a_n$ 的 Cesàro 和为零. 任取 $m \geqslant 1$, 对于 $x \in (0,1)$, 我们有

$$\left| \sum_{n=0}^{+\infty} a_n x^n \right| = \left| (1-x) \sum_{n=0}^{+\infty} S_n x^n \right| = \left| (1-x)^2 \sum_{n=0}^{+\infty} (n+1)\sigma_n x^n \right|$$

$$\leqslant (1-x)^2 \sum_{n=0}^{m} (n+1)|\sigma_n| x^n + (1-x)^2 \sup_{k \geqslant m} |\sigma_k| \sum_{n=m+1}^{+\infty} (n+1) x^n$$

$$\leqslant (1-x)^2 \sum_{n=0}^{m} (n+1)|\sigma_n| x^n + \sup_{k \geqslant m} |\sigma_k|.$$

因此 $\varlimsup\limits_{x \to 1^-} \left| \sum\limits_{n=0}^{+\infty} a_n x^n \right| \leqslant \sup\limits_{k \geqslant m} |\sigma_k|.$ 再令 $m \to +\infty$ 即得 $\lim\limits_{x \to 1^-} \sum\limits_{n=0}^{+\infty} a_n x^n = 0.$

注意, 上面推导过程中用到关系式

$$1 = (1-x)^2 \sum_{n=0}^{+\infty} (n+1) x^n,$$

以及两次用到 Abel 变换：

$$\sum_{n=0}^{+\infty} a_n x^n = (1-x) \sum_{n=0}^{+\infty} S_n x^n = (1-x)^2 \sum_{n=0}^{+\infty} (n+1)\sigma_n x^n.$$

这是因为

$$(1 - 2x + x^2) \sum_{n=0}^{+\infty} (n+1)\sigma_n x^n = \sum_{n=0}^{+\infty} ((n+1)\sigma_n - 2n\sigma_{n-1} + (n-1)\sigma_{n-2}) x^n$$

$$= \sum_{n=0}^{+\infty} (((n+1)\sigma_n - n\sigma_{n-1}) - (n\sigma_{n-1} - (n-1)\sigma_{n-2})) x^n$$

$$= \sum_{n=0}^{+\infty} (S_n - S_{n-1}) x^n = \sum_{n=0}^{+\infty} a_n x^n. \qquad \square$$

下面的例子告诉我们, Abel 可和不一定蕴涵着 Cesàro 可和. 因此 Abel 可和是一种比 Cesàro 可和更广的求和方式.

例 13.5.8 考虑通项为 $a_n = (-1)^{n+1} n$ 的级数

$$1 - 2 + 3 - 4 + 5 - 6 + \cdots.$$

显然, 此级数发散. 进一步, 直接计算可以看出该级数的 Cesàro $(C,1)$ 求和也发散. 事实上, 这是因为

$$S_1 = 1, \quad S_2 = -1, \quad S_3 = 2, \quad S_4 = -2, \quad \cdots, S_{2n-1} = n, \quad S_{2n} = -n, \quad \cdots,$$

所以

$$\sigma_1 = 1, \quad \sigma_2 = 0, \quad \sigma_3 = \frac{2}{3}, \quad \sigma_4 = 0, \quad \cdots, \quad \sigma_{2n-1} = \frac{n}{2n-1}, \quad \sigma_{2n} = 0, \quad \cdots,$$

故 $\{\sigma_n\}$ 的极限不存在.

但可以证明, 此级数是 Abel 可和的. 为此, 考虑幂级数

$$x - 2x^2 + 3x^3 - 4x^4 + 5x^5 - 6x^6 + \cdots,$$

该幂级数在区间 $(0,1)$ 上有和函数 $f(x) = \dfrac{x}{(1+x)^2}$, 当 $x \to 1^-$ 时趋近于极限 $\dfrac{1}{4}$, 因此该级数在 Abel 意义下是可和的.

在讨论常数项级数乘积时, 我们在例 11.4.3 中断言, 存在两个条件收敛的级数, 它们的 Cauchy 乘积级数绝对收敛. 下面我们首先证明这个结论.

例 13.5.9　证明: 存在两个条件收敛的级数, 它们的 Cauchy 乘积级数绝对收敛.

证明　注意到当 $|x| < 1$ 时, 对任意实数 m, 函数 $(1+x)^m$ 的 Taylor 级数总是绝对收敛的. 若 $-1 < m < 0$, 则当 $x = 1$ 时, 相应的级数是条件收敛的, 当 $x = -1$ 时, 级数发散. 所以, 级数

$$f(x) = \frac{1+x}{\sqrt{1+x^3}} = \sum_{n=0}^{+\infty} a_n x^n$$

与级数

$$g(x) = \frac{1-x+x^2}{\sqrt{1+x^3}} = \sum_{n=0}^{+\infty} b_n x^n$$

当 $|x| < 1$ 时绝对收敛, $x = 1$ 时条件收敛. 因此, 级数 $\displaystyle\sum_{n=0}^{+\infty} a_n, \sum_{n=0}^{+\infty} b_n$ 都是条件收敛的.

由于对任意的 x, 都有 $f(x) \cdot g(x) \equiv 1$, 故 $c_0 = 1, c_n = 0 \ (n = 1, 2, \cdots)$, 其中 $c_n = a_0 b_n + a_1 b_{n-1} + \cdots + a_n b_0$. 因此, 级数 $\displaystyle\sum_{n=0}^{+\infty} c_n$ 绝对收敛.　□

另一方面, 在讨论常数项级数乘积时, 定理 11.4.11 告诉我们, 如果两个收敛级数的 Cauchy 乘积级数收敛, 那么 Cauchy 乘积级数的和等于两个收敛级数和的乘积. 但是, 例 11.4.4 告诉我们, 两个条件收敛级数其 Cauchy 乘积级数有可能不收敛. 下面的定理告诉我们, 两个收敛级数的 Cauchy 乘积级数, 在 Cesàro 意义下总是可求和的. 即, 下面的 **Cesàro 定理**成立.

定理 13.5.8 (Cesàro 定理)　设级数 $\sum_{n=0}^{+\infty} a_n$ 和 $\sum_{n=0}^{+\infty} b_n$ 分别收敛到 A 和 B, 则它们的 Cauchy 乘积 $\sum_{n=0}^{+\infty} c_n$ Cesàro 可和, 且和为 AB.

证明　记

$$A_n = \sum_{k=0}^{n} a_k, \quad B_n = \sum_{k=0}^{n} b_k, \quad C_n = \sum_{k=0}^{n} c_k, \quad H_n = \sum_{k=0}^{n} C_k, \quad n \geqslant 0.$$

由定理假设, $\lim_{n \to +\infty} A_n = A$, $\lim_{n \to +\infty} B_n = B$. 而 $\forall x \in (-1, 1)$,

$$(1-x)^2 \sum_{n=0}^{+\infty} H_n x^n = \sum_{n=0}^{+\infty} c_n x^n = \left(\sum_{n=0}^{+\infty} a_n x^n \right) \left(\sum_{n=0}^{+\infty} b_n x^n \right)$$

$$= \left((1-x) \sum_{n=0}^{+\infty} A_n x^n \right) \left((1-x) \sum_{n=0}^{+\infty} B_n x^n \right)$$

$$= (1-x)^2 \sum_{n=0}^{+\infty} \sum_{k=0}^{n} A_k B_{n-k} x^n.$$

所以

$$\lim_{n \to +\infty} \frac{H_n}{n+1} = \lim_{n \to +\infty} \frac{1}{n+1} \sum_{k=0}^{n} A_k B_{n-k} = AB.$$

定理得证. □

关于 Abel 求和, 下面的定理成立:

定理 13.5.9　设 $\sum_{n=0}^{+\infty} a_n$ 和 $\sum_{n=0}^{+\infty} b_n$ 均 Abel 可和, 且它们的 Abel 和为 A 和 B, 则 $\sum_{n=0}^{+\infty} a_n$ 和 $\sum_{n=0}^{+\infty} b_n$ 的 Cauchy 乘积也 Abel 可和, 且 Abel 和为 AB.

习题 13.5

1. 考虑函数 $f(x) = \ln(1 + x + x^2 + x^3 + x^4)$.

(1) 求 $f(x)$ 在 $x_0 = 0$ 处的幂级数展开 $\sum_{n=1}^{+\infty} a_n x^n$.

(2) 确定幂级数的收敛域.

(3) 计算 $\sum_{n=1}^{+\infty} a_n$.

2. 如果在定理 13.5.2 中, 两个幂级数的收敛半径分别为 R_1, R_2, 问它们乘积级数的收敛半径是多少?

3. 试用形式幂级数的思路, 用待定系数的方法, 即 $y = \sum\limits_{n=0}^{+\infty} a_n x^n$ 以及形式求导和形式二阶导, 验证微分方程 $x^2 y' = (1-x)y - 1$, $y(0) = 1$ 具有形式幂级数解 $y = \sum\limits_{n=0}^{+\infty} n! x^n$.

4. 试问初等函数的 Taylor 级数有没有可能收敛半径为 0?

5. 设 $P_m(x)$ 是给定的 m 次多项式. 考虑由下面级数定义的函数 $f(x)$:

$$f(x) = \sum_{n=0}^{+\infty} \frac{P_m^n(x)}{n!}.$$

证明: $f(x)$ 的幂级数展开式中, 不可能连着出现 m 个零系数.

6. 证明: 当 $\sum\limits_{n=0}^{+\infty} a_n$ Cesàro 可和时, $\left\{ \dfrac{a_n}{n+1} \right\}$ 有界.

7. 求幂级数 $\sum\limits_{n=1}^{+\infty} \dfrac{2}{4n-1} x^{2n}$ 的和函数.

8. 设级数 $\sum\limits_{n=0}^{+\infty} a_n$ 和 $\sum\limits_{n=0}^{+\infty} b_n$ 均 Cesàro 可和, 试讨论它们的 Cauchy 乘积 $\sum\limits_{n=0}^{+\infty} c_n$ 是否 Cesàro 可和?

9. 证明定理 13.5.9.

10. 设 $\sum\limits_{n=0}^{+\infty} a_n$ 的 Abel 和为 A. 证明: $\sum\limits_{n=0}^{+\infty} a_n$ 收敛当且仅当

$$\lim_{n \to +\infty} \frac{a_1 + 2a_2 + \cdots + na_n}{n} = 0.$$

11. 试讨论例 13.5.8 中级数是否可二阶 Cesàro 求和? 是否可三阶 Cesàro 求和? 进一步思考, 是否一个发散的但 Abel 可和的级数, 一定存在自然数 k, 使得该级数是 k 阶 Cesàro 可和的.

12. 设幂级数

$$\sum_{n=0}^{+\infty} a_n x^n = f(x)$$

中的所有系数 $a_n \in \{0, 1, \cdots, 9\}$. 试证明: 如果 $f\left(\dfrac{1}{10}\right) \in \mathbb{Q}$, 那么 $f(x)$ 是一个有理函数, 即 $f(x) = \dfrac{P(x)}{Q(x)}$, 其中 $P(x), Q(x)$ 是多项式.

13.6　连续函数的多项式逼近

函数的逼近是分析学和有关应用学科中极其重要的一部分内容. 它的基本出发点是由简单的、熟悉的、光滑性好的函数, 按照某种度量标准, 逼近一个给定的通常是相对复杂的、陌生的、性质一般的函数. 比如前面章节中看到的用逐段常值函数、折线函数、连续函数来逼近可积函数, 用 Taylor 多项式来逼近一个光滑的函数, 等等.

我们知道, 如果函数 $f(x)$ 在 $(-R, R)$ 中能展开成幂级数, 那么对任意 $[a, b] \subset (-R, R)$, $f(x)$ 在 $[a, b]$ 上能用多项式一致逼近, 即 $\forall \varepsilon > 0$, $\exists N > 0$, 只要 $n > N$, 取 n 阶 Taylor 多项式 $T_n(x)$ 即可做到 $|f(x) - T_n(x)| < \varepsilon$.

但是能展开成幂级数的函数少之又少, 因为它对函数的要求太高了: 要有足够高阶的导数. 所以, 用幂级数来逼近一个函数具有太大的局限性. 另一方面, 一个非常自然的问题是: 对一些光滑性并不那么好的函数是否存在多项式逼近? 特别地, 比如连续函数可否由多项式逼近? 这是因为从函数的复杂性来看, 多项式是一类光滑性好、形式简单、便于分析的函数.

本节重点讨论连续函数的多项式逼近问题. 当然, 我们也有足够的理由用其他类型的 "简单的、基本的、熟悉的" 函数去逼近, 比如正弦函数、余弦函数等三角函数也具有上述好的特点, 因为毕竟 "简单的、基本的" 等字眼是主观的标准. 的确, 比如如何用三角函数逼近一般的函数同样是个重要的话题. 与此相关的内容, 我们将放到 Fourier 级数去讨论.

为了陈述方便, 我们先给出以下定义:

定义 13.6.1　设 $f(x)$ 是定义在区间 $I \subseteq \mathbb{R}$ 上的函数, 如果对任意 $\varepsilon > 0$, 总能找到多项式 $P(x)$, 使得对 I 中所有的 x 均有

$$|f(x) - P(x)| < \varepsilon, \quad x \in I$$

成立, 则称 $f(x)$ 在 I 上能被**多项式一致逼近**.

显然, $f(x)$ 在 I 上可被多项式一致逼近的充要条件是存在多项式序列 $\{P_n(x)\}$, 使得 $P_n(x) \rightrightarrows f(x)$ $(x \in I)$. 另一方面, 我们知道, 如果 $f(x)$ 在 I 上可被多项式一致逼近, 则显然 $f(x)$ 在 I 上连续.

如果 $f(x)$ 在有限开区间 (a, b) 上可被多项式一致逼近, 则由一致性, 可以证明 $f(x)$ 必可以连续延拓到闭区间 $[a, b]$ 上. 若 I 是无穷区间, 当 $f(x)$ 不是多项式时, 则 $f(x)$ 在 I 上一定不能被多项式逼近. 所以, 很自然提出下面的问题: 对于有限闭区间上的连续函数 $f(x)$, 是否一定可被多项式逼近? 下面著名的 Weierstrass 定理对此问题给出了一个充分性的答案:

如下定理称为 **Weierstrass 第一逼近定理**.

定理 13.6.1 有界闭区间上的连续函数可用多项式一致逼近. 即对闭区间 $[a,b]$ 上的任意连续函数 $f(x)$, 存在多项式序列 $\{P_n(x)\}$, 使得在 $[a,b]$ 上 $P_n(x) \rightrightarrows f(x)$.

Weierstrass 逼近定理有许多经典的证明方法, 这些方法各有鲜明的特点, 其背后通常还蕴含着不同的逼近思想和相关的学科背景. 下面我们给出的证明是基于 Bernstein 多项式的方法.

证法 1 不妨假设 $[a,b]=[0,1]$, 因为必要的话, 作一个线性变换 $x=a+(b-a)t$, 即可把问题转化为关于变量 $t \in [0,1]$ 上的连续函数的逼近.

记

$$p_{n,k}(x) = \mathrm{C}_n^k x^k (1-x)^{n-k},$$

则有

$$\sum_{k=0}^{n} p_{n,k}(x) = 1. \tag{13.6.1}$$

设 $f(x)$ 是 $[0,1]$ 上的连续函数, $n \geqslant 0$, 定义 f 的 n 阶 **Bernstein 多项式**为

$$B_n(f,x) = \sum_{k=0}^{n} f\left(\frac{k}{n}\right) p_{n,k}(x) = \sum_{k=0}^{n} f\left(\frac{k}{n}\right) \mathrm{C}_n^k x^k (1-x)^{n-k}. \tag{13.6.2}$$

我们将证明: $\{B_n(f,x)\}$ 是 $[0,1]$ 上的一致收敛到 $f(x)$ 的多项式序列.

首先, 对方程 (13.6.1) 两端求导再乘 $x(1-x)$, 可得

$$\sum_{k=0}^{n} \mathrm{C}_n^k (k-nx) x^k (1-x)^{n-k} = 0, \quad \forall x \in [0,1]. \tag{13.6.3}$$

对上式继续求导后再乘 $x(1-x)$ 可得

$$\sum_{k=0}^{n} \mathrm{C}_n^k (k-nx)^2 x^k (1-x)^{n-k} = nx(1-x), \quad \forall x \in [0,1]. \tag{13.6.4}$$

整理上面的计算, 可得

$$\sum_{k=0}^{n} k p_{n,k}(x) = nx,$$

$$\sum_{k=0}^{n} k^2 p_{n,k}(x) = n(n-1)x^2 + nx$$

$$\sum_{k=0}^{n} \left(x - \frac{k}{n}\right)^2 p_{n,k}(x) = \frac{x(1-x)}{n}.$$

由于 $f(x)$ 在 $[0,1]$ 上一致连续, 故对任意 $\varepsilon > 0$, 存在 $\delta > 0$, 当 $|x-y| < \delta$ 时, 有

$$|f(x) - f(y)| < \frac{\varepsilon}{2}.$$

再由 $f(x)$ 的有界性, 知 $\exists M > 0$, 使得 $|f(x)| \leqslant M$, 当 $|x - y| \geqslant \delta$ 时,

$$|f(x)| \leqslant M \leqslant \frac{M(x-y)^2}{\delta^2}.$$

因此, $\forall x \in [0, 1]$, 都有

$$\left| f(x) - f\left(\frac{k}{n}\right) \right| < \frac{\varepsilon}{2} + \frac{2M}{\delta^2}\left(x - \frac{k}{n}\right)^2.$$

从而

$$\begin{aligned}
|f(x) - B_n(x)| &= \left| \sum_{k=0}^{n} \left(f(x) - f\left(\frac{k}{n}\right) \right) p_{n,k}(x) \right| \\
&\leqslant \sum_{k=0}^{n} \left| f(x) - f\left(\frac{k}{n}\right) \right| p_{n,k}(x) \\
&\leqslant \frac{\varepsilon}{2} + \frac{2M}{\delta^2}\frac{x(1-x)}{n} \leqslant \frac{\varepsilon}{2} + \frac{M}{2\delta^2}\frac{1}{n}.
\end{aligned}$$

即 $B_n(f, x) \rightrightarrows f(x)$. □

下面给出基于 Lebesgue 做法的另一种直观性很强的证明. 我们仅给出基本步骤和思路, 读者可以补充细节.

证法 2 $\forall x \in [-1, 1]$, 令

$$u_0(x) = 0, \quad u_{n+1}(x) = u_n(x) + \frac{1}{2}(x^2 - u_n^2(x)), \quad n = 0, 1, 2, \cdots. \tag{13.6.5}$$

不难证明以下结论:

(1) 对每个 $n \in \mathbb{N}$, $u_n(x)$ 是一个多项式.

(2) 可以归纳证明, 对每个 $x \in [-1, 1]$, $0 \leqslant u_n(x) \leqslant u_{n+1}(x) \leqslant |x|$.

(3) $\{u_n(x)\}$ 关于 n 单调, 逐点收敛到极限函数 $|x|$, 由于 $|x|$ 在 $[-1, 1]$ 上连续, 根据 Dini 定理, 知上述逐点收敛实则为一致收敛 (注: 也可通过估计

$$\left| |x| - u_n(x) \right| \leqslant |x|\left(1 - \frac{|x|}{2}\right)^n < \frac{2}{n+1}$$

直接证明一致收敛性).

(4) 将 (13.6.5) 式中的迭代列换成

$$u_0(x) = 0, \quad u_{n+1}(x) = u_n(x) + \frac{1}{2}\left((x-c)^2 - u_n^2(x)\right), \quad n = 0, 1, 2, \cdots,$$

重复上述过程, 可得 $\{u_n(x)\}$ 一致收敛到 $|x - c|$.

(5) $\forall \lambda \in \mathbb{R}$, 多项式序列 $\{\lambda u_n(x)\}$ 一致收敛到 $\lambda|x - c|$.

(6) 闭区间 $[a, b]$ 上的连续函数能被逐段折线 (即分段线性函数) 一致逼近.

(7) 闭区间 $[a,b]$ 上的逐段线性函数 $g(x)$ 一定可以写成

$$g(x) = g(a) + \sum_{i=1}^{n} \lambda_i L(x - c_i)$$

形式, 其中 $L(x) = \dfrac{1}{2}(|x| + x) = \max\{x, 0\}$, c_i 为折线的转折点.

(8) 若函数 $\xi_k(x)$ $(k = 1, 2, \cdots, K)$ 在 $[a,b]$ 上能被多项式一致逼近, 则 $\sum_{k=1}^{K} \lambda_k \xi_k(x)$ 在 $[a,b]$ 上也能被多项式一致逼近. □

习题 13.6

1. 按照下列步骤给出 Weierstrass 逼近定理的另一个证明:

(1) 设 $c_n = \displaystyle\int_{-1}^{1} (1 - x^2)^n \, dx$, 证明: $c_n < \sqrt{\pi n}$.

(2) 设 f 是 $[0,1]$ 上的连续函数, 并且 $f(0) = f(1) = 0$. 当 $x \in [0,1]$ 时, 定义 $f(x) = 0$. 记 $Q_n(t) = c_n(1 - t^2)^n$. 证明:

$$P_n(x) = \int_0^1 f(x + t)Q_n(t)dt, \quad 0 \leqslant x \leqslant 1$$

是一个多项式, 而且

$$\lim_{n \to +\infty} P_n(x) = f(x)$$

在 $[0,1]$ 上一致收敛成立.

(3) 当 $f(0) \neq 0$ 或 $f(1) \neq 0$ 的条件不成立时, 证明 Weierstrass 逼近定理.

2. 设 f 在 $[0,1]$ 上连续, 证明:

$$\lim_{n \to +\infty} \frac{1}{2^n} \sum_{k=0}^{n} (-1)^k C_n^k f\left(\frac{k}{n}\right) = 0.$$

3. 设 f 是 $[a,b]$ 上的连续函数, 如果

$$\int_a^b f(x)x^n \, dx = 0, \quad n = 0, 1, 2, \cdots,$$

证明: f 在 $[a,b]$ 上恒等于 0.

4. 若 f 在 $(-\infty, +\infty)$ 中能用多项式一致逼近, 证明: f 必为一多项式.

5. 设 f 在 $[0,1]$ 上有定义, $B_n(f, x)$ 是函数 f 的 n 阶 Bernstein 多项式 (见习题 13.2 中 8 的表达式 (13.2.7)). 证明:

(1) (端点插值性) $B_n(f, 0) = f(0)$, $B_n(f, 1) = f(1)$.

(2) (保序性) 如果 $f(t) \geqslant 0$ $(t \in [0,1])$, 则 $B_n(f,x) \geqslant 0$; 如果 $f(t) > 0$ $(t \in [0,1])$, 则 $B_n(f,x) > 0$.

(3) (保有界性) 如果 $m \leqslant f(t) \leqslant M$ $(t \in [0,1])$, 则 $m \leqslant B_n(f,x) \leqslant M$.

(4) (保凸性) 如果 f 是 $[0,1]$ 上的凸函数, 那么 $B_n(f,x)$ 也是凸函数.

6. 设 f 在 $[0,1]$ 上可导, 证明:

$$B_n'(f,x) = n \sum_{k=0}^{n-1} \left(f\left(\frac{k+1}{n}\right) - f\left(\frac{k}{n}\right) \right) \mathrm{C}_{n-1}^k x^k (1-x)^{n-k-1}.$$

进一步, $B_n(f,x)$ 具有 C^1 **收敛性**, 即, 如果 $f \in C^1[0,1]$, 则 $B_n'(f,x)$ 一致收敛于 $f'(x)$.

更一般地, $B_n(f,x)$ 具有 C^m **收敛性**, 即, 对于 $m \geqslant 1$, 如果 $f \in C^m[0,1]$, 则 $B_n^{(m)}(f,x)$ 一致收敛于 $f^{(m)}(x)$.

7. 设 $\alpha \in (0,1]$, $L > 0$, f 在 $[0,1]$ 上有定义, 满足 α 阶 Hölder 连续

$$|f(x) - f(y)| \leqslant L|x-y|^\alpha, \quad \forall x,y \in [0,1].$$

设 $B_n(f,x)$ 是函数 f 的 n 阶 Bernstein 多项式. 证明:

(1) $\forall x \in [0,1]$, 成立

$$|f(x) - B_n(f,x)| \leqslant L\left(\frac{1}{n}x(1-x)\right)^{\alpha/2} \leqslant L\, n^{-\alpha/2}.$$

(2) $B_n(f,x)$ 在 $[0,1]$ 上也满足 α 阶 Hölder 连续, 且具有相同的系数 L:

$$|B_n(f,x) - B_n(f,y)| \leqslant L|x-y|^\alpha, \quad \forall x,y \in [0,1].$$

8. 设 $f(x)$ 在一个无穷区间可被多项式逼近, 证明: $f(x)$ 必是一个多项式.

9. 设 $f(x)$ 在 (a,b) 可被多项式逼近, 证明: $f(x)$ 在 (a,b) 一致连续.

10. 设 $f \in C[1,+\infty)$, 且存在 $\lim\limits_{x \to +\infty} f(x) = c$, 证明: 对任给 $\varepsilon > 0$, 存在多项式 $P(x)$, 使得 $|f(x) - P(1/x)| < \varepsilon$, $x \geqslant 1$.

11. 设 $f \in C[0,+\infty)$, 且存在 $\lim\limits_{x \to +\infty} f(x) = c$, 证明: 对任给 $\varepsilon > 0$, 存在多项式 $P(x)$, 使得 $|f(x) - P(\mathrm{e}^{-x})| < \varepsilon$, $x \geqslant 0$.

12. 设 $f \in C[a,b]$, 试证明: 存在多项式

$$P_1(x) \leqslant P_2(x) \leqslant \cdots \leqslant P_n(x) \leqslant \cdots$$

使得 $\{P_n(x)\}$ 在 $[a,b]$ 上一致收敛到 $f(x)$.

13.7 Peano 曲线

Peano 曲线又称 Hilbert 曲线, 是 Peano 于 1890 年首次发现的一件令人惊异的事实: 存在一条能够填满整个正方形的连续曲线. Peano 曲线的发现, 是数学史上的一件影响深远的事件, 它表明从低维到高维的连续映射的像集未必是零测集, 甚至一度引起对空间维数定义的基本思考. 后来, 人们就把能填满整个平面区域的连续曲线统称为 Peano 曲线. 下面我们简要介绍的一种构造 Peano 曲线的方法, 这是由 I. J. Schoenberg 在 1938 年给出的. 在 Schoenberg 的构造中, 他利用了实数的 p 进制小数展开 $(p = 2, 3)$.

考虑连续函数

$$f(t) = \begin{cases} 0, & t \in [0, 1/3], \\ 3t - 1, & t \in (1/3, 2/3], \\ 1, & t \in (2/3, 1]. \end{cases}$$

将 f 延拓为 $\mathbb{R}$ 中周期为 2 的偶函数 (图 13.1).

$$f(t) = f(t + 2), \quad f(t) = f(-t), \quad t \in \mathbb{R}.$$

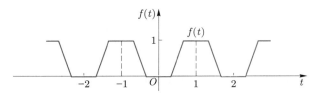

图 13.1 锯齿函数

令

$$x(t) = \sum_{n=0}^{+\infty} \frac{f(3^{2n} t)}{2^{n+1}}, \quad y(t) = \sum_{n=0}^{+\infty} \frac{f(3^{2n+1} t)}{2^{n+1}}, \quad t \in [0, 1].$$

由于 $0 \leqslant f(x) \leqslant 1$, 故这两个级数均一致收敛, 从而 $x(t), y(t)$ 连续,

$$\sigma(t) = (x(t), y(t)) : I \to I \times I \quad (I = [0, 1])$$

为连续曲线.

对任意点 $(a, b) \in I^2$, 设 a 与 b 的二进制表示分别为

$$a = \sum_{n=1}^{+\infty} \frac{a_n}{2^n}, \quad b = \sum_{n=1}^{+\infty} \frac{b_n}{2^n}, \tag{13.7.1}$$

其中 $a_n, b_n \in \{0,1\}$ ($\forall n \geqslant 1$), 定义实数 $\tilde{t}$ 如下:

$$0 \leqslant \tilde{t} := \frac{2a_1}{3} + \frac{2b_1}{3^2} + \frac{2a_2}{3^3} + \frac{2b_2}{3^4} + \cdots + \frac{2a_n}{3^{2n-1}} + \frac{2b_n}{3^{2n}} + \cdots \leqslant 2\sum_{n=1}^{+\infty} \frac{1}{3^n} = 1. \quad (13.7.2)$$

我们断言, 曲线 σ 可以覆盖正方形 I^2, 即可以证明, $\forall (a,b) \in I^2$, 具有表示式 (13.7.1), 则由 (13.7.2) 给出的 $\tilde{t}$ 便满足 $a = x(\tilde{t}), b = y(\tilde{t})$. 事实上,

$$3^{2n-2}\tilde{t} = 3^{2n-3} \cdot 2a_1 + 3^{2n-4} \cdot 2b_1 + 3^{2n-5} \cdot 2a_2 + \cdots + \frac{2a_n}{3} + \frac{2b_n}{3^2} + \cdots$$
$$= 2 \times N + \frac{2a_n}{3} + \tilde{a},$$

其中 $N \in \mathbb{N}$, $\tilde{a}$ 为 $\frac{2a_n}{3}$ 之后级数的余项之和. 满足 $0 \leqslant \tilde{a} \leqslant \sum_{n=2}^{+\infty} \frac{2}{3^n} = \frac{1}{3}$, 故有

$$f(3^{2n-2}\tilde{t}) = f\left(2N + \frac{2a_n}{3} + \tilde{a}\right) = f\left(\frac{2a_n}{3} + \tilde{a}\right).$$

若 $a_n = 0$, 则 $0 \leqslant \frac{2a_n}{3} + \tilde{a} \leqslant \frac{1}{3}$, 故 $f(3^{2n-2}\tilde{t}) = f\left(\frac{2a_n}{3} + \tilde{a}\right) = 0 = a_n$.

若 $a_n = 1$, 则 $\frac{2}{3} \leqslant \frac{2a_n}{3} + \tilde{a} \leqslant 1$, 故 $f(3^{2n-2}\tilde{t}) = f\left(\frac{2a_n}{3} + \tilde{a}\right) = 1 = a_n$.

同理有 $f(3^{2n-1}\tilde{t}) = b_n$, 从而有

$$x(\tilde{t}) = a, \quad y(\tilde{t}) = b.$$

证毕.

从证明中可以看出, 对于一个三进制表示的实数 $\tilde{t}$, 连续函数 $x(t), y(t)$ 事实上起到了把数对 (a,b) 分别从 $\tilde{t}$ 中过滤出来的作用.

习题 13.7

1. 证明: 空间连续曲线

$$\begin{cases} x(t) = \sum_{n=1}^{+\infty} \varphi(3^n t - 3^{n-1})\frac{1}{2^n}, \\ y(t) = \sum_{n=1}^{+\infty} \varphi(3^n t - 2 \cdot 3^{n-1})\frac{1}{2^n}, \quad t \in [0,1], \\ z(t) = \sum_{n=1}^{+\infty} \varphi(3^n t)\frac{1}{2^n} \end{cases}$$

能填满整个立方体 $[0,1]^3$，其中 φ 在 $I=[0,1]$ 上定义如下：

$$\varphi(t)=\begin{cases} 0, & t\in\left[0,\dfrac{1}{3}\right], \\[2mm] 3t-1, & t\in\left(\dfrac{1}{3},\dfrac{2}{3}\right], \\[2mm] 1, & t\in\left(\dfrac{2}{3},1\right]. \end{cases}$$

第十四章

多元函数与映射的极限与连续

从这一章开始我们要研究多个变量的函数. 我们知道, 一元函数的诸多性质都依赖于实数的性质. 为了研究多个变量的函数, 我们要首先研究其定义域的基本性质.

14.1 欧氏空间上的内积和外积

一元函数是指以 $\mathbb{R}$ 的子集为定义域的函数. 当变化因素不止一个时, 我们就要考虑定义在一般欧氏空间中的函数. 设 n 为正整数, 记

$$\mathbb{R}^n = \{(a_1, a_2, \cdots, a_n) \mid a_i \in \mathbb{R},\ i = 1, 2, \cdots, n\},$$

它是由 n 元有序实数组构成的集合. 以显然的方式, $\mathbb{R}^n$ 成为 $\mathbb{R}$ 上的向量空间, 称为 n 维欧氏空间. a_i 称为向量 $(a_1, a_2, \cdots, a_n)$ 的第 i 个坐标.

以 $\mathbb{R}^n$ 的子集为定义域的函数称为 n 元函数, $n > 1$ 时统称多元函数. 为了研究多元函数, 我们首先要研究 $\mathbb{R}^n$ 的性质, 这可以与 $\mathbb{R}$ 的性质做对比. 比如, 为了比较两个实数的大小, 我们可以考虑它们之间差的绝对值. 从几何上看, 这个绝对值可以认为是这两个实数在直线上所代表的两个点之间的距离. 为了方便起见, $\mathbb{R}^n$ 中的向量 (n 元实数组) 也称为 $\mathbb{R}^n$ 中的点. 给定 $\mathbb{R}^n$ 中的两个点 (向量), 怎样定义它们之间的距离 (夹角)? 为了定义距离和夹角, 我们引入如下概念.

定义 14.1.1 (内积) 设 V 是实数域 $\mathbb{R}$ 上的向量空间, 如果函数 $g : V \times V \to \mathbb{R}$ 满足以下条件:

(1) 任给 $v \in V$, 均有 $g(v, v) \geqslant 0$, 且 $g(v, v) = 0 \Longleftrightarrow v = 0$ (正定性).

(2) 任给 $u, v \in V$, 均有 $g(u, v) = g(v, u)$ (对称性).

(3) 任给 $\alpha, \beta \in \mathbb{R}$, $u, v, w \in V$, 均有

$$g(\alpha u + \beta v, w) = \alpha g(u, w) + \beta g(v, w) \text{ (线性性)},$$

则称 g 为 V 上的内积, (V, g) 称为内积空间.

我们常用 $\langle , \rangle$ 表示内积, 比如 $\langle u, v \rangle = g(u, v)$ 表示 u, v 之间的内积. 有了内积就可以定义向量的长度和向量之间的夹角. 设 $u \in V$, 记 $\|u\| = \sqrt{\langle u, u \rangle}$, 称为 u 的范数或长度.

定理 14.1.1 (Schwarz[1] 不等式) 设 $(V, \langle , \rangle)$ 为内积空间, $u, v \in V$, 则

$$|\langle u, v \rangle| \leqslant \|u\| \cdot \|v\|,$$

等号成立当且仅当 u, v 线性相关.

---

[1] Schwarz, Hermann Amandus, 1843 年 1 月 25 日—1921 年 11 月 30 日, 德国数学家.

证明 当 $\boldsymbol{u}=\boldsymbol{0}$(或 $\boldsymbol{v}=\boldsymbol{0}$) 时, 由内积的线性性可得

$$\langle \boldsymbol{0},\ \boldsymbol{v}\rangle = \langle 0\cdot\boldsymbol{0},\ \boldsymbol{v}\rangle = 0\langle\boldsymbol{0},\ \boldsymbol{v}\rangle = 0,$$

此时不等式自然成立. 下设 $\boldsymbol{u},\boldsymbol{v}\neq\boldsymbol{0}$, 当 $t\in\mathbb{R}$ 时, 根据内积的定义, 我们有

$$\langle\boldsymbol{u},\boldsymbol{u}\rangle - 2t\langle\boldsymbol{u},\boldsymbol{v}\rangle + t^2\langle\boldsymbol{v},\boldsymbol{v}\rangle = \langle\boldsymbol{u}-t\boldsymbol{v},\boldsymbol{u}-t\boldsymbol{v}\rangle \geqslant 0,$$

上式是关于 t 的一元二次函数, 因此其判别式非正:

$$\Delta = 4\langle\boldsymbol{u},\boldsymbol{v}\rangle^2 - 4\langle\boldsymbol{u},\boldsymbol{u}\rangle\langle\boldsymbol{v},\boldsymbol{v}\rangle \leqslant 0,$$

等号成立的条件留作练习. □

注 14.1.1 当 $\langle\boldsymbol{v},\boldsymbol{v}\rangle \geqslant 0$ 恒成立时 Schwarz 不等式成立.

根据 Schwarz 不等式, 当 $\boldsymbol{u},\boldsymbol{v}$ 为非零向量时, 可以取 $\theta(\boldsymbol{u},\boldsymbol{v})\in[0,\pi]$, 使得

$$\cos\theta(\boldsymbol{u},\boldsymbol{v}) = \frac{\langle\boldsymbol{u},\boldsymbol{v}\rangle}{\|\boldsymbol{u}\|\,\|\boldsymbol{v}\|},$$

$\theta(\boldsymbol{u},\boldsymbol{v})$ 称为 $\boldsymbol{u},\boldsymbol{v}$ 之间的夹角, 也记为 $\angle(\boldsymbol{u},\boldsymbol{v})$.

例 14.1.1 $\mathbb{R}^n$ 中的标准内积和范数.

设 $\boldsymbol{u},\boldsymbol{v}\in\mathbb{R}^n$, 记 $\boldsymbol{u}=(u_1,u_2,\cdots,u_n)$, $\boldsymbol{v}=(v_1,v_2,\cdots,v_n)$, 定义

$$\langle\boldsymbol{u},\boldsymbol{v}\rangle = \boldsymbol{u}\cdot\boldsymbol{v} = \sum_{i=1}^{n}u_iv_i,$$

容易看出 $\langle,\rangle$ 为 $\mathbb{R}^n$ 中的内积, 称为标准内积或欧氏内积. 此时, $\boldsymbol{u}$ 的范数为

$$\|\boldsymbol{u}\| = \sqrt{u_1^2+u_2^2+\cdots+u_n^2}.$$

当 $n=1$ 时, 范数也就是绝对值. □

例 14.1.2 矩阵空间中的内积和范数.

用 $M_{m\times n}$ 表示 $m\times n$ 实矩阵的全体构成的向量空间. 设 $\boldsymbol{A},\boldsymbol{B}\in M_{m\times n}$, 定义

$$\langle\boldsymbol{A},\boldsymbol{B}\rangle = \mathrm{tr}(\boldsymbol{A}\boldsymbol{B}^{\mathrm{T}}),$$

不难验证 $\langle,\rangle$ 为 $M_{m\times n}$ 中的内积. 若 $\boldsymbol{A}=\big(a_{ij}\big)_{m\times n}$, 则其范数可以表示为

$$\|\boldsymbol{A}\| = \bigg(\sum_{i=1}^{m}\sum_{j=1}^{n}a_{ij}^2\bigg)^{\frac{1}{2}}.$$ □

需要注意的是, 在参与矩阵的乘法运算时, 我们经常把 $\mathbb{R}^n$ 中的向量视为列向量. 下面的结果建立了矩阵的范数和向量的范数之间的联系.

引理 14.1.2(范数不等式) 设 $\boldsymbol{b} \in \mathbb{R}^n$, $\boldsymbol{A} = (a_{ij})_{m \times n}$, 则 $\|\boldsymbol{A}\boldsymbol{b}\| \leqslant \|\boldsymbol{A}\| \, \|\boldsymbol{b}\|$.

证明 我们把矩阵 $\boldsymbol{A}$ 的第 i 行记为 $\boldsymbol{a}^i$, 则 $\boldsymbol{A}\boldsymbol{b}$ 用列向量表示为

$$\boldsymbol{A}\boldsymbol{b} = \left(\boldsymbol{a}^1 \cdot \boldsymbol{b}, \ \boldsymbol{a}^2 \cdot \boldsymbol{b}, \ \cdots, \ \boldsymbol{a}^m \cdot \boldsymbol{b}\right)^{\mathrm{T}}.$$

根据 Schwarz 不等式可得

$$\|\boldsymbol{A}\boldsymbol{b}\|^2 = \sum_{i=1}^m \left(\boldsymbol{a}^i \cdot \boldsymbol{b}\right)^2 \leqslant \sum_{i=1}^m \|\boldsymbol{a}^i\|^2 \, \|\boldsymbol{b}\|^2 = \|\boldsymbol{A}\|^2 \, \|\boldsymbol{b}\|^2.$$

将上式两边开方即得欲证结论. □

有了范数就可以定义距离. 设 $(V, \langle, \rangle)$ 为内积空间, $\boldsymbol{u}, \boldsymbol{v} \in V$. 记 $d(\boldsymbol{u}, \boldsymbol{v}) = \|\boldsymbol{u} - \boldsymbol{v}\|$, 称为 $\boldsymbol{u}, \boldsymbol{v}$ 之间的距离.

命题 14.1.3(三角不等式) 设 $(V, \langle, \rangle)$ 为内积空间, $\boldsymbol{x}, \boldsymbol{y}, \boldsymbol{z} \in V$, 则有

$$d(\boldsymbol{x}, \boldsymbol{z}) \leqslant d(\boldsymbol{x}, \boldsymbol{y}) + d(\boldsymbol{y}, \boldsymbol{z}).$$

证明 我们先证明绝对值不等式: 任给 $\boldsymbol{u}, \boldsymbol{v} \in V$, 均有

$$\|\boldsymbol{u} + \boldsymbol{v}\| \leqslant \|\boldsymbol{u}\| + \|\boldsymbol{v}\|. \tag{14.1.1}$$

事实上, 根据 Schwarz 不等式, 有

$$\|\boldsymbol{u} + \boldsymbol{v}\|^2 = \langle \boldsymbol{u} + \boldsymbol{v}, \boldsymbol{u} + \boldsymbol{v} \rangle = \langle \boldsymbol{u}, \boldsymbol{u} \rangle + 2\langle \boldsymbol{u}, \boldsymbol{v} \rangle + \langle \boldsymbol{v}, \boldsymbol{v} \rangle$$

$$\leqslant \|\boldsymbol{u}\|^2 + 2\|\boldsymbol{u}\| \, \|\boldsymbol{v}\| + \|\boldsymbol{v}\|^2 = (\|\boldsymbol{u}\| + \|\boldsymbol{v}\|)^2.$$

将上式两边开方即得绝对值不等式. 当 $\boldsymbol{x}, \boldsymbol{y}, \boldsymbol{z} \in V$ 时, 利用绝对值不等式可得

$$d(\boldsymbol{x}, \boldsymbol{z}) = \|\boldsymbol{x} - \boldsymbol{z}\| = \|(\boldsymbol{x} - \boldsymbol{y}) + (\boldsymbol{y} - \boldsymbol{z})\|$$

$$\leqslant \|\boldsymbol{x} - \boldsymbol{y}\| + \|\boldsymbol{y} - \boldsymbol{z}\| = d(\boldsymbol{x}, \boldsymbol{y}) + d(\boldsymbol{y}, \boldsymbol{z}). \qquad \square$$

设 $\boldsymbol{u}, \boldsymbol{v} \in \mathbb{R}^n$, 若 $\boldsymbol{u} \cdot \boldsymbol{v} = 0$, 则称 $\boldsymbol{u}, \boldsymbol{v}$ 互相垂直 (正交), 记为 $\boldsymbol{u} \perp \boldsymbol{v}$. 第 i 个坐标为 1, 其余坐标为零的向量记为 $\boldsymbol{e}_i$, 我们将 $\{\boldsymbol{e}_i\}_{i=1}^n$ 称为 $\mathbb{R}^n$ 中的标准正交基.

在 $\mathbb{R}^n$ 中给定 $n-1$ 个向量 $\boldsymbol{v}^1, \boldsymbol{v}^2, \cdots, \boldsymbol{v}^{n-1}$, 我们要构造另一个向量 $\boldsymbol{w}$, 使得 $\boldsymbol{w}$ 与 $\boldsymbol{v}^i$ 均垂直. 为此, 记 $\boldsymbol{v}^i = (v_1^i, \cdots, v_n^i)$, 考虑线性函数 $\ell : \mathbb{R}^n \to \mathbb{R}$:

$$\ell(\boldsymbol{x}) = \begin{vmatrix} x_1 & \cdots & x_n \\ v_1^1 & \cdots & v_n^1 \\ \vdots & & \vdots \\ v_1^{n-1} & \cdots & v_n^{n-1} \end{vmatrix}, \quad \forall \, \boldsymbol{x} = (x_1, x_2, \cdots, x_n).$$

按照行列式的定义, $\ell(\boldsymbol{x})$ 可以表示为

$$\ell(\boldsymbol{x}) = \boldsymbol{x} \cdot \boldsymbol{w} = \sum_{i=1}^{n} x_i w_i, \tag{14.1.2}$$

其中 $\boldsymbol{w} = (w_1, w_2, \cdots, w_n)$, 且

$$w_i = (-1)^{i-1} \begin{vmatrix} v_1^1 & \cdots & v_{i-1}^1 & v_{i+1}^1 & \cdots & v_n^1 \\ \vdots & & \vdots & \vdots & & \vdots \\ v_1^{n-1} & \cdots & v_{i-1}^{n-1} & v_{i+1}^{n-1} & \cdots & v_n^{n-1} \end{vmatrix}, \quad i = 1, 2, \cdots, n. \tag{14.1.3}$$

由 $\ell(\boldsymbol{x})$ 的定义易见 $\ell(\boldsymbol{v}^i) = 0\ (1 \leqslant i \leqslant n-1)$. 再由 (14.1.2) 可知 $\boldsymbol{w}$ 的确与 $\boldsymbol{v}^i$ 都垂直. 我们称 $\boldsymbol{w}$ 是 $\boldsymbol{v}^1, \boldsymbol{v}^2, \cdots, \boldsymbol{v}^{n-1}$ 的外积, 记为

$$\boldsymbol{w} = \boldsymbol{v}^1 \times \boldsymbol{v}^2 \times \cdots \times \boldsymbol{v}^{n-1}.$$

外积还具有下列性质:

- $\{\boldsymbol{v}^i\}_{i=1}^{n-1}$ 线性相关当且仅当 $\boldsymbol{v}^1 \times \boldsymbol{v}^2 \times \cdots \times \boldsymbol{v}^{n-1} = \boldsymbol{0}$. 事实上, 如果 $\{\boldsymbol{v}^i\}_{i=1}^{n-1}$ 线性相关, 则 $\ell(\boldsymbol{x}) \equiv 0$, 从而 $\|\boldsymbol{w}\|^2 = \ell(\boldsymbol{w}) = 0$; 另一方面, 如果 $\{\boldsymbol{v}^i\}_{i=1}^{n-1}$ 线性无关, 则可以将它们扩充为 $\mathbb{R}^n$ 中的一组基 $\{\boldsymbol{u}, \boldsymbol{v}_i \mid 1 \leqslant i \leqslant n-1\}$. 此时 $\ell(\boldsymbol{u}) \neq 0$, 即 $\boldsymbol{u} \cdot \boldsymbol{w} \neq 0$, 特别地 $\boldsymbol{w} \neq \boldsymbol{0}$.

- 外积关于每一个分量 $\boldsymbol{v}^i$ 都是线性的, 即任给 $\lambda, \mu \in \mathbb{R}$ 以及向量 $\boldsymbol{v}^i, \tilde{\boldsymbol{v}}^i$, 有

$$\boldsymbol{v}^1 \times \cdots \times (\lambda \boldsymbol{v}^i + \mu \tilde{\boldsymbol{v}}^i) \times \cdots \times \boldsymbol{v}^{n-1} = \lambda \boldsymbol{v}^1 \times \cdots \times \boldsymbol{v}^i \times \cdots \times \boldsymbol{v}^{n-1} +$$
$$\mu \boldsymbol{v}^1 \times \cdots \times \tilde{\boldsymbol{v}}^i \times \cdots \times \boldsymbol{v}^{n-1}.$$

- 当 $i < j$ 时, 交换 $\boldsymbol{v}^i$ 和 $\boldsymbol{v}^j$ 的位置以后外积变一个符号, 即

$$\boldsymbol{v}^1 \times \cdots \times \boldsymbol{v}^j \times \cdots \times \boldsymbol{v}^i \times \cdots \times \boldsymbol{v}^{n-1} = -\boldsymbol{v}^1 \times \cdots \times \boldsymbol{v}^i \times \cdots \times \boldsymbol{v}^j \times \cdots \times \boldsymbol{v}^{n-1}.$$

一般地, 设 σ 为 $\{1, \cdots, n-1\}$ 的置换, 则

$$\boldsymbol{v}^{\sigma(1)} \times \cdots \times \boldsymbol{v}^{\sigma(n-1)} = (-1)^{\sigma} \boldsymbol{v}^1 \times \cdots \times \boldsymbol{v}^{n-1},$$

其中 σ 为偶置换时 $(-1)^{\sigma} = 1$, σ 为奇置换时 $(-1)^{\sigma} = -1$.

- $\|\boldsymbol{v}^1 \times \cdots \times \boldsymbol{v}^{n-1}\| = \left(\det \left(\boldsymbol{v}^i \cdot \boldsymbol{v}^j \right)_{(n-1) \times (n-1)} \right)^{\frac{1}{2}}$. 事实上, 当 $\{\boldsymbol{v}^i\}_{i=1}^{n-1}$ 线性相关时 $\boldsymbol{w} = \boldsymbol{0}$, $\det \left(\boldsymbol{v}^i \cdot \boldsymbol{v}^j \right)_{(n-1) \times (n-1)} = 0$; 当 $\{\boldsymbol{v}^i\}_{i=1}^{n-1}$ 线性无关时, 利用 $\|\boldsymbol{w}\|^2 = \ell(\boldsymbol{w})$ 以

及 $\boldsymbol{v}^i \cdot \boldsymbol{w} = 0$ 可得

$$\|\boldsymbol{w}\|^4 = \det\left(\begin{pmatrix} \boldsymbol{w} \\ \boldsymbol{v}^1 \\ \vdots \\ \boldsymbol{v}^{n-1} \end{pmatrix}\begin{pmatrix} \boldsymbol{w} \\ \boldsymbol{v}^1 \\ \vdots \\ \boldsymbol{v}^{n-1} \end{pmatrix}^{\mathrm{T}}\right) = \det\begin{pmatrix} \boldsymbol{w} \cdot \boldsymbol{w} & 0 \\ 0 & \left(\boldsymbol{v}^i \cdot \boldsymbol{v}^j\right)_{(n-1)\times(n-1)} \end{pmatrix}$$

$$= \|\boldsymbol{w}\|^2 \det\left(\boldsymbol{v}^i \cdot \boldsymbol{v}^j\right)_{(n-1)\times(n-1)},$$

这说明 $\|\boldsymbol{w}\|^2 = \det\left(\boldsymbol{v}^i \cdot \boldsymbol{v}^j\right)_{(n-1)\times(n-1)}.$

- 若 $\{\boldsymbol{e}_i\}_{i=1}^n$ 为 $\mathbb{R}^n$ 中的标准正交基, 则 $\boldsymbol{e}_1 \times \cdots \times \boldsymbol{e}_{i-1} \times \boldsymbol{e}_{i+1} \times \cdots \times \boldsymbol{e}_n = (-1)^{i-1}\boldsymbol{e}_i.$

习题 14.1

1. 我们用 $C[a,b]$ 表示 $[a,b]$ 上连续函数的全体构成的空间. 设 $f, g \in C[a,b]$, 定义

$$\langle f, g \rangle = \int_a^b f(x)g(x)\,\mathrm{d}x,$$

验证 $\langle, \rangle$ 是 $C[a,b]$ 上的内积.

2. 设 $\langle, \rangle$ 为向量空间 V 上的内积, $\boldsymbol{u}, \boldsymbol{v} \in V$, $\boldsymbol{v} \neq \boldsymbol{0}$. 在不等式

$$\langle \boldsymbol{u} - t\boldsymbol{v}, \boldsymbol{u} - t\boldsymbol{v} \rangle \geqslant 0$$

中代入 $t = \dfrac{\langle \boldsymbol{u}, \boldsymbol{v} \rangle}{\langle \boldsymbol{v}, \boldsymbol{v} \rangle}$ 从而证明 Schwarz 不等式.

3. 设 $(V, \langle, \rangle)$ 为内积空间, 证明如下的余弦公式:

$$\|\boldsymbol{u} - \boldsymbol{v}\|^2 = \|\boldsymbol{u}\|^2 + \|\boldsymbol{v}\|^2 - 2\|\boldsymbol{u}\|\,\|\boldsymbol{v}\|\cos\theta(\boldsymbol{u}, \boldsymbol{v}), \quad \forall\, \boldsymbol{u},\ \boldsymbol{v} \in V.$$

4. 设 $(V, \langle, \rangle)$ 为内积空间, 证明如下的平行四边形公式:

$$\|\boldsymbol{u} + \boldsymbol{v}\|^2 + \|\boldsymbol{u} - \boldsymbol{v}\|^2 = 2\left(\|\boldsymbol{u}\|^2 + \|\boldsymbol{v}\|^2\right), \quad \forall\, \boldsymbol{u},\ \boldsymbol{v} \in V.$$

5. 设 $\boldsymbol{u} \in \mathbb{R}^n$, 证明: $\|\boldsymbol{u}\| = \max\{\boldsymbol{u} \cdot \boldsymbol{v} \mid \boldsymbol{v} \in S^{n-1}\}$, 其中 $S^{n-1} = \{\boldsymbol{x} \in \mathbb{R}^n \mid \|\boldsymbol{x}\| = 1\}$.

6. 设 $\boldsymbol{x} = (x_1, x_2, \cdots, x_n) \in \mathbb{R}^n$, 证明:

(1) 存在常数 $K_1, K_2 > 0$, 使得

$$K_1 \sum_{i=1}^n |x_i| \leqslant \|\boldsymbol{x}\| \leqslant K_2 \sum_{i=1}^n |x_i|.$$

(2) 存在常数 $M_1, M_2 > 0$, 使得

$$M_1 \max_{1 \leqslant i \leqslant n} |x_i| \leqslant \|\boldsymbol{x}\| \leqslant M_2 \max_{1 \leqslant i \leqslant n} |x_i|.$$

7. 设 $\boldsymbol{A}, \boldsymbol{B}$ 为 n 阶实方阵, 证明: $\|\boldsymbol{AB}\| \leqslant \|\boldsymbol{A}\|\,\|\boldsymbol{B}\|$.

8. 设 $\boldsymbol{A}$ 为 n 阶实方阵. 若 $\|\boldsymbol{A}\| < 1$, 证明: $\boldsymbol{I}_n - \boldsymbol{A}$ 可逆, 其中 $\boldsymbol{I}_n$ 是 n 阶单位矩阵.

9. 设 $\boldsymbol{u}, \boldsymbol{v}, \boldsymbol{w} \in \mathbb{R}^3$, 证明: $(\boldsymbol{u} \times \boldsymbol{v}) \times \boldsymbol{w} + (\boldsymbol{v} \times \boldsymbol{w}) \times \boldsymbol{u} + (\boldsymbol{w} \times \boldsymbol{u}) \times \boldsymbol{v} = \boldsymbol{0}$.

10. 当 $f \in C[0,1]$ 时, 记 $|f|_\infty = \max\{|f(x)| \mid x \in [0,1]\}$. 问: $|\cdot|_\infty$ 是否为某个内积的范数? 请说明理由.

14.2 欧氏空间的拓扑

通过一元函数的学习, 我们知道无论是函数的极限还是连续性等性质都与实数的基本性质密切相关. 类似地, 多元函数的性质和欧氏空间的基本性质密切相关, 下面我们就来介绍欧氏空间的基本拓扑性质.

设 $\boldsymbol{x} \in \mathbb{R}^n$, $r > 0$. 记 $B_r(\boldsymbol{x}) = \{\boldsymbol{y} \in \mathbb{R}^n \mid d(\boldsymbol{y}, \boldsymbol{x}) < r\}$, 称为以 $\boldsymbol{x}$ 为中心 (球心), r 为半径的开球.

开集: 设 $U \subseteq \mathbb{R}^n$. 如果任给 $\boldsymbol{x} \in U$, 均存在 $r > 0$, 使得 $B_r(\boldsymbol{x}) \subseteq U$, 则称 U 为 $\mathbb{R}^n$ 中的开集. 注意, 空集是开集. 当然, 整个 $\mathbb{R}^n$ 也是开集.

闭集: 如果一个集合在 $\mathbb{R}^n$ 中的补集是开集, 则称该集合为 $\mathbb{R}^n$ 中的闭集. 空集以及整个 $\mathbb{R}^n$ 都是闭集.

例 14.2.1 开集的简单例子.

我们先来说明开球 $B_r(\boldsymbol{x})$ 是开集. 事实上, 若 $\boldsymbol{y} \in B_r(\boldsymbol{x})$, 记 $r' = r - d(\boldsymbol{y}, \boldsymbol{x})$, 则 $r' > 0$. 当 $\boldsymbol{z} \in B_{r'}(\boldsymbol{y})$ 时, 由三角不等式可得

$$d(\boldsymbol{z}, \boldsymbol{x}) \leqslant d(\boldsymbol{z}, \boldsymbol{y}) + d(\boldsymbol{y}, \boldsymbol{x}) < r' + d(\boldsymbol{y}, \boldsymbol{x}) = r,$$

即 $\boldsymbol{z} \in B_r(\boldsymbol{x})$, 这说明 $B_{r'}(\boldsymbol{y}) \subseteq B_r(\boldsymbol{x})$, 由开集的定义即知 $B_r(\boldsymbol{x})$ 是开集.

设 (a_i, b_i) $(i = 1, 2, \cdots, n)$ 均为 $\mathbb{R}$ 中的开区间, 记

$$I = \prod_{i=1}^n (a_i, b_i) = \{(x_1, x_2, \cdots, x_n) \in \mathbb{R}^n \mid a_i < x_i < b_i,\ 1 \leqslant i \leqslant n\},$$

称为 n 维开矩形. 我们来说明开矩形是开集. 事实上, 若 $\boldsymbol{x} \in I$, 记

$$r = \min\{x_i - a_i,\ b_i - x_i \mid 1 \leqslant i \leqslant n\},$$

则 $r > 0$. 当 $\boldsymbol{y} = (y_1, y_2, \cdots, y_n) \in B_r(\boldsymbol{x})$ 时, 由

$$|y_i - x_i| \leqslant d(\boldsymbol{y}, \boldsymbol{x}) < r \leqslant \min\{x_i - a_i,\ b_i - x_i\}$$

可知 $a_i < y_i < b_i, \forall\, 1 \leqslant i \leqslant n$. 这说明 $\boldsymbol{y} \in I$, 即 $B_r(\boldsymbol{x}) \subseteq I$, 于是由开集的定义即知 I 是开集. $\qquad\square$

例 14.2.2 闭集的简单例子.

设 $\boldsymbol{x} \in \mathbb{R}^n$, $r > 0$. 记 $\overline{B_r(\boldsymbol{x})} = \{\boldsymbol{y} \in \mathbb{R}^n \mid d(\boldsymbol{y}, \boldsymbol{x}) = \|\boldsymbol{y} - \boldsymbol{x}\| \leqslant r\}$, 称为以 $\boldsymbol{x}$ 为中心 (球心), r 为半径的闭球. 我们来说明闭球是闭集. 事实上, 若 $\boldsymbol{y} \notin \overline{B_r(\boldsymbol{x})}$, 记 $r' = d(\boldsymbol{y}, \boldsymbol{x}) - r$, 则 $r' > 0$, 由三角不等式可知 $B_{r'}(\boldsymbol{y}) \subseteq \mathbb{R}^n \setminus \overline{B_r(\boldsymbol{x})}$, 由定义可知 $\mathbb{R}^n \setminus \overline{B_r(\boldsymbol{x})}$ 为开集, 即 $\overline{B_r(\boldsymbol{x})}$ 是闭集.

设 $[a_i, b_i]$ $(i = 1, 2, \cdots, n)$ 均为 $\mathbb{R}$ 中的闭区间, 记

$$I = \prod_{i=1}^{n} [a_i, b_i] = \{(x_1, x_2, \cdots, x_n) \in \mathbb{R}^n \mid a_i \leqslant x_i \leqslant b_i,\ 1 \leqslant i \leqslant n\},$$

称为 n 维 (闭) 矩形. 记 $\nu(I) = \prod_{i=1}^{n} (b_i - a_i)$, 称为 I 的容积. 记

$$d(I) = \left[(b_1 - a_1)^2 + (b_2 - a_2)^2 + \cdots + (b_n - a_n)^2\right]^{\frac{1}{2}},$$

称为 I 的直径. 容易验证 $d(I) = \max\{d(\boldsymbol{x}, \boldsymbol{y}) \mid \boldsymbol{x}, \boldsymbol{y} \in I\}$.

我们来说明 I 是闭集. 事实上, 若 $\boldsymbol{y} = (y_1, y_2, \cdots, y_n) \notin I$, 则存在 i, 使得 $y_i \notin [a_i, b_i]$. 不妨设 $y_i < a_i$, 记 $r = a_i - y_i$, 则 $r > 0$. 当 $\boldsymbol{z} = (z_1, z_2, \cdots, z_n) \in B_r(\boldsymbol{y})$ 时,

$$a_i - z_i = r + y_i - z_i \geqslant r - \|\boldsymbol{y} - \boldsymbol{z}\| > 0,$$

即 $\boldsymbol{z} \notin I$, 这说明 $B_r(\boldsymbol{y}) \subseteq \mathbb{R}^n \setminus I$, 因此 $\mathbb{R}^n \setminus I$ 是开集, I 是闭集. $\qquad\square$

为了刻画开集和闭集, 我们引进点列极限的概念: 设 $\{\boldsymbol{u}_i\}_{i=1}^{+\infty} \subseteq \mathbb{R}^n$, $\boldsymbol{u} \in \mathbb{R}^n$. 如果 $\lim\limits_{i \to +\infty} d(\boldsymbol{u}_i, \boldsymbol{u}) = \lim\limits_{i \to +\infty} \|\boldsymbol{u}_i - \boldsymbol{u}\| = 0$, 则称点列 $\{\boldsymbol{u}_i\}$ 收敛于 $\boldsymbol{u}$, 或 $\{\boldsymbol{u}_i\}$ 以 $\boldsymbol{u}$ 为极限. 由三角不等式可知, 极限具有唯一性. 若 $\{\boldsymbol{u}_i\}$ 为收敛点列, 其极限可记为 $\lim\limits_{i \to +\infty} \boldsymbol{u}_i$.

命题 14.2.1 (1) 设 $\{\boldsymbol{u}_i\}$ 收敛于 $\boldsymbol{u}$. 若 $\boldsymbol{u}$ 属于开集 U, 则存在 N, 使得当 $i > N$ 时 $\boldsymbol{u}_i$ 均属于 U.

(2) C 为闭集 $\Longleftrightarrow$ C 中任何收敛点列的极限仍属于 C.

证明 (1) 由 U 为开集可知, 存在 $r > 0$, 使得 $B_r(\boldsymbol{u}) \subseteq U$. 由极限的定义可知, 存在 N, 使得当 $i > N$ 时 $d(\boldsymbol{u}_i, \boldsymbol{u}) < r$, 即 $\boldsymbol{u}_i \in B_r(\boldsymbol{u}) \subseteq U$.

(2) "$\Longrightarrow$" 设 $\{\boldsymbol{u}_i\}$ 为闭集 C 中的收敛点列, 其极限为 $\boldsymbol{u}$. 若 $\boldsymbol{u} \notin C$, 则由 C 为闭集可知, 存在 $r > 0$, 使得 $B_r(\boldsymbol{u}) \subseteq \mathbb{R}^n \setminus C$. 由 (1) 可知, 当 i 充分大时 $\boldsymbol{u}_i \in \mathbb{R}^n \setminus C$, 这与 $\{\boldsymbol{u}_i\} \subseteq C$ 相矛盾.

"$\Longleftarrow$" 我们来说明 $\mathbb{R}^n \setminus C$ 是开集. 设 $\boldsymbol{u} \in \mathbb{R}^n \setminus C$, 我们要说明存在 $i \geqslant 1$, 使得 $B_{\frac{1}{i}}(\boldsymbol{u}) \subseteq \mathbb{R}^n \setminus C$. (反证法) 若不然, 则对每一个正整数 i, 均存在 $\boldsymbol{u}_i \in B_{\frac{1}{i}}(\boldsymbol{u}) \cap C$. 此时 $\{\boldsymbol{u}_i\}$ 收敛于 $\boldsymbol{u}$, 这与题设相矛盾. $\qquad\square$

下面我们将数列极限的重要结果推广到点列极限的情形.

定理 14.2.2 (Bolzano)　设 $\{\boldsymbol{u}_i\} \subseteq \mathbb{R}^n$, 如果 $\{\|\boldsymbol{u}_i\|\}$ 有界, 则 $\{\boldsymbol{u}_i\}$ 必有收敛子列.

证明　以 $n = 2$ 为例. 记 $\boldsymbol{u}_i = (x_i, y_i)$, 则由 $|x_i|, |y_i| \leqslant \|\boldsymbol{u}_i\|$ 可知 $\{x_i\}, \{y_i\}$ 均为有界数列. 于是 $\{x_i\}$ 存在收敛子列, 不妨设它本身收敛于 x_0. 注意 $\{y_i\}$ 也有收敛子列, 比如 $\{y_{i_j}\}$ 收敛于 y_0. 记 $\boldsymbol{u}_0 = (x_0, y_0)$, 由

$$\|\boldsymbol{u}_{i_j} - \boldsymbol{u}_0\| = \sqrt{(x_{i_j} - x_0)^2 + (y_{i_j} - y_0)^2} \leqslant |x_{i_j} - x_0| + |y_{i_j} - y_0|$$

即知 $\{\boldsymbol{u}_{i_j}\}$ 收敛于 $\boldsymbol{u}_0$. □

引理 14.2.3 (Lebesgue 覆盖引理)　设 $\{U_\alpha\}$ 为 $\mathbb{R}^n$ 中的一族开集, 若它们的并集包含闭矩形 I, 则存在 $\lambda > 0$, 使得每一个包含于 I 且直径小于 λ 的矩形均包含于某一个 U_α 中.

证明　(反证法) 若结论不对, 则对每一个正整数 i, 均存在直径小于 $\frac{1}{i}$ 矩形 $I_i \subseteq I$, 使得 I_i 不包含于任何一个 U_α 中. 取 $\boldsymbol{u}_i \in I_i$, 则 $\{\boldsymbol{u}_i\} \subseteq I$, 从而存在收敛子列. 不妨设它本身收敛于 $\boldsymbol{u}_0$, 则 $\boldsymbol{u}_0 \in I$. 由题设, $\boldsymbol{u}_0$ 属于某个 U_α. 由于 U_α 为开集, 故存在 $r > 0$, 使得 $B_r(\boldsymbol{u}_0) \subseteq U_\alpha$. 取 $N > \frac{2}{r}$, 使得当 $i > N$ 时, $d(\boldsymbol{u}_i, \boldsymbol{u}_0) < \frac{r}{2}$. 此时, 任给 $\boldsymbol{u} \in I_i$, 有

$$d(\boldsymbol{u}, \boldsymbol{u}_0) \leqslant d(\boldsymbol{u}, \boldsymbol{u}_i) + d(\boldsymbol{u}_i, \boldsymbol{u}_0) \leqslant d(I_i) + \frac{r}{2} < \frac{1}{i} + \frac{r}{2} < r,$$

即 $\boldsymbol{u} \in B_r(\boldsymbol{u}_0)$, 从而 $I_i \subseteq B_r(\boldsymbol{u}_0) \subseteq U_\alpha$, 这与 I_i 的选取相矛盾. □

为了叙述起来方便起见, 我们引进覆盖的概念. 若一族集合 $\{U_\alpha\}$ 的并集包含集合 S, 则称 $\{U_\alpha\}$ 是 S 的一个覆盖; 每一个 U_α 都是开集的覆盖称为开覆盖.

定理 14.2.4 (有限覆盖定理)　设 $\{U_\alpha\}$ 为闭矩形 I 的开覆盖, 则可以从这一族开集中选取有限个 U_α, 使得它们的并集仍然包含 I.

证明　设 λ 是前一引理中的正数 (称为 Lebesgue 数). 取正整数 $m > \frac{d(I)}{\lambda}$. 将 I 等分为 m^n 个小矩形, 每一个的直径均为 $\frac{d(I)}{m}$, 它小于 λ. 于是由前一引理可知, 每一个小矩形均包含于某一个 U_α 中, 因此 I 包含于不超过 m^n 个 U_α 的并集中. □

设 $S \subseteq \mathbb{R}^n$ 为非空子集, 记 $d(S) = \sup\{d(\boldsymbol{x}, \boldsymbol{y}) \mid \boldsymbol{x}, \boldsymbol{y} \in S\}$, 称为 S 的直径. 当 $d(S) < +\infty$ 时称 S 为有界子集.

定理 14.2.5 (闭集套定理)　设 $\{C_i\}$ 是 $\mathbb{R}^n$ 中一列非空有界闭集, 如果 $C_i \supseteq C_{i+1}$ 对每一个 $i \geqslant 1$ 都成立, 则 $\{C_i\}$ 必有公共点. 进一步, 如果 $\lim\limits_{i \to +\infty} d(C_i) = 0$, 则 $\{C_i\}$ 有且仅有一个公共点.

证明　先来说明 $\{C_i\}$ 必有公共点. (反证法) 若不然, 记 $U_i = \mathbb{R}^n \setminus C_i$, 则开集族 $\{U_i\}$ 的并集是整个 $\mathbb{R}^n$. 取矩形 $I \supseteq C_1$, 由前一定理, 存在 m, 使得

$$I \subseteq \bigcup_{i=1}^{m} U_i = U_m,$$

这与 $C_m \subseteq C_1 \subseteq I$ 相矛盾.

如果 $\lim\limits_{i \to +\infty} d(C_i) = 0$, 且 $\boldsymbol{x}, \boldsymbol{y}$ 均为 $\{C_i\}$ 的公共点, 则 $d(\boldsymbol{x}, \boldsymbol{y}) \leqslant d(C_i)$ 对每一 i 都成立, 令 $i \to \infty$ 可知 $d(\boldsymbol{x}, \boldsymbol{y}) = 0$, 即 $\boldsymbol{x} = \boldsymbol{y}$. □

研究数列极限时可以考虑单调性. 在一般的欧氏空间中没有单调点列的概念, 不过 Cauchy 准则仍然成立.

Cauchy 列: 设 $\{\boldsymbol{u}_i\}$ 为 $\mathbb{R}^n$ 中的点列. 如果任给 $\varepsilon > 0$, 均存在 N, 使得当 $i, j > N$ 时 $d(\boldsymbol{u}_i, \boldsymbol{u}_j) < \varepsilon$, 则称 $\{\boldsymbol{u}_i\}$ 为 Cauchy 列或基本列.

例 14.2.3　设 $\boldsymbol{A} \in M_{n \times n}$, 记 $e_i(\boldsymbol{A}) = \sum\limits_{k=0}^{i} \dfrac{\boldsymbol{A}^k}{k!}$, 其中 $\boldsymbol{A}^0 = \boldsymbol{I}_n$, 证明: $\{e_i(\boldsymbol{A})\}$ 为 Cauchy 列.

证明　$M_{n \times n}$ 可视为 n^2 维的欧氏空间. 当 $j > i$ 时, 根据矩阵范数的性质可得

$$d\big(e_j(\boldsymbol{A}), e_i(\boldsymbol{A})\big) = \|e_j(\boldsymbol{A}) - e_i(\boldsymbol{A})\| \leqslant \sum_{k=i+1}^{j} \frac{\|\boldsymbol{A}\|^k}{k!} \leqslant \frac{\|\boldsymbol{A}\|^{i+1}}{(i+1)!} \mathrm{e}^{\|\boldsymbol{A}\|},$$

再由 $\lim\limits_{i \to +\infty} \dfrac{\|\boldsymbol{A}\|^i}{i!} = 0$ 即知 $\{e_i(\boldsymbol{A})\}$ 为 Cauchy 列. □

定理 14.2.6 (Cauchy 准则)　设 $\{\boldsymbol{u}_i\}$ 为 $\mathbb{R}^n$ 中的点列. 则 $\{\boldsymbol{u}_i\}$ 收敛 $\Longleftrightarrow$ $\{\boldsymbol{u}_i\}$ 为 Cauchy 列.

证明　若 $\{\boldsymbol{u}_i\}$ 收敛于 $\boldsymbol{u}$, 则利用三角不等式 $d(\boldsymbol{u}_i, \boldsymbol{u}_j) \leqslant d(\boldsymbol{u}_i, \boldsymbol{u}) + d(\boldsymbol{u}_j, \boldsymbol{u})$ 易见 $\{\boldsymbol{u}_i\}$ 为 Cauchy 列.

反之, 若 $\{\boldsymbol{u}_i\}$ 为 Cauchy 列, 则与 Cauchy 数列类似, $\{\boldsymbol{u}_i\}$ 必为有界点列, 从而存在收敛子列. 与数列的情形类似, 容易看出 $\{\boldsymbol{u}_i\}$ 本身也是收敛的. □

设 $\boldsymbol{A}$ 为 n 阶实方阵, 根据前例我们就知道 $\{e_i(\boldsymbol{A})\}$ 收敛, 其极限记为 $\exp(\boldsymbol{A})$ 或 $\mathrm{e}^{\boldsymbol{A}}$. 称 $\exp$ 为矩阵的指数映射, 关于它的进一步讨论可参见本节习题.

定理 14.2.7 (压缩映射原理)　设 C 为 $\mathbb{R}^n$ 中的闭集, $f: C \to C$ 为映射. 如果存在常数 $\lambda \in [0, 1)$, 使得

$$d\big(f(\boldsymbol{x}), f(\boldsymbol{y})\big) \leqslant \lambda \, d(\boldsymbol{x}, \boldsymbol{y}), \quad \forall \, \boldsymbol{x}, \boldsymbol{y} \in C,$$

则存在唯一的 $\boldsymbol{c} \in C$, 使得 $f(\boldsymbol{c}) = \boldsymbol{c}$.

证明　任取 $\boldsymbol{c}_0 \in C$, 当 $i \geqslant 1$ 时用 $\boldsymbol{c}_i = f(\boldsymbol{c}_{i-1})$ 递归地定义 C 中一列点 $\{\boldsymbol{c}_i\}$, 我们来说明它是 Cauchy 列.

事实上, 当 $i \geqslant 1$ 时, 根据题设可得

$$d(\boldsymbol{c}_{i+1}, \boldsymbol{c}_i) = d\big(f(\boldsymbol{c}_i), f(\boldsymbol{c}_{i-1})\big) \leqslant \lambda \, d(\boldsymbol{c}_i, \boldsymbol{c}_{i-1}),$$

由数学归纳法可以得出 $d(\boldsymbol{c}_{i+1}, \boldsymbol{c}_i) \leqslant \lambda^i d(\boldsymbol{c}_1, \boldsymbol{c}_0)$. 因此, 当 $j > i$ 时, 由三角不等式可得

$$d(\boldsymbol{c}_j, \boldsymbol{c}_i) \leqslant \sum_{k=i+1}^{j} d(\boldsymbol{c}_k, \boldsymbol{c}_{k-1}) \leqslant \sum_{k=i+1}^{j} \lambda^{k-1} d(\boldsymbol{c}_1, \boldsymbol{c}_0) \leqslant \frac{\lambda^i}{1-\lambda} d(\boldsymbol{c}_1, \boldsymbol{c}_0),$$

由 $\lambda \in [0, 1)$ 可知 $\lim\limits_{i\to+\infty} \lambda^i = 0$, 这说明 $\{\boldsymbol{c}_i\}$ 为 Cauchy 列, 其极限记为 $\boldsymbol{c}$, 由 C 为闭集可知 $\boldsymbol{c} \in C$. 由 $\boldsymbol{c}_i = f(\boldsymbol{c}_{i-1})$ 和三角不等式可得

$$d\big(f(\boldsymbol{c}), \boldsymbol{c}\big) \leqslant d\big(f(\boldsymbol{c}), f(\boldsymbol{c}_{i-1})\big) + d(\boldsymbol{c}_i, \boldsymbol{c}) \leqslant \lambda\, d(\boldsymbol{c}, \boldsymbol{c}_{i-1}) + d(\boldsymbol{c}_i, \boldsymbol{c}),$$

令 $i \to +\infty$ 可知 $d\big(f(\boldsymbol{c}), \boldsymbol{c}\big) = 0$, 即 $f(\boldsymbol{c}) = \boldsymbol{c}$.

若另有 $\boldsymbol{c}' \in C$, 使得 $f(\boldsymbol{c}') = \boldsymbol{c}'$, 则

$$d(\boldsymbol{c}', \boldsymbol{c}) = d\big(f(\boldsymbol{c}'), f(\boldsymbol{c})\big) \leqslant \lambda\, d(\boldsymbol{c}', \boldsymbol{c}),$$

由 $\lambda \in [0, 1)$ 可知 $d(\boldsymbol{c}', \boldsymbol{c}) = 0$, 即 $\boldsymbol{c}' = \boldsymbol{c}$. □

满足上述定理要求的映射 f 称为压缩映射, $\boldsymbol{c}$ 称为 f 的不动点.

例 14.2.4 设 $\boldsymbol{A} \in M_{n\times n}$, 若 $\|\boldsymbol{A}\| < 1$, 证明: 存在 $\boldsymbol{A}_* \in M_{n\times n}$, 使得 $\boldsymbol{A}_*^2 = \boldsymbol{I}_n - \boldsymbol{A}$.

证明 记 $\alpha = 1 - \sqrt{1 - \|\boldsymbol{A}\|}$, 则 $\alpha \in [0, 1)$. 记 $C = \{\boldsymbol{X} \in M_{n\times n} \mid \|\boldsymbol{X}\| \leqslant \alpha\}$, 则 C 为 $M_{n\times n}$ 中的闭集. 当 $\boldsymbol{X} \in C$ 时, 令 $f(\boldsymbol{X}) = \frac{1}{2}(\boldsymbol{A} + \boldsymbol{X}^2)$. 由矩阵范数的性质可得

$$\|f(\boldsymbol{X})\| \leqslant \frac{1}{2}\big(\|\boldsymbol{A}\| + \|\boldsymbol{X}\|^2\big) \leqslant \frac{1}{2}\big(\|\boldsymbol{A}\| + \alpha^2\big) = \alpha,$$

这说明 $f(\boldsymbol{X}) \in C$. 当 $\boldsymbol{X}, \boldsymbol{Y} \in C$ 时, 有

$$\|f(\boldsymbol{X}) - f(\boldsymbol{Y})\| = \frac{1}{2}\|(\boldsymbol{X}-\boldsymbol{Y})\boldsymbol{X} + \boldsymbol{Y}(\boldsymbol{X}-\boldsymbol{Y})\| \leqslant \frac{1}{2}\|\boldsymbol{X}-\boldsymbol{Y}\|(\|\boldsymbol{X}\|+\|\boldsymbol{Y}\|) \leqslant \alpha\|\boldsymbol{X}-\boldsymbol{Y}\|,$$

这说明 $f: C \to C$ 为压缩映射. f 的不动点记为 $\boldsymbol{B}$, 则 $\boldsymbol{A}_*^2 = \boldsymbol{I}_n - \boldsymbol{A}$, 其中 $\boldsymbol{A}_* = \boldsymbol{I}_n - \boldsymbol{B}$. □

习题 14.2

1. 证明: $\mathbb{R}^n$ 中的有限点集是闭集; 坐标均为整数的点构成的集合 $\mathbb{Z}^n$ 是闭集; 坐标均为有理数的点构成的集合 $\mathbb{Q}^n$ 既不是开集, 也不是闭集.

2. 证明: 一族开集的并集仍为开集, 有限个开集的交集仍为开集; 一族闭集的交集仍为闭集, 有限个闭集的并集仍为闭集.

3. 设 $A, B \subseteq \mathbb{R}$ 且不是空集. 证明: $A \times B$ 为有界闭集当且仅当 A, B 均为有界闭集.

4. 设 $\boldsymbol{u} \in \mathbb{R}^n$, $c \in \mathbb{R}$, 证明:

(1) 半空间 $\{\boldsymbol{x} \in \mathbb{R}^n \mid \boldsymbol{x} \cdot \boldsymbol{u} > c\}$ 是开集.

(2) $\{\boldsymbol{x} \in \mathbb{R}^n \mid \boldsymbol{x} \cdot \boldsymbol{u} \geqslant c\}$ 是闭集.

5. 设 $\{\boldsymbol{u}_i\} \subset \mathbb{R}^n$ 为收敛点列, 证明: $\{\|\boldsymbol{u}_i\|\}$ 为收敛数列, 从而有界.

6. 设 $\{\boldsymbol{u}_i\}$ 和 $\{\boldsymbol{v}_i\}$ 为 $\mathbb{R}^n$ 中的点列且分别收敛于 $\boldsymbol{u}, \boldsymbol{v}$. 设 λ, μ 为实数, 证明:

$$\lim_{i \to \infty} (\lambda \boldsymbol{u}_i + \mu \boldsymbol{v}_i) = \lambda \boldsymbol{u} + \mu \boldsymbol{v}.$$

7. 设 $\{\boldsymbol{u}_i\}$ 为 $\mathbb{R}^n$ 中的点列, 证明: $\{\boldsymbol{u}_i\}$ 为收敛点列当且仅当对每一个 $j = 1, 2, \cdots, n$, 由 $\{\boldsymbol{u}_i\}$ 的第 j 个坐标构成的数列均收敛.

8. 设 $\{\boldsymbol{u}_i\}$ 和 $\{\boldsymbol{v}_i\}$ 为 $\mathbb{R}^n$ 中的点列且分别收敛于 $\boldsymbol{u}, \boldsymbol{v}$. 证明:

$$\lim_{i \to \infty} \boldsymbol{u}_i \cdot \boldsymbol{v}_i = \boldsymbol{u} \cdot \boldsymbol{v}.$$

9. 证明: 有限覆盖定理中的矩形 I 换成 $\mathbb{R}^n$ 的有界闭集时, 结论仍然成立. (提示: 设 C 为有界闭集, 取矩形 $I \supseteq C$, 则 $\mathbb{R}^n \setminus C$ 和给定的 U_α 一起成为 I 的开覆盖.)

10. 设 $\{\boldsymbol{u}_i\}$ 为 $\mathbb{R}^n$ 中的点列, 如果 $\sum\limits_{i=1}^{+\infty} \|\boldsymbol{u}_{i+1} - \boldsymbol{u}_i\|$ 收敛, 证明: $\{\boldsymbol{u}_i\}$ 为收敛点列.

11. 设 $\boldsymbol{A} \in M_{n \times n}$, $\boldsymbol{P}$ 是 n 阶可逆矩阵, 证明: $\boldsymbol{P} \exp(\boldsymbol{A}) \boldsymbol{P}^{-1} = \exp(\boldsymbol{P} \boldsymbol{A} \boldsymbol{P}^{-1})$.

12. 设 $\boldsymbol{A} \in M_{n \times n}$, 证明: $\det \exp(\boldsymbol{A}) = \exp(\operatorname{tr} \boldsymbol{A})$.

13. 设 $\boldsymbol{A} \in M_{n \times n}$, 当 $t \in \mathbb{R}$ 时记 $\tau(t) = \exp(t\boldsymbol{A})$, 证明: $\tau'(t) = \boldsymbol{A}\tau(t) = \tau(t)\boldsymbol{A}$.

14. 本题研究如下常系数线性常微分方程:

$$x^{(n)}(t) + a_{n-1} x^{(n-1)}(t) + \cdots + a_1 x'(t) + a_0 x(t) = 0$$

在初值条件 $x(t_0) = c_0$, $x'(t_0) = c_1$, $\cdots$, $x^{(n-1)}(t_0) = c_{n-1}$ 下解的存在性.

(1) 记 $\boldsymbol{X}(t) = \left(x(t), x'(t), \cdots, x^{(n-1)}(t)\right)^{\mathrm{T}}$, 证明: 上述方程可以转化为

$$\boldsymbol{X}'(t) = \boldsymbol{A}\boldsymbol{X}(t), \quad \text{其中 } \boldsymbol{A} \in M_{n \times n}.$$

(2) 证明: $\boldsymbol{X}(t) = \exp\left((t - t_0)\boldsymbol{A}\right)(c_0, c_1, \cdots, c_{n-1})^{\mathrm{T}}$ 满足 $\boldsymbol{X}'(t) = \boldsymbol{A}\boldsymbol{X}(t)$.

15. 设 $\boldsymbol{A} \in M_{n \times n}$ 且 $\|\boldsymbol{A}\| < 1$. 递归地定义一列方阵 $\{\boldsymbol{B}_i\}$: $\boldsymbol{B}_0 = \boldsymbol{I}_n$, $i \geqslant 1$ 时 $\boldsymbol{B}_i = \boldsymbol{I}_n + \boldsymbol{A}\boldsymbol{B}_{i-1}$. 证明: $\{\boldsymbol{B}_i\}$ 收敛, 且其极限 $\boldsymbol{B}$ 满足 $(\boldsymbol{I}_n - \boldsymbol{A})\boldsymbol{B} = \boldsymbol{B}(\boldsymbol{I}_n - \boldsymbol{A}) = \boldsymbol{I}_n$.

16. 设 C 为 $\mathbb{R}^n$ 中的闭集, $f: C \to C$ 为映射. 如果存在正整数 m, 使得 f 和自身复合 m 次以后是压缩映射, 证明: f 有唯一的不动点.

14.3 多元函数的极限

自然界中变化的量在数学中经常表示为函数. 多元函数是指依赖于多个变化量的函数. 比如, 地球表面的温度依赖于时间、经度、纬度等. 下面我们来研究多元函数随变量变化的规律, 先从函数极限的概念开始.

设 $\boldsymbol{u}_0 \in \mathbb{R}^n$, $r > 0$, 记

$$\mathring{B}_r(\boldsymbol{u}_0) = B_r(\boldsymbol{u}_0) \setminus \{\boldsymbol{u}_0\} = \{\boldsymbol{u} \in \mathbb{R}^n \mid 0 < \|\boldsymbol{u} - \boldsymbol{u}_0\| < r\},$$

称为 $\boldsymbol{u}_0$ 的去心 r 邻域.

设 $S \subseteq \mathbb{R}^n$, $\boldsymbol{u}_0 \in \mathbb{R}^n$. 如果 $\boldsymbol{u}_0$ 的任何去心邻域中均含有 S 中的点, 即

$$\mathring{B}_r(\boldsymbol{u}_0) \cap S \neq \varnothing, \ \ \forall\, r > 0,$$

则称 $\boldsymbol{u}_0$ 为 S 的一个聚点. 注意, S 的聚点可以属于 S, 也可以不属于 S. 设 $\boldsymbol{f} : S \to \mathbb{R}^m$ 为映射. $\boldsymbol{f}$ 常称为向量值函数, $m = 1$ 时简称函数.

定义 14.3.1 (向量值函数的极限) 设 $S \subseteq \mathbb{R}^n$, $\boldsymbol{f} : S \to \mathbb{R}^m$ 为向量值函数, $\boldsymbol{u}_0$ 为 S 的一个聚点, $\boldsymbol{v}_0 \in \mathbb{R}^m$. 如果任给 $\varepsilon > 0$, 均存在 $\delta > 0$, 使得

$$\boldsymbol{f}\left(\mathring{B}_\delta(\boldsymbol{u}_0) \cap S\right) \subseteq B_\varepsilon(\boldsymbol{v}_0),$$

则称 $\boldsymbol{f}$ 在 $\boldsymbol{u}_0$ 处以 $\boldsymbol{v}_0$ 为极限, 记为

$$\lim_{\boldsymbol{u} \to \boldsymbol{u}_0} \boldsymbol{f}(\boldsymbol{u}) = \boldsymbol{v}_0.$$

若不存在满足上述条件的 $\boldsymbol{v}_0$, 则称 $\boldsymbol{f}$ 在 $\boldsymbol{u}_0$ 处的极限不存在.

向量值函数极限的四则运算性质、复合性质以及判断极限是否存在的 Cauchy 准则、Heine 定理等与一元函数类似, 我们留给读者完成.

例 14.3.1 用定义证明: $\displaystyle\lim_{(x,y) \to (0,0)} \frac{x^2 y}{x^2 + y^2} = 0$.

证明 任给 $\varepsilon > 0$, 取 $\delta = \varepsilon$, 当 $(x, y) \in \mathring{B}_\delta(\boldsymbol{0})$ 时,

$$\left| \frac{x^2 y}{x^2 + y^2} - 0 \right| \leqslant |y| \leqslant \sqrt{x^2 + y^2} < \delta = \varepsilon,$$

由极限的定义即得欲证结论. $\qquad\square$

例 14.3.2 证明: 二元函数 $f(x, y) = \dfrac{xy}{x^2 + y^2}$ 在 $(0, 0)$ 处不存在极限.

证明 若 λ 是常数, 则在直线 $y = \lambda x$ 上, $f(x, y) = \dfrac{\lambda}{1 + \lambda^2}$. 特别地, 考虑点列

$$\boldsymbol{u}_k = \left(1/k, 1/k\right), \ \ \boldsymbol{u}_k' = \left(1/k, -1/k\right), \ \ k = 1, 2, \cdots,$$

则 $\boldsymbol{u}_k \to (0, 0)$, $\boldsymbol{u}_k' \to (0, 0)$ $(k \to \infty)$, 但

$$f(\boldsymbol{u}_k) = \frac{1}{2}, \ \ f(\boldsymbol{u}_k') = -\frac{1}{2},$$

根据 Heine 定理可知 $f(x, y)$ 在 $(0, 0)$ 处不存在极限. $\qquad\square$

　　按照定义, 二元函数 $f(x,y)$ 在 (x_0, y_0) 处以 α 为极限, 是指当坐标 x, y 同时趋于 x_0, y_0 时 $f(x,y)$ 趋于 α. 如果 x, y 不是同时而是分别有次序地趋于 x_0, y_0, 则会引出另一种极限.

　　如果对于每一个固定的 $y \neq y_0$, 极限 $\lim\limits_{x \to x_0} f(x,y) = \varphi(y)$ 都存在, 则可以定义极限

$$\lim_{y \to y_0} \lim_{x \to x_0} f(x,y) = \lim_{y \to y_0} \varphi(y).$$

类似地, 可以定义 $\lim\limits_{x \to x_0} \lim\limits_{y \to y_0} f(x,y)$, 它们称为累次极限. 累次极限也可以对三元以及更多元的函数定义. 为了区别起见, 将之前定义的极限称为重极限.

　　例 14.3.3　求函数 $f(x,y) = \dfrac{xy}{x^2 + y^2}$ 在 $(0,0)$ 处的累次极限.

　　解　当 $y \neq 0$ 时, 由一元函数的连续性质可知

$$\lim_{x \to 0} f(x,y) = \frac{0 \cdot y}{0^2 + y^2} = 0,$$

这说明 $\lim\limits_{y \to 0} \lim\limits_{x \to 0} f(x,y) = 0$. 同理可知 $\lim\limits_{x \to 0} \lim\limits_{y \to 0} f(x,y) = 0$.　□

　　上面的例子说明了累次极限存在不意味着重极限存在. 下面的例子表明, 重极限存在时, 累次极限未必存在.

　　例 14.3.4　研究函数 $f(x,y) = x \sin \dfrac{1}{y}$ 在 $(0,0)$ 处的重极限和累次极限.

　　解　由 $|f(x,y)| \leqslant |x|$ 可知 $\lim\limits_{(x,y) \to (0,0)} f(x,y) = 0$. 当 $x \neq 0$ 时, 由于 $\lim\limits_{y \to 0} f(x,y)$ 不存在, 故累次极限 $\lim\limits_{x \to 0} \lim\limits_{y \to 0} f(x,y)$ 不存在.　□

　　下面的定理给出了重极限和累次极限之间关系的一个结果.

　　定理 14.3.1　设 $\lim\limits_{(x,y) \to (x_0, y_0)} f(x,y) = \alpha$, 且对任意 $y \neq y_0$, $\lim\limits_{x \to x_0} f(x,y) = \varphi(y)$ 均存在, 则

$$\lim_{y \to y_0} \lim_{x \to x_0} f(x,y) = \lim_{y \to y_0} \varphi(y) = \alpha;$$

进一步, 若对任意 $x \neq x_0$, $\lim\limits_{y \to y_0} f(x,y)$ 也存在, 则

$$\lim_{x \to x_0} \lim_{y \to y_0} f(x,y) = \alpha = \lim_{y \to y_0} \lim_{x \to x_0} f(x,y).$$

　　证明　由题设可知, 任给 $\varepsilon > 0$, 存在 $\delta > 0$, 当

$$0 < \sqrt{(x - x_0)^2 + (y - y_0)^2} < \delta$$

时, $|f(x,y) - \alpha| < \varepsilon$. 固定 y, 使之满足 $0 < |y - y_0| < \delta$, 令 $x \to x_0$ 可得

$$|\varphi(y) - \alpha| \leqslant \varepsilon.$$

这说明 $\lim\limits_{y \to y_0} \varphi(y) = \alpha$. 余下的证明类似, 略.　□

<u>定义 14.3.2</u> (向量值函数的连续性) 设 $S \subseteq \mathbb{R}^n$, $\boldsymbol{f} : S \to \mathbb{R}^m$ 为向量值函数, $\boldsymbol{u}_0 \in S$. 如果任给 $\varepsilon > 0$, 均存在 $\delta > 0$, 使得

$$\boldsymbol{f}\big(B_\delta(\boldsymbol{u}_0) \cap S\big) \subseteq B_\varepsilon\big(\boldsymbol{f}(\boldsymbol{u}_0)\big), \tag{14.3.1}$$

则称 $\boldsymbol{f}$ 在 $\boldsymbol{u}_0$ 处连续. 如果 $\boldsymbol{f}$ 处处连续, 则称 $\boldsymbol{f}$ 为 S 上的连续映射, 记为 $\boldsymbol{f} \in C(S, \mathbb{R}^m)$.

命题 14.3.2   映射 $\boldsymbol{f}$ 在 $\boldsymbol{u}_0$ 处连续 $\Longleftrightarrow$ 任给 S 中收敛于 $\boldsymbol{u}_0$ 的点列 $\{\boldsymbol{u}_i\}$, 均有 $\lim\limits_{i \to +\infty} \boldsymbol{f}(\boldsymbol{u}_i) = \boldsymbol{f}(\boldsymbol{u}_0)$.

证明 "$\Longrightarrow$" 若 $\boldsymbol{f}$ 在 $\boldsymbol{u}_0$ 处连续, 则任给 $\varepsilon > 0$, 存在 $\delta > 0$ 使得 (14.3.1) 式成立. 当 S 中的点列 $\{\boldsymbol{u}_i\}$ 收敛于 $\boldsymbol{u}_0$ 时, 存在 N, 使得当 $i > N$ 时 $\boldsymbol{u}_i \in B_\delta(\boldsymbol{u}_0)$. 此时 $\boldsymbol{f}(\boldsymbol{u}_i) \in B_\varepsilon(\boldsymbol{f}(\boldsymbol{u}_0))$. 这说明 $\{\boldsymbol{f}(\boldsymbol{u}_i)\}$ 收敛于 $\boldsymbol{f}(\boldsymbol{u}_0)$.

"$\Longleftarrow$" (反证法) 若 $\boldsymbol{f}$ 在 $\boldsymbol{u}_0$ 处不连续, 则存在 $\varepsilon_0 > 0$ 以及点列 $\{\boldsymbol{u}_i\} \subseteq S$, 使得

$$d(\boldsymbol{u}_i, \boldsymbol{u}_0) < \frac{1}{i}, \quad d(\boldsymbol{f}(\boldsymbol{u}_i), \boldsymbol{f}(\boldsymbol{u}_0)) \geqslant \varepsilon_0,$$

此时 $\{\boldsymbol{u}_i\}$ 收敛于 $\boldsymbol{u}_0$, 但 $\{\boldsymbol{f}(\boldsymbol{u}_i)\}$ 不收敛于 $\boldsymbol{f}(\boldsymbol{u}_0)$, 这就导出了矛盾. □

下面命题的证明与一元函数类似, 我们略去证明.

命题 14.3.3 (连续函数的四则运算性质)   设 $f, g : S \to \mathbb{R}$ 为连续函数, 则

(1) 当 $\lambda, \mu \in \mathbb{R}$ 时, $\lambda f + \mu g$ 也是连续函数.

(2) fg 为连续函数.

(3) 当 $g \neq 0$ 时, $\dfrac{f}{g}$ 为连续函数.

为了更好地刻画连续映射, 我们引进相对开集和相对闭集的概念. 设 $\boldsymbol{u} \in S, r > 0$, 记 $B_r^S(\boldsymbol{u}) = B_r(\boldsymbol{u}) \cap S$, 称为 S 中的相对开球. 设 $U \subseteq S$, 如果任给 $\boldsymbol{u} \in U$, 均存在 $r > 0$, 使得 $B_r^S(\boldsymbol{u}) \subseteq U$, 则称 U 为 S 中的相对开集. 设 $C \subseteq S$, 若 $S \setminus C$ 为 S 中的相对开集, 则称 C 为 S 中的相对闭集.

命题 14.3.4 (连续映射的刻画)   映射 $\boldsymbol{f} : S \to \mathbb{R}^m$ 连续 $\Longleftrightarrow$ 开集的原像为 S 中的相对开集 $\Longleftrightarrow$ 闭集的原像为 S 中的相对闭集.

证明 以开集为例. "$\Longrightarrow$" 设 $\boldsymbol{f}$ 连续, V 为 $\mathbb{R}^m$ 中的开集. 任取 $\boldsymbol{u}_0 \in \boldsymbol{f}^{-1}(V)$, 则 $\boldsymbol{f}(\boldsymbol{u}_0) \in V$, 由于 V 为开集, 故存在 $\varepsilon > 0$, 使得 $B_\varepsilon(\boldsymbol{f}(\boldsymbol{u}_0)) \subseteq V$. 由 $\boldsymbol{f}$ 在 $\boldsymbol{u}_0$ 处连续可知, 存在 $\delta > 0$, 使得 (14.3.1) 式成立. 这说明 $B_\delta^S(\boldsymbol{u}_0) \subseteq \boldsymbol{f}^{-1}(V)$, 因此 $\boldsymbol{f}^{-1}(V)$ 为 S 中的相对开集.

"$\Longleftarrow$" 任取 $\boldsymbol{u}_0 \in S$ 以及 $\varepsilon > 0$. 于是 $U = \boldsymbol{f}^{-1}(B_\varepsilon(\boldsymbol{f}(\boldsymbol{u}_0)))$ 为 S 中包含 $\boldsymbol{u}_0$ 的相对开集, 从而存在 $\delta > 0$, 使得 $B_\delta^S(\boldsymbol{u}_0) \subseteq U$. 即 $\boldsymbol{f}(B_\delta^S(\boldsymbol{u}_0)) \subseteq B_\varepsilon(\boldsymbol{f}(\boldsymbol{u}_0))$, 于是 $\boldsymbol{f}$ 在 $\boldsymbol{u}_0$ 处连续. □

利用连续映射的刻画可以得出连续映射的复合仍为连续映射, 我们略去证明.

命题 14.3.5 (连续映射的复合性质)   设 $\boldsymbol{f} : S \to \mathbb{R}^m$, $\boldsymbol{g} : T \to \mathbb{R}^k$ 均为连续映射, 其中 $\boldsymbol{f}(S) \subseteq T \subseteq \mathbb{R}^m$, 则 $\boldsymbol{g} \circ \boldsymbol{f} : S \to \mathbb{R}^k$ 也是连续映射.

例 14.3.5 行列式函数.

$M_{n\times n}$ 可视为 n^2 维的欧氏空间, 此时矩阵的行列式 $\det : M_{n\times n} \to \mathbb{R}$ 是多元函数, 它是具有 n^2 个变量的多元多项式, 由连续函数的四则运算性质可知 $\det$ 是连续函数. $\qquad\square$

记 $GL(n,\mathbb{R}) = \{\boldsymbol{A} \in M_{n\times n} \mid \det \boldsymbol{A} \neq 0\}$, 则 $GL(n,\mathbb{R}) = \det^{-1}(\mathbb{R}\setminus\{0\})$. 因为 $\mathbb{R}\setminus\{0\}$ 为 $\mathbb{R}$ 中的开集, 由 $\det$ 连续可知 $GL(n,\mathbb{R})$ 是 $M_{n\times n}$ 中的开集. 直观地看, 若 $\boldsymbol{A}$ 是非退化方阵, 则 $\boldsymbol{A}$ 附近的方阵也是非退化的.

习题 14.3

1. 设 $S \subseteq \mathbb{R}^n$, $\boldsymbol{u}_0 \in \mathbb{R}^n$. 证明: $\boldsymbol{u}_0$ 是 S 的聚点当且仅当存在点列 $\{\boldsymbol{u}_i\} \subseteq S\setminus\{\boldsymbol{u}_0\}$, 使得 $\lim\limits_{i\to+\infty} \boldsymbol{u}_i = \boldsymbol{u}_0$.

2. 设 $S \subseteq \mathbb{R}^n$, $\boldsymbol{u}_0$ 是 S 的聚点, $\boldsymbol{f} : S \to \mathbb{R}^m$ 为向量值函数, 请给出 $\lim\limits_{\boldsymbol{u}\to\boldsymbol{u}_0} \boldsymbol{f}(\boldsymbol{u}) = \infty$ 的定义.

3. 设 $\boldsymbol{f}$ 是定义在 $\mathbb{R}^n$ 上的向量值函数, 请给出 $\lim\limits_{\boldsymbol{x}\to\infty} \boldsymbol{f}(\boldsymbol{x})$ 的定义.

4. 按照定义证明下列极限的等式:

(1) $\lim\limits_{(x,y)\to(2,1)}(2x-3y) = 1$;

(2) $\lim\limits_{(x,y)\to(1,1)}(x^2+y^2) = 2$.

5. 求下列极限:

(1) $\lim\limits_{(x,y)\to(0,0)} \dfrac{\mathrm{e}^x+\mathrm{e}^y}{\cos x - \sin y}$;

(2) $\lim\limits_{(x,y)\to(0,0)} \dfrac{x^2 y^{\frac{3}{2}}}{x^4+y^2}$;

(3) $\lim\limits_{(x,y)\to(0,0)} xy\ln(x^2+y^2)$;

(4) $\lim\limits_{(x,y)\to(0,0)} \dfrac{\sin(x^3+y^3)}{x^2+y^2}$.

6. 研究下列函数在 $(0,0)$ 处的重极限:

(1) $f(x,y) = \dfrac{x^2}{x^2+y^2}$;

(2) $f(x,y) = \dfrac{x^3+y^3}{x^2+y}$;

(3) $f(x,y) = \dfrac{x^2 y^2}{x^3+y^3}$;

(4) $f(x,y) = \dfrac{x^4 y^4}{(x^2+y^4)^3}$.

7. 叙述并证明向量值函数极限的 Heine 定理和 Cauchy 准则.

8. 研究二元函数 $f(x,y) = \dfrac{x-y+x^2+y^2}{x+y}$ 在 $(0,0)$ 处的两个累次极限.

9. 研究二元函数 $f(x,y) = (x+y)\sin\dfrac{1}{x}\sin\dfrac{1}{y}$ 在 $(0,0)$ 处的重极限和两个累次极限.

10. 证明: 多元向量值函数为连续映射当且仅当它的每一个分量均为连续函数.

11. 证明: 连续映射复合以后仍为连续映射.

12. 设 $S \subseteq \mathbb{R}^n$, $\boldsymbol{u}_0 \in S$, $\boldsymbol{f} : S \to \mathbb{R}^m$ 为向量值函数. 证明: $\boldsymbol{f}$ 在 $\boldsymbol{u}_0$ 处连续当且仅当任给 S 中以 $\boldsymbol{u}_0$ 为极限的点列 $\{\boldsymbol{u}_i\}$, 均有 $\{\boldsymbol{f}(\boldsymbol{u}_i)\}$ 以 $\boldsymbol{f}(\boldsymbol{u}_0)$ 为极限.

13. 设 $S \subseteq \mathbb{R}^n$. 证明: 若 U 为 S 中的相对开集, 则存在 $\mathbb{R}^n$ 中的开集 W, 使

得 $U = W \cap S$; 若 C 为 S 中的相对闭集, 则存在 $\mathbb{R}^n$ 中的闭集 D, 使得 $C = D \cap S$.

14. 记 $SL(n, \mathbb{R}) = \{\boldsymbol{A} \in M_{n \times n} \mid \det \boldsymbol{A} = 1\}$. 证明: $SL(n, \mathbb{R})$ 是 $M_{n \times n}$ 中的闭集.

14.4 连续映射的整体性质

下面我们来研究连续映射的整体性质, 先看介值性, 它与集合的道路连通性密切相关.

设 $S \subseteq \mathbb{R}^n$. 如果任给 $\boldsymbol{u}_0, \boldsymbol{u}_1 \in S$, 均存在连续映射 $\boldsymbol{\sigma} : [0,1] \to \mathbb{R}^n$, 使得 $\boldsymbol{\sigma}(0) = \boldsymbol{u}_0$, $\boldsymbol{\sigma}(1) = \boldsymbol{u}_1$, 且 $\boldsymbol{\sigma}([0,1]) \subseteq S$, 则称 S 是道路连通子集. 此时 $\boldsymbol{\sigma}$ 称为 S 中连接 $\boldsymbol{u}_0$ 和 $\boldsymbol{u}_1$ 的一条道路. 如果 $\boldsymbol{\sigma}$ 的每一分量均为 C^1 函数, 则称 $\boldsymbol{\sigma}$ 为 C^1 的道路. 如果存在 $[0,1]$ 的分割, 使得在每一个小区间上 $\boldsymbol{\sigma}$ 都是 C^1 的, 则称 $\boldsymbol{\sigma}$ 是分段 C^1 的道路.

例 14.4.1　设 $n \geqslant 2$, 证明: $\mathbb{R}^n \setminus \{0\}$ 是 $\mathbb{R}^n$ 中的道路连通子集.

证明　设 $\boldsymbol{u}_0, \boldsymbol{u}_1$ 都不是原点. 若连接 $\boldsymbol{u}_0$ 和 $\boldsymbol{u}_1$ 的直线不经过原点, 则令

$$\boldsymbol{\sigma}(t) = (1-t)\boldsymbol{u}_0 + t\boldsymbol{u}_1, \quad t \in [0,1],$$

此时 $\boldsymbol{\sigma}$ 是平面上连接 $\boldsymbol{u}_0$ 和 $\boldsymbol{u}_1$ 的一条道路, 且不经过原点.

若连接 $\boldsymbol{u}_0$ 和 $\boldsymbol{u}_1$ 的直线经过原点, 由于 $n \geqslant 2$, 我们就可以在该直线之外任取一点 $\boldsymbol{u}$. 令

$$\boldsymbol{\sigma}(t) = \begin{cases} (1-2t)\boldsymbol{u}_0 + 2t\boldsymbol{u}, & 0 \leqslant t \leqslant \dfrac{1}{2}, \\ 2(1-t)\boldsymbol{u} + (2t-1)\boldsymbol{u}_1, & \dfrac{1}{2} < t \leqslant 1, \end{cases}$$

则 $\boldsymbol{\sigma}$ 是平面上连接 $\boldsymbol{u}_0$ 和 $\boldsymbol{u}_1$ 的一条道路, 且不经过原点. $\qquad\square$

定理 14.4.1 (介值定理)　设 S 为 $\mathbb{R}^n$ 中的道路连通子集, $\boldsymbol{f} : S \to \mathbb{R}^m$ 为连续映射, 则 $\boldsymbol{f}(S)$ 为 $\mathbb{R}^m$ 中的道路连通子集.

证明　任取 $\boldsymbol{v}_0, \boldsymbol{v}_1 \in \boldsymbol{f}(S)$, 则存在 $\boldsymbol{u}_0, \boldsymbol{u}_1 \in S$, 使得 $\boldsymbol{f}(\boldsymbol{u}_0) = \boldsymbol{v}_0$, $\boldsymbol{f}(\boldsymbol{u}_1) = \boldsymbol{v}_1$. 设 $\boldsymbol{\sigma} : [0,1] \to \mathbb{R}^n$ 是 S 中连接 $\boldsymbol{u}_0$, $\boldsymbol{u}_1$ 的道路, 记 $\boldsymbol{\tau}(t) = \boldsymbol{f}(\boldsymbol{\sigma}(t))$, 则 $\boldsymbol{\tau}$ 就是 $\boldsymbol{f}(S)$ 中连接 $\boldsymbol{v}_0$, $\boldsymbol{v}_1$ 的道路, 这说明 $\boldsymbol{f}(S)$ 是道路连通子集. $\qquad\square$

定理 14.4.2 (零值定理)　设 S 为 $\mathbb{R}^n$ 中道路连通子集, $f : S \to \mathbb{R}$ 为连续函数. 若 $f(\boldsymbol{u}_0) < 0$, $f(\boldsymbol{u}_1) > 0$, 则存在 $\boldsymbol{\zeta} \in S$, 使得 $f(\boldsymbol{\zeta}) = 0$.

证明　设 $\boldsymbol{\sigma} : [0,1] \to \mathbb{R}^n$ 是 S 中连接 $\boldsymbol{u}_0$, $\boldsymbol{u}_1$ 的道路, 记 $\tau(t) = f(\boldsymbol{\sigma}(t))$, 则 $\tau : [0,1] \to \mathbb{R}$ 为连续函数, 且 $\tau(0) < 0$, $\tau(1) > 0$. 根据一元连续函数的零值定理, 存在 $\xi \in (0,1)$, 使得 $\tau(\xi) = 0$. 记 $\boldsymbol{\zeta} = \boldsymbol{\sigma}(\xi)$, 则 $f(\boldsymbol{\zeta}) = 0$. $\qquad\square$

例 14.4.2　设 $f : S^1 \to \mathbb{R}$ 为定义在单位圆周上的连续函数, 证明: 存在 $\boldsymbol{u} \in S^1$, 使得 $f(-\boldsymbol{u}) = f(\boldsymbol{u})$.

证明 显然, 单位圆周是道路连通子集. 考虑函数 $g(\boldsymbol{x}) = f(\boldsymbol{x}) - f(-\boldsymbol{x})$, 则 g 也是 S^1 上的连续函数, 且

$$g(\boldsymbol{x})g(-\boldsymbol{x}) = (f(\boldsymbol{x}) - f(-\boldsymbol{x}))(f(-\boldsymbol{x}) - f(\boldsymbol{x})) = -(f(\boldsymbol{x}) - f(-\boldsymbol{x}))^2 \leqslant 0,$$

根据零值定理, 存在 $\boldsymbol{u} \in S^1$, 使得 $g(\boldsymbol{u}) = 0$, 此时 $f(-\boldsymbol{u}) = f(\boldsymbol{u})$. □

我们再看连续映射的一致连续性质和最值性质, 它们都与有界闭集密切相关. 设 $S \subseteq \mathbb{R}^n$, $\boldsymbol{f}: S \to \mathbb{R}^m$ 为映射. 如果任给 $\varepsilon > 0$, 均存在 $\delta > 0$, 使得对每一个 $\boldsymbol{u} \in S$, 均有

$$\boldsymbol{f}(B_\delta^S(\boldsymbol{u})) \subseteq B_\varepsilon(\boldsymbol{f}(\boldsymbol{u})),$$

则称 $\boldsymbol{f}$ 一致连续. 显然, 一致连续意味着连续.

定理 14.4.3 (一致连续性) 设 $\boldsymbol{f}: S \to \mathbb{R}^m$ 为连续映射. 若 S 为有界闭集, 则 $\boldsymbol{f}$ 一致连续.

证明 (反证法) 若不然, 则存在 $\varepsilon_0 > 0$, 使得对每一个正整数 i, 均存在 $\boldsymbol{u}_i, \boldsymbol{v}_i \in S$, 满足

$$d(\boldsymbol{u}_i, \boldsymbol{v}_i) < \frac{1}{i}, \quad d(\boldsymbol{f}(\boldsymbol{u}_i), \boldsymbol{f}(\boldsymbol{v}_i)) \geqslant \varepsilon_0.$$

因为 S 为有界闭集, 所以 $\{\boldsymbol{u}_i\}$ 存在收敛子列. 不妨设它本身收敛于 $\boldsymbol{u}_0$, 则 $\boldsymbol{u}_0 \in S$. 由三角不等式可知 $\{\boldsymbol{v}_i\}$ 也收敛于 $\boldsymbol{u}_0$, 且

$$\varepsilon_0 \leqslant d(\boldsymbol{f}(\boldsymbol{u}_i), \boldsymbol{f}(\boldsymbol{u}_0)) + d(\boldsymbol{f}(\boldsymbol{u}_0), \boldsymbol{f}(\boldsymbol{v}_i)).$$

令 $i \to \infty$, 由 $\boldsymbol{f}$ 连续可知上式右边趋于零, 这就导出了矛盾. □

定理 14.4.4 (最值定理) 设 $\boldsymbol{f}: S \to \mathbb{R}^m$ 为连续映射. 若 S 为有界闭集, 则 $\boldsymbol{f}(S)$ 为 $\mathbb{R}^m$ 中的有界闭集. 特别地, 当 $m = 1$ 时, f 达到最小值和最大值.

证明 先证明 $\boldsymbol{f}(S)$ 有界. (反证法) 若不然, 则对每一个正整数 i, 均存在 $\boldsymbol{u}_i \in S$, 使得 $\|\boldsymbol{f}(\boldsymbol{u}_i)\| > i$. 因为 S 为有界闭集, 所以 $\{\boldsymbol{u}_i\}$ 存在收敛子列. 不妨设它本身收敛于 $\boldsymbol{u}_0$, 则 $\boldsymbol{u}_0 \in S$. 由 $\boldsymbol{f}$ 连续可知 $\{\boldsymbol{f}(\boldsymbol{u}_i)\}$ 收敛于 $\boldsymbol{f}(\boldsymbol{u}_0)$, 则 $\{\boldsymbol{f}(\boldsymbol{u}_i)\}$ 为有界点列, 这就导出了矛盾.

我们用命题 14.2.1 来说明 $\boldsymbol{f}(S)$ 是闭集. 设 $\{\boldsymbol{f}(\boldsymbol{u}_i)\}$ 收敛于 $\boldsymbol{v}_0$, 我们要说明 $\boldsymbol{v}_0 \in \boldsymbol{f}(S)$. 类似于前一段的论证, 不妨设 $\{\boldsymbol{u}_i\}$ 收敛于 $\boldsymbol{u}_0 \in S$. 由 $\boldsymbol{f}$ 连续可知 $\{\boldsymbol{f}(\boldsymbol{u}_i)\}$ 收敛于 $\boldsymbol{f}(\boldsymbol{u}_0)$. 由极限的唯一性即知 $\boldsymbol{v}_0 = \boldsymbol{f}(\boldsymbol{u}_0) \in \boldsymbol{f}(S)$.

当 $m = 1$ 时, $f(S)$ 是 $\mathbb{R}^1$ 中的有界闭集, 其下确界和上确界分别记为 α, β. 因为 α 是最大下界, 对每一个正整数 i, 就存在 $\alpha_i \in f(S)$, 使得

$$\alpha \leqslant \alpha_i < \alpha + \frac{1}{i}.$$

这说明 $\{\alpha_i\}$ 是 $f(S)$ 中收敛点列, 由 $f(S)$ 为闭集即知其极限 $\alpha \in f(S)$. 同理, $\beta \in f(S)$. 这说明 f 达到了最小值 α 和最大值 β. □

下面我们介绍最值定理的简单应用. 设 $\boldsymbol{A} = (a_{ij})_{n \times n}$ 为 n 阶对称实方阵, 考虑函数 $Q : \mathbb{R}^n \to \mathbb{R}$,

$$Q(\boldsymbol{x}) = \langle \boldsymbol{x}, \boldsymbol{A}\boldsymbol{x} \rangle = \sum_{i,j=1}^{n} a_{ij} x_i x_j.$$

若 $Q(\boldsymbol{x}) \geqslant 0$ 恒成立, 则称 $\boldsymbol{A}$ 半正定; 若 $\boldsymbol{A}$ 半正定, 且 $Q(\boldsymbol{x}) = 0$ 仅在 $\boldsymbol{x} = \boldsymbol{0}$ 处成立, 则称 $\boldsymbol{A}$ 正定.

例 14.4.3 设 $\boldsymbol{A}$ 为 n 阶正定矩阵, 证明: 存在正数 λ, μ, 使得

$$\lambda \|\boldsymbol{x}\|^2 \leqslant Q(\boldsymbol{x}) \leqslant \mu \|\boldsymbol{x}\|^2, \ \forall \ \boldsymbol{x} \in \mathbb{R}^n.$$

证明 记 $S^{n-1} = \{\boldsymbol{x} \in \mathbb{R}^n \mid \|\boldsymbol{x}\| = 1\}$. 由题设可知 $Q(\boldsymbol{x})$ 在 S^{n-1} 上恒为正. 注意到 $Q(\boldsymbol{x})$ 是连续函数, S^{n-1} 是有界闭集, 由最值定理, $Q(\boldsymbol{x})$ 在 S^{n-1} 上达到 (正的) 最小值 λ 和最大值 μ. 当 $\boldsymbol{x} \neq \boldsymbol{0}$ 时, 记 $\boldsymbol{x}' = \dfrac{\boldsymbol{x}}{\|\boldsymbol{x}\|}$, 则 $Q(\boldsymbol{x}) = \|\boldsymbol{x}\|^2 Q(\boldsymbol{x}')$, 于是

$$\lambda \leqslant \frac{Q(\boldsymbol{x})}{\|\boldsymbol{x}\|^2} = Q(\boldsymbol{x}') \leqslant \mu.$$

这就得到了欲证结论. $\qquad\qquad\qquad\qquad\qquad\qquad\qquad\qquad\qquad\qquad\square$

事实上, λ, μ 分别是 $\boldsymbol{A}$ 的最小特征值和最大特征值.

命题 14.4.5 $Q(\boldsymbol{x})$ 在 S^{n-1} 上的最小值必为矩阵 $\boldsymbol{A}$ 的特征值.

证明 根据最值定理, 存在 $\boldsymbol{u} \in S^{n-1}$, 使得 $Q(\boldsymbol{u}) = \lambda$. 此时 $Q(\boldsymbol{x}) \geqslant \lambda \|\boldsymbol{x}\|^2$, $\forall \ \boldsymbol{x} \in \mathbb{R}^n$. 特别地, 对任意 $\boldsymbol{y} \in \mathbb{R}^n$, $t \in \mathbb{R}$, 有

$$\varphi(t) = Q(\boldsymbol{u} + t\boldsymbol{y}) - \lambda \|\boldsymbol{u} + t\boldsymbol{y}\|^2 \geqslant 0.$$

$\varphi(t)$ 关于 t 为光滑函数, $t = 0$ 时取到最小值 0, 由 Fermat 引理可知 $\varphi'(0) = 0$. 即

$$\langle \boldsymbol{y}, \boldsymbol{A}\boldsymbol{u} \rangle + \langle \boldsymbol{u}, \boldsymbol{A}\boldsymbol{y} \rangle - \lambda(\langle \boldsymbol{u}, \boldsymbol{y} \rangle + \langle \boldsymbol{y}, \boldsymbol{u} \rangle) = 0.$$

由 $\boldsymbol{A}$ 为对称方阵可得 $\langle \boldsymbol{y}, \boldsymbol{A}\boldsymbol{u} - \lambda\boldsymbol{u} \rangle = 0$. 取 $\boldsymbol{y} = \boldsymbol{A}\boldsymbol{u} - \lambda\boldsymbol{u}$, 由内积的正定性可得 $\boldsymbol{A}\boldsymbol{u} - \lambda\boldsymbol{u} = \boldsymbol{0}$. 这说明 λ 为 $\boldsymbol{A}$ 的特征值. $\qquad\qquad\square$

注 14.4.1 利用上述方法可以证明, 实对称矩阵的特征值全为实数.

习题 14.4

1. 记 $S^{n-1} = \{\boldsymbol{x} \in \mathbb{R}^n \mid \|\boldsymbol{x}\| = 1\}$. 证明: 当 $n \geqslant 2$ 时 S^{n-1} 是道路连通子集.

2. 记 $O(n) = \{\boldsymbol{A} \in M_{n \times n} \mid \boldsymbol{A}\boldsymbol{A}^{\mathrm{T}} = \boldsymbol{I}_n\}$. 证明:

(1) $O(n)$ 是 $M_{n \times n}$ 中的有界闭集.

(2) $O(n)$ 不是道路连通的.

3. 设 $S \subseteq \mathbb{R}^n$ 既是开集又是闭集, 证明: $S = \varnothing$ 或 $S = \mathbb{R}^n$.

4. 设 $f : \mathbb{R}^2 \to \mathbb{R}$ 为连续函数, 证明: 存在 $\boldsymbol{u}_0 \neq \boldsymbol{u}_1$, 使得 $f(\boldsymbol{u}_0) = f(\boldsymbol{u}_1)$.

5. 记 $f(x, y) = \cos(xy)$. 证明: f 在 $\mathbb{R}^2$ 上不一致连续.

6. 设 S 为 $\mathbb{R}^n$ 中的非空闭集, $\boldsymbol{u}_0 \in \mathbb{R}^n$. 证明: 存在 $\boldsymbol{u}_1 \in S$, 使得

$$d(\boldsymbol{u}_0, \boldsymbol{u}_1) = \inf\{d(\boldsymbol{u}_0, \boldsymbol{u}) \mid \boldsymbol{u} \in S\}.$$

7. 设 S 为 $\mathbb{R}^n$ 中的非空有界闭集, 证明: 存在 $\boldsymbol{u}_0, \boldsymbol{u}_1 \in S$, 使得

$$d(\boldsymbol{u}_0, \boldsymbol{u}_1) = \sup\{d(\boldsymbol{u}, \boldsymbol{v}) \mid \boldsymbol{u}, \boldsymbol{v} \in S\}.$$

8. 设 $\boldsymbol{A}$ 是 n 阶实方阵且 $\det \boldsymbol{A} \neq 0$. 证明: 存在常数 $\lambda > 0$, 使得

$$\|\boldsymbol{A}\boldsymbol{x}\| \geqslant \lambda \|\boldsymbol{x}\|, \quad \forall \, \boldsymbol{x} \in \mathbb{R}^n.$$

9. 设 $\boldsymbol{A}$ 是 n 阶正定矩阵, $\boldsymbol{u} \in \mathbb{R}^n$, $c \in \mathbb{R}$. 记

$$f(\boldsymbol{x}) = \langle \boldsymbol{x}, \boldsymbol{A}\boldsymbol{x} \rangle + \langle \boldsymbol{u}, \boldsymbol{x} \rangle + c, \quad \forall \, \boldsymbol{x} \in \mathbb{R}^n.$$

证明: $\lim\limits_{\boldsymbol{x} \to \infty} f(\boldsymbol{x}) = +\infty$, 并求 f 的最小值.

10. 记 $SO(n) = \{\boldsymbol{A} \in O(n) \mid \det \boldsymbol{A} = 1\}$. 证明: 当 $n \geqslant 2$ 时 $SO(n)$ 是 $M_{n \times n}$ 中的道路连通子集.

14.5　Lipschitz 映射和零测集

我们知道, 定义在闭区间中的一元有界函数可积当且仅当其间断点集为零测集. 在研究多元函数的积分时, 我们将首先研究定义在 n 维闭矩形上的有界函数, 同样地要给出可积函数间断点集的刻画.

我们先看一类非常特殊的函数. 设 $S \subseteq \mathbb{R}^n$, 定义函数 $\chi_S : \mathbb{R}^n \to \mathbb{R}$ 如下:

$$\chi_S(\boldsymbol{x}) = \begin{cases} 1, & \boldsymbol{x} \in S, \\ 0, & \boldsymbol{x} \in \mathbb{R}^n \setminus S. \end{cases}$$

χ_S 称为子集 S 的特征函数. 不难看出, χ_S 在 $\boldsymbol{u}$ 处连续时, 若 $\boldsymbol{u} \in S$, 则存在 $r > 0$, 使得 $B_r(\boldsymbol{u}) \subseteq S$; 若 $\boldsymbol{u} \notin S$, 则存在 $r > 0$, 使得 $B_r(\boldsymbol{u}) \subseteq \mathbb{R}^n \setminus S$. 为了方便起见, 我们再引进几个与子集有关的概念.

内点: 设 $\boldsymbol{u} \in S$. 如果存在 $r > 0$, 使得 $B_r(\boldsymbol{u}) \subseteq S$, 则称 $\boldsymbol{u}$ 为 S 的内点. 内点的全体记为 $\text{int}S$ 或 S°, 称为 S 的内部.

外点: 设 $\boldsymbol{u} \notin S$. 如果存在 $r > 0$, 使得 $B_r(\boldsymbol{u}) \subseteq \mathbb{R}^n \setminus S$, 则称 $\boldsymbol{u}$ 为 S 的外点. 外点的全体记为 $\text{ext}S$, 称为 S 的外部.

边界点: 设 $\boldsymbol{u} \in \mathbb{R}^n$. 如果任给 $r > 0$, $B_r(\boldsymbol{u})$ 中既有属于 S 中的点, 也有不属于 S 中的点, 则称 $\boldsymbol{u}$ 为 S 的边界点. 边界点的全体记为 ∂S, 称为 S 的边界. ∂S 就是特征函数 χ_S 的间断点 (不连续点) 集.

从定义不难看出, $\text{int}S$ 是包含于 S 的 "最大" 开集, S 的外点就是 $\mathbb{R}^n \setminus S$ 的内点. 整个空间 $\mathbb{R}^n$ 可以分解为

$$\mathbb{R}^n = \text{int}S \cup \partial S \cup \text{ext}S,$$

上式右边的三个子集互不相交. 我们再列举几条今后会用到的性质:

- ∂S 为闭集, 这是因为它的补集等于 $\text{int}S \cup \text{ext}S$.

- $\text{int}S \cup \partial S$ 也是闭集, 记为 $\bar{S}$, 称为 S 的闭包. 此外, $\bar{S} = S \cup \partial S$ 也成立. 这是因为

$$\bar{S} \subseteq S \cup \partial S \subseteq (\text{int}S \cup \partial S) \cup \partial S = \bar{S}.$$

- S 为闭集当且仅当 $\partial S \subseteq S$, 即 $S = \bar{S}$. 事实上, 若 S 是闭集, 则 $\mathbb{R}^n \setminus S$ 为开集, 它里面的点不可能是边界点, 即 $\partial S \subseteq S$. 反之, 若 $\partial S \subseteq S$, 则 $S = \bar{S}$ 是闭集.

- 当 $S \subseteq T$ 时, $\bar{S} \subseteq \bar{T}$. 这是因为, 此时 $\mathbb{R}^n \setminus S \supseteq \mathbb{R}^n \setminus T$, 从而 $\text{ext}S \supseteq \text{ext}T$, 即 $\bar{S} \subseteq \bar{T}$ 成立.

例 14.5.1   球的边界.

设 $\boldsymbol{u} \in \mathbb{R}^n$, $r > 0$. 由于 $B_r(\boldsymbol{u})$ 和 $\mathbb{R}^n \setminus \overline{B_r(\boldsymbol{u})}$ 均为开集, 故

$$\partial B_r(\boldsymbol{u}) = \big\{ \boldsymbol{x} \in \mathbb{R}^n \,\big|\, \|\boldsymbol{x} - \boldsymbol{u}\| = r \big\},$$

称为以 $\boldsymbol{u}$ 为中心, r 为半径的 $n - 1$ 维球面.

下面我们将 $\mathbb{R}$ 中零测集的概念推广到 $\mathbb{R}^n$ 中.

零测集: 设 $C \subseteq \mathbb{R}^n$. 如果任给 $\varepsilon > 0$, 存在至多可数个矩形 $\{I_i\}$, 使得

$$C \subseteq \bigcup_{i \geqslant 1} I_i, \quad \sum_{i \geqslant 1} \nu(I_i) < \varepsilon,$$

则称 C 为 $\mathbb{R}^n$ 中的零测集.

和一维的情形类似, 不难看出: 有限点集均为零测集, 零测集的子集仍为零测集, 可数个零测集之并仍为零测集.

设 $\boldsymbol{u} = (u_1, u_2, \cdots, u_n) \in \mathbb{R}^n$, $r > 0$, 记 $I_r(\boldsymbol{u}) = \prod_{i=1}^{n} [u_i - r, u_i + r]$, 称为以 $\boldsymbol{u}$ 为中心, $2r$ 为边长的 n 维 (闭) 方体. 在零测集定义中, "矩形" 也可以换成 "方体", 这可以从如下简单引理看出来.

引理 14.5.1   设 I 为 n 维矩形, 则 I 可被容积之和不超过 $2^{n-1}\nu(I)$ 的有限个方体所覆盖.

证明 不妨设 $n \geqslant 2$. 基本的想法是将 I 的各边延长为最短边长度的整数倍, 然后将其分割为若干个 n 维方体. 设 $I = \prod\limits_{i=1}^{n}[a_i, b_i]$, 记 $\ell = \min\{b_i - a_i \mid 1 \leqslant i \leqslant n\}$, 不妨设 $b_1 - a_1 = \ell$. 记 $k_1 = 0, c_1 = b_1$. 当 $i > 1$ 时, 设 k_i 是不超过 $(b_i - a_i)/\ell$ 的最大整数, 记 $c_i = a_i + (k_i + 1)\ell$. 令 $J = \prod\limits_{i=1}^{n}[a_i, c_i]$, 则 $I \subseteq J$. 显然, J 可以分割为 $\prod\limits_{i=1}^{n}(k_i + 1)$ 个边长为 ℓ 的 n 维方体, 其容积之和满足

$$\left(\prod_{i=1}^{n}(k_i + 1)\right)\ell^n \leqslant \left(\prod_{i=2}^{n}(2k_i)\right)\ell^n \leqslant 2^{n-1}\nu(I). \qquad \square$$

例 14.5.2 设 I 为 n 维矩形, $\boldsymbol{f} : I \to \mathbb{R}^m$ 为连续映射. 记

$$G_{\boldsymbol{f}} = \{(\boldsymbol{x}, \boldsymbol{f}(\boldsymbol{x})) \in \mathbb{R}^{n+m} \mid \boldsymbol{x} \in I\},$$

证明: $G_{\boldsymbol{f}}$ 是 $\mathbb{R}^{n+m}$ 中的零测集.

证明 先看一个最简单的情形: $\boldsymbol{f} \equiv \boldsymbol{c}$, 其中 $\boldsymbol{c} \in \mathbb{R}^m$. 任给 $\varepsilon > 0$, 设 δ 为待定正数. 设 $I_\delta(\boldsymbol{c})$ 是以 $\boldsymbol{c}$ 为中心的 m 维方体, 记 $J = I \times I_\delta(\boldsymbol{c})$, 则 J 为 $n + m$ 维矩形. 显然, $G_{\boldsymbol{f}} \subseteq J$, 且当 δ 充分小时, J 的容积满足

$$\nu(J) = \nu(I)\nu(I_\delta(\boldsymbol{c})) = \nu(I)(2\delta)^m < \varepsilon.$$

按照定义, $G_{\boldsymbol{f}}$ 为 $\mathbb{R}^{n+m}$ 中的零测集.

我们再看一般情形. 任给 $\varepsilon > 0$, 设 δ 为待定正数. 根据定理 14.4.3, 我们可以将 I 等分为有限个小矩形 $\{I_i\}$, 使得每一个 $\boldsymbol{f}(I_i)$ 的直径均小于 δ. 取 $\boldsymbol{c}_i \in \boldsymbol{f}(I_i)$, 则 $\boldsymbol{f}(I_i) \subseteq I_\delta(\boldsymbol{c}_i)$. 于是 $G_{\boldsymbol{f}}$ 包含于有限个 $n+m$ 维矩形 $\{I_i \times I_\delta(\boldsymbol{c}_i)\}$ 的并集之中. 当 δ 充分小时, 它们的容积之和满足

$$\sum_i \nu(I_i)\nu(I_\delta(\boldsymbol{c}_i)) = \sum_i \nu(I_i)(2\delta)^m = \nu(I)(2\delta)^m < \varepsilon.$$

按照定义, $G_{\boldsymbol{f}}$ 为 $\mathbb{R}^{n+m}$ 中的零测集. $\qquad \square$

下面我们再简单介绍一下零测集的不变性质, 这将用于多元函数积分的变量替换.

Lipschitz 映射: 设 $S \subseteq \mathbb{R}^n$, $\boldsymbol{f} : S \to \mathbb{R}^m$ 为映射. 如果存在非负常数 L, 使得

$$d(\boldsymbol{f}(\boldsymbol{x}), \boldsymbol{f}(\boldsymbol{y})) \leqslant L\, d(\boldsymbol{x}, \boldsymbol{y}), \quad \forall\, \boldsymbol{x}, \boldsymbol{y} \in S, \tag{14.5.1}$$

则称 $\boldsymbol{f}$ 为 Lipschitz 映射, $m = 1$ 时称为 Lipschitz 函数. 显然, Lipschitz 映射是一致连续的.

例 14.5.3 设 $S \subseteq \mathbb{R}^n$ 为非空子集, 当 $\boldsymbol{x} \in \mathbb{R}^n$ 时, 定义

$$d(\boldsymbol{x}, S) = \inf\{d(\boldsymbol{x}, \boldsymbol{u}) \mid \boldsymbol{u} \in S\},$$

证明: $d(\boldsymbol{x}, S)$ 是 Lipschitz 函数, 且 $d(\boldsymbol{x}, S) = 0$ 当且仅当 $\boldsymbol{x} \in \bar{S}$.

证明   任取 $\boldsymbol{x}, \boldsymbol{y} \in \mathbb{R}^n$, 由三角不等式可知

$$d(\boldsymbol{x}, \boldsymbol{u}) \leqslant d(\boldsymbol{x}, \boldsymbol{y}) + d(\boldsymbol{y}, \boldsymbol{u}), \ \ \forall \, \boldsymbol{u} \in S.$$

在上式中关于 $\boldsymbol{u} \in S$ 取下确界可得 $d(\boldsymbol{x}, S) \leqslant d(\boldsymbol{x}, \boldsymbol{y}) + d(\boldsymbol{y}, S)$. 交换 $\boldsymbol{x}, \boldsymbol{y}$ 的位置时此不等式当然也成立, 这说明 $|d(\boldsymbol{x}, S) - d(\boldsymbol{y}, S)| \leqslant d(\boldsymbol{x}, \boldsymbol{y})$.

显然, $d(\boldsymbol{x}, S) \geqslant 0$. 若 $d(\boldsymbol{x}, S) = 0$, 则存在 S 中一列点 $\{\boldsymbol{u}_i\}$, 使得 $\lim\limits_{i \to +\infty} d(\boldsymbol{x}, \boldsymbol{u}_i) = 0$, 此时 $\boldsymbol{x} \in \bar{S}$. 反之, 若 $\boldsymbol{x} \in \bar{S}$, 则存在 S 中一列点 $\{\boldsymbol{u}_i\}$, 使得 $\lim\limits_{i \to +\infty} d(\boldsymbol{x}, \boldsymbol{u}_i) = 0$, 此时 $d(\boldsymbol{x}, S) = 0$. $\square$

$d(\boldsymbol{x}, S)$ 称为到 S 的距离函数, 它的一个用处体现在下例中.

例 14.5.4   设 C, D 是 $\mathbb{R}^n$ 中两个不相交的非空闭集, 证明: 存在连续函数 $\rho : \mathbb{R}^n \to \mathbb{R}$, 使得

$$0 \leqslant \rho \leqslant 1, \ \ \rho|_C \equiv 1, \ \rho|_D \equiv 0.$$

证明   根据前例, 当 $\boldsymbol{x} \in \mathbb{R}^n$ 时均有 $d(\boldsymbol{x}, C) + d(\boldsymbol{x}, D) > 0$. 令

$$\rho(\boldsymbol{x}) = \frac{d(\boldsymbol{x}, D)}{d(\boldsymbol{x}, C) + d(\boldsymbol{x}, D)}, \ \ \forall \, \boldsymbol{x} \in \mathbb{R}^n,$$

则 ρ 是满足要求的连续函数. $\square$

例 14.5.5   设 U 为 $\mathbb{R}^n$ 中的道路连通的开子集, 证明: 任给 $\boldsymbol{u}_0, \boldsymbol{u}_1 \in U$, 存在 U 中分段 C^1 的道路连接 $\boldsymbol{u}_0, \boldsymbol{u}_1$.

证明   若 $U = \mathbb{R}^n$, 取 $\boldsymbol{\sigma}(t) = (1-t)\boldsymbol{u}_0 + t\boldsymbol{u}_1$, 则 $\boldsymbol{\sigma}$ 是连接 $\boldsymbol{u}_0$ 和 $\boldsymbol{u}_1$ 的 C^1 道路. 下设 $U \neq \mathbb{R}^n$, $\boldsymbol{\sigma}$ 是 U 中连接 $\boldsymbol{u}_0$ 和 $\boldsymbol{u}_1$ 的道路. 距离函数 $d(\boldsymbol{x}, \mathbb{R}^n \setminus U)$ 在有界闭集 $\boldsymbol{\sigma}([0,1])$ 上的最小值记为 δ, 则 $\delta > 0$. 根据一致连续性, 存在正整数 m, 使得对每一个 $0 \leqslant i \leqslant m-1$, $\boldsymbol{\sigma}([t_i, t_{i+1}])$ 的直径均小于 δ, 其中 $t_i = \dfrac{i}{m}$ $(0 \leqslant i \leqslant m)$. 定义 $\boldsymbol{\tau} : [0,1] \to \mathbb{R}^n$ 为

$$\boldsymbol{\tau}(t) = m(t_{i+1}-t)\boldsymbol{\sigma}(t_i) + m(t-t_i)\boldsymbol{\sigma}(t_{i+1}), \ \ \forall \, t \in [t_i, t_{i+1}], \ i = 0, 1, \cdots, m-1.$$

$\boldsymbol{\tau}$ 是连接 $\boldsymbol{u}_0$ 和 $\boldsymbol{u}_1$ 的折线段. 容易验证 $\boldsymbol{\tau}([0,1]) \subseteq U$. $\square$

注 14.5.1 $\mathbb{R}^n$ 上的道路连通开集常称为区域, 区域的闭包常称为闭区域 (闭域).

受距离函数定义的启发, 我们还有如下结果.

引理 14.5.2   设 S 为 $\mathbb{R}^n$ 中的子集, $f : S \to \mathbb{R}$ 满足条件 $|f(\boldsymbol{x}) - f(\boldsymbol{y})| \leqslant L\,d(\boldsymbol{x}, \boldsymbol{y})$, 则存在函数 $F : \mathbb{R}^n \to \mathbb{R}$, 满足条件 $F|_S = f$ 且 $|F(\boldsymbol{x}) - F(\boldsymbol{y})| \leqslant L\,d(\boldsymbol{x}, \boldsymbol{y})$.

证明   若 F 是预想中的函数, 则当 $\boldsymbol{x} \in \mathbb{R}^n$ 时, 应该有

$$F(\boldsymbol{x}) \leqslant F(\boldsymbol{u}) + L\,d(\boldsymbol{x}, \boldsymbol{u}) = f(\boldsymbol{u}) + L\,d(\boldsymbol{x}, \boldsymbol{u}), \ \ \forall \, \boldsymbol{u} \in S.$$

受此启发, 我们定义 $F(\boldsymbol{x}) = \inf\{f(\boldsymbol{u}) + L\,d(\boldsymbol{x}, \boldsymbol{u}) \mid \boldsymbol{u} \in S\}$. 我们首先说明 $F(\boldsymbol{x})$ 有意义: 固定一个 $\boldsymbol{v} \in S$, 则当 $\boldsymbol{x} \in \mathbb{R}^n$ 时

$$f(\boldsymbol{u}) + L\,d(\boldsymbol{x}, \boldsymbol{u}) \geqslant f(\boldsymbol{v}) - L\,d(\boldsymbol{u}, \boldsymbol{v}) + L\,d(\boldsymbol{x}, \boldsymbol{u}) \geqslant f(\boldsymbol{v}) - L\,d(\boldsymbol{x}, \boldsymbol{v}),$$

这说明 $\{f(\boldsymbol{u}) + L\,d(\boldsymbol{x}, \boldsymbol{u}) \mid \boldsymbol{u} \in S\}$ 有下界, 从而有下确界.

其次, 我们验证 $F|_S = f$. 设 $\boldsymbol{v} \in S$, 由题设可得

$$f(\boldsymbol{v}) \leqslant f(\boldsymbol{u}) + L\,d(\boldsymbol{v}, \boldsymbol{u}), \quad \forall\, \boldsymbol{u} \in S,$$

且 $\boldsymbol{u} = \boldsymbol{v}$ 时等号成立. 这说明 $F(\boldsymbol{v}) = f(\boldsymbol{v})$.

最后, 我们验证 F 是 Lipschitz 函数. 当 $\boldsymbol{x}, \boldsymbol{y} \in \mathbb{R}^n$ 时, 由三角不等式可得

$$f(\boldsymbol{u}) + L\,d(\boldsymbol{x}, \boldsymbol{u}) \leqslant f(\boldsymbol{u}) + L\,d(\boldsymbol{y}, \boldsymbol{u}) + L\,d(\boldsymbol{x}, \boldsymbol{y}),$$

在上式中关于 $\boldsymbol{u} \in S$ 取下确界可得 $F(\boldsymbol{x}) \leqslant F(\boldsymbol{y}) + L\,d(\boldsymbol{x}, \boldsymbol{y})$. 交换 $\boldsymbol{x}, \boldsymbol{y}$ 的位置不等式当然也成立, 这说明 $|F(\boldsymbol{x}) - F(\boldsymbol{y})| \leqslant L\,d(\boldsymbol{x}, \boldsymbol{y})$. □

F 称为 f 的 Lipschitz 延拓. 利用上述引理, 我们还可以将向量值的 Lipschitz 函数做类似的延拓.

推论 14.5.3 设 S 为 $\mathbb{R}^n$ 中的子集, $\boldsymbol{f} : S \to \mathbb{R}^m$ 为 Lipschitz 映射, 则存在 Lipschitz 映射 $\boldsymbol{F} : \mathbb{R}^n \to \mathbb{R}^m$, 使得 $\boldsymbol{F}|_S = \boldsymbol{f}$.

证明 设 $\boldsymbol{f}$ 满足条件 (14.5.1) 式. 记 $\boldsymbol{f}(x) = (f_1(x), f_2(x), \cdots, f_m(x))$, 则

$$|f_i(\boldsymbol{x}) - f_i(\boldsymbol{y})| \leqslant d(\boldsymbol{f}(\boldsymbol{x}), \boldsymbol{f}(\boldsymbol{y})) \leqslant L\,d(\boldsymbol{x}, \boldsymbol{y}), \quad \forall\, 1 \leqslant i \leqslant m.$$

由前一引理, 存在 $F_i : \mathbb{R}^n \to \mathbb{R}$, 使得 $F_i|_S = f_i$, 且 $|F_i(\boldsymbol{x}) - F_i(\boldsymbol{y})| \leqslant L\,d(\boldsymbol{x}, \boldsymbol{y})$. 记 $\boldsymbol{F}(x) = (F_1(x), F_2(x), \cdots, F_m(x))$, 则

$$d(\boldsymbol{F}(\boldsymbol{x}), \boldsymbol{F}(\boldsymbol{y})) = \|\boldsymbol{F}(\boldsymbol{x}) - \boldsymbol{F}(\boldsymbol{y})\| \leqslant \sqrt{m}L\,d(\boldsymbol{x}, \boldsymbol{y}). \qquad \square$$

注 14.5.2 1934 年, Kirszbraun 证明了更强的结论: 可以适当地选取延拓 $\boldsymbol{F}$, 使得 $d(\boldsymbol{F}(\boldsymbol{x}), \boldsymbol{F}(\boldsymbol{y})) \leqslant L\,d(\boldsymbol{x}, \boldsymbol{y})$.

最后我们说明 Lipschitz 映射与零测集之间的关系.

命题 14.5.4 设 S 为 $\mathbb{R}^n$ 中的零测集, $\boldsymbol{f} : S \to \mathbb{R}^n$ 为 Lipschitz 映射, 则 $\boldsymbol{f}(S)$ 也是 $\mathbb{R}^n$ 中的零测集.

证明 根据上述推论, 不妨设 $\boldsymbol{f}$ 定义在整个 $\mathbb{R}^n$ 上. 根据零测集的定义以及引理 14.5.1, 任给 $\varepsilon > 0$, 存在至多可数个方体 $\{I_i = I_{r_i}(\boldsymbol{u}_i)\}$, 使得

$$S \subseteq \bigcup_{i \geqslant 1} I_i, \quad \sum_{i \geqslant 1} \nu(I_i) = \sum_{i \geqslant 1} (2r_i)^n < \varepsilon.$$

设 $\|\boldsymbol{f}(\boldsymbol{x}) - \boldsymbol{f}(\boldsymbol{y})\| \leqslant L\|\boldsymbol{x} - \boldsymbol{y}\|$, 则当 $\boldsymbol{x} \in I_i$ 时,

$$\|\boldsymbol{f}(\boldsymbol{x}) - \boldsymbol{f}(\boldsymbol{u}_i)\| \leqslant L\|\boldsymbol{x} - \boldsymbol{u}_i\| \leqslant \sqrt{n}Lr_i.$$

这说明 $\boldsymbol{f}(I_i) \subseteq B_{\delta_i}(\boldsymbol{f}(\boldsymbol{u}_i))$, 其中 $\delta_i = \sqrt{n}Lr_i$. 记 $J_i = I_{\delta_i}(\boldsymbol{f}(\boldsymbol{u}_i))$, 则 $J_i \supseteq \boldsymbol{f}(I_i)$, 于是

$$\boldsymbol{f}(S) \subseteq \bigcup_{i\geqslant 1}\boldsymbol{f}(I_i) \subseteq \bigcup_{i\geqslant 1}J_i,$$

且

$$\sum_{i\geqslant 1}\nu(J_i) = \sum_{i\geqslant 1}(2\sqrt{n}Lr_i)^n < (\sqrt{n}L)^n\varepsilon,$$

这说明 $\boldsymbol{f}(S)$ 为 $\mathbb{R}^n$ 中的零测集. □

设 $\boldsymbol{A} \in M_{n\times n}$, $\boldsymbol{b} \in \mathbb{R}^n$, 记 $\boldsymbol{\varphi}(\boldsymbol{x}) = \boldsymbol{A}\boldsymbol{x} + \boldsymbol{b}$, 映射 $\boldsymbol{\varphi}: \mathbb{R}^n \to \mathbb{R}^n$ 称为仿射变换. 由范数不等式可知

$$\|\boldsymbol{\varphi}(\boldsymbol{x}) - \boldsymbol{\varphi}(\boldsymbol{y})\| = \|\boldsymbol{A}(\boldsymbol{x} - \boldsymbol{y})\| \leqslant \|\boldsymbol{A}\|\|\boldsymbol{x} - \boldsymbol{y}\|,$$

这说明仿射变换是 Lipschitz 映射, 因此将零测集映为零测集.

习题 14.5

1. 设 f 是定义在 S 上的一致连续函数. 证明: 存在定义在 $\bar{S}$ 上的一致连续函数 g, 使得 $g|_S = f$.

2. 设 $\boldsymbol{f}: \mathbb{R}^n \to \mathbb{R}^m$ 为连续映射, $S \subseteq \mathbb{R}^n$.

(1) 证明: $\boldsymbol{f}(\bar{S}) \subseteq \overline{\boldsymbol{f}(S)}$.

(2) 举例说明 $\boldsymbol{f}$ 未必将闭集映为闭集.

3. 设 S, T 为 $\mathbb{R}^n$ 中的子集, 证明:

$$\chi_{S\cap T} = \chi_S\chi_T, \quad \chi_{S\cup T} = \chi_S + \chi_T - \chi_S\chi_T.$$

4. 设 $S, T \subseteq \mathbb{R}^n$, 证明: $\mathrm{int}(S\cap T) = \mathrm{int}S \cap \mathrm{int}T$, $\overline{S\cup T} = \bar{S}\cup\bar{T}$.

5. 设 $S \subseteq \mathbb{R}^n$, 证明: $\partial\bar{S} \subseteq \partial S$, 并举例说明等号不一定成立.

6. 设 $S \subseteq \mathbb{R}^n$, $\boldsymbol{u} \in S$. 如果存在 $r > 0$, 使得 $B_r(\boldsymbol{u}) \cap S = \{\boldsymbol{u}\}$, 则称 $\boldsymbol{u}$ 为 S 的孤立点. 证明: 孤立点必为边界点.

7. 设 $S \subseteq \mathbb{R}^n$, S 的聚点的全体记为 S'. 证明: S' 为闭集, 且 $S' \cup \partial S = \bar{S}$.

8. 设 $S \subseteq \mathbb{R}^n$, $\boldsymbol{u} \in \bar{S}$. 证明: S 中存在收敛于 $\boldsymbol{u}$ 的点列.

9. 设 D 为 $\mathbb{R}^n$ 中的开集, $S \subseteq D$. 若 S 为有界闭集, 证明: 存在 $\delta > 0$, 使得 $\{\boldsymbol{x} \in \mathbb{R}^n \mid d(\boldsymbol{x}, S) \leqslant \delta\} \subseteq D$.

10. 设 $S \subseteq \mathbb{R}^n$. 如果任给 $\boldsymbol{x} \in \mathbb{R}^n$, 均存在 $r > 0$, 使得 $S \cap B_r(\boldsymbol{x})$ 为零测集, 证明: S 为零测集.

11. 设 S 为 $\mathbb{R}^n$ 中的零测集, 证明: $S \times \mathbb{R}^m$ 为 $\mathbb{R}^{n+m}$ 中的零测集.

12. 设 $\boldsymbol{\gamma} : (a,b) \to \mathbb{R}^2$ 为连续曲线, 其中 $\boldsymbol{\gamma}(t) = (x(t), y(t))$. 如果 x 或 y 为 t 的 C^1 函数, 证明: $\boldsymbol{\gamma}\big((a,b)\big)$ 为 $\mathbb{R}^2$ 中的零测集.

13. 设 I 为 $\mathbb{R}^n$ 中的 n 维矩形, 证明: ∂I 为 $\mathbb{R}^n$ 中的零测集.

14. 设 V 为 $\mathbb{R}^n$ 中的仿射子向量空间. 证明: 若 $V \neq \mathbb{R}^n$, 则 V 为 $\mathbb{R}^n$ 中的零测集.

15. 证明: S^{n-1} 是 $\mathbb{R}^n$ 中的零测集.

第十五章

多元函数微分学及其应用

在上一章, 我们讨论了如何把一元函数的极限、连续等基本概念和内容推广到多元函数或映射. 从本章起, 我们将陆续把一元函数的微分和积分等概念以及相应的理论体系、思想方法、计算和应用也推广到多元函数或映射. 本章我们主要讨论微分学及其应用, 后面的章节再转向积分学.

本章大部分的内容和一元函数相应的内容平行, 在结构上两者也有很多相似之处. 比如, 在本章我们也将讨论多元函数求导的四则运算法则、复合函数求导、高阶偏导数、链式法则、有限增量公式、一阶微分形式不变性、Taylor 公式、微分的应用等; 但同时我们也将特别指出一元与多元结论上本质的区别, 比如多元函数关于连续与偏导数之间的逻辑关系, 尤其多元函数中的隐函数存在定理、逆映射定理等几个重要的理论结果. 这些结论对于深刻理解和揭示一元函数与多元函数在这些方面的差异是非常重要的, 这也为后续课学习无穷元分析提供一些基本素材和案例.

15.1　偏导数与方向导数

我们回忆一下一元函数导数的定义: 若 f 是一个一元函数, x_0 是定义域中的内点, 则 f 在 x_0 处的导数定义为当极限 $\lim\limits_{h\to 0}\dfrac{f(x_0+h)-f(x_0)}{h}$ 存在有限时该极限的值.

对于多元函数的情形, 我们可以通过一元函数导数的定义来引入多元函数的**偏导数**.

定义 15.1.1(偏导数)　设 $D\subseteq\mathbb{R}^n$ 是一开集, $u=f(\boldsymbol{x})=f(x_1,x_2,\cdots,x_n)$ 是在 D 上有定义的函数, $\boldsymbol{x}_0=(x_1^0,x_2^0,\cdots,x_n^0)\in D$. 对 $1\leqslant i\leqslant n$, 若一元函数

$$\tilde{f}(x_i)=f(x_1^0,\cdots,x_{i-1}^0,x_i,x_{i+1}^0,\cdots,x_n^0)$$

在 x_i^0 的导数 $\tilde{f}'(x_i^0)$ 存在, 则称 $f(\boldsymbol{x})$ 在 $\boldsymbol{x}_0$ 处**关于** x_i **可偏导**, 并称 $\tilde{f}'(x_i^0)$ 为 $f(\boldsymbol{x})$ 在 $\boldsymbol{x}_0$ 关于 x_i 的偏导数, 记为

$$\frac{\partial f(\boldsymbol{x}_0)}{\partial x_i},\qquad f_{x_i}(\boldsymbol{x}_0),\qquad \frac{\partial u}{\partial x_i}\Big|_{\boldsymbol{x}_0}.$$

若 $f(\boldsymbol{x})$ 在 D 中的每一点关于 x_i 都可偏导, 则将其偏导数记为

$$\frac{\partial f(\boldsymbol{x})}{\partial x_i},\qquad f_{x_i}(\boldsymbol{x}),\qquad \frac{\partial u}{\partial x_i}.$$

可以看出, 若 n 元函数 $f(\boldsymbol{x})$ 关于每个分量都可偏导, 则 $f(\boldsymbol{x})$ 具有 n 个偏导数. 另一方面, 对每个固定的分量 x_i, $\dfrac{\partial f(\boldsymbol{x})}{\partial x_i}$ 仍然是 D 内的一个 n 元函数. 进一步, 如果 $f_{x_i}(\boldsymbol{x})=\dfrac{\partial f(\boldsymbol{x})}{\partial x_i}$ 关于 x_j 仍然可偏导, 那么我们就把这样的偏导数 $\dfrac{\partial}{\partial x_j}\left(\dfrac{\partial f(\boldsymbol{x})}{\partial x_i}\right)$ 称

为函数 $f(\boldsymbol{x})$ 的二阶偏导数, 记为 $f_{x_i x_j}$ 或 $\dfrac{\partial^2 f(\boldsymbol{x})}{\partial x_j \partial x_i}$. 需要注意的是, $i \neq j$ 时, $f_{x_j x_i}$ 和 $f_{x_i x_j}$ 统称为**混合偏导数**, 但它们是两个不同的二阶偏导数, 至于它们的值是否相等, 则是多元函数微分学中的基本问题之一, 我们在后面再加以讨论.

这样, 一个 n 元函数共有 n 个偏导数、n^2 个二阶偏导数:

$$\left\{ \frac{\partial^2 f(\boldsymbol{x})}{\partial x_j \partial x_i} \right\}_{1 \leqslant i, j \leqslant n},$$

其中当 $i = j$ 时, 我们将采用记号:

$$\frac{\partial}{\partial x_i}\left(\frac{\partial f}{\partial x_i} \right) = \frac{\partial^2 f}{\partial x_i^2}.$$

类似地可以定义更高阶偏导数.

定义 15.1.2 给定 n 元函数 $f(\boldsymbol{x})$, 其 k 阶偏导数为

$$f_{x_{i_1} x_{i_2} \cdots x_{i_k}} = \frac{\partial^k f}{\partial x_{i_k} \partial x_{i_{k-1}} \cdots \partial x_{i_1}} = \frac{\partial}{\partial x_{i_k}}\left(\frac{\partial^{k-1} f}{\partial x_{i_{k-1}} \cdots \partial x_{i_1}} \right)$$

必须注意, 高阶偏导数的值不但依赖于对哪些自变量求偏导, 还依赖于求偏导的次序. 以二元函数 $z = f(x, y)$ 为例, 它关于 x 和 y 均求二次偏导的四阶偏导数中, 就存在如下可能:

$$f_{xxyy}, \ f_{xyxy}, \ f_{yxxy}, \ f_{yxyx}, \ f_{yyxx}.$$

在没有额外条件假设下, 一般来说, 它们可能彼此不等. 后面我们还会返回到这个话题.

在具体问题讨论中, 我们常见的是二元函数和三元函数. 在不失一般性的条件下, 为了叙述和表达的简洁性, 我们经常以二元函数为主. 对于 $n = 2$, 设 $z = f(x, y)$ 在 (x_0, y_0) 的某个邻域内有定义, 当 $y = y_0$ 固定不变, 而 x 在 x_0 处有增量 Δx 时, 相应的函数增量为 $f(x_0 + \Delta x, y_0) - f(x_0, y_0)$. 函数 $z = f(x, y)$ 在点 (x_0, y_0) 处**对** x **可偏导**则是指极限

$$\lim_{\Delta x \to 0} \frac{f(x_0 + \Delta x, y_0) - f(x_0, y_0)}{\Delta x}$$

存在有限, 记作 $\left.\dfrac{\partial z}{\partial x}\right|_{(x_0, y_0)}$, $\left.\dfrac{\partial f}{\partial x}\right|_{(x_0, y_0)}$, $z_x|_{(x_0, y_0)}$ 或 $f_x(x_0, y_0)$. 即

$$f_x(x_0, y_0) = \lim_{\Delta x \to 0} \frac{f(x_0 + \Delta x, y_0) - f(x_0, y_0)}{\Delta x}.$$

类似地, 函数 $z = f(x, y)$ 在点 (x_0, y_0) 处**对** y **可偏导**则是指极限

$$f_y(x_0, y_0) = \lim_{\Delta y \to 0} \frac{f(x_0, y_0 + \Delta y) - f(x_0, y_0)}{\Delta y}$$

存在有限.

根据偏导数的定义, 在对某个变量求导时, 可暂时将其余变量视为常数. 因此, 偏导数的计算可以利用一元函数求导的所有法则和方法.

例 15.1.1 求 $f(x, y) = xy$ 的一阶和二阶偏导数.

解 $f_x = y$, $\quad f_y = x$, $\quad f_{yx} = 1$, $\quad f_{xy} = 1$, $\quad f_{xx} = f_{yy} = 0$.

例 15.1.2 设 $abc \neq 0$,

$$f(x, y) = \begin{cases} ax + by, & x = 0 \text{ 或 } y = 0, \\ c, & \text{其他点}. \end{cases}$$

可以直接验证, 两个偏导数 $f_x(0,0)$ 和 $f_y(0,0)$ 都存在, 这是因为

$$f_x(0,0) = \lim_{x \to 0} \frac{f(x,0) - f(0,0)}{x - 0} = \lim_{x \to 0} \frac{ax}{x} = a.$$

同理有 $f_y(0,0) = b$.

注意, 虽然函数的两个偏导数都存在, 但显然 $f(x, y)$ 在 $(0, 0)$ 不连续.

例 15.1.3 设 $D(y)$ 是关于 y 的 Dirichlet 函数, 求 $f(x, y) = x + D(y)$ 在 $(x_0, y_0) = (0, 0)$ 处的偏导数 $\dfrac{\partial f}{\partial x}$ 和 $\dfrac{\partial}{\partial y}\left(\dfrac{\partial f}{\partial x}\right)$.

解 直接的计算表明

$$\frac{\partial f}{\partial x}(0,0) = 1, \qquad \frac{\partial}{\partial y}\left(\frac{\partial f}{\partial x}\right)(0,0) = 0.$$

此例告诉我们, 虽然函数 $f(x, y)$ 关于 y 处处不连续, 但二元函数仍然有可能关于另一个变量可偏导, 甚至有高阶偏导数, 这是多元函数与一元函数不同之处.

当然, 多元函数在某点连续一般来说逻辑上也得不到在该点可偏导的结论, 这只要把具有这种特点的一元函数看成多元函数即可. 比如 $\forall y_0$, $f(x, y) = g(x) = |x|$ 在 $(0, y_0)$ 关于 x 就不可偏导.

我们知道, 导数是函数的变化率. 对于一元函数来说, 如果导数恒为零, 则该函数变化率为零, 即函数为常值函数. 对于多元函数来说, 我们有

命题 15.1.1 设函数 $f: \mathbb{R}^n \to \mathbb{R}$ 的偏导数恒为零, 则 f 为常值函数.

证明 以二元函数为例. 设 $\dfrac{\partial f}{\partial x} = \dfrac{\partial f}{\partial y} = 0$. 我们有

$$f(x, y) - f(0, 0) = (f(x, y) - f(0, y)) + (f(0, y) - f(0, 0)).$$

对上式右边括号中的项分别关于变量 x 和 y 应用一元函数的微分中值定理, 可得

$$f(x, y) - f(0, 0) = \frac{\partial f}{\partial x}(\xi, y)(x - 0) + \frac{\partial f}{\partial y}(0, \zeta)(y - 0) = 0,$$

即 $f(x, y) \equiv f(0, 0)$. $\qquad\qquad\qquad\qquad\qquad\qquad\qquad\qquad\qquad\qquad\qquad\qquad$ □

事实上, 无论从证明过程中还是从一元函数的结论中, 我们看到了更一般的结论: 如果定义在凸域上的 n 元函数 f 关于某一个变量的偏导数恒为零, 那么 f 本质上是一个 $n-1$ 元函数.

由一元函数导数的几何意义, 可得多元函数偏导数的几何意义. 例如二元函数 $z = f(x, y), (x, y) \in D$, 给出了 $\mathbb{R}^3$ 中的一个曲面 S. 设 $z_0 = f(x_0, y_0)$, 点 $P_0(x_0, y_0, z_0)$ 为曲面 S 上一点. 考察曲面 S 与平面 $y = y_0$ 的交线 Γ. 偏导数 $f_x(x_0, y_0)$ 即表示交线 Γ 在 P_0 点的切线斜率, 交线在 P_0 点的切向量为 $(1, 0, f_x(x_0, y_0))$.

同理, $f_y(x_0, y_0)$ 表示曲面 S 与平面 $x = x_0$ 的交线 Σ 在 P_0 点的切线斜率, 交线 Σ 在 P_0 点的切向量为 $(0, 1, f_y(x_0, y_0))$.

我们看到, 偏导数 f_{x_i} 描述的是函数 f 沿着 x_i 轴方向的变化率. 完全类似, 我们可以考虑函数沿着任一给定方向 $\boldsymbol{u}$ 的变化率. 具体来说, 考虑定义在开集 $D \subseteq \mathbb{R}^n$ 上的 n 元函数 $z = f(\boldsymbol{x})$, $\boldsymbol{x}_0 \in D$. 在以 $\boldsymbol{x}_0$ 为始点, 以 $\boldsymbol{u}$ 的正向为方向向量的射线 ℓ 上任取一点 $\boldsymbol{x} \in D \cap \ell$, 则有 $\boldsymbol{x} = \boldsymbol{x}_0 + \boldsymbol{x} - \boldsymbol{x}_0 = \boldsymbol{x}_0 + h\boldsymbol{u}$, $h > 0$.

<u>定义 15.1.3</u> 设 $z = f(\boldsymbol{x})$ 是定义在开集 $D \subseteq \mathbb{R}^n$ 上的 n 元函数. $\boldsymbol{x}_0 \in D$, $\boldsymbol{u} = (u_1, u_2, \cdots, u_n)$ 是一个 n 维单位向量, 即 $\|\boldsymbol{u}\| = 1$. 如果极限

$$\frac{\partial f}{\partial \boldsymbol{u}}(\boldsymbol{x}_0) := \lim_{h \to 0^+} \frac{f(\boldsymbol{x}_0 + h\boldsymbol{u}) - f(\boldsymbol{x}_0)}{h} \tag{15.1.1}$$

存在有限, 则称函数 f 在 $\boldsymbol{x}_0$ 处沿着方向 $\boldsymbol{u}$ 是**方向可导**的, 并称该极限为函数 f 在 $\boldsymbol{x}_0$ 处沿着方向 $\boldsymbol{u}$ 的**方向导数**.

我们来解释一下上述定义中, 为何要取 $\boldsymbol{u} = (u_1, u_2, \cdots, u_n)$ 为单位向量. 事实上, 我们知道, 当初引入方向导数的目的就是考察函数沿着一个给定方向 $\boldsymbol{u}$ 的变化情况. 但众所周知, 对于一个给定方向 $\boldsymbol{u}$ 和任意实数 $\lambda > 0$, 向量 $\boldsymbol{v} := \lambda\boldsymbol{u}$ 是一个与 $\boldsymbol{u}$ 同向的向量, 因此我们一方面有理由根据定义 (15.1.1) 计算相应的极限 $\frac{\partial f}{\partial \boldsymbol{v}}(\boldsymbol{x}_0)$, 另一方面, 还希望这两个极限值 $\frac{\partial f(\boldsymbol{x}_0)}{\partial \boldsymbol{u}}$ 和 $\frac{\partial f(\boldsymbol{x}_0)}{\partial \boldsymbol{v}}$ 相等, 因为这样更吻合方向导数中 "方向" 的直觉.

我们设想一下, 假如情况并非如此, 即在极限 (15.1.1) 中不要求 $\boldsymbol{u}$ 为单位向量, 我们分别来计算一下函数 f 沿方向 $\boldsymbol{u}$ 与沿方向 $\boldsymbol{v}$ 给出的极限 (15.1.1). 为此, 我们计算 f 沿 $\boldsymbol{v} = \lambda\boldsymbol{u}$ 的变化率:

$$\begin{aligned} \frac{\partial f(\boldsymbol{x}_0)}{\partial \boldsymbol{v}} &= \lim_{h \to 0^+} \frac{f(\boldsymbol{x}_0 + h\boldsymbol{v}) - f(\boldsymbol{x}_0)}{h} \\ &= \lambda \cdot \lim_{h \to 0^+} \frac{f(\boldsymbol{x}_0 + h\lambda\boldsymbol{u}) - f(\boldsymbol{x}_0)}{h\lambda} \\ &= \lambda \frac{\partial f(\boldsymbol{x}_0)}{\partial \boldsymbol{u}}. \end{aligned} \tag{15.1.2}$$

这样一来, 我们看出在定义式 (15.1.1) 中如果没有单位向量的假设, 那么即使沿着同一方向的方向导数, 其结果也将因 λ 的不同而导致计算结果的千差万别, 这在实际应用中会带来诸多不便. 这一场景犹如在考察一个二维山坡在某点处沿东北方向变化快慢时, 不应该依赖于指向东北方向的手臂长短不同而不同.

还有一点值得注意, 如果 $\lambda < 0$, 比如 $\lambda = -1$, 在定义 15.1.3 中, 一般来说, f 沿 $\boldsymbol{u}$ 的方向导数并不等同于沿 $-\boldsymbol{u}$ 的方向导数. 即, 如果令 $\boldsymbol{v} = -\boldsymbol{u}$, 则有

$$
\begin{aligned}
\frac{\partial f(\boldsymbol{x}_0)}{\partial \boldsymbol{v}} &= \lim_{h \to 0^+} \frac{f(\boldsymbol{x}_0 + h\boldsymbol{v}) - f(\boldsymbol{x}_0)}{h} \\
&= \lim_{h \to 0^+} \frac{f(\boldsymbol{x}_0 - h\boldsymbol{u}) - f(\boldsymbol{x}_0)}{h} \\
&= -\lim_{t \to 0^-} \frac{f(\boldsymbol{x}_0 + t\boldsymbol{u}) - f(\boldsymbol{x}_0)}{t} \\
&\neq -\frac{\partial f(\boldsymbol{x}_0)}{\partial \boldsymbol{u}}.
\end{aligned}
$$

所以, 沿 $\boldsymbol{u}$ 的负方向 $-\boldsymbol{u}$ 的方向导数 $\dfrac{\partial f(\boldsymbol{x}_0)}{\partial (-\boldsymbol{u})}$ 和沿 $\boldsymbol{u}$ 的方向导数的负值 $-\dfrac{\partial f(\boldsymbol{x}_0)}{\partial \boldsymbol{u}}$, 一般来说, 是不相等的.

注 15.1.1 不同的教材或参考书中, 方向导数的定义可能有所不同. 两种常见的方式为: 在 (15.1.1) 式中, 一种是 $h \to 0^+$ 的极限, 另一种是 $h \to 0$ 的极限. 本书采用的是第一种形式下的定义.

在我们采用的定义下, 方向导数与偏导数之间有如下关系, 读者可自行验证.

命题 15.1.2 设 $z = f(\boldsymbol{x})$ 是定义在开集 $D \subseteq \mathbb{R}^n$ 上的 n 元函数. $\boldsymbol{x}_0 \in D$.

$$
\boldsymbol{u} = \boldsymbol{e}_i = (0, \cdots, 0, 1, 0, \cdots, 0), \qquad \boldsymbol{v} = -\boldsymbol{e}_i = (0, \cdots, 0, -1, 0, \cdots, 0),
$$

其中向量中为 ± 1 的分量位于第 i 个位置. 则偏导数 $\dfrac{\partial f(\boldsymbol{x}_0)}{\partial x_i}$ 存在的充要条件是 $\dfrac{\partial f(\boldsymbol{x}_0)}{\partial \boldsymbol{u}}$ 和 $\dfrac{\partial f(\boldsymbol{x}_0)}{\partial \boldsymbol{v}}$ 都存在有限, 且

$$
\frac{\partial f(\boldsymbol{x}_0)}{\partial x_i} = \frac{\partial f(\boldsymbol{x}_0)}{\partial \boldsymbol{u}} = -\frac{\partial f(\boldsymbol{x}_0)}{\partial \boldsymbol{v}}.
$$

我们给出几个关于偏导数、方向导数以及它们之间关系的例子. 首先, 下面的例子说明, 即使函数在某点处所有方向的方向导数都存在, 也不一定可偏导.

例 15.1.4 证明: 二元函数 $z = f(x, y) = \sqrt{x^2 + y^2}$ 在 $(0, 0)$ 点沿任意方向的方向导数都存在, 但偏导数不存在.

证明 任取单位向量 $\boldsymbol{u} = (u_1, u_2)$, 可得

$$
\frac{\partial f}{\partial \boldsymbol{u}}(0, 0) = \lim_{h \to 0^+} \frac{f(h\boldsymbol{u})}{h} = \frac{f(hu_1, hu_2)}{h} = \lim_{h \to 0^+} \frac{h}{h} = 1.
$$

所以函数沿任一方向的方向导数都存在且相等.

另一方面, 根据定义, 有

$$\frac{\partial f}{\partial x}(0,0) = \lim_{x \to 0} \frac{f(x,0) - f(0,0)}{x - 0} = \lim_{x \to 0} \frac{|x|}{x},$$

所以 $f_x(0,0)$ 不存在. 同理, $f_y(0,0)$ 也不存在.

如果应用命题 15.1.2, 也可以得到 f 的偏导数不存在.   □

当然, 反过来, 如果函数 f 在 $\boldsymbol{x}_0$ 处的偏导数存在, 除了能保证沿着平行于坐标轴方向的方向导数存在外, 并不能保证其他方向的方向导数存在. 为此, 读者可以自行验证下面的例子:

例 15.1.5 证明: 二元函数

$$f(x,y) = \begin{cases} \dfrac{xy}{x^2 + y^2}, & (x,y) \neq (0,0), \\ 0, & (x,y) = (0,0), \end{cases}$$

在 $(0,0)$ 点偏导数存在, 但沿任意非坐标轴方向的方向导数都不存在.

读者还可验证下面的结论:

例 15.1.6 一个在 $(0,0)$ 点连续, 但在该点沿任何方向的方向导数都不存在的例子:

$$f(x,y) = x^{2/3} + y^{2/3}.$$

例 15.1.7 证明: 二元函数

$$f(x,y) = \begin{cases} 1, & y = x^2, x \neq 0, \\ 0, & \text{其他点} \end{cases}$$

在 $(0,0)$ 处沿任意方向的方向导数都为 0, 但函数并非常值函数, 事实上, 该函数在原点并不连续.

和一元函数不同, 对于一个多元函数, 它在某点处的偏导数或方向导数存在, 只是反映了函数沿特定方向的变化性质, 所以偏导数和方向导数的存在都不能保证多元函数的连续性.

为了更好地研究多元函数的性质, 更系统地对比偏导、方向导数、连续、可微之间的关系, 我们引入下面的一个重要的基本概念: **微分**.

定义 15.1.4(微分、导数) 设 $D \subseteq \mathbb{R}^n$ 为一开集, $f : D \to \mathbb{R}$ 为多元函数, $\boldsymbol{x}_0 \in D$. 如果存在 n 维向量 $\boldsymbol{L}_{\boldsymbol{x}_0} = (A_1, A_2, \cdots, A_n)$, 使得在 $\boldsymbol{x}_0$ 附近成立

$$f(\boldsymbol{x}) - f(\boldsymbol{x}_0) = \langle \boldsymbol{L}_{\boldsymbol{x}_0}, \Delta \boldsymbol{x} \rangle + o(\|\Delta \boldsymbol{x}\|) \quad (\boldsymbol{x} \to \boldsymbol{x}_0),$$

则称 f 在 $\boldsymbol{x}_0$ 处**可微**, $\Delta \boldsymbol{x} = \boldsymbol{x} - \boldsymbol{x}_0$ 称为自变量 $\boldsymbol{x}$ 的**全增量**, 向量 $\boldsymbol{L}_{\boldsymbol{x}_0}$ 称为函数 f 在 $\boldsymbol{x}_0$ 处的**导数**, 也记为

$$\boldsymbol{L}_{\boldsymbol{x}_0} = f'(\boldsymbol{x}_0).$$

向量 $\boldsymbol{L}_{\boldsymbol{x}_0}$ 与 $\Delta\boldsymbol{x}$ 的内积 $\langle \boldsymbol{L}_{\boldsymbol{x}_0}, \Delta\boldsymbol{x}\rangle = \sum\limits_{i=1}^{n} A_i \Delta x_i$ 称为 f 在 $\boldsymbol{x}_0$ 处的**全微分**, 或简称**微分**, 并记作 $\mathrm{d}f(\boldsymbol{x}_0)$, 即

$$\mathrm{d}f(\boldsymbol{x}_0) = \langle \boldsymbol{L}_{\boldsymbol{x}_0}, \Delta\boldsymbol{x}\rangle = \sum_{i=1}^{n} A_i \Delta x_i.$$

如果 $\forall \boldsymbol{x} \in D$, f 在 $\boldsymbol{x}$ 处都可微, 则称 f 在 D 上可微.

由于当 $1 \leqslant i \leqslant n, x_i$ 是自变量时, 可定义 $\mathrm{d}x_i = \Delta x_i$, 因此 $f(\boldsymbol{x})$ 在 $\boldsymbol{x}_0$ 处的微分又更自然地记为

$$\mathrm{d}f(\boldsymbol{x}_0) = \langle \boldsymbol{L}_{\boldsymbol{x}_0},\ \mathrm{d}\boldsymbol{x}\rangle = \sum_{i=1}^{n} A_i \,\mathrm{d}x_i.$$

函数 f 的全微分有明确的几何意义. 图 15.1 给出了长和宽分别为 x 和 y 的矩形面积 $S(x, y) = xy$ 的全微分的几何意义 (可对比一元函数微分章节中的图 6.6). 考虑函数 S 在 (x_0, y_0) 处的增量 ΔS

$$\Delta S = y_0 \Delta x + x_0 \Delta y + \Delta x \cdot \Delta y = (y_0, x_0) \cdot (\Delta x, \Delta y) + \Delta x \cdot \Delta y,$$

即 ΔS 由三部分组成: 两个浅色矩形的面积 $x_0 \Delta y$ 和 $y_0 \Delta x$, 以及一个边长为 Δx 和 Δy 的深色矩形的面积 $\Delta x \cdot \Delta y$, 后者是自变量增量 $(\Delta x, \Delta y)$ 的高阶无穷小量.

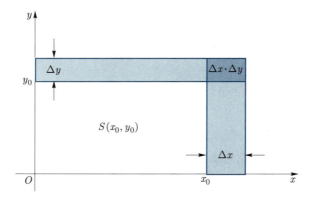

图 15.1　微分的几何意义

微分也称为函数 f 的线性化. 微分学的基本思想就是对各种研究对象做线性化 (以直代曲). 显然, 当 f 在 $\boldsymbol{x}_0$ 处可微时, f 也在 $\boldsymbol{x}_0$ 处连续, 具体来说, 我们有

命题 15.1.3 (可微必可导)　设 f 在 $\boldsymbol{x}_0$ 处可微, 其微分为 $\mathrm{d}f(\boldsymbol{x}_0) = \sum\limits_{i=1}^{n} A_i \,\mathrm{d}x_i$, 则

(1) f 在 $\boldsymbol{x}_0$ 处连续.

(2) 对 $1 \leqslant i \leqslant n$, 有 $\dfrac{\partial f}{\partial x_i}(\boldsymbol{x}_0) = A_i$.

证明 可以由偏导和可微的定义直接得到, 证明从略. □

值得注意的是, 命题反方向的结论不成立. 即函数可偏导、可导都不能得出可微.

根据命题 15.1.3 可知, 当 f 在 $\boldsymbol{x}_0$ 处可微时, 导数 $f'(\boldsymbol{x}_0)$, 偏导数 $f_{x_i}(\boldsymbol{x}_0)$ 都存在, 称向量 $(f_{x_1}(\boldsymbol{x}_0),\cdots,f_{x_n}(\boldsymbol{x}_0))$ 为 $f(\boldsymbol{x})$ 在 $\boldsymbol{x}_0$ 处的**梯度**, 记为 $\operatorname{grad} f(\boldsymbol{x}_0)$, 也记为

$$\nabla f(\boldsymbol{x}_0) = \operatorname{grad} f(\boldsymbol{x}_0) = f'(\boldsymbol{x}_0) = (f_{x_1}(\boldsymbol{x}_0),\cdots,f_{x_n}(\boldsymbol{x}_0)). \tag{15.1.3}$$

注意对多元函数而言, 大家最常见到的是偏导数这个概念, 而在定义 15.1.4 中我们采用了 "导数" 这个字眼, 很大程度上是借用一元函数 "导数" 的语境, 只需注意这是一个说法而已: 对于多元函数, "导数" 给出的是一个向量. 另外, 我们已经赋予 "导数" 多种称呼和记号: 比如线性映射、微分算子, 以及在场论中常见到的**梯度**, 等等.

在函数可微的条件下, 下面几种表示都是在说多元函数 $f(\boldsymbol{x})$ 的同一件事:

$$f'(\boldsymbol{x}), \qquad \nabla f(\boldsymbol{x}), \qquad \operatorname{grad} f(\boldsymbol{x}), \qquad \boldsymbol{L}_{\boldsymbol{x}} = (f_{x_1}(\boldsymbol{x}),\cdots,f_{x_n}(\boldsymbol{x})),$$

在后面的章节中, 我们经常在这些不同的表示中自由切换.

关于多元函数可微与方向导数之间的关系, 有下面的结论:

命题 15.1.4(可微必方向可导) 设 f 在 $\boldsymbol{x}_0$ 处可微, $\boldsymbol{u} = \sum_{i=1}^{n} u_i \boldsymbol{e}_i$ 为任一 n 维单位向量, 则 f 在 $\boldsymbol{x}_0$ 处沿 $\boldsymbol{u}$ 的方向导数都存在, 并且有

$$\frac{\partial f}{\partial \boldsymbol{u}}(\boldsymbol{x}_0) = \mathrm{d}f(\boldsymbol{x}_0)(\boldsymbol{u}) = \nabla f(\boldsymbol{x}_0) \cdot \boldsymbol{u}. \tag{15.1.4}$$

证明 设 $\boldsymbol{u}$ 为单位向量. 根据假设, 有

$$f(\boldsymbol{x}_0 + t\boldsymbol{u}) - f(\boldsymbol{x}_0) = L(t\boldsymbol{u}) + o(\|t\boldsymbol{u}\|) = tL(\boldsymbol{u}) + o(|t|) \quad (t \to 0).$$

故

$$\frac{\partial f}{\partial \boldsymbol{u}}(\boldsymbol{x}_0) = \lim_{t \to 0} \frac{f(\boldsymbol{x}_0 + t\boldsymbol{u}) - f(\boldsymbol{x}_0)}{t} = L(\boldsymbol{u}) = L\left(\sum_{i=1}^{n} u_i \boldsymbol{e}_i\right) = \nabla f(\boldsymbol{x}_0) \cdot \boldsymbol{u}.$$

即 (15.1.4) 式成立. □

注 15.1.2 人们习惯于把方向导数中的单位向量 $\boldsymbol{u}$ 用方向余弦表示, 即

$$\boldsymbol{u} = (\cos\alpha_1, \cos\alpha_2, \cdots, \cos\alpha_n), \qquad \sum_{i=1}^{n} \cos^2\alpha_i = 1,$$

其中 α_i $(i = 1, 2, \cdots, n)$ 表示向量 $\boldsymbol{u}$ 与坐标轴 x_i 正向的夹角, 那么当 f 在 $\boldsymbol{x}_0$ 处可微时, f 的导数和沿方向 $\boldsymbol{u}$ 的方向导数之间有如下的关系:

$$\frac{\partial f}{\partial \boldsymbol{u}}(\boldsymbol{x}_0) = f'(\boldsymbol{x}_0) \cdot \boldsymbol{u} = \nabla f(\boldsymbol{x}_0) \cdot \boldsymbol{u} = f_{x_1}\cos\alpha_1 + f_{x_2}\cos\alpha_2 + \cdots + f_{x_n}\cos\alpha_n.$$

显然, 这一方向导数只有在向量 $\boldsymbol{u}$ 与梯度向量 $\nabla f(\boldsymbol{x}_0)$ 同向时达到最大

值, 即, 当 $\nabla f(\boldsymbol{x}_0) = \lambda \boldsymbol{u}$ $(\lambda > 0)$ 时,

$$\|\nabla f\| = \sqrt{f_{x_1}^2 + f_{x_2}^2 + \cdots + f_{x_n}^2}.$$

因此, 梯度方向是与具体的坐标系选取无关的: 一个纯量函数 f 的梯度 ∇f 是一个向量, 其大小和方向是 f 等高线变化最快的方向.

定义 15.1.5   设 $D \subseteq \mathbb{R}^n$ 为一开集, 如果 $\forall \boldsymbol{x} \in D$, 定义在 D 上的 n 元函数 f 在 $\boldsymbol{x}$ 附近偏导数都存在, 且偏导数在点 $\boldsymbol{x}$ 处连续, 则称 f 在 D 上是 C^1 的, 记为 $f \in C^1(D)$. 即, $C^1(D)$ 是指 D 上所有偏导数都存在且连续的函数的全体.

下面的结果给出了多元函数可微的充分条件.

命题 15.1.5   若 $f \in C^1(D)$, 则 f 在 D 上必可微.

证明   以二元函数为例, 记 $\boldsymbol{x} = (x, y)$, $\boldsymbol{x}_0 = (x_0, y_0)$. 当 $\boldsymbol{x} \to \boldsymbol{x}_0$ 时, 有

$$\begin{aligned}
f(\boldsymbol{x}) - f(\boldsymbol{x}_0) &= (f(x, y) - f(x_0, y)) + (f(x_0, y) - f(x_0, y_0)) \\
&= \frac{\partial f}{\partial x}(\xi, y)\Delta x + \frac{\partial f}{\partial y}(x_0, \zeta)\Delta y \\
&= \left(\frac{\partial f}{\partial x}(\boldsymbol{x}_0) + o(1)\right)\Delta x + \left(\frac{\partial f}{\partial y}(\boldsymbol{x}_0) + o(1)\right)\Delta y \\
&= \frac{\partial f}{\partial x}(\boldsymbol{x}_0)\Delta x + \frac{\partial f}{\partial y}(\boldsymbol{x}_0)\Delta y + o(\|\boldsymbol{x} - \boldsymbol{x}_0\|),
\end{aligned}$$

故 f 在 $\boldsymbol{x}_0 = (x_0, y_0)$ 处可微. $\qquad\qquad\Box$

综合命题 15.1.3 与命题 15.1.5 以及前面的讨论, 我们得到下面的逻辑关系:

$$f \text{ 在 } D \text{ 上方向导数存在}$$
$$\Uparrow$$
$$f \in C^1(D) \implies \quad f \text{ 在 } D \text{ 上可微} \quad \implies f \text{ 在 } D \text{ 上连续}.$$
$$\Downarrow$$
$$f \text{ 在 } D \text{ 上偏导数存在}$$

例 15.1.8   例 15.1.5 中的函数

$$f(x, y) = \begin{cases} \dfrac{xy}{x^2 + y^2}, & (x, y) \neq (0, 0), \\ 0, & (x, y) = (0, 0) \end{cases}$$

在 $(0, 0)$ 点偏导数存在, 但在 $(0, 0)$ 点不连续 (在该点非坐标轴方向上的方向导数也不存在), 故在该点不可微.

例 15.1.9 证明: 函数

$$f(x,y) = \begin{cases} (x^2+y^2)\sin\dfrac{1}{\sqrt{x^2+y^2}}, & (x,y) \neq (0,0), \\ 0, & (x,y) = (0,0) \end{cases}$$

在 $(0,0)$ 处可微, 但偏导数不连续.

证明 f 的可微性易证, 下面我们只考虑 f 偏导数的不连续性. 由于

$$f_x(x,y) = \begin{cases} 2x\sin\dfrac{1}{\sqrt{x^2+y^2}} - \dfrac{x}{\sqrt{x^2+y^2}}\cos\dfrac{1}{\sqrt{x^2+y^2}}, & (x,y) \neq (0,0), \\ 0, & (x,y) = (0,0), \end{cases}$$

令 $x_k = y_k = \dfrac{\sqrt{2}}{4k\pi}$, 则有

$$\lim_{k \to +\infty} f_x(x_k, y_k) = -\frac{\sqrt{2}}{2}.$$

另一方面, 由定义直接计算可得 $f_x(0,0) = 0$, 故 f_x 在 $(0,0)$ 点不连续. 同理可证 f_y 在 $(0,0)$ 点也不连续. □

C^k 函数类, 混合偏导数的次序

上面我们看到一阶偏导数的连续性是一个较强的条件, 也就是说, 如果 f 是 C^1 的, 那么它将蕴涵着可微性、偏导数和方向导数的存在性等结论. 对于高阶偏导数, 也有类似的结论. 为此, 我们先把前面介绍过的 C^1 概念一般化:

定义 15.1.6(C^k 函数类) 设 $f: D \to \mathbb{R}$ 为多元函数. 如果 f 连续, 且直到 k 阶的各种偏导数都存在且连续, 则称 f 为 C^k 函数, 记为 $f \in C^k(D)$. 如果对任意 $k \geqslant 0$, f 均为 C^k 函数, 则称 f 为无限次可导函数或光滑函数, 记为 $f \in C^\infty(D)$.

值得注意的是, 一元函数 C^k 的定义 (见定义 6.5.2) 只要求 k 阶导数连续即可, 无须要求更低阶的导数存在且连续, 这是因为对于一元函数而言, 高阶可导必然有低阶可导成立. 这一断言对于多元函数来说, 应该明确如下: 如果定义域 D 不是区域, 那么上述偏导和高阶偏导的定义有些复杂和麻烦, 高阶可偏导通常也不自动蕴涵低阶可偏导, 比如下面的例子. 因此为了避免这种极其复杂的定义域带来的技术上的繁文缛节, 我们的讨论限于 D 是 $\mathbb{R}^n$ 中的区域, 在这种基本假设下, 多元函数的 $C^k(D)$ 类可以定义为区域 D 上的所有 k 阶偏导数均连续的函数的全体.

例 15.1.10 函数

$$f(x,y) = \begin{cases} \mathrm{e}^{-x^2/y^2 - y^2/x^2}, & xy \neq 0, \\ 0, & xy = 0 \end{cases}$$

在 $(0,0)$ 点不连续, 但其各阶偏导数处处存在.[①]

下面的定理表明, 对于 C^2 函数, 虽然它的任意两个混合偏导数 $f_{x_i x_j}$ 和 $f_{x_j x_i}$ 都是以二元函数陈述的, 但显然结论对于 n 元函数均成立.

定理 15.1.6 (求导次序的可交换性)　设 $f: D \to \mathbb{R}$ 为二元函数, $(x_0, y_0) \in D$. 如果 $f \in C^2(D)$, 则 $f_{yx}(x_0, y_0) = f_{xy}(x_0, y_0)$.

证明　对于充分小的 $k \neq 0, h \neq 0$, 考虑函数

$$\varphi(y) = f(x_0 + h, y) - f(x_0, y), \quad \psi(x) = f(x, y_0 + k) - f(x, y_0).$$

由微分中值定理, 存在 $\theta_1, \theta_2 \in (0,1)$, 使得

$$
\begin{aligned}
\varphi(y_0 + k) - \varphi(y_0) &= \varphi_y(y_0 + \theta_1 k)k \\
&= \left(f_y(x_0 + h,\ y_0 + \theta_1 k) - f_y(x_0,\ y_0 + \theta_1 k)\right)k \\
&= f_{yx}(x_0 + \theta_2 h,\ y_0 + \theta_1 k)kh.
\end{aligned}
$$

同理, 存在 $\theta_3, \theta_4 \in (0,1)$, 使得

$$\psi(x_0 + h) - \psi(x_0) = f_{xy}(x_0 + \theta_3 h,\ y_0 + \theta_4 k)hk.$$

易见 $\varphi(y_0 + k) - \varphi(y_0) = \psi(x_0 + h) - \psi(x_0)$, 这说明

$$f_{yx}(x_0 + \theta_2 h,\ y_0 + \theta_1 k) = f_{xy}(x_0 + \theta_3 h,\ y_0 + \theta_4 k).$$

令 $k, h \to 0$, 由 f_{yx}, f_{xy} 在 (x_0, y_0) 处连续即得欲证等式. $\qquad\square$

上述结果对于更一般的情况也成立, 读者可以自行证明: 对于多元函数 f, 如果 $f \in C^k(D)$, $k \geqslant 2$, 那么它的任意 k 阶偏导数 $f_{x_{i_1} x_{i_2} \cdots x_{i_k}}$ 与求偏导次序无关.

下面的例子告诉我们, 如果函数不是 C^2 的, 那么二阶混合偏导数的值可能与求导次序有关.

例 15.1.11　考虑函数

$$
f(x,y) = \begin{cases} xy\dfrac{x^2 - y^2}{x^2 + y^2}, & (x,y) \neq (0,0), \\[2mm] 0, & (x,y) = (0,0). \end{cases}
$$

试求函数在 $(0,0)$ 处的两个二阶混合偏导数 $f_{xy}(0,0)$ 和 $f_{yx}(0,0)$.

解　直接计算可得如下表示:

$$
f_x(x,y) = \begin{cases} \dfrac{x^4 y + 4x^2 y^3 - y^5}{\left(x^2 + y^2\right)^2}, & (x,y) \neq (0,0), \\[2mm] 0, & (x,y) = (0,0) \end{cases}
$$

[①] N. Kimura, J. Burr. Discontinuous function with partial derivatives everywhere. Amer. Math. Monthly, 1960(8): 813-814.

和

$$f_y(x,y) = \begin{cases} \dfrac{x^5 - 4x^3y^2 - xy^4}{\left(x^2+y^2\right)^2}, & (x,y) \neq (0,0), \\ 0, & (x,y) = (0,0), \end{cases}$$

从而可得

$$f_{xy}(0,0) = 1, \qquad f_{yx}(0,0) = -1. \qquad \qquad \square$$

作为不能随意交换求偏导次序的反例, 上面例中的函数构思巧妙, 为绝大多数教材或参考书所采用, 甚至都鲜见其他反例. 下面我们对这个函数的构造做一些进一步的讨论.

为了看清楚这个例子的来龙去脉以及它的几何意义, 我们将函数用极坐标表示, 代之以 $f(x,y)$, 我们考虑 $4f(x,y)$ 并且还把它记为 $f(x,y)$, 显然这丝毫不影响结论. 令

$$x = r\cos\theta, \qquad y = r\sin\theta, \quad r > 0, \quad \theta \in [0, 2\pi).$$

则有

$$f(x,y) = r^2 \sin 4\theta.$$

该函数图像见本节后面图 15.6.

利用这个有趣的观察, 读者就不难发现下面诸多二阶混合偏导数各具特色的例子. 我们把这些结论的验证留给读者, 有兴趣的读者可以从这些素材中提炼出一般性结论.

例 15.1.12 下列结论成立:

(1) 函数 $f(x,y) = x^2 + y^2$ 是 $C^\infty(\mathbb{R}^2)$ 的, 特别地, 两个混合偏导数 $f_{xy}(0,0)$ 和 $f_{yx}(0,0)$ **存在且相等**.

(2) 函数 $f(x,y) = 2xy$ 是 $C^\infty(\mathbb{R}^2)$ 的, 特别地, 两个混合偏导数 $f_{xy}(0,0)$ 和 $f_{yx}(0,0)$ **存在且相等**.

(3) 重述例 15.1.11中的函数

$$f(x,y) = \begin{cases} 4xy\dfrac{x^2-y^2}{x^2+y^2}, & (x,y) \neq (0,0), \\ 0, & (x,y) = (0,0). \end{cases}$$

它在 $(0,0)$ 处的两个二阶混合偏导数 $f_{xy}(0,0)$ 和 $f_{yx}(0,0)$ **存在但不相等**.

(4) 函数

$$f(x,y) = \begin{cases} 2xy\dfrac{(3x^2-y^2)(x^2-3y^2)}{(x^2+y^2)^2}, & (x,y) \neq (0,0), \\ 0, & (x,y) = (0,0) \end{cases}$$

在 $(0,0)$ 处的两个二阶混合偏导数 $f_{xy}(0,0)$ 和 $f_{yx}(0,0)$ **存在且相等, 均为** 0.

(5) 函数

$$f(x,y) = y\sqrt{x^2 + y^2} \tag{15.1.5}$$

的两个混合偏导数 $f_{xy}(0,0)$ 和 $f_{yx}(0,0)$, **一个存在, 一个不存在**.

(6) 函数

$$f(x,y) = \begin{cases} y\dfrac{3x^2 - y^2}{\sqrt{x^2 + y^2}}, & (x,y) \neq (0,0), \\ 0, & (x,y) = (0,0) \end{cases}$$

的两个混合偏导数 $f_{xy}(0,0)$ 和 $f_{yx}(0,0)$, **一个存在, 一个不存在**.

(7) 函数

$$f(x,y) = \begin{cases} \dfrac{5x^4 y - 10x^2 y^3 + y^5}{(\sqrt{x^2 + y^2})^3}, & (x,y) \neq (0,0), \\ 0, & (x,y) = (0,0) \end{cases}$$

的两个混合偏导数 $f_{xy}(0,0)$ 和 $f_{yx}(0,0)$, **一个存在, 一个不存在**.

初看起来, 这些函数要么结论过于平凡, 比如 (1) 和 (2), 要么感觉人为构造痕迹明显, 比如 (3)—(7), 甚至我们还能构造出形式更 "诡异" 且符合我们预期的函数. 其实, 如果把这些函数用极坐标系表达, 从 (1) 到 (7), 我们还是能看出它们的分析性质和几何特点的. 比如, 它们分别具有如下形式:

(1) $z = r^2$;　　(2) $z = r^2 \sin 2\theta$;　　(3) $z = r^2 \sin 4\theta$;　　(4) $z = r^2 \sin 6\theta$;

(5) $z = r^2 \sin\theta$;　　(6) $z = r^2 \sin 3\theta$;　　(7) $z = r^2 \sin 5\theta$.

图 15.2—图 15.7 是相应函数的图像.

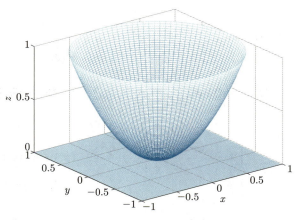

图 15.2　$z = r^2$

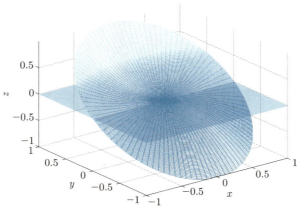

图 15.3 $z = r^2 \sin\theta$

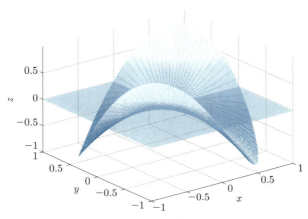

图 15.4 $z = r^2 \sin 2\theta$

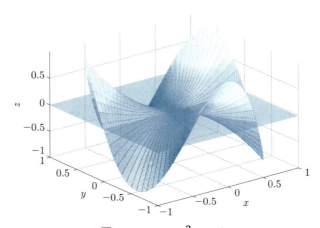

图 15.5 $z = r^2 \sin 3\theta$

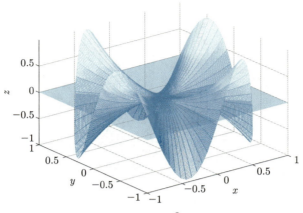

图 15.6 $z = r^2 \sin 4\theta$

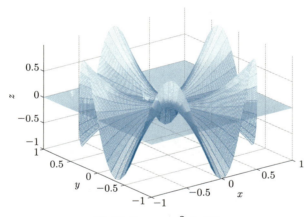

图 15.7 $z = r^2 \sin 5\theta$

当然, 经过适量的计算, 还可以继续考虑 $z = r^2 \sin 8\theta$ 的情况. 此时, 所对应的直角坐标下的函数 $f(x, y)$ 具有形式

$$f(x, y) = \begin{cases} xy\dfrac{(x^2 - y^2)(x^4 - 6x^2y^2 + y^4)}{(x^2 + y^2)^3}, & (x, y) \neq (0, 0), \\ 0, & (x, y) = (0, 0). \end{cases}$$

有兴趣的读者可以证明 $f(x, y)$ 在 $(0, 0)$ 点的两个混合偏导数 $f_{xy}(0, 0)$ 和 $f_{yx}(0, 0)$ 都**存在但不相等**.

显然, 读者可能很自然提出如下问题: 函数 $z = r^2 \sin k\theta$ 在直角坐标表示下, 相应的函数的二阶混合偏导数 f_{xy} 和 f_{yx} 的存在性和相等性如何依赖于 k 的取值? 读者可以通过讨论 $k \in \{4p + 2, 4p, 2p + 1\}, p > 0$ 来进行分类.

现在我们不妨再啰唆几句, 考虑下面的函数, 并返回去考虑一阶偏导数的存在性:

例 15.1.13 证明: 函数

$$f(x,y) = \begin{cases} \dfrac{2xy}{\sqrt{x^2+y^2}}, & (x,y) \neq (0,0), \\ 0, & (x,y) = (0,0) \end{cases}$$

和函数

$$g(x,y) = \begin{cases} \dfrac{3x^2y-y^3}{x^2+y^2}, & (x,y) \neq (0,0), \\ 0, & (x,y) = (0,0) \end{cases}$$

的两个偏导数 $f_x(0,0)$, $f_y(0,0)$ 和 $g_x(0,0)$, $g_y(0,0)$ 都存在. 沿任意方向的方向导数也存在. 但 f_x 和 f_y 在 $(0,0)$ 点都不连续, f 在原点也不可微. 同理, g_x 和 g_y 在 $(0,0)$ 点也都不连续, g 在原点也不可微.

例子结论的正确性可以通过计算直接得以验证, 从略. 下面我们也从极坐标的角度来分析这两个函数, 同时再回顾和对比一下例 15.1.4 中的函数 $z = f(x,y) = \sqrt{x^2+y^2} = r$.

事实上, 这三个函数的表达式为

$$(1) \ z = r; \qquad (2) \ z = r\sin 2\theta; \qquad (3) \ z = r\sin 3\theta.$$

结论是它们的方向导数都存在, 偏导数 (1) 不存在, (2) 和 (3) 存在, 但不连续. 所有的情况在 $(0,0)$ 点都不可微.

一个稍微一般性的问题是, 如果函数 $f(x,y)$ 在极坐标下表达式为

$$f(x,y) = \begin{cases} r\sin k\theta, & (x,y) \neq (0,0), \ k \geqslant 2, \\ 0, & (x,y) = (0,0). \end{cases}$$

考虑函数 f 在 $(0,0)$ 点处的方向导数、偏导数的存在性, 以及可微性. 我们留给读者做进一步的思考.

如果不厌其烦的话, 还可以回顾和对比例 15.1.5 中的函数. 在极坐标表示下, 该函数具有表示 $z = \sin 2\theta$, 注意此函数在原点不连续.

把上面的内容综合起来, 我们可以提出一个更一般些的思考题: 函数

$$f(x,y) = r^m \sin n\theta, \quad m \geqslant 0, \ n \in \mathbb{N}$$

的 m 阶混合偏导数的存在性、混合偏导数次序的可交换性如何?

下面我们再回到定理 15.1.6 中的话题, 我们知道, 函数 $f \in C^2(D)$ 是保证两个二阶混合偏导数 f_{xy} f_{yx} 相等的充分条件. 事实上, 关于两个混合偏导数何时相等的问题, Bernoulli, Euler, Lagrange, Cauchy, Schwarz, Young 等诸多数学家对此开展过讨论, 得到若干弱化条件下的结论. 下面我们介绍两个有代表性的结论, 其证明留作练习.

定理 15.1.7 (Young 定理) 设 $f: D \to \mathbb{R}$ 为二元函数, $(x_0, y_0) \in D$. 如果 f 在 (x_0, y_0) 附近偏导数 f_x 和 f_y 存在, 并且它们在 (x_0, y_0) 都可微, 那么 $f_{yx}(x_0, y_0) = f_{xy}(x_0, y_0)$.

定理 15.1.8 (Schwarz 定理) 设 $f: D \to \mathbb{R}$ 为二元函数, $(x_0, y_0) \in D$. 如果 f 在 (x_0, y_0) 附近偏导数 f_x, f_y 和 f_{xy} (或 f_{yx}) 存在, 且 f_{xy} (或 f_{yx}) 在 (x_0, y_0) 连续, 那么 f_{yx} (或 f_{xy}) 也存在, 且 $f_{yx}(x_0, y_0) = f_{xy}(x_0, y_0)$.

习题 15.1

1. 设 f 为多元函数, 证明: 如果 $\boldsymbol{u}, \boldsymbol{v}$ 为单位向量, 且 $\boldsymbol{u} = -\boldsymbol{v}$, 则 $\dfrac{\partial f}{\partial \boldsymbol{u}} = -\dfrac{\partial f}{\partial \boldsymbol{v}}$.

2. 计算偏导数:

(1) $f(x, y) = x + y + \sqrt{x^2 + y^2}$, 求 $f_x(3, 4), f_y(0, 1)$.

(2) $f(x, y, z) = (\cos x / \sin y) \mathrm{e}^z$, 求 $\left(\pi, \dfrac{\pi}{2}, \ln 3\right)$ 处的一阶偏导数.

(3) $f(x, y) = \sin(x^2 y)$, 求 $(1, 1)$ 处的一阶偏导数.

3. 求下列函数的一阶偏导数:

(1) $xy + \dfrac{x}{y}$;

(2) $\tan \dfrac{x^2}{y}$;

(3) $\ln\left(x + \dfrac{y}{x^2}\right)$;

(4) $\mathrm{e}^{xy + yz + zx}$;

(5) $\arctan \dfrac{y}{x}$;

(6) $\ln(x_1 + x_2 + \cdots + x_n)$.

4. 求下列函数的一阶和二阶偏导数:

(1) $(xy)^{yz}$;

(2) $\arcsin(x_1^2 + \cdots + x_n^2)$;

(3) x^{y^z};

(4) $\tan(\arctan x + \arctan y)$.

5. 设多元函数 f 的偏导数都存在且有界, 证明: f 连续.

6. 设 $f(x, y, z)$ 在区域 $D \subseteq \mathbb{R}^3$ 上有定义, $f_x(x, y, z)$ 与 $f_y(x, y, z)$ 在 D 上有界, 且对固定的 (x, y), $f(x, y, z)$ 是 z 的连续函数, 证明: $f(x, y, z)$ 在 D 上连续.

7. 试将例 15.1.5 中的函数写成极坐标形式, 然后类似写出函数 $z = \sin 3\theta$, $z = \sin 4\theta$ 的直角坐标形式, 并讨论它们在 $(0, 0)$ 点的连续性、偏导数以及方向导数的存在性.

8. 设 $u = \mathrm{e}^x \cos y, v = \mathrm{e}^x \sin y$, 证明: $u_x = v_y, u_y = -v_x$.

9. 记 $\Delta = \dfrac{\partial^2}{\partial x^2} + \dfrac{\partial^2}{\partial y^2}$, 称为平面 $\mathbb{R}^2$ 上的 Laplace 算子, 证明: 上题中的 u, v 满足方程 $\Delta u = u_{xx} + u_{yy} = 0$, $\quad \Delta v = v_{xx} + v_{yy} = 0$.

10. 记 $r = \left((x - x_0)^2 + (y - y_0)^2 + (z - z_0)^2\right)^{1/2}$, 证明: $\Delta r^{-1} = 0$, 其中 Δ 为 $\mathbb{R}^3$ 中的 Laplace 算子, $\Delta u = u_{xx} + u_{yy} + u_{zz}$.

11. 设 $f(x, y)$ 分别关于变量 x, y 为连续函数, 证明: 如果 f 关于其中一个变量是单调函数 (比如偏导数存在且非负), 则 f 为二元连续函数.

12. 试讨论方向导数的介值性, 即: 设 $f(x, y)$ 在区域 $D \subseteq \mathbb{R}^2$ 内可微, P_1 和

P_2 是 D 内两点. 如果 $f(x,y)$ 在 P_i 沿方向 $\boldsymbol{\ell}_i$ 的方向导数为 d_i $(i=1,2)$, 对于任意 d, $d_1 < d < d_2$, 是否一定存在一点 $P \in D$ 及某个方向 $\boldsymbol{\ell}$, 使得 $f(x,y)$ 在 P 沿 $\boldsymbol{\ell}$ 的方向导数为 d? 请说明理由.

13. 设 $P(x,y)$ 和 $Q(x,y)$ 均为 s 次齐次可微函数, 证明有下面的关系式:

$$\frac{\partial}{\partial y}\left(\frac{P(x,y)}{xP(x,y)+yQ(x,y)}\right) = \frac{\partial}{\partial x}\left(\frac{Q(x,y)}{xP(x,y)+yQ(x,y)}\right). \tag{$*$}$$

14. 设 $M(x,y)$ 和 $N(x,y)$ 分别为 $(m,n)\text{-}s+n$ 和 $(m,n)\text{-}s+m$ 次拟齐次可微函数 (定义见 (15.3.8) 式), 试着给出相应于 $(*)$ 式的关系式.

15. 求方向导数:

(1) 设函数 $f(x,y)=xy$, 计算函数 f 在点 $(1,1)$ 处沿方向 $\boldsymbol{u}=\left(\dfrac{1}{\sqrt{2}}, \dfrac{1}{\sqrt{2}}\right)$ 的方向导数;

(2) 设 $f(x,y)=(x-1)^2-y^2$, 方向 $\boldsymbol{u}=\left(\dfrac{3}{5}, -\dfrac{4}{5}\right)$. 求 f 在点 $(0,1)$ 处沿方向 $\boldsymbol{u}$ 的方向导数.

16. 设函数 $f(x,y)=\sqrt{|x^2-y^2|}$. 问: 在坐标原点处沿哪些方向 f 的方向导数存在?

17. 设

$$f(x,y) = \begin{cases} \dfrac{xy}{\sqrt{x^2+y^2}}, & x^2+y^2>0, \\ 0, & x^2+y^2=0. \end{cases}$$

问: 在坐标原点处沿哪些方向 f 的方向导数存在?

18. 设函数 $f(x,y,z)=1+x+y+z$. 问在平面 $x+y+z=0$ 上的每一点处, 沿怎样的方向 f 存在方向导数?

19. 设函数 $f(x,y)$ 在点 (x_0,y_0) 可微, $\{\boldsymbol{\ell}_1,\boldsymbol{\ell}_2,\cdots,\boldsymbol{\ell}_n\}$ 是给定的 n 个单位向量, 相邻两个向量之间的夹角为 $\dfrac{2\pi}{n}$. 证明: $\sum_{i=1}^{n}\dfrac{\partial f}{\partial \boldsymbol{\ell}_i}=0$.

20. 设 $\{\boldsymbol{\ell}_1,\boldsymbol{\ell}_2,\cdots,\boldsymbol{\ell}_n\}$ 是给定的 n 个线性无关的单位向量, $f(\boldsymbol{x})$ 是区域 $D \subseteq \mathbb{R}^n$ 上的可微函数, 如果 $\dfrac{\partial f}{\partial \boldsymbol{\ell}_i}=0$ 对于 $i=1,2,\cdots,n$ 都成立, 证明: $f(\boldsymbol{x})$ 在区域 D 上为常数.

21. 如果 $f(x,y)$ 和 $f_x(x,y)$ 均在 $[a,b]\times[c,d]$ 上连续, $g(x)=\displaystyle\int_c^d f(x,y)\,\mathrm{d}y$. 证明: $g(x)$ 可导且 $g'(x)=\displaystyle\int_c^d f_x(x,y)\,\mathrm{d}y$.

15.2   映射的微分

前面我们讨论了 n 元函数的微分, 那里的多元函数, 具体指形如 $f: D \to \mathbb{R}$, 其中 D 是 $\mathbb{R}^n$ 中的开集. 下面我们把函数的微分推广到更广的情形, 即**映射的微分**. 这里所说的映射仍然是有限维欧氏空间之间的映射, 即 $\mathbb{R}^n$ 中的开集 D 到 $\mathbb{R}^m$ 的对应: 设开集 $D \subseteq \mathbb{R}^n$, $\boldsymbol{f}: D \to \mathbb{R}^m$, $\boldsymbol{f}$ 的分量依次为 $f_1, f_2, \cdots, f_m$, 它们均为 n 元函数.

在本书中, 我们也把上述意义下的映射称为**向量值函数**, 并经常在这两种称呼之间来回切换.

设 $\boldsymbol{x} = (x_1, x_2, \cdots, x_n) \in D$,

$$
\boldsymbol{u} = \boldsymbol{f}(\boldsymbol{x}) = (f_1(\boldsymbol{x}), f_2(\boldsymbol{x}), \cdots, f_m(\boldsymbol{x}))^{\mathrm{T}} = \begin{pmatrix} f_1(\boldsymbol{x}) \\ f_2(\boldsymbol{x}) \\ \vdots \\ f_m(\boldsymbol{x}) \end{pmatrix}
$$

是开集 $D \subseteq \mathbb{R}^n$ 中一个 m 维向量值函数, 我们常用行向量或者列向量来表示向量值函数, 至于是用行向量还是列向量, 通常可由上下文作出简单判断, 应该不会产生歧义.

下面设 $\boldsymbol{x}_0 \in D$, $\boldsymbol{h} \in \mathbb{R}^n$, 由于 $\boldsymbol{x}_0$ 是 D 的内点, 故只要 $\|\boldsymbol{h}\| \ll 1$, 就有 $\boldsymbol{x}_0 + \boldsymbol{h} \in D$.

<u>**定义 15.2.1**</u>   设 $\boldsymbol{u} = \boldsymbol{f}(\boldsymbol{x})$ 定义在开集 $D \subseteq \mathbb{R}^n$ 上, $\boldsymbol{x}_0 \in D$. 如果存在 $m \times n$ 常数矩阵

$$
\boldsymbol{A} = \left(a_{ij} \right)_{m \times n} = \begin{pmatrix} a_{11} & \cdots & a_{1n} \\ \vdots & & \vdots \\ a_{m1} & \cdots & a_{mn} \end{pmatrix},
$$

其中 $\boldsymbol{A}$ 的元素 a_{ij} 仅依赖于 $\boldsymbol{x}_0$ 但不依赖于 $\boldsymbol{h}$, 使得当 $\|\boldsymbol{h}\| \to 0$ 时, 如下关系式成立:

$$
\Delta \boldsymbol{f}(\boldsymbol{x}_0) = \boldsymbol{f}(\boldsymbol{x}_0 + \boldsymbol{h}) - \boldsymbol{f}(\boldsymbol{x}_0) = \boldsymbol{A}\boldsymbol{h} + \boldsymbol{r}(\boldsymbol{h}),
$$

其中

$$
\lim_{\boldsymbol{h} \to \boldsymbol{0}} \frac{\|\boldsymbol{r}(\boldsymbol{h})\|}{\|\boldsymbol{h}\|} = 0, \tag{15.2.1}
$$

则称映射 $\boldsymbol{f}$ 在点 $\boldsymbol{x}_0$ 处可微, 又称可导, $\boldsymbol{A}$ 称 $\boldsymbol{f}$ 在点 $\boldsymbol{x}_0$ 处的 **Fréchet 导数**或简称 **导数**, 记为 $\boldsymbol{f}'(\boldsymbol{x}_0)$ 或 $D\boldsymbol{f}(\boldsymbol{x}_0)$, $\boldsymbol{A}\boldsymbol{h}$ 称 $\boldsymbol{f}$ 在点 $\boldsymbol{x}_0$ 处的微分, 记为

$$
\mathrm{d}\boldsymbol{f}(\boldsymbol{x}_0) = \boldsymbol{A}\boldsymbol{h} = \boldsymbol{f}'(\boldsymbol{x}_0)\boldsymbol{h} = D\boldsymbol{f}(\boldsymbol{x}_0)\boldsymbol{h}.
$$

鉴于习惯上将 $\boldsymbol{h}$ 理解为自变量的差 $\Delta \boldsymbol{x}$, 所以把微分也常记为

$$
\mathrm{d}\boldsymbol{f}(\boldsymbol{x}_0) = \boldsymbol{f}'(\boldsymbol{x}_0)\,\mathrm{d}\boldsymbol{x} = D\boldsymbol{f}(\boldsymbol{x}_0)\,\mathrm{d}\boldsymbol{x}.
$$

如果 $\boldsymbol{f}$ 在 D 中任意一点处都可微, 则称 $\boldsymbol{f}$ 在 D 中可微.

可以看出, 如果 $m = 1$, 映射的微分就是多元函数的微分.

需要注意的是, 极限式 (15.2.1) 中分子 $\boldsymbol{r}(\boldsymbol{h})$ 的范数是 m 维欧氏空间中的范数, 而分母 $\boldsymbol{h}$ 的范数是 n 维欧氏空间中的范数.

由映射可微的定义看出, 在可微点处, 映射增量的主要部分是一个线性映射 $\boldsymbol{A}$ 作用于向量 $\boldsymbol{h}$. 下面我们具体讨论一下, 当 $\boldsymbol{f}$ 可微时, 矩阵 $\boldsymbol{A}$ 元素的确定. 下面的定理成立:

定理 15.2.1 设 D 是 $\mathbb{R}^n$ 中的开集, $\boldsymbol{x}_0 \in D$, $\boldsymbol{f}(\boldsymbol{x}) = (f_1(\boldsymbol{x}), f_2(\boldsymbol{x}), \cdots, f_m(\boldsymbol{x}))^{\mathrm{T}}$ 是在 D 上有定义的映射. 则 $\boldsymbol{f}(\boldsymbol{x})$ 在点 $\boldsymbol{x}_0$ 处可微的充要条件是 $\forall j, 1 \leqslant j \leqslant m$, $f_j(\boldsymbol{x})$ 在点 $\boldsymbol{x}_0$ 处可微. 记

$$J\boldsymbol{f}(\boldsymbol{x}_0) = \begin{pmatrix} \dfrac{\partial f_1(\boldsymbol{x}_0)}{\partial \boldsymbol{x}_1} & \dfrac{\partial f_1(\boldsymbol{x}_0)}{\partial \boldsymbol{x}_2} & \cdots & \dfrac{\partial f_1(\boldsymbol{x}_0)}{\partial \boldsymbol{x}_n} \\ \dfrac{\partial f_2(\boldsymbol{x}_0)}{\partial \boldsymbol{x}_1} & \dfrac{\partial f_2(\boldsymbol{x}_0)}{\partial \boldsymbol{x}_2} & \cdots & \dfrac{\partial f_2(\boldsymbol{x}_0)}{\partial \boldsymbol{x}_n} \\ \vdots & \vdots & & \vdots \\ \dfrac{\partial f_m(\boldsymbol{x}_0)}{\partial \boldsymbol{x}_1} & \dfrac{\partial f_m(\boldsymbol{x}_0)}{\partial \boldsymbol{x}_2} & \cdots & \dfrac{\partial f_m(\boldsymbol{x}_0)}{\partial \boldsymbol{x}_n} \end{pmatrix}, \tag{15.2.2}$$

则当 $\boldsymbol{f}(\boldsymbol{x})$ 在 $\boldsymbol{x}_0$ 处可微时, 有

$$\mathrm{d}\boldsymbol{f}(\boldsymbol{x}) = J\boldsymbol{f}(\boldsymbol{x}_0)\,\mathrm{d}\boldsymbol{x},$$

或者说

$$\boldsymbol{f}'(\boldsymbol{x}_0) = J\boldsymbol{f}(\boldsymbol{x}_0).$$

定理的证明, 只需考虑到映射可微的定义与 m 个 n 元分量函数可微的定义之间的关系, 以及多元函数可微的充要条件即可得知矩阵 $\boldsymbol{A}$ 的元素必满足 $a_{ij} = \dfrac{\partial f_i}{\partial x_j}(\boldsymbol{x}_0)$.

矩阵 (15.2.2) 称为映射 $\boldsymbol{f}$ 在 $\boldsymbol{x}_0$ 处的 **Jacobi 矩阵**[①], 这是一个 $m \times n$ 的矩阵. 所以对于一个可微映射, 它的导数就是它的 Jacobi 矩阵. 特别地, 多元函数作为向量值函数 $m = 1$ 的特殊情况, 此时的 Jacobi 矩阵就是多元函数的导数, 即梯度向量. 映射的另一个特殊情况是 $m = n$, 此时的 Jacobi 矩阵是一个 $n \times n$ 方阵, 对应的行列式称为映射的 **Jacobi 行列式**, 常记为

$$\frac{\partial(f_1, \cdots, f_n)}{\partial(x_1, \cdots, x_n)}.$$

类似于多元函数的结论: 偏导数连续蕴涵着可微. 对于映射的可微性, 下面定理成立, 证明完全类似于多元函数的情形, 故略之.

定理 15.2.2 如果定义在开集 $D \subseteq \mathbb{R}^n$ 上的映射 $\boldsymbol{f}: D \to \mathbb{R}^m$ 的 Jacobi 矩阵 $J\boldsymbol{f}(\boldsymbol{x})$ 存在, 且 $J\boldsymbol{f}(\boldsymbol{x})$ 的各元素在点 $\boldsymbol{x}_0$ 处连续, 则映射 $\boldsymbol{f}$ 在点 $\boldsymbol{x}_0$ 处可微.

---

① Jacobi,Carl Gustav Jacob, 1804 年 12 月 10 日—1851 年 2 月 18 日, 德国数学家.

类似于函数的光滑分类, 我们也可以引入映射的分类:

定义 15.2.2　设开集 $D \subseteq \mathbb{R}^n$, 映射 $\boldsymbol{f}: D \to \mathbb{R}^m$. 如果 $\boldsymbol{f}$ 在 D 上的每一点都连续, 则记 $\boldsymbol{f} \subseteq C^0(D)$; 如果 $J\boldsymbol{f}$ 在 D 上的每一点都连续, 则记 $\boldsymbol{f} \subseteq C^1(D)$.

行文至此, 我们以下面的思考题结束本节: 设 $D \subseteq \mathbb{R}^n$ 是连通区域, $\boldsymbol{f}: D \to \mathbb{R}^n$ 是可微映射, 问是否有类似一元函数导数的 Darboux 介值定理成立: 如果可微映射 $\boldsymbol{f}$ 的 Jacobi 行列式在 D 内处处不为零, 则它必在整个 D 上是定号的 (注意, 这一结论对 C^1 映射自然成立).

习题 15.2

1. 设
$$f(x,y) = \begin{cases} \dfrac{x^2 y}{x^4 + y^2}, & x^2 + y^2 > 0, \\ 0, & x = y = 0. \end{cases}$$

求证: 函数 f 在原点处的各个方向导数存在, 但在原点处 f 不可微.

2. 求证: 函数 $f(x,y) = \sqrt{|xy|}$ 在原点处不可微.

3. 求下列函数在指定点处的微分:

(1) $f(x,y) = x^2 + 2xy - y^2$ 在点 $(1,2)$ 处.

(2) $f(x,y,z) = \ln(x + y - z) + \mathrm{e}^{x+y} \sin z$ 在点 $(1,2,1)$ 处.

(3) $u = \sqrt{t_1^2 + t_2^2 + \cdots + t_n^2}$ 在点 $(t_1, t_2, \cdots, t_n)$ 处, 其中 $t_1^2 + t_2^2 + \cdots + t_n^2 > 0$.

(4) $u = \sin(x_1^2 + x_2^2 + \cdots + x_n^2)$ 在点 $(x_1, x_2, \cdots, x_n)$ 处.

4. 计算函数 f 的 Jacobi 矩阵 Jf, 设:

(1) $f(x,y) = x^2 y^3$.

(2) $f(x,y,z) = x^2 y \sin(yz)$.

(3) $f(x,y,z) = x \cos(y - 3z) + a \arcsin(xy)$.

(4) $f(x_1, x_2, \cdots, x_n) = (x_1^2 + x_2^2 + \cdots + x_n^2)^{1/2}$.

5. 在指定点处计算下列映射的 Jacobi 矩阵和微分:

(1) $\boldsymbol{f}(x,y) = (xy^2 - 3x^2, 3x - 5y^2)$, 在点 $(1,-1)$ 处.

(2) $\boldsymbol{f}(x,y,z) = (xy^2 - 4yz, 3xy^2 - y^2 z)$, 在点 $(1,-2,3)$ 处.

(3) $\boldsymbol{f}(x,y) = (\mathrm{e}^x \cos(xy), \mathrm{e}^x \sin(xy))$, 在点 $\left(1, \dfrac{\pi}{2}\right)$ 处.

6. 计算下列映射的 Jacobi 矩阵:

(1) $\boldsymbol{f}(r,\theta) = (r\cos\theta, r\sin\theta)$.

(2) $\boldsymbol{f}(r,\theta,z) = (r\cos\theta, r\sin\theta, z)$.

(3) $\boldsymbol{f}(r,\theta,\varphi) = (r\sin\theta\cos\varphi, r\sin\theta\sin\varphi, r\cos\theta)$.

7. 设 $\boldsymbol{f}: [a,b] \to \mathbb{R}^n$, 并且对一切 $t \in [a,b]$, 有 $\|\boldsymbol{f}(t)\| = $ 常数. 求证 $\langle J\boldsymbol{f}, \boldsymbol{f}\rangle = 0$,

并对此条件作几何解释.

8. 设 α, β, γ 为 $\mathbb{R}$ 上的连续函数, 求出一个由 $\mathbb{R}^3$ 到 $\mathbb{R}^3$ 的可微映射 $\boldsymbol{f}$, 使得

$$J\boldsymbol{f}(x,y,z) = \begin{pmatrix} \alpha(x) & 0 & 0 \\ 0 & \beta(y) & 0 \\ 0 & 0 & \gamma(z) \end{pmatrix}.$$

9. 映射 $\boldsymbol{f}: \mathbb{R}^n \to \mathbb{R}^m$, 如果条件

$$\boldsymbol{f}(\lambda\boldsymbol{x} + \mu\boldsymbol{y}) = \lambda\boldsymbol{f}(\boldsymbol{x}) + \mu\boldsymbol{f}(\boldsymbol{y})$$

对一切 $\boldsymbol{x}, \boldsymbol{y} \in \mathbb{R}^n$ 和一切 $\lambda, \mu \in \mathbb{R}$ 成立, 则称 $\boldsymbol{f}$ 是线性映射. 证明:

(1) $\boldsymbol{f}(\boldsymbol{0}) = \boldsymbol{0}$.

(2) $\boldsymbol{f}(-\boldsymbol{x}) = -\boldsymbol{f}(\boldsymbol{x})$, $\boldsymbol{x} \in \mathbb{R}^n$.

(3) 映射 $\boldsymbol{f}$ 由 $\boldsymbol{f}(\boldsymbol{e}_1), \boldsymbol{f}(\boldsymbol{e}_2), \cdots, \boldsymbol{f}(\boldsymbol{e}_n)$ 完全确定, 其中 $\boldsymbol{e}_1, \boldsymbol{e}_2, \cdots, \boldsymbol{e}_n$ 是 $\mathbb{R}^n$ 中的单位坐标向量.

10. 设 $\boldsymbol{f}: \mathbb{R}^n \to \mathbb{R}^m$ 为线性映射, 试求 $J\boldsymbol{f}$.

11. 设 $\boldsymbol{E}: \mathbb{R}^n \to \mathbb{R}^n$ 满足: 对一切 $\boldsymbol{x} \in \mathbb{R}^n$ 有 $\boldsymbol{E}(\boldsymbol{x}) = \boldsymbol{x}$, 称 $\boldsymbol{E}$ 为 $\mathbb{R}^n$ 中的恒同映射. 求证: $\boldsymbol{E}$ 是一个线性映射, 并且 $J\boldsymbol{E} = \boldsymbol{I}_n$, 这里 $\boldsymbol{I}_n$ 表示 n 阶单位矩阵.

15.3 多元函数求导 复合函数链式法则

多元函数导数的四则运算

本节我们主要讨论多元函数或映射求偏导数的一些基本法则, 因此我们总假设所涉及的多元函数或映射的各个偏导数都存在. 我们以多元函数为主, 映射的情形读者可以根据具体情形给予类似的讨论. 根据前面的讨论, 我们知道, 多元函数的导数是一个向量, 映射的导数是一个矩阵. 我们有如下的求导法则.

定理 15.3.1 设 $f(\boldsymbol{x}), g(\boldsymbol{x})$ 是在开集 $D \subseteq \mathbb{R}^n$ 上的两个可微的多元函数, 则 $\forall \boldsymbol{x} \in D$, 成立

(1) $(f(\boldsymbol{x}) \pm g(\boldsymbol{x}))' = f'(\boldsymbol{x}) \pm g'(\boldsymbol{x})$.

(2) $(f(\boldsymbol{x})g(\boldsymbol{x}))' = f(\boldsymbol{x})g'(\boldsymbol{x}) + f'(\boldsymbol{x})g(\boldsymbol{x})$.

(3) $\left(\dfrac{f(\boldsymbol{x})}{g(\boldsymbol{x})}\right)' = \dfrac{f'(\boldsymbol{x})g(\boldsymbol{x}) - f(\boldsymbol{x})g'(\boldsymbol{x})}{g^2(\boldsymbol{x})}$ $(g(\boldsymbol{x}) \neq 0)$.

上面 (1) 和 (2) 中, 如果 $\boldsymbol{f}(\boldsymbol{x})$ 和 $\boldsymbol{g}(\boldsymbol{x})$ 是 $D \subseteq \mathbb{R}^n$ 到 $\mathbb{R}^m$ 的可微映射, 则有

(1') $(\boldsymbol{f}(\boldsymbol{x}) \pm \boldsymbol{g}(\boldsymbol{x}))' = \boldsymbol{f}'(\boldsymbol{x}) \pm \boldsymbol{g}'(\boldsymbol{x})$.

$(2')$ $\left(\boldsymbol{f}(\boldsymbol{x})\boldsymbol{g}(\boldsymbol{x})^{\mathrm{T}}\right)' = \boldsymbol{f}(\boldsymbol{x})(\boldsymbol{g}(\boldsymbol{x})^{\mathrm{T}})' + \boldsymbol{g}(\boldsymbol{x})(\boldsymbol{f}(\boldsymbol{x})^{\mathrm{T}})'.$

证明　我们以 (3) 为例给出证明, 其他法则的证明可以类似给出. 由定义知

$$\left(\frac{f(\boldsymbol{x})}{g(\boldsymbol{x})}\right)' = \left(\frac{\partial}{\partial x_1}\left(\frac{f(\boldsymbol{x})}{g(\boldsymbol{x})}\right), \frac{\partial}{\partial x_2}\left(\frac{f(\boldsymbol{x})}{g(\boldsymbol{x})}\right), \cdots, \frac{\partial}{\partial x_n}\left(\frac{f(\boldsymbol{x})}{g(\boldsymbol{x})}\right)\right). \tag{15.3.1}$$

考虑到

$$\frac{\partial}{\partial x_i}\left(\frac{f(\boldsymbol{x})}{g(\boldsymbol{x})}\right) = \frac{1}{g^2(\boldsymbol{x})}\left(\frac{\partial f(\boldsymbol{x})}{\partial x_i}g(\boldsymbol{x}) - f(\boldsymbol{x})\frac{\partial g(\boldsymbol{x})}{\partial x_i}\right) \quad (i = 1, 2, \cdots, n),$$

将上式代入 (15.3.1) 式即得 (3). ◻

复合函数求导法则

我们可以利用微分研究向量值函数的复合求导.

定理 15.3.2 (复合求导)　设 D 和 Δ 分别为 $\mathbb{R}^n$ 和 $\mathbb{R}^m$ 中的开集, $\boldsymbol{f}: D \to \mathbb{R}^m$ 和 $\boldsymbol{g}: \Delta \to \mathbb{R}^l$ 为向量值函数, 且 $\boldsymbol{f}(D) \subseteq \Delta$. 如果 $\boldsymbol{f}$ 在 $\boldsymbol{x}_0 \in D$ 处可微, $\boldsymbol{g}$ 在 $\boldsymbol{y_0} = \boldsymbol{f}(\boldsymbol{x_0})$ 处可微, 则复合函数 $\boldsymbol{h} = \boldsymbol{g} \circ \boldsymbol{f}$ 在 $\boldsymbol{x}_0$ 处可微, 且

$$J\boldsymbol{h}(\boldsymbol{x_0}) = J\boldsymbol{g} \circ \boldsymbol{f}(\boldsymbol{x_0}) = J\boldsymbol{g}(\boldsymbol{y_0}) \cdot J\boldsymbol{f}(\boldsymbol{x_0}). \tag{15.3.2}$$

证明　由 $\boldsymbol{f}$ 在 $\boldsymbol{x}_0$ 处可微可知, 在 $\boldsymbol{x}_0$ 附近成立

$$\boldsymbol{f}(\boldsymbol{x}) - \boldsymbol{f}(\boldsymbol{x_0}) = J\boldsymbol{f}(\boldsymbol{x_0})(\boldsymbol{x} - \boldsymbol{x_0}) + o(\|\boldsymbol{x} - \boldsymbol{x_0}\|). \tag{15.3.3}$$

这说明存在常数 C, 使得 $\|\boldsymbol{f}(\boldsymbol{x}) - \boldsymbol{f}(\boldsymbol{x_0})\| \leqslant C\|\boldsymbol{x} - \boldsymbol{x_0}\|$. 特别地, 当 $\boldsymbol{x} \to \boldsymbol{x}_0$ 时 $\boldsymbol{f}(\boldsymbol{x}) \to \boldsymbol{f}(\boldsymbol{x_0})$. 同理, $\boldsymbol{g}$ 在 $\boldsymbol{y}_0$ 处可微, 故

$$\boldsymbol{g}(\boldsymbol{y}) - \boldsymbol{g}(\boldsymbol{y_0}) = J\boldsymbol{g}(\boldsymbol{y_0})(\boldsymbol{y} - \boldsymbol{y_0}) + o(\|\boldsymbol{y} - \boldsymbol{y_0}\|). \tag{15.3.4}$$

在上式中代入 $\boldsymbol{y} = \boldsymbol{f}(\boldsymbol{x})$ 可得

$$\begin{aligned}
\boldsymbol{h}(\boldsymbol{x}) - \boldsymbol{h}(\boldsymbol{x_0}) &= J\boldsymbol{g}(\boldsymbol{y_0})\big(\boldsymbol{f}(\boldsymbol{x}) - \boldsymbol{f}(\boldsymbol{x_0})\big) + o(\|\boldsymbol{f}(\boldsymbol{x}) - \boldsymbol{f}(\boldsymbol{x_0})\|) \\
&= \big(J\boldsymbol{g}(\boldsymbol{y_0}) \cdot J\boldsymbol{f}(\boldsymbol{x_0})\big)(\boldsymbol{x} - \boldsymbol{x_0}) + J\boldsymbol{g}(\boldsymbol{y_0})o(\|\boldsymbol{x} - \boldsymbol{x_0}\|) + o(\|\boldsymbol{x} - \boldsymbol{x_0}\|) \\
&= \big(J\boldsymbol{g}(\boldsymbol{y_0}) \cdot J\boldsymbol{f}(\boldsymbol{x_0})\big)(\boldsymbol{x} - \boldsymbol{x_0}) + o(\|\boldsymbol{x} - \boldsymbol{x_0}\|),
\end{aligned}$$

这说明 $\boldsymbol{h}$ 在 $\boldsymbol{x}_0$ 处可微, 且 (15.3.2) 式成立. ◻

关系式(15.3.2) 可以写成分量的形式:

$$\frac{\partial h_i}{\partial x_j}(\boldsymbol{x_0}) = \sum_{k=1}^{m}\frac{\partial g_i}{\partial y_k}(\boldsymbol{y_0}) \cdot \frac{\partial f_k}{\partial x_j}(\boldsymbol{x_0}), \quad i = 1, 2, \cdots, l, \ j = 1, 2, \cdots, n. \tag{15.3.5}$$

这也就是所谓的**链式法则**.

如果在复合求导的定理 15.3.2 中, 有 $m = n = \ell$, 那么所有环节中涉及的 Jacobi 矩阵均为方阵, 因此可以考虑 Jacobi 行列式, 我们可以得到下面分量形式的表述.

推论 15.3.3 若 $f_1, f_2, \cdots, f_n$ 关于变量 $y_1, y_2, \cdots, y_n$ 连续可微, 而变量 $y_1,$ $y_2, \cdots, y_n$ 关于变量 $x_1, x_2, \cdots, x_n$ 连续可微, 则 $f_1, f_2, \cdots, f_n$ 关于变量 $x_1, x_2, \cdots, x_n$ 也连续可微, 且成立

$$\frac{\partial(f_1, f_2, \cdots, f_n)}{\partial(x_1, x_2, \cdots, x_n)} = \frac{\partial(f_1, f_2, \cdots, f_n)}{\partial(y_1, y_2, \cdots, y_n)} \cdot \frac{\partial(y_1, y_2, \cdots, y_n)}{\partial(x_1, x_2, \cdots, x_n)}.$$

推论 15.3.4 设 $\boldsymbol{\sigma} : (a, b) \to \mathbb{R}^n$ 为向量值函数, 写成分量的形式为

$$\boldsymbol{\sigma}(t) = \big(x_1(t), \cdots, x_n(t)\big), \quad t \in (a, b).$$

设 $\boldsymbol{\sigma}(t)$ 的每一个分量都在 t_0 处可导, 且多元函数 f 在 $\boldsymbol{x}_0 = \boldsymbol{\sigma}(t_0)$ 处可微, 则复合函数 $f \circ \boldsymbol{\sigma}$ 在 t_0 处可导, 且

$$\big(f \circ \boldsymbol{\sigma}\big)'(t_0) = \nabla f(\boldsymbol{x}_0) \cdot \boldsymbol{\sigma}'(t_0), \tag{15.3.6}$$

其中 $\boldsymbol{\sigma}'(t_0) = \big(x_1'(t_0), \cdots, x_n'(t_0)\big)$.

例 15.3.1 设 $f(x, y)$ 可微, $\varphi(x)$ 可微, 求 $u = f(x, \varphi(x))$ 关于 x 的导数.

解 由链式法则,

$$u_x = f_x(x, \varphi(x)) \cdot x_x + f_y(x, \varphi(x)) \cdot \varphi'(x)$$

$$= f_x(x, \varphi(x)) + f_y(x, \varphi(x)) \cdot \varphi'(x). \qquad \square$$

注 15.3.1 例 15.3.1中的二元函数 $u = f(s, t)$ 经过复合 $s = s(x), t = t(x)$ 后, 最终得到的本质上是 x 的一元函数, 此时 u 关于 x 的导数 (如果中间每个环节均可导的话), 常称为 u 对 x 的全导数. 全导数可以理解为对一元函数导数概念的完善, 它反映出所有中间变量对函数做出的总贡献这一基本思想.

例 15.3.2 设 $u = f(x, y)$ 可微, $x = r \cos \theta, y = r \sin \theta$, 证明:

$$\left(\frac{\partial u}{\partial x}\right)^2 + \left(\frac{\partial u}{\partial y}\right)^2 = \left(\frac{\partial u}{\partial r}\right)^2 + \frac{1}{r^2}\left(\frac{\partial u}{\partial \theta}\right)^2.$$

证明 由链式法则,

$$\frac{\partial u}{\partial r} = \frac{\partial u}{\partial x} \cdot \frac{\partial x}{\partial r} + \frac{\partial u}{\partial y} \cdot \frac{\partial y}{\partial r} = \frac{\partial u}{\partial x} \cos \theta + \frac{\partial u}{\partial y} \sin \theta,$$

$$\frac{\partial u}{\partial \theta} = \frac{\partial u}{\partial x} \cdot \frac{\partial x}{\partial \theta} + \frac{\partial u}{\partial y} \cdot \frac{\partial y}{\partial \theta} = -r\frac{\partial u}{\partial x} \sin \theta + r\frac{\partial u}{\partial y} \cos \theta.$$

这说明

$$\left(\frac{\partial u}{\partial r}\right)^2 + \frac{1}{r^2}\left(\frac{\partial u}{\partial \theta}\right)^2 = \left(\frac{\partial u}{\partial x} \cos \theta + \frac{\partial u}{\partial y} \sin \theta\right)^2 + \left(-\frac{\partial u}{\partial x} \sin \theta + \frac{\partial u}{\partial y} \cos \theta\right)^2$$

$$= \left(\frac{\partial u}{\partial x}\right)^2 + \left(\frac{\partial u}{\partial y}\right)^2. \qquad \square$$

例 15.3.3 设 $z = f(u,v,w)$, $v = \varphi(u,s)$, $s = \psi(u,w)$, 求 $\dfrac{\partial z}{\partial u}$, $\dfrac{\partial z}{\partial w}$.

解 按照定义,

$$z = f(u,v,w) = f(u,\varphi(u,s),w) = f(u,\varphi(u,\psi(u,w)),w).$$

由链式法则,

$$\begin{aligned}
\frac{\partial z}{\partial u} &= \frac{\partial f}{\partial u} + \frac{\partial f}{\partial v}\cdot\frac{\partial v}{\partial u} = \frac{\partial f}{\partial u} + \frac{\partial f}{\partial v}\cdot\left(\frac{\partial \varphi}{\partial u} + \frac{\partial \varphi}{\partial s}\cdot\frac{\partial s}{\partial u}\right)\\
&= \frac{\partial f}{\partial u} + \frac{\partial f}{\partial v}\cdot\frac{\partial \varphi}{\partial u} + \frac{\partial f}{\partial v}\cdot\frac{\partial \varphi}{\partial s}\cdot\frac{\partial \psi}{\partial u},\\
\frac{\partial z}{\partial w} &= \frac{\partial f}{\partial w} + \frac{\partial f}{\partial v}\cdot\frac{\partial v}{\partial w} = \frac{\partial f}{\partial w} + \frac{\partial f}{\partial v}\left(\frac{\partial \varphi}{\partial s}\cdot\frac{\partial s}{\partial w}\right)\\
&= \frac{\partial f}{\partial w} + \frac{\partial f}{\partial v}\cdot\frac{\partial \varphi}{\partial s}\cdot\frac{\partial \psi}{\partial w}.\quad\square
\end{aligned}$$

定理 15.3.2 有如下 C^1 版本的结论. 我们仅以二元函数为例, 显然结论对 n 元复合函数也成立.

定理 15.3.5 如果函数 $\varphi(s,t)$, $\psi(s,t)$ 关于 s,t 连续可微, 并且函数 $f(x,y)$ 在 D 上关于 x,y 连续可微, 那么复合函数 $f(\varphi(s,t),\psi(s,t))$ 关于 s,t 连续可微.

证明 由定理 15.3.2 知 $f(\varphi(s,t),\psi(s,t))$ 关于 s,t 都可求偏导, 且

$$\frac{\partial}{\partial s}f(\varphi,\psi) = f_x(\varphi,\psi)\varphi_s(s,t) + f_y(\varphi,\psi)\psi_s(s,t),$$
$$\frac{\partial}{\partial t}f(\varphi,\psi) = f_x(\varphi,\psi)\varphi_t(s,t) + f_y(\varphi,\psi)\psi_t(s,t),$$

其中 $\varphi = \varphi(s,t)$, $\psi = \psi(s,t)$. 根据假设, $f_x(x,y)$ 和 $f_y(x,y)$ 是变量 x,y 的连续函数, 故 $f_x(\varphi(s,t),\psi(s,t))$ 和 $f_y(\varphi(s,t),\psi(s,t))$ 是 s,t 的连续函数, 又由于 $\varphi_s(s,t),\psi_s(s,t)$, $\varphi_t(s,t),\psi_t(s,t)$ 都是连续函数, 因此 $\dfrac{\partial f}{\partial s}(\varphi,\psi),\dfrac{\partial f}{\partial t}(\varphi,\psi)$ 是变量 x,y 的连续函数, 即 $f(\varphi,\psi)$ 是 C^1 的. $\quad\square$

复合函数的高阶偏导数

理论上我们可以把定理 15.3.5 关于复合函数 C^1 版本的结论推广到更一般的情形. 我们还是以二元函数为例, 不加证明地提供下面的结论.

定理 15.3.6 如果函数 $\varphi(s,t)$, $\psi(s,t)$ 关于 s,t 是 n 阶连续可微的, 并且函数 $f(x,y)$ 在 D 上关于 x,y 是 n 阶连续可微的, 那么复合函数 $f(\varphi(s,t),\psi(s,t))$ 关于 s,t 也是 n 阶连续可微的.

推论 15.3.7 如果函数 $\varphi(s,t)$, $\psi(s,t)$ 是关于 s,t 的 C^∞ 连续可微函数, 并且函数 $f(x,y)$ 是 D 上关于 x,y 的 C^∞ 连续可微函数, 那么复合函数 $f(\varphi(s,t),\psi(s,t))$ 也是关于 s,t 的 C^∞ 连续可微函数.

复合函数的高阶偏导数的计算, 可以依据求偏导的法则逐步递推, 然而很难给出一般性的公式或者表达. 我们仅以例子来演示一下高阶偏导数的求法.

我们以二元函数为例. 设 $u = f(x, y)$, $x = \varphi(s, t)$, $y = \psi(s, t)$, 并设所有涉及的函数均具有二阶连续偏导数. 则有

$$\frac{\partial u}{\partial s} = \frac{\partial f}{\partial x}\frac{\partial \varphi}{\partial s} + \frac{\partial f}{\partial y}\frac{\partial \psi}{\partial s},$$

$$\frac{\partial^2 u}{\partial s^2} = \frac{\partial^2 f}{\partial x^2}\left(\frac{\partial \varphi}{\partial s}\right)^2 + 2\frac{\partial^2 f}{\partial x \partial y}\frac{\partial \varphi}{\partial s}\frac{\partial \psi}{\partial s} + \frac{\partial f}{\partial x}\frac{\partial^2 \varphi}{\partial s^2} + \frac{\partial^2 f}{\partial y^2}\left(\frac{\partial \psi}{\partial s}\right)^2 + \frac{\partial f}{\partial y}\frac{\partial^2 \psi}{\partial s^2}.$$

类似可以计算 $\dfrac{\partial u}{\partial t}$, $\dfrac{\partial^2 u}{\partial t^2}$, $\dfrac{\partial^2 u}{\partial s \partial t}$ 等.

例 15.3.4 设 $u = f(r)$, $r = \sqrt{x^2 + y^2 + z^2}$, 假设 u 满足 Laplace 方程

$$\Delta u := \frac{\partial^2 u}{\partial x^2} + \frac{\partial^2 u}{\partial y^2} + \frac{\partial^2 u}{\partial z^2} = 0,$$

试求 $f(r)$.

解 由 $\dfrac{\partial u}{\partial x} = f'(r)\dfrac{x}{r}$, 可得 $\dfrac{\partial^2 u}{\partial x^2} = f''(r)\dfrac{x^2}{r^2} + f'(r)\dfrac{r^2 - x^2}{r^3}$. 同理可得

$$\frac{\partial^2 u}{\partial y^2} = f''(r)\frac{y^2}{r^2} + f'(r)\frac{r^2 - y^2}{r^3}, \quad \frac{\partial^2 u}{\partial z^2} = f''(r)\frac{z^2}{r^2} + f'(r)\frac{r^2 - z^2}{r^3}.$$

因此有

$$\Delta u = f''(r) + \frac{2}{r}f'(r) = 0,$$

即

$$\left(r^2 f'(r)\right)' = r^2 f''(r) + 2r f'(r) = r^2 \Delta u = 0.$$

故有

$$f'(r) = \frac{c}{r^2},$$

其中 c 是常数. 两端求不定积分得

$$f(r) = \frac{c}{r} + c_1,$$

因此

$$u = \frac{c}{\sqrt{x^2 + y^2 + z^2}} + c_1,$$

其中 c 和 c_1 均为常数. $\qquad\qquad\qquad\qquad\qquad\qquad\qquad\qquad\qquad\qquad\square$

多元函数一阶微分形式不变性

我们知道对于一元函数, 在函数的复合运算中, 一阶微分具有形式不变性. 下面我们指出, 对于多元函数, 仍然成立一阶微分形式不变性, 即在计算函数的全微分时, 无论该函数的自变量、因变量还是中间变量是什么, 其全微分的形式保持不变. 这是数学分析中的一条极其重要的性质, 它使得我们不必区分变量的类型, 即自变量、因变量或中

间变量, 而直接利用一元函数的微分性质进行计算, 从而简化了多元函数微分学的处理过程.

设 $f(\boldsymbol{u}) = f(u_1, u_2, \cdots, u_m)$ 在开集 $D \subseteq \mathbb{R}^m$ 可微, 则 $f(\boldsymbol{u})$ 的微分为

$$\mathrm{d}f(\boldsymbol{u}) = f'(\boldsymbol{u})\,\mathrm{d}\boldsymbol{u}.$$

此时, $\boldsymbol{u}$ 是自变量. 现在设

$$\boldsymbol{u} = (u_1(\boldsymbol{x}), u_2(\boldsymbol{x}), \cdots, u_m(\boldsymbol{x}))^{\mathrm{T}}$$

是开集 $\Delta \subseteq \mathbb{R}^n$ 内的一个 n 元可微向量值函数, 并且 $\boldsymbol{u}(\Delta) \subseteq D$, 则复合函数 $f(\boldsymbol{u}(\boldsymbol{x}))$ 在 Δ 中可微, 从而有

$$\mathrm{d}f(\boldsymbol{u}(\boldsymbol{x})) = f'(\boldsymbol{u}(\boldsymbol{x}))\boldsymbol{u}'(\boldsymbol{x})\,\mathrm{d}\boldsymbol{x}.$$

注意到

$$\mathrm{d}\boldsymbol{u} = (u_1'(\boldsymbol{x}), u_2'(\boldsymbol{x}), \cdots, u_m'(\boldsymbol{x}))^{\mathrm{T}}\,\mathrm{d}\boldsymbol{x} = \boldsymbol{u}'(\boldsymbol{x})\,\mathrm{d}\boldsymbol{x},$$

因此, 当 $\boldsymbol{u}$ 为中间变量时, 仍然有

$$\mathrm{d}f(\boldsymbol{u}) = f'(\boldsymbol{u}(\boldsymbol{x}))\boldsymbol{u}'(\boldsymbol{x})\,\mathrm{d}\boldsymbol{x} = f'(\boldsymbol{u})\,\mathrm{d}\boldsymbol{u}.$$

例 15.3.5 若 m 元函数 f 满足

$$f(tx_1, tx_2, \cdots, tx_m) = t^n f(x_1, x_2, \cdots, x_m), \tag{15.3.7}$$

则称 f 为 n 次齐次函数.

证明: 若 m 元函数 $f(x_1, x_2, \cdots, x_m)$ 是开集 $D \subseteq \mathbb{R}^m$ 上的可微函数, 则 f 满足 Euler 方程

$$\sum_{k=1}^{m} \frac{\partial f}{\partial x_k} \cdot x_k = nf.$$

证明 根据齐次函数的定义,

$$f(tx_1, tx_2, \cdots, tx_m) = f(u_1, u_2, \cdots, u_m) = t^n f(x_1, x_2, \cdots, x_m).$$

对其定义关系式两边关于 t 求导, 有

$$\sum_{k=1}^{m} \frac{\partial f(tx_1, tx_2, \cdots, tx_m)}{\partial u_k} \cdot x_k = nt^{n-1} f(x_1, x_2, \cdots, x_m).$$

令 $t = 1$, 有

$$\sum_{k=1}^{m} \frac{\partial f}{\partial x_k} \cdot x_k = nf,$$

得证. □

有兴趣的读者可以进一步证明下面结论成立:

如果 n 次齐次函数 $f(x_1, x_2, \cdots, x_m)$ 是 C^2 的, 则对所有的 $k = 1, 2, \cdots, m$, 都有 f_{x_k} 是 $n-1$ 次齐次函数, 满足

$$\sum_{i=1}^{m} \frac{\partial}{\partial x_i}\left(f_{x_k}\right) \cdot x_i = (n-1) f_{x_k}.$$

即, n 次齐次函数的每一项偏导数都是 $n-1$ 次齐次函数.

试问, 能否给出进一步的递推?

齐次函数的概念还可以推广到**拟齐次**或**加权齐次**, 即权重不同的齐次. 以二元函数为例, 若函数 $f(x_1, x_2)$ 满足

$$f\left(t^p x_1, t^q x_2\right) = t^n f\left(x_1, x_2\right), \tag{15.3.8}$$

则称 f 为 (p, q)-n 次**拟齐次函数**. 那么, 可以证明: 若可微函数 $f(x_1, x_2)$ 是开集 $D \subseteq \mathbb{R}^2$ 上的 (p, q)-n 次拟齐次函数, 则 f 满足 Euler 方程

$$p x_1 \frac{\partial f}{\partial x_1} + q x_2 \frac{\partial f}{\partial x_2} = n f(x_1, x_2). \tag{15.3.9}$$

高阶微分

设 $D \subseteq \mathbb{R}^n$ 为开集, 函数 $f(\boldsymbol{x})$ 在 $\boldsymbol{x} \in D$ 可微, 即有

$$\mathrm{d} f(\boldsymbol{x}) = \sum_{i=1}^{n} \frac{\partial f(\boldsymbol{x})}{\partial x_i} \, \mathrm{d} x_i.$$

若 $\forall i, 1 \leqslant i \leqslant n$, f_{x_i} 仍是可微函数, 则称

$$\sum_{i=1}^{n} \left(\sum_{k=1}^{n} \frac{\partial^2 f(\boldsymbol{x})}{\partial x_k \partial x_i} \, \mathrm{d} x_k \right) \mathrm{d} x_i$$

为 $f(\boldsymbol{x})$ 的二阶微分, 并记为 $\mathrm{d}^2 f(\boldsymbol{x})$, 即

$$\mathrm{d}^2 f(\boldsymbol{x}) = \sum_{i=1}^{n} \sum_{k=1}^{n} \frac{\partial^2 f(\boldsymbol{x})}{\partial x_k \partial x_i} \, \mathrm{d} x_k \, \mathrm{d} x_i.$$

类似地, 我们可以引入函数 f 的 k 阶微分. 并且, 如果引入形式上的记号

$$\mathrm{d} f(\boldsymbol{x}) = \left(\sum_{i=1}^{n} \mathrm{d} x_i \frac{\partial}{\partial x_i} \right) f(\boldsymbol{x}),$$

$$\mathrm{d}^2 f(\boldsymbol{x}) = \sum_{i=1}^{n} \sum_{k=1}^{n} \mathrm{d} x_k \, \mathrm{d} x_i \frac{\partial^2}{\partial x_k \partial x_i} f(\boldsymbol{x}) = \left(\sum_{i=1}^{n} \mathrm{d} x_i \frac{\partial}{\partial x_i} \right)^2 f(\boldsymbol{x}),$$

等等, 那么, 当 $f(\boldsymbol{x}) \in C^k(D)$ 时, 可以将 k 阶微分记为

$$\mathrm{d}^k f(\boldsymbol{x}) = \Big(\sum_{i=1}^{n} \mathrm{d}x_i \frac{\partial}{\partial x_i} \Big)^k f(\boldsymbol{x}).$$

上述记号对于高阶微分来说很方便记忆, 因为这个记号形式上对应着二项式定理推广时的表达式. 请对比下面的多项式展开, 读者可以自行补充其证明.

命题 15.3.8　对于两个自然数 k 和 n, 成立

$$(x_1 + \cdots + x_n)^k = \sum_{\alpha_1 + \cdots + \alpha_n = k} \frac{k!}{\alpha_1! \cdots \alpha_n!} x_1^{\alpha_1} \cdots x_n^{\alpha_n},$$

其中 x_i 为实数, α_i 为非负整数.

在本节最后, 也可以考虑多元函数复合函数的高阶微分, 但是我们知道在一元函数微分中, 二阶以上的微分已不再具有形式不变性, 因此多元函数情形也不可能具有高阶微分的形式不变性.

习题 15.3

1. 设 $f(x,y,z) = F(u,v,w)$, 其中 $x^2 = vw$, $y^2 = wu$, $z^2 = uv$. 求证:

$$x \frac{\partial f}{\partial x} + y \frac{\partial f}{\partial y} + z \frac{\partial f}{\partial z} = u \frac{\partial F}{\partial u} + v \frac{\partial F}{\partial v} + w \frac{\partial F}{\partial w}.$$

2. 设有函数 $f(x,y,z)$, $\boldsymbol{u}$ 是一个方向, 函数 f 沿方向 $\boldsymbol{u}$ 的方向导数记作 $\dfrac{\partial f}{\partial \boldsymbol{u}}$, 设 $\boldsymbol{e}_1, \boldsymbol{e}_2, \boldsymbol{e}_3$ 是 $\mathbb{R}^3$ 中的三个互相垂直的方向, 求证:

$$\Big(\frac{\partial f}{\partial \boldsymbol{e}_1} \Big)^2 + \Big(\frac{\partial f}{\partial \boldsymbol{e}_2} \Big)^2 + \Big(\frac{\partial f}{\partial \boldsymbol{e}_3} \Big)^2 = \Big(\frac{\partial f}{\partial x} \Big)^2 + \Big(\frac{\partial f}{\partial y} \Big)^2 + \Big(\frac{\partial f}{\partial z} \Big)^2.$$

3. 求复合函数 $\boldsymbol{f} \circ \boldsymbol{g}$ 在指定点的 Jacobi 矩阵:

(1) $\boldsymbol{f}(x,y) = (xy, x^2 y)$, $\boldsymbol{g}(s,t) = (s+t, s^2 - t^2)$, 在点 $(s,t) = (2,1)$.

(2) $\boldsymbol{f}(x,y) = (\mathrm{e}^{x+2y}, \sin(y+2x))$, $\boldsymbol{g}(u,v,w) = (u + 2v^2 + 3w^3, 2v - u^2)$, 在点 $(u,v,w) = (1,-1,1)$.

(3) $\boldsymbol{f}(x,y,z) = (x+y+z, xy, x^2 + y^2 + z^2)$, $\boldsymbol{g}(u,v,w) = (\mathrm{e}^{v^2 + u^2}, \sin(uw), \sqrt{uv})$, 在点 $(u,v,w) = (2,1,3)$.

4. 设 D 为 $\mathbb{R}^n$ 中的区域, f 在 D 中处处可微. 如果 $\mathrm{d}f = 0$, 证明: f 为常值函数.

5. 证明: 如果 $u(x,y)$ 满足方程 $\Delta u = \dfrac{\partial^2 u}{\partial x^2} + \dfrac{\partial^2 u}{\partial y^2} = 0$, 则 $v(x,y) = u(x^2 - y^2, 2xy)$ 和 $w(x,y) = u \left(\dfrac{x}{x^2 + y^2}, \dfrac{y}{x^2 + y^2} \right)$ 也满足此方程.

6. 证明: 函数

$$u(x,t) = \frac{1}{2a\sqrt{\pi t}} e^{-\frac{(x-b)^2}{4a^2 t}}$$

满足方程

$$\frac{\partial u}{\partial t} = a^2 \frac{\partial^2 u}{\partial x^2}.$$

7. 设 $F(x,y) \in C^1(\mathbb{R}^2)$, 具有形式 $F(x,y) = f(x)g(y)$. 假设在极坐标系中 F 可写为 $F(r\cos\theta, r\sin\theta) = h(r)$. 又假设若 $F(x,y)$ 无零点, 试求 $F(x,y)$.

8. 设 φ, ψ 均为 C^2 函数, 验证: $u = \varphi\left(\dfrac{y}{x}\right) + y\psi\left(\dfrac{y}{x}\right)$ 满足微分方程

$$x^2 \frac{\partial^2 u}{\partial x^2} + 2xy \frac{\partial^2 u}{\partial x \partial y} + y^2 \frac{\partial^2 u}{\partial y^2} = 0.$$

9. 设 f 为多元函数, 其偏导数均连续, 求在给定的任何一点处方向导数的最大值和最小值.

10. 设 f_x 和 f_y 在 (x_0, y_0) 处可微, 证明: $f_{xy}(x_0, y_0) = f_{yx}(x_0, y_0)$.

15.4 微分中值定理

一元函数微分学中的一个重要性质是微分中值定理, 它们在数学分析中有深刻的影响和广泛的应用. 对于多元函数, 也有相应的结论. 我们先简要回顾一下 $\mathbb{R}^n$ 中凸集的概念:

设开集 $D \subseteq \mathbb{R}^n$, 如果 $\forall \boldsymbol{x}, \boldsymbol{y} \in D$, 都有 $\overline{\boldsymbol{xy}} = \{\theta \boldsymbol{x} + (1-\theta)\boldsymbol{y} | \theta \in [0,1]\} \subseteq D$, 则称 D 是 $\mathbb{R}^n$ 中的开的凸集, 又称**凸域**.

定理 15.4.1 (多元函数微分中值定理) 设 $D \subseteq \mathbb{R}^n$ 为凸域, 函数 $f : D \to \mathbb{R}$ 在 D 中处处可微. 则任给 $\boldsymbol{x}, \boldsymbol{y} \in D$, 存在 $\theta \in (0,1)$, 使得

$$f(\boldsymbol{x}) - f(\boldsymbol{y}) = \nabla f(\boldsymbol{\xi}) \cdot (\boldsymbol{x} - \boldsymbol{y}), \quad \boldsymbol{\xi} = \theta \boldsymbol{x} + (1-\theta)\boldsymbol{y}. \tag{15.4.1}$$

证明 令 $\boldsymbol{\sigma}(t) = t\boldsymbol{x} + (1-t)\boldsymbol{y}$, 由 D 为凸域可知当 $t \in [0,1]$ 时 $\boldsymbol{\sigma}(t) \in D$. 对一元函数 $\varphi(t) = f \circ \boldsymbol{\sigma}(t)$, 一方面显然有 $\varphi(1) = f(\boldsymbol{x})$, $\varphi(0) = f(\boldsymbol{y})$, 另一方面, 由微分中值定理可知存在 $\theta \in (0,1)$, 使得 $\varphi(1) - \varphi(0) = \varphi'(\theta)$. 再由 (15.3.6) 式可得

$$\varphi(1) - \varphi(0) = \nabla f(\boldsymbol{\xi}) \cdot \boldsymbol{\sigma}'(\theta) = \nabla f(\boldsymbol{\xi}) \cdot (\boldsymbol{x} - \boldsymbol{y}),$$

其中 $\boldsymbol{\xi} = \boldsymbol{\sigma}(\theta) = \theta \boldsymbol{x} + (1-\theta)\boldsymbol{y}$. 结论得证. □

如果把定理 15.4.1 类比于 Lagrange 微分中值定理的话, 那么下面的推论则对应着一元函数的 Rolle 微分中值定理, 而证明的基本思想与一元函数的 Fermat 引理如出一

辙: 有界闭区域上的连续函数必能取到最大、最小值, 而且在极值点处函数如果可微, 则梯度为零. 作为练习, 详细证明留给读者.

设 $r > 0$, 记

$$\overline{B_r(\boldsymbol{x}_0)} = \{\boldsymbol{x} \in \mathbb{R}^n | \|\boldsymbol{x} - \boldsymbol{x}_0\| \leqslant r\},$$
$$B_r(\boldsymbol{x}_0) = \{\boldsymbol{x} \in \mathbb{R}^n | \|\boldsymbol{x} - \boldsymbol{x}_0\| < r\},$$
$$\partial \overline{B_r(\boldsymbol{x}_0)} = \{\boldsymbol{x} \in \mathbb{R}^n | \|\boldsymbol{x} - \boldsymbol{x}_0\| = r\}.$$

推论 15.4.2 设 $\boldsymbol{x}_0 \in \mathbb{R}^n$, $u = f(\boldsymbol{x})$ 是定义在 $\overline{B_r(\boldsymbol{x}_0)}$ 上的 n 元函数, 满足下列条件:

(1) $f(\boldsymbol{x})$ 在 $\overline{B_r(\boldsymbol{x}_0)}$ 上连续.

(2) $f(\boldsymbol{x})$ 在 $\overline{B_r(\boldsymbol{x}_0)}$ 的内部 $B_r(\boldsymbol{x}_0)$ 可微.

(3) $f(\boldsymbol{x})$ 在 $\overline{B_r(\boldsymbol{x}_0)}$ 的边界 $\partial \overline{B_r(\boldsymbol{x}_0)}$ 上取常值.

则 f 在 $\overline{B_r(\boldsymbol{x}_0)}$ 内部至少存在一点 $\boldsymbol{\xi}$ 使得 $f'(\boldsymbol{\xi}) = 0$.

该推论有明确的几何意义. 比如以 $n = 2$ 为例, 则推论说明如果二元函数 $f(x, y)$ 给出的曲面 $z = f(x, y)$ 在自变量取值的圆盘上连续, 圆盘内可微, 边界上的值相等, 则圆盘内一定有一点, 在此点处曲面的切平面平行于 xOy 坐标平面. 从几何上看, 下面的结论是推论 15.4.2 的一般化, 也是定理 15.4.1 的特殊情况.

推论 15.4.3 设 $u = f(x, y)$ 是定义在 $\overline{B_r(\boldsymbol{x}_0)}$ $(r > 0)$ 上的二元函数, 其中 $\boldsymbol{x_0} = (x_0, y_0)$, 满足下列条件:

(1) $f(x, y)$ 在 $\overline{B_r(\boldsymbol{x}_0)}$ 上连续.

(2) $f(x, y)$ 在 $B_r(\boldsymbol{x}_0)$ 内可微.

(3) 曲面 $z = f(x, y)$ 在 $\partial \overline{B_r(\boldsymbol{x}_0)}$ 上的点都落在同一个平面 $\pi : z = ax + by + c$ 上.

则 f 在 $\overline{B_r(\boldsymbol{x}_0)}$ 内部至少存在一点 $\boldsymbol{\xi}$ 使得 $f'(\boldsymbol{\xi}) = (a, b)$.

下面我们讨论一下多元函数的微分中值定理能否推广到更一般的映射. 首先, 下面的例子表明, 推论 15.4.2 的形式上的结论对于映射来讲, 一般不再成立.

例 15.4.1 设 $\boldsymbol{f} : \overline{B_1(\boldsymbol{0})} \to \mathbb{R}^2$, 其中 $\boldsymbol{0} = (0, 0)$, 具有形式

$$\boldsymbol{f}(x, y) = \big(x(x^2 + y^2 - 1),\ y(x^2 + y^2 - 1)\big).$$

则 $\boldsymbol{f}$ 满足推论 15.4.2 中的三个相应的条件:

(1) $\boldsymbol{f}(x, y)$ 在 $\overline{B_1(\boldsymbol{0})}$ 上连续.

(2) $\boldsymbol{f}(x, y)$ 在 $\overline{B_1(\boldsymbol{0})}$ 的内部 $B_1(\boldsymbol{0})$ 可微.

(3) $\boldsymbol{f}(x, y)$ 在 $\overline{B_1(\boldsymbol{0})}$ 的边界 $\partial \overline{B_1(\boldsymbol{0})}$ 上取常向量 $\boldsymbol{0} = (0, 0)$.

但是, $\boldsymbol{f}(x, y)$ 的导数 $\boldsymbol{f}'(x, y)$, 即 Jacobi 矩阵

$$\boldsymbol{f}'(x, y) = \begin{pmatrix} 3x^2 + y^2 - 1 & 2xy \\ 2xy & x^2 + 3y^2 - 1 \end{pmatrix}$$

对于任意的 $(x,y) \in B_1(\mathbf{0})$ 都不可能为零矩阵.

此例说明, 对于映射而言, 微分中值定理纯形式的照搬是不成立的. 事实上, 简单的分析可以看出下面的情景:

设 $D \subseteq \mathbb{R}^n$ 为凸域, $\boldsymbol{f} : D \to \mathbb{R}^m$ 为一映射. 又设 $\boldsymbol{x}, \boldsymbol{y} \in D$. 对 $\boldsymbol{f}$ 的每一个分量 f_i, 应用微分中值定理可得 $\boldsymbol{\xi}_i \in D$, 使得

$$f_i(\boldsymbol{x}) - f_i(\boldsymbol{y}) = \nabla f_i(\boldsymbol{\xi}_i) \cdot (\boldsymbol{x} - \boldsymbol{y}).$$

因此, 对于不同的 i, 这些 $\boldsymbol{\xi}_i$ 有可能不同. 比如:

例 15.4.2 考虑映射 $\boldsymbol{f} : \mathbb{R} \to \mathbb{R}^2$, $\boldsymbol{f}(t) = (t^2, t^3)$. 取 $t_1 = 1$, $t_2 = 0$, 则

$$\boldsymbol{f}(1) = (1,1), \qquad \boldsymbol{f}(0) = (0,0).$$

这表明 $\xi_1 = 1/2$, $\xi_2 = \pm 1/\sqrt{3}$, 因此 $\xi_1 \neq \xi_2$.

所以对于映射, 一般我们不能指望

$$\boldsymbol{f}(\boldsymbol{x}) - \boldsymbol{f}(\boldsymbol{y}) = J\boldsymbol{f}(\boldsymbol{\xi})(\boldsymbol{x} - \boldsymbol{y}).$$

对某个 $\boldsymbol{\xi}$ 成立. 然而, 我们有下面的结论:

定理 15.4.4 (拟微分中值定理) 设 $D \subseteq \mathbb{R}^n$ 为凸域, $\boldsymbol{f} : D \to \mathbb{R}^m$ 在 D 中处处可微. 则任给 $\boldsymbol{x}, \boldsymbol{y} \in D$, 存在 $\boldsymbol{\xi} \in D$, 使得

$$\|\boldsymbol{f}(\boldsymbol{x}) - \boldsymbol{f}(\boldsymbol{y})\| \leqslant \|J\boldsymbol{f}(\boldsymbol{\xi})\| \cdot \|\boldsymbol{x} - \boldsymbol{y}\|.$$

证明 基本的想法是对 $\boldsymbol{f}$ 的分量的线性组合应用微分中值定理. 为此, 不妨设 $\boldsymbol{f}(\boldsymbol{x}) \neq \boldsymbol{f}(\boldsymbol{y})$. 任意取定 $\mathbb{R}^m$ 中的单位向量 $\boldsymbol{u} = (u_1, \cdots, u_m)$, 记

$$g = \boldsymbol{u} \cdot \boldsymbol{f} = \sum_{i=1}^m u_i f_i,$$

则 g 为 D 中可微函数. 根据微分中值定理, 存在 $\boldsymbol{\xi} \in D$, 使得

$$g(\boldsymbol{x}) - g(\boldsymbol{y}) = \nabla g(\boldsymbol{\xi}) \cdot (\boldsymbol{x} - \boldsymbol{y}).$$

注意到 $\nabla g(\boldsymbol{\xi}) = \sum_{i=1}^m u_i \nabla f_i(\boldsymbol{\xi})$. 利用 Cauchy-Schwarz 不等式可得

$$\|\nabla g(\boldsymbol{\xi})\| \leqslant \sum_{i=1}^m |u_i| \cdot \|\nabla f_i(\boldsymbol{\xi})\|$$

$$\leqslant \|\boldsymbol{u}\| \cdot \Big(\sum_{i=1}^m \|\nabla f_i(\boldsymbol{\xi})\|^2 \Big)^{1/2} = \|J\boldsymbol{f}(\boldsymbol{\xi})\|.$$

由 $g(\boldsymbol{x}) - g(\boldsymbol{y}) = \boldsymbol{u} \cdot (\boldsymbol{f}(\boldsymbol{x}) - \boldsymbol{f}(\boldsymbol{y}))$ 可得

$$|\boldsymbol{u} \cdot (\boldsymbol{f}(\boldsymbol{x}) - \boldsymbol{f}(\boldsymbol{y}))| \leqslant \|\nabla g(\boldsymbol{\xi})\| \cdot \|\boldsymbol{x} - \boldsymbol{y}\| \leqslant \|J\boldsymbol{f}(\boldsymbol{\xi})\| \cdot \|\boldsymbol{x} - \boldsymbol{y}\|.$$

在上式中取 $\boldsymbol{u} = (\boldsymbol{f}(\boldsymbol{x}) - \boldsymbol{f}(\boldsymbol{y}))/\|\boldsymbol{f}(\boldsymbol{x}) - \boldsymbol{f}(\boldsymbol{y})\|$ 即可. □

利用拟微分中值定理, 不难证明下面的结论:

推论 15.4.5　设 $D \subseteq \mathbb{R}^n$ 为凸域, $\boldsymbol{f}: D \to \mathbb{R}^m$ 在 D 中可微, 且其 Jacobi 矩阵处处为零矩阵, 则 $\boldsymbol{f}$ 是常向量值映射.

例 15.4.3　设二元函数 $f(x,y)$ 在圆盘 $\overline{B_{10}(\boldsymbol{0})}$ 上连续, 在其内可微, $f(0,0) = 0$, $\|\operatorname{grad} f\| \leqslant 2$, 证明: $|f(2,2)| \leqslant 4\sqrt{2}$.

证明　多元函数作为映射的特殊情况, 也有拟微分中值定理成立. 因此存在 $\theta \in (0,1)$ 使得

$$|f(2,2) - f(0,0)| = |f_x(2\theta, 2\theta) \cdot 2 + f_y(2\theta, 2\theta) \cdot 2| = |\langle \operatorname{grad} f, (2,2) \rangle|$$

$$\leqslant \|\operatorname{grad} f\| \cdot \|(2,2)\| \leqslant 2 \cdot \sqrt{8} = 4\sqrt{2}. \qquad □$$

习题 15.4

1. 考虑向量值函数 $\boldsymbol{f}: \mathbb{R} \to \mathbb{R}^2$, $\boldsymbol{f}(x) = (\sin x, \cos x)$. 证明: 不存在 $\xi \in (0,1)$ 使得

$$\boldsymbol{f}(\pi) - \boldsymbol{f}(0) = \pi \boldsymbol{f}'(\xi).$$

2. 试讨论映射 $\boldsymbol{f}: \mathbb{R}^n \to \mathbb{R}^n$,

$$\boldsymbol{f}(\boldsymbol{x}) = \|\boldsymbol{x}\|\boldsymbol{x}$$

在原点的可微性. 如果可微, 求其导数.

3. 设 $\boldsymbol{f}: D \subseteq \mathbb{R}^n \to \mathbb{R}^m$, $\boldsymbol{x}_0 \in D$, 存在矩阵 $\boldsymbol{A}$, 使得在 $\boldsymbol{x}_0$ 的邻域内有

$$\boldsymbol{f}(\boldsymbol{x}) = \boldsymbol{f}(\boldsymbol{x}_0) + \boldsymbol{A}(\boldsymbol{x} - \boldsymbol{x}_0) + o(\boldsymbol{x} - \boldsymbol{x}_0),$$

其中 $o(\boldsymbol{x} - \boldsymbol{x}_0)$ 表示当 $\|\boldsymbol{x} - \boldsymbol{x}_0\| \to 0$ 时, 模为高阶无穷小量的向量. 证明: $\boldsymbol{f}$ 在 $\boldsymbol{x}_0$ 处可微, 且 $J\boldsymbol{f}(\boldsymbol{x}_0) = \boldsymbol{A}$.

4. 设 $\boldsymbol{f}: \mathbb{R} \to \mathbb{R}^3$ 是可微映射, 满足 $\|\boldsymbol{f}(t)\| = 1$ $(\forall t \in \mathbb{R})$. 证明:

$$\boldsymbol{f}'(t) \cdot \boldsymbol{f}(t) = 0.$$

试给出这一关系式的几何解释.

5. 设 $u(x,y)$, $v(x,y)$ 是 $\mathbb{R}^2$ 上的 C^1 函数, 且存在 $M > 0$, 使得对任意的 $(x_i, y_i) \in \mathbb{R}^2$ $(i = 1,2)$ 均成立

$$(u_1 - u_2)^2 + (v_1 - v_2)^2 \geqslant M\big((x_1 - x_2)^2 + (y_1 - y_2)^2\big),$$

其中 $u_i = u(x_i, y_i)$, $v_i = v(x_i, y_i)$ $(i = 1, 2)$. 证明: $\forall (x, y) \in \mathbb{R}^2$ 有

$$\frac{\partial(u, v)}{\partial(x, y)} \neq 0.$$

6. 设 $f(x, y)$ 在点 (x_0, y_0) 的邻域 U 上有定义. 如果 $f(x, y_0)$ 在点 $x = x_0$ 处连续, 且存在 $M > 0$, $|f_y(x, y)| \leqslant M$ $((x, y) \in U)$, 证明: $f(x, y)$ 在点 (x_0, y_0) 处连续.

7. 设 $D = \{(x, y, z) \mid x^2 + y^2 + z^2 < 1\}$, $f(x, y, z)$ 在 D 上的偏导数存在, 且有

$$|f_x(x, y, z)| \leqslant 1, \qquad |f_y(x, y, z)| \leqslant 1, \quad (x, y, z) \in D.$$

若对取定的点 (x, y): $x^2 + y^2 \leqslant 1$, 有 $f(x, y, z)$ 是 z 的连续函数, 证明: $f \in C(D)$.

8. 设映射 $\boldsymbol{f} : [a, b] \to \mathbb{R}^n$ 和函数 $g : [a, b] \to \mathbb{R}$ 在 $[a, b]$ 上连续, 在 (a, b) 内可微. 如果 $\|\boldsymbol{f}'(t)\| \leqslant g'(t)$ $(t \in (a, b))$, 证明: $\|\boldsymbol{f}(b) - \boldsymbol{f}(a)\| \leqslant g(b) - g(a)$.

9. 设 $f(x, y)$, $g(x, y)$ 在区域 D 上偏导数存在, 满足

$$f_x = g_y, \quad f_y = -g_x, \quad f^2(x, y) + g^2(x, y) \equiv 1, \quad (x, y) \in D.$$

证明: $f(x, y)$ 和 $g(x, y)$ 在 D 上均为常值函数.

10. 设 $f(\boldsymbol{y}) \in C^2(\mathbb{R}^n)$, 矩阵 $\boldsymbol{A} = (a_{ij})_{n \times n}$ 是正交矩阵, $F(\boldsymbol{x}) = f(\boldsymbol{Ax})$. 证明: 当 $\boldsymbol{y} = \boldsymbol{Ax}$ 时, 有

$$\sum_{i=1}^n \left(\frac{\partial f}{\partial y_i}\right)^2 = \sum_{i=1}^n \left(\frac{\partial F}{\partial x_i}\right)^2,$$

$$\sum_{i=1}^n \frac{\partial^2 f}{\partial y_i^2} = \sum_{i=1}^n \frac{\partial^2 F}{\partial x_i^2}.$$

11. 设 $\boldsymbol{f}$ 是 $\mathbb{R}^n \to \mathbb{R}^n$ 的可微映射, 如果存在 $k \in (0, 1)$ 使得 $\|\boldsymbol{f}'(\boldsymbol{x}) - \boldsymbol{id}\| \leqslant k$ $(\forall \boldsymbol{x} \in \mathbb{R}^n)$, 其中 $\boldsymbol{id}$ 是恒同映射. 证明: $\boldsymbol{f}$ 是单射, 并且有界集的逆像是有界的.

12. (映射的导数极限定理) 设 $E \subseteq \mathbb{R}^n$ 是一开集, $\boldsymbol{a} \in E$. $\boldsymbol{f}$ 是 $E \to \mathbb{R}^n$ 的连续映射, 且在 $\boldsymbol{x} \neq \boldsymbol{a}$ 点可微. 设 $\boldsymbol{L}$ 是 $E \to \mathbb{R}^n$ 的线性映射, 满足

$$\lim_{\boldsymbol{x} \to \boldsymbol{a}} \|\boldsymbol{f}'(\boldsymbol{x}) - \boldsymbol{L}\| = 0.$$

证明: $\boldsymbol{f}$ 在 $\boldsymbol{a}$ 处可微, 且 $\boldsymbol{f}'(\boldsymbol{a}) = \boldsymbol{L}$.

15.5　Taylor 公式

Taylor 多项式

我们回忆一下一元函数时的场景. 设一元实函数 f 在 x_0 点有 m 阶导数, 则称

$$T_m(x) := \sum_{k=0}^m \frac{f^{(k)}(x_0)}{k!}(x - x_0)^k$$

为 f 在 x_0 点的 m 阶 **Taylor 多项式**, $f - T_m$ 称为 **Taylor 展式的余项**. 显然, 函数 f 在 x_0 点的 m 阶 Taylor 多项式 T_m 是一个阶数不高于 m 的多项式, 它与 f 在 x_0 处的所有不高于 m 阶的导数都相等. 因此, 如果把这一定义推广到多元函数, 我们不仅需要函数在给定点的直到 m 阶的偏导数都存在, 而且需要相应的混合偏导数不依赖于求导次序. 而能保证后者成立的使用起来比较方便的充分条件就是假设 f 是 C^m 函数.

我们先引入一些记号. 设 α_i 均为非负整数, $1 \leqslant i \leqslant n$. 引入如下**多重指标**和记号:

$$\boldsymbol{\alpha} = (\alpha_1, \cdots, \alpha_n), \quad |\boldsymbol{\alpha}| = \sum_{i=1}^n \alpha_i, \quad \boldsymbol{\alpha}! = \alpha_1! \cdot \alpha_2! \cdots \alpha_n!.$$

如果 $\boldsymbol{x} = (x_1, \cdots, x_n) \in \mathbb{R}^n$, 则记 $\boldsymbol{x}^{\boldsymbol{\alpha}} = x_1^{\alpha_1} \cdot x_2^{\alpha_2} \cdots x_n^{\alpha_n}$. 对于多元函数 f, 我们也用下面的记号表示 $|\boldsymbol{\alpha}|$ 阶偏导数:

$$D^{\boldsymbol{\alpha}} f(\boldsymbol{x}_0) = \frac{\partial^{|\boldsymbol{\alpha}|} f(\boldsymbol{x}_0)}{\partial x_1^{\alpha_1} \cdots \partial x_n^{\alpha_n}} = \frac{\partial^{|\boldsymbol{\alpha}|} f(\boldsymbol{x}_0)}{\partial \boldsymbol{x}^{\boldsymbol{\alpha}}}.$$

定义 15.5.1 设 n 元实函数 f 在 $\boldsymbol{x}_0$ 点有直到 m 阶的各阶连续的偏导数, 则称

$$T_m(\boldsymbol{x}) \equiv T_m(\boldsymbol{x}; f) := \sum_{k=0}^m \sum_{|\boldsymbol{\alpha}|=k} \frac{1}{\boldsymbol{\alpha}!} \frac{\partial^k f(\boldsymbol{x}_0)}{\partial \boldsymbol{x}^{\boldsymbol{\alpha}}} (\boldsymbol{x} - \boldsymbol{x}_0)^{\boldsymbol{\alpha}} \tag{15.5.1}$$

为 f 在 $\boldsymbol{x}_0$ 点的 m 阶 Taylor 多项式.

定理 15.5.1 (Taylor 公式) 设 $D \subseteq \mathbb{R}^n$ 为凸域, $f \in C^{m+1}(D)$, $\boldsymbol{a} \in D$. 则任给 $\boldsymbol{x} \in D$, 存在 $\theta \in (0,1)$, 使得

$$f(\boldsymbol{x}) = \sum_{k=0}^m \sum_{|\boldsymbol{\alpha}|=k} \frac{D^{\boldsymbol{\alpha}} f(\boldsymbol{a})}{\boldsymbol{\alpha}!} (\boldsymbol{x} - \boldsymbol{a})^{\boldsymbol{\alpha}} + \sum_{|\boldsymbol{\alpha}|=m+1} \frac{D^{\boldsymbol{\alpha}} f(\boldsymbol{a} + \theta(\boldsymbol{x} - \boldsymbol{a}))}{\boldsymbol{\alpha}!} (\boldsymbol{x} - \boldsymbol{a})^{\boldsymbol{\alpha}}.$$

证明 考虑一元函数 $\varphi(t) = f(\boldsymbol{a} + t(\boldsymbol{x} - \boldsymbol{a}))$, $t \in [0,1]$. φ 具有 $m+1$ 阶连续导数, 故由一元函数的 Taylor 公式, 存在 $\theta \in (0,1)$, 使得

$$\varphi(1) = \varphi(0) + \varphi'(0) + \frac{1}{2!} \varphi''(0) + \cdots + \frac{1}{m!} \varphi^{(m)}(0) + \frac{1}{(m+1)!} \varphi^{(m+1)}(\theta). \tag{15.5.2}$$

利用数学归纳法不难证明

$$\varphi^{(k)}(t) = \sum_{|\boldsymbol{\alpha}|=k} \frac{k!}{\boldsymbol{\alpha}!} D^{\boldsymbol{\alpha}} f(\boldsymbol{a} + t(\boldsymbol{x} - \boldsymbol{a}))(\boldsymbol{x} - \boldsymbol{a})^{\boldsymbol{\alpha}}.$$

特别地, $t = 0$ 时, 有

$$\varphi^{(k)}(0) = \sum_{|\boldsymbol{\alpha}|=k} \frac{k!}{\boldsymbol{\alpha}!} D^{\boldsymbol{\alpha}} f(\boldsymbol{a})(\boldsymbol{x} - \boldsymbol{a})^{\boldsymbol{\alpha}},$$

将上式代入 (15.5.2) 式即得欲证公式. $\qquad\qquad\square$

记

$$R_m(\boldsymbol{x}) = f(\boldsymbol{x}) - \sum_{k=0}^{m} \sum_{|\boldsymbol{\alpha}|=k} \frac{D^{\boldsymbol{\alpha}} f(\boldsymbol{a})}{\boldsymbol{\alpha}!} (\boldsymbol{x} - \boldsymbol{a})^{\boldsymbol{\alpha}}.$$

由 Taylor 公式, 当 $f \in C^{m+1}(D)$ 时,

$$R_m(\boldsymbol{x}) = \sum_{|\boldsymbol{\alpha}|=m+1} \frac{D^{\boldsymbol{\alpha}} f(\boldsymbol{a} + \theta(\boldsymbol{x} - \boldsymbol{a}))}{\boldsymbol{\alpha}!} (\boldsymbol{x} - \boldsymbol{a})^{\boldsymbol{\alpha}}. \qquad \text{(Lagrange 余项)}$$

推论 15.5.2   在上述定理的条件下, 当 $\|\boldsymbol{x} - \boldsymbol{a}\|$ 充分小时, $R_m(\boldsymbol{x}) = O(\|\boldsymbol{x} - \boldsymbol{a}\|^{m+1})$.

证明   取 $\delta > 0$, 使得 $\overline{B_\delta(\boldsymbol{a})} \subset D$. 由于 $f \in C^{m+1}(D)$, $\overline{B_\delta(\boldsymbol{a})}$ 紧致, 故存在 $M > 0$ 使得

$$|D^{\boldsymbol{\alpha}} f(\boldsymbol{x})| \leqslant M, \quad \forall\, \boldsymbol{x} \in \overline{B_\delta(\boldsymbol{a})}, \ |\boldsymbol{\alpha}| \leqslant m+1.$$

因此

$$|R_m(\boldsymbol{x})| \leqslant M \sum_{|\boldsymbol{\alpha}|=m+1} \frac{1}{\boldsymbol{\alpha}!} |(\boldsymbol{x} - \boldsymbol{a})^{\boldsymbol{\alpha}}|$$

$$\leqslant M \sum_{|\boldsymbol{\alpha}|=m+1} \frac{1}{\boldsymbol{\alpha}!} \|\boldsymbol{x} - \boldsymbol{a}\|^{|\boldsymbol{\alpha}|} = C \|\boldsymbol{x} - \boldsymbol{a}\|^{m+1}.$$

推论得证.   □

注 15.5.1   如果 $f \in C^m(D)$, 则 Taylor 公式可写为

$$f(x) = \sum_{k=0}^{m-1} \sum_{|\boldsymbol{\alpha}|=k} \frac{D^{\boldsymbol{\alpha}} f(\boldsymbol{a})}{\boldsymbol{\alpha}!} (\boldsymbol{x} - \boldsymbol{a})^{\boldsymbol{\alpha}} + \sum_{|\boldsymbol{\alpha}|=m} \frac{D^{\boldsymbol{\alpha}} f(\boldsymbol{a} + \theta(\boldsymbol{x} - \boldsymbol{a}))}{\boldsymbol{\alpha}!} (\boldsymbol{x} - \boldsymbol{a})^{\boldsymbol{\alpha}}$$

$$= \sum_{k=0}^{m} \sum_{|\boldsymbol{\alpha}|=k} \frac{D^{\boldsymbol{\alpha}} f(\boldsymbol{a})}{\boldsymbol{\alpha}!} (\boldsymbol{x} - \boldsymbol{a})^{\boldsymbol{\alpha}} + R_m(\boldsymbol{x}),$$

其中

$$R_m(\boldsymbol{x}) = \sum_{|\boldsymbol{\alpha}|=m} \frac{1}{\boldsymbol{\alpha}!} \big(D^{\boldsymbol{\alpha}} f(\boldsymbol{a} + \theta(\boldsymbol{x} - \boldsymbol{a})) - D^{\boldsymbol{\alpha}} f(\boldsymbol{a}) \big) (\boldsymbol{x} - \boldsymbol{a})^{\boldsymbol{\alpha}}.$$

用推论的证明方法可得如下估计:

$$R_m(\boldsymbol{x}) = o\big(\|\boldsymbol{x} - \boldsymbol{a}\|^m \big) \ (\boldsymbol{x} \to \boldsymbol{a}). \quad \text{(Peano 余项)}$$

Taylor 公式的常数项 $f(\boldsymbol{a})$ 自然是 $f(\boldsymbol{x})$ 的最粗逼近, 属于常数函数类中的零次逼近, 更精确的逼近则要考虑其一次逼近、二次逼近等. 它们是极其重要的逼近, 并且分别具有明确的几何意义: 高维空间的平面和二次曲面.

Taylor 公式中的线性项和二次项分别具有形式

$$\nabla f(\boldsymbol{a}) \cdot (\boldsymbol{x} - \boldsymbol{a}) \quad 和 \quad \frac{1}{2}(\boldsymbol{x} - \boldsymbol{a})\nabla^2 f(\boldsymbol{a})(\boldsymbol{x} - \boldsymbol{a})^{\mathrm{T}},$$

其中 $\nabla f(\boldsymbol{a})$ 是前面曾经引入过的函数在点 $\boldsymbol{a}$ 处的梯度, 而

$$\nabla^2 f := \left(\frac{\partial^2 f}{\partial x_j \partial x_i} \right)_{n \times n}$$

称为 f 的 Hesse 矩阵, 记为 Hess (f) 或 $\boldsymbol{H}_f$, 该矩阵的迹 $\mathrm{tr}\nabla^2 f$ 常被记为 Δf, 即

$$\Delta = \mathrm{tr}\nabla^2 = \sum_{i=1}^{n} \frac{\partial^2}{\partial x_i^2}$$

称为 **Laplace 算子**.

多元凸函数

作为 Taylor 公式的应用, 我们来讨论多元函数凸性的一些结果. 由于研究凸性需要考虑任意两点之间线段上的函数值与端点函数值之间的关系, 因此我们总是假定 $D \subseteq \mathbb{R}^n$ 是一个凸域. 在凸域 D 内, 若 $f(\boldsymbol{x})$ 有直到 k 阶的连续偏导数, 则 $\forall \boldsymbol{x}_0 \in D$, $f(\boldsymbol{x})$ 总可以在 $\boldsymbol{x}_0$ 处展成 k 阶 Taylor 公式.

定义 15.5.2 (凸函数)　设 $D \subseteq \mathbb{R}^n$ 为凸域, $f : D \to \mathbb{R}$ 为多元函数. 如果任给 $\boldsymbol{x}, \boldsymbol{y} \in D, \boldsymbol{x} \neq \boldsymbol{y}$, 均有

$$f(t\boldsymbol{x} + (1-t)\boldsymbol{y}) \leqslant tf(\boldsymbol{x}) + (1-t)f(\boldsymbol{y}), \quad \forall\ t \in (0, 1),$$

则称 f 为 D 中的凸函数. 上式中 "$\leqslant$" 换成 "$<$" 时, 称为严格凸函数.

从凸函数的定义出发研究其性质是最自然和最基本的出发点, 没有额外的假设. 但是当我们试图应用 Taylor 公式来研究多元凸函数的时候, 自然要求函数满足 Taylor 公式的条件. 通常, 随着函数条件的加强, 研究的工具和手法也会多一些. 比如, 对于一元函数 $f(x)$, 如果 $f'(x)$ 存在, 那么我们可以通过讨论导函数的单调性来确定 $f(x)$ 的凹凸性. 如果再加上 f 二阶可导, 那么可以通过讨论二阶导数的定号性来判别 $f(x)$ 的凹凸性. 对于多元函数 $f(\boldsymbol{x})$, 其导数 $f'(\boldsymbol{x})$ 在很多情形下也可以类比为一元函数 $f'(x)$ 的作用. 而如果它二阶可微的话, 那么它的 Hesse 矩阵 $\boldsymbol{H}_f$ 将扮演着一元函数 $f''(x)$ 类似的角色. 另外, 我们知道, 几何上, 凸函数具有非常明确的几何特点: $f(x)$ 是凸的充要条件是曲线 $y = f(x)$ 上任一点都在曲线该点切线的上方. 对应于多元函数, 几何上则表现为曲面上的点与切平面之间的位置关系. 具体来说, 对于多元函数, 我们有下面的结论:

命题 15.5.3　设函数 f 在凸域 D 上有定义.

(1) 如果 f 在 D 内处处可微, 则

$$f\ 为凸函数 \iff f(\boldsymbol{y}) \geqslant f(\boldsymbol{x}) + \nabla f(\boldsymbol{x}) \cdot (\boldsymbol{y} - \boldsymbol{x}), \quad \forall\ \boldsymbol{x}, \boldsymbol{y} \in D. \tag{15.5.3}$$

(2) 如果 $f \in C^2(D)$, 则

$$f \text{ 为凸函数 } \iff \nabla^2 f \geqslant 0 \text{ (半正定)}.$$

证明 (1) "$\Longrightarrow$" 任给 $\boldsymbol{x}, \boldsymbol{y} \in D, t \in (0,1)$, 有

$$t\big(f(\boldsymbol{y}) - f(\boldsymbol{x})\big) \geqslant f(\boldsymbol{x} + t(\boldsymbol{y} - \boldsymbol{x})) - f(\boldsymbol{x})$$
$$= \nabla f(\boldsymbol{x}) \cdot t(\boldsymbol{y} - \boldsymbol{x}) + o\big(t\|\boldsymbol{y} - \boldsymbol{x}\|\big),$$

上式两边除以 t, 然后令 $t \to 0^+$ 即得 (15.5.3) 式.

"$\Longleftarrow$" 任给 $\boldsymbol{x}, \boldsymbol{y} \in D, t \in (0,1)$, 记 $\boldsymbol{z} = t\boldsymbol{x} + (1-t)\boldsymbol{y}$, 则

$$f(\boldsymbol{x}) \geqslant f(\boldsymbol{z}) + \nabla f(\boldsymbol{z}) \cdot (\boldsymbol{x} - \boldsymbol{z}), \quad f(\boldsymbol{y}) \geqslant f(\boldsymbol{z}) + \nabla f(\boldsymbol{z}) \cdot (\boldsymbol{y} - \boldsymbol{z}).$$

这说明

$$tf(\boldsymbol{x}) + (1-t)f(\boldsymbol{y}) \geqslant f(\boldsymbol{z}) + \nabla f(\boldsymbol{z}) \cdot \big(t(\boldsymbol{x} - \boldsymbol{z}) + (1-t)(\boldsymbol{y} - \boldsymbol{z})\big) = f(\boldsymbol{z}).$$

(2) "$\Longleftarrow$" 设 $f \in C^2(D)$, 由 Taylor 公式, 任给 $\boldsymbol{x}, \boldsymbol{y} \in D$, 存在 $\boldsymbol{\xi} \in D$ 使得

$$f(\boldsymbol{y}) = f(\boldsymbol{x}) + \nabla f(\boldsymbol{x}) \cdot (\boldsymbol{y} - \boldsymbol{x}) + \frac{1}{2}(\boldsymbol{y} - \boldsymbol{x})\nabla^2 f(\boldsymbol{\xi})(\boldsymbol{y} - \boldsymbol{x})^{\mathrm{T}}.$$

由 $\nabla^2 f \geqslant 0$ 知 (15.5.3) 式成立, 再由 (1) 知 f 为凸函数.

"$\Longrightarrow$" (反证法). 如果 $\nabla^2 f(\boldsymbol{x})$ 不是半正定的, 则存在 $\mathbb{R}^n$ 中的单位向量 $\boldsymbol{h}$, 使得 $\boldsymbol{h}\nabla^2 f(\boldsymbol{x})\boldsymbol{h}^{\mathrm{T}} < 0$. 对一元函数 $\varphi(t) = f(\boldsymbol{x} + t\boldsymbol{h})$ 应用 Taylor 公式可得

$$f(\boldsymbol{x} + t\boldsymbol{h}) = f(\boldsymbol{x}) + t\nabla f(\boldsymbol{x}) \cdot \boldsymbol{h} + \frac{1}{2}t^2\boldsymbol{h}\nabla^2 f(\boldsymbol{x})\boldsymbol{h}^{\mathrm{T}} + o(t^2) \quad (t \to 0).$$

当 $t \neq 0$ 充分小时, 上式右端第三项小于零, 这与 (15.5.3) 式相矛盾. $\qquad\square$

例 15.5.1 设 $y = g(x)$ 是 (a,b) 上的一元凸函数, 二阶可导. 证明: $f(\boldsymbol{x}) = g(x_1) + \cdots + g(x_n)$ 是 $D = (a,b)^n \subseteq \mathbb{R}^n$ 内的 n 元凸函数.

证明 因为 $f'(\boldsymbol{x}) = (g'(x_1), \cdots, g'(x_n))$, 所以

$$\boldsymbol{H}_f(\boldsymbol{x}) = \mathrm{diag}\big(g''(x_1), \cdots, g''(x_n)\big).$$

由于 $g''(x_i) \geqslant 0$ $(i = 1, 2, \cdots, n)$, 故 $\boldsymbol{H}_f(\boldsymbol{x})$ 是半正定矩阵. 根据上述命题知 $f(\boldsymbol{x})$ 是 D 内的凸函数. $\qquad\square$

最值与极值

函数的最值和极值通常放在一起讨论. 我们知道, 极值是一个局部概念, 关注的是函数在某点邻域内取值的大小比较, 所以一个函数在一点处的极大值很有可能不如该函数在另一点处的极小值来得大. 最值是一个全局概念, 研究的是函数在整个定义域或在

指定点集上的最大 (小) 值. 然而两者又有密切的联系. 最值的讨论一般是在考虑了所有的极值点、边界点和一些特殊点处的函数值后, 加以比较, 再从中考虑其最大或最小值.

本小节我们也是采用这个基本思路来讨论多元函数的最值和极值问题, 即: 我们以多元微分为工具, 重点讨论函数极值的性质和特点, 然后再通过比较函数在给定集合边界点处的取值来讨论最值.

类似于一元函数的 Taylor 公式可以用来研究一元函数的最值和极值, 我们也将应用多元函数的 Taylor 公式来研究多元函数的极值. 只不过相比一元函数, 多元函数的极值大致有如下两类: 无条件极值和有条件极值, 前者就是我们所说的普通极值; 而后者则是指在额外限制条件下的极值问题. 我们先讨论无条件极值. 在和一元函数相似之处, 我们将视情况省去某些重复度较高的技术细节.

定义 15.5.3 (极值) 设 $D \subseteq \mathbb{R}^n$, $f : D \to \mathbb{R}$ 为多元函数, $\boldsymbol{x}_0 \in D$. 如果存在 $\delta > 0$, 使得
$$f(\boldsymbol{x}_0) \geqslant f(\boldsymbol{x}) \quad (\text{或 } f(\boldsymbol{x}_0) \leqslant f(\boldsymbol{x})), \quad \forall \boldsymbol{x} \in D \cap \overset{\circ}{B}_\delta(\boldsymbol{x}_0),$$
则称 $\boldsymbol{x}_0$ 为 f 的**极大 (小) 值点**, $f(\boldsymbol{x}_0)$ 为 f 的**极大 (小) 值**. 如果上式中严格的不等号 ">"("<") 成立, 则相应地称 $\boldsymbol{x}_0$ 为**严格极值点**, 而 $f(\boldsymbol{x}_0)$ 为**严格极值**.

如果 $\forall \delta > 0$, 都存在 $\boldsymbol{x}_1, \boldsymbol{x}_2 \in \overset{\circ}{B}_\delta(\boldsymbol{x}_0)$, 使得
$$f(\boldsymbol{x}_1) > f(\boldsymbol{x}_0), \quad f(\boldsymbol{x}_2) < f(\boldsymbol{x}_0),$$
则称 $\boldsymbol{x}_0$ 为 f 的**鞍点**.

例 15.5.2 点 $(0,0)$ 分别是函数
$$f_1(x,y) = x^4 + y^4, \qquad f_2(x,y) = -x^2 - y^4, \quad f_3(x,y) = x^4 - y^4$$
的极小值点、极大值点和鞍点.

同 Fermat 引理一样, 我们有如下关于极值的**一阶必要条件**.

定理 15.5.4 (极值的必要条件) 设 $\boldsymbol{x}_0$ 为 f 的极值点, 如果 $\boldsymbol{x}_0$ 为 D 的内点, 且 f 在 $\boldsymbol{x}_0$ 处可微, 则 $\nabla f(\boldsymbol{x}_0) = \boldsymbol{0}$.

证明 任取单位向量 $\boldsymbol{e} \in S^{n-1}$, 考虑一元函数 $\varphi(t) = f(\boldsymbol{x}_0 + t\boldsymbol{e})$. 因为 $\boldsymbol{x}_0$ 为内点, 当 $|t|$ 充分小时 $\boldsymbol{x}_0 + t\boldsymbol{e} \in D$. 于是 $t = 0$ 为 φ 的极值点. 根据一元函数的 Fermat 引理和 (15.3.6) 式可得
$$0 = \varphi'(0) = \nabla f(\boldsymbol{x}_0) \cdot \boldsymbol{e},$$
由 $\boldsymbol{e}$ 的任意性可知 $\nabla f(\boldsymbol{x}_0) = \boldsymbol{0}$. □

梯度为零的点称为函数的**驻点**或**临界点**, 也称**可疑点**. 求函数极值时, 也可以比较形象地说成: 一般先找出函数的可疑点, 然后再做进一步的判定. 如果一个点连可疑点都不是, 自然不用去理会它的极值性. 但如果它是可疑点, 至于它是不是真正的极值点, 则需要进一步讨论, 下面的定理就是做进一步研判的模式之一: **极值的二阶必要条件**.

定理 15.5.5   设 n 元实函数 f 在 $\boldsymbol{x}_0$ 取到极小 (大) 值, 且 f 在 $\boldsymbol{x}_0$ 的一个邻域内可微, 其一阶偏导均在 $\boldsymbol{x}_0$ 点可微. 则其 Hesse 矩阵 $\boldsymbol{H}_f(\boldsymbol{x}_0)$ 半正 (负) 定.

证明   我们只考虑极小值的情况, 极大值的情况完全类似讨论. 由定理 15.5.4 知, $f_{\boldsymbol{x}}(\boldsymbol{x}_0) = \boldsymbol{0}$. 由带 Peano 余项的 Taylor 公式, 可得

$$f(\boldsymbol{x} + \boldsymbol{x}_0) = f(\boldsymbol{x}_0) + \frac{1}{2}\boldsymbol{x}\boldsymbol{H}_f(\boldsymbol{x}_0)\boldsymbol{x}^{\mathrm{T}} + o\big(\|\boldsymbol{x}\|^2\big) \quad (\boldsymbol{x} \to \boldsymbol{0}). \tag{15.5.4}$$

由此立即得到对任何单位向量 $\boldsymbol{e} \in S^{n-1}$,

$$\frac{1}{2}\boldsymbol{e}\boldsymbol{H}_f(\boldsymbol{x}_0)\boldsymbol{e}^{\mathrm{T}} = \lim_{t \to 0} \frac{f(t\boldsymbol{e} + \boldsymbol{x}_0) - f(\boldsymbol{x}_0)}{t^2} \geqslant 0.$$

因此 $\boldsymbol{H}_f(\boldsymbol{x}_0)$ 半正定. □

需要强调指出的是: 上面两个定理对极值点的判定都有预设门槛, 那就是假设了函数可微. 换句话说, 在寻求一个函数的极值点时, 如果只关注梯度为零试图找到所有的可疑点, 那么仍有可能有漏网之鱼: 那些不可微的点! 这一点从一元函数 $y = |x|$ 便可一目了然: 该函数通过寻求导数为零的点, 并没有发现 "可疑点", 但恰恰在不可导的点 $x_0 = 0$ 处, 函数取到极值.

定理 15.5.5 的必要性而非充分性是显然的, 比如 $(0,0)$ 是函数 $f(x,y) = x^2 - y^4$ 的鞍点, 但 f 的 Hesse 矩阵 $\boldsymbol{H}_f(0,0)$ 是半正定的.

利用 Taylor 展式, 我们还可以得到多元函数取得极值的充分条件. 为此, 先给出如下定义和引理:

定义 15.5.4   设多元函数 $f(\boldsymbol{x})$ 在点 $\boldsymbol{x}_0$ 的某邻域内有二阶连续偏导数, $\boldsymbol{x}_0$ 是 $f(\boldsymbol{x})$ 的驻点. 记 $f(\boldsymbol{x})$ 在 $\boldsymbol{x}_0$ 处的 Hesse 矩阵为 $\boldsymbol{H}_f(\boldsymbol{x}_0)$. 如果

$$\det \boldsymbol{H}_f(\boldsymbol{x}_0) \neq 0,$$

则称 $\boldsymbol{x}_0$ 为 f 的 **非退化驻点**. 否则, 称 $\boldsymbol{x}_0$ 为 f 的 **退化驻点**.

引理 15.5.6   设 $f(\boldsymbol{x}) = f(x_1, \cdots, x_n)$ 在区域 $D \subseteq \mathbb{R}^n$ 内有二阶连续偏导数, 设 $f(\boldsymbol{x})$ 在 $\boldsymbol{x}_0$ 处的 Hesse 矩阵为 $\boldsymbol{H}_f(\boldsymbol{x}_0) = \big(f_{x_i x_j}\big)_{\boldsymbol{x}_0}$. 则存在实数 m, M 使得对任意的单位向量 $\boldsymbol{u} \in S^{n-1}$, 成立

$$m \leqslant \boldsymbol{u}\boldsymbol{H}_f(\boldsymbol{x}_0)\boldsymbol{u}^{\mathrm{T}} \leqslant M.$$

证明   注意到 $\boldsymbol{u}\boldsymbol{H}_f(\boldsymbol{x}_0)\boldsymbol{u}^{\mathrm{T}}$ 是紧致集 S^{n-1} 上的连续函数, 从而可以取到最大值 M 和最小值 m. □

定理 15.5.7   设 n 元函数 f 在 $\boldsymbol{x}_0$ 的一个邻域内有二阶连续偏导数, $\boldsymbol{x}_0$ 为 f 的非退化驻点, 即 $f_{\boldsymbol{x}}(\boldsymbol{x}_0) = \boldsymbol{0}$, 且 $\det \boldsymbol{H}_f(\boldsymbol{x}_0) \neq 0$. 此时矩阵 $\boldsymbol{H}_f(\boldsymbol{x}_0)$ 必为且仅为正定、负定或不定三者之一. 进一步, 有

(1) 若 $\boldsymbol{H}_f(\boldsymbol{x}_0)$ 正定, 则 f 在 $\boldsymbol{x}_0$ 取得严格极小值.

(2) 若 $\boldsymbol{H}_f(\boldsymbol{x}_0)$ 负定, 则 f 在 $\boldsymbol{x}_0$ 取得严格极大值.

(3) 若 $\boldsymbol{H}_f(\boldsymbol{x}_0)$ 不定, 则 f 在 $\boldsymbol{x}_0$ 点一定取不到极值.

证明　我们只证 (1) 和 (3), 因为 (2) 的证明与 (1) 完全类同.

在 $\boldsymbol{x}_0$ 的充分小邻域内, 考虑 $f(\boldsymbol{x})$ 在 $\boldsymbol{x}_0$ 处的 Taylor 公式, 记 $\Delta\boldsymbol{x} = \boldsymbol{x} - \boldsymbol{x}_0$,

$$
\begin{aligned}
f(\boldsymbol{x}) &= f(\boldsymbol{x}_0) + f'(\boldsymbol{x}_0)(\Delta\boldsymbol{x})^{\mathrm{T}} + \frac{1}{2}\Delta\boldsymbol{x}\,\boldsymbol{H}_f(\boldsymbol{x}_0)(\Delta\boldsymbol{x})^{\mathrm{T}} + o(\|\Delta\boldsymbol{x}\|^2) \\
&= f(\boldsymbol{x}_0) + \frac{1}{2}\frac{\Delta\boldsymbol{x}}{\|\Delta\boldsymbol{x}\|}\boldsymbol{H}_f(\boldsymbol{x}_0)\frac{(\Delta\boldsymbol{x})^{\mathrm{T}}}{\|\Delta\boldsymbol{x}\|}(\|\Delta\boldsymbol{x}\|^2) + o(\|\Delta\boldsymbol{x}\|^2) \quad (\boldsymbol{x} - \boldsymbol{x}_0 \to \boldsymbol{0}).
\end{aligned}
$$

注意到 $\boldsymbol{u} := \dfrac{\Delta\boldsymbol{x}}{\|\Delta\boldsymbol{x}\|} \in S^{n-1}$, 故上式第二项 $\boldsymbol{u}\boldsymbol{H}_f(\boldsymbol{x}_0)\boldsymbol{u}^{\mathrm{T}}$ 是 S^{n-1} 上的连续函数. 由 S^{n-1} 的紧致性, 知 $\boldsymbol{u}\boldsymbol{H}_f(\boldsymbol{x}_0)\boldsymbol{u}^{\mathrm{T}}$ 在 S^{n-1} 上有最大值 M 和最小值 m.

(1) 当 $\boldsymbol{H}_f(\boldsymbol{x}_0)$ 正定时, 这意味着上述最小值 $m > 0$. 所以

$$
\begin{aligned}
f(\boldsymbol{x}) &= f(\boldsymbol{x}_0) + \frac{1}{2}\boldsymbol{u}\boldsymbol{H}_f(\boldsymbol{x}_0)\boldsymbol{u}^{\mathrm{T}}(\|\boldsymbol{x} - \boldsymbol{x}_0\|^2) + o(\|\boldsymbol{x} - \boldsymbol{x}_0\|^2) \\
&> f(\boldsymbol{x}_0) + \frac{m}{4}\|\boldsymbol{x} - \boldsymbol{x}_0\|^2 > f(\boldsymbol{x}_0).
\end{aligned}
$$

故 $f(\boldsymbol{x})$ 在 $\boldsymbol{x}_0$ 取极小值.

(3) 当 $\boldsymbol{H}_f(\boldsymbol{x}_0)$ 不定时, 这意味着存在 $\boldsymbol{u}_1, \boldsymbol{u}_2 \in S^{n-1}$, 使得

$$
\boldsymbol{u}_1\boldsymbol{H}_f(\boldsymbol{x}_0)\boldsymbol{u}_1^{\mathrm{T}} = m < 0, \qquad \boldsymbol{u}_2\boldsymbol{H}_f(\boldsymbol{x}_0)\boldsymbol{u}_2^{\mathrm{T}} = M > 0.
$$

易知对充分小的 $t > 0$, 有

$$
f(\boldsymbol{x}_0 + t\boldsymbol{u}_1) = f(\boldsymbol{x}_0) + \frac{1}{2}mt^2 + o(t^2) < f(\boldsymbol{x}_0) + \frac{1}{4}mt^2 < f(\boldsymbol{x}_0).
$$

$$
f(\boldsymbol{x}_0 + t\boldsymbol{u}_2) = f(\boldsymbol{x}_0) + \frac{1}{2}Mt^2 + o(t^2) > f(\boldsymbol{x}_0) + \frac{1}{4}Mt^2 > f(\boldsymbol{x}_0).
$$

这说明 $f(\boldsymbol{x})$ 在 $\boldsymbol{x}_0$ 取不到极值. □

函数在退化驻点处的极值判定比较复杂, 通常要另行讨论. 需要注意的是, 设 $\boldsymbol{x}_0$ 是 f 的退化驻点, 那么即使 Hesse 矩阵 $\boldsymbol{H}_f(\boldsymbol{x}_0)$ 是半正 (负) 定, 也得不到函数的极值性. 这只要对比一下这几个函数在 $(0,0)$ 点处的情况即知: $f = \pm x^2 \pm y^4$.

但是, 如果 $\boldsymbol{H}_f(\boldsymbol{x})$ 在退化驻点 $\boldsymbol{x}_0$ 的某一个邻域内都是半正定的, 那么还是可以得到极值性结论的. 只不过此时的极值不一定是严格极值. 即, 我们有下面的结论:

定理 15.5.8　设 n 元函数 f 在 $\boldsymbol{x}_0$ 的一个邻域内有二阶连续偏导数, $f_{\boldsymbol{x}}(\boldsymbol{x}_0) = \boldsymbol{0}$. 记 $f(\boldsymbol{x})$ 在 $\boldsymbol{x}$ 处的 Hesse 矩阵为 $\boldsymbol{H}_f(\boldsymbol{x})$.

(1) 若 $\boldsymbol{H}_f(\boldsymbol{x})$ 在 $\boldsymbol{x}_0$ 的某邻域内都是半正定的, 则 f 在 $\boldsymbol{x}_0$ 处取得极小值.

(2) 若 $\boldsymbol{H}_f(\boldsymbol{x})$ 在 $\boldsymbol{x}_0$ 的某邻域内都是半负定的, 则 f 在 $\boldsymbol{x}_0$ 处取得极大值.

证明 我们只给出 (1) 的证明, (2) 的证明完全类似.

由假设, 对于某个 $\delta > 0$, 当 $\|\boldsymbol{x}\| < \delta$ 时, 根据 Taylor 公式的 Lagrange 余项表示, 我们有 $\theta = \delta_{\boldsymbol{x}} \in (0,1)$ 使得

$$f(\boldsymbol{x} + \boldsymbol{x}_0) = f(\boldsymbol{x}_0) + \frac{1}{2}\boldsymbol{x}\boldsymbol{H}_f(\boldsymbol{x}_0 + \theta\boldsymbol{x})\boldsymbol{x}^{\mathrm{T}} \geqslant f(\boldsymbol{x}_0). \tag{15.5.5}$$

这就是说 $\boldsymbol{x}_0$ 为 f 的极小值点. □

> **注 15.5.2** 需要注意的是, 当 $\boldsymbol{x}_0$ 是退化驻点时, 即使 $\boldsymbol{H}_f(\boldsymbol{x})$ 在 $\boldsymbol{x}_0$ 的任一邻域内都是不定的, 也得不到 f 在 $\boldsymbol{x}_0$ 处不是极值点的结论. 这是因为即使当 $\boldsymbol{x}$ 在邻域内任意取值时, 我们也并不能保证关系式(15.5.5) 中, 总能取到既有不小于 $f(\boldsymbol{x}_0)$ 的 θ 又有不大于 $f(\boldsymbol{x}_0)$ 的 θ.
>
> 事实上, 我们可以回顾一下一元函数时的例 7.5.1. 当然, 必要的话也可以由此例子中的函数 $f(x)$ 组装出一个二元函数 $f(x)+f(y)$ 或者 $f(\sqrt{x^2+y^2})$.

例 15.5.3 考虑函数 $f(x,y) = x^4 + y^4$, 易知 $(0,0)$ 是其退化驻点, 在 $(0,0)$ 的邻域内, 有

$$\boldsymbol{H}_f(x,y) = \begin{pmatrix} 12x^2 & 0 \\ 0 & 12y^2 \end{pmatrix}$$

是半正定的, 故 $(0,0)$ 是 f 的极小值点.

例 15.5.4 求 $f(x,y) = x^4 + y^4 - (x+y)^2$ 的极值点和极值.

解 先求 $f(x,y)$ 的驻点. 为此, 考虑

$$0 = \frac{\partial f}{\partial x} = 4x^3 - 2x - 2y, \quad 0 = \frac{\partial f}{\partial y} = 4y^3 - 2x - 2y.$$

上式有三个解

$$P_0 = (0,0), \quad P_1 = (1,1), \quad P_2 = (-1,-1).$$

为了判断它们的极值性, 考虑驻点处的 Hesse 矩阵:

$$\boldsymbol{H}_f(x,y) = \begin{pmatrix} 12x^2-2 & -2 \\ -2 & 12y^2-2 \end{pmatrix}.$$

易知在 P_1, P_2 处, $\boldsymbol{H}_f$ 正定, 从而 P_1, P_2 为极小值点. 此时 $f(P_1) = f(P_2) = -2$.

由于在 P_0 处 $\boldsymbol{H}_f$ 为退化矩阵, 即 P_0 是退化驻点. 容易看出, 在 $(0,0)$ 的充分小邻域内, 总可以取到 $(x,0)$, $|x| \ll 1$, 使得 $f(x,0) < 0$; 又总可以取 $(x,-x)$, $|x| \ll 1$, 使得 $f(x,-x) = 2x^4 > 0$. 这说明 P_0 不是极值点. □

例 15.5.5 试在点集 $D := \{(x,y)|0 \leqslant y \leqslant x, 0 \leqslant x \leqslant 3\}$ (图 15.8) 上讨论下面函数的取值范围:

$$f(x,y) := 4x^3 - 8x^2y + 16xy^2 - 33x - 48y.$$

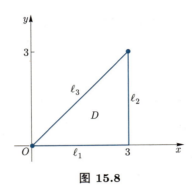

图 **15.8**

解 我们只要求出 f 在 D 上的最大值和最小值. 由于 f 连续可微, 其最大值和最小值在边界或驻点取得.

(1) 在边界 $\ell_1 : y = 0$, $0 \leqslant x \leqslant 3$ 上, 有 $f(x, 0) = 4x^3 - 33x$. 该函数在 $[0, 3]$ 上有驻点 $\dfrac{\sqrt{11}}{2}$. 因此, f 在 ℓ_1 上可能的最值点为 $(0, 0)$, $\left(\dfrac{\sqrt{11}}{2}, 0 \right)$ 以及 $(3, 0)$.

(2) 在边界 $\ell_2 : x = 3$, $0 \leqslant y \leqslant 3$ 上, 有 $f(3, y) = 9 - 120y + 48y^2$. 该函数在 $[0, 3]$ 上有驻点 $\dfrac{5}{4}$. 因此, f 在 ℓ_2 上可能的最值点为 $(3, 0)$, $\left(3, \dfrac{5}{4} \right)$ 以及 $(3, 3)$.

(3) 在边界 $\ell_3 : y = x$, $0 \leqslant x \leqslant 3$ 上, 有 $f(x, x) = 12x^3 - 81x$. 该函数在 $[0, 3]$ 上有驻点 $\dfrac{3}{2}$. 因此, f 在 ℓ_3 上可能的最值点为 $(0, 0)$, $\left(\dfrac{3}{2}, \dfrac{3}{2} \right)$ 和 $(3, 3)$.

(4) 在 f 定义域的内部, f 可能的最值点必为驻点, 它为以下方程的解:

$$
\begin{cases}
f_x(x, y) = 12x^2 - 16xy + 16y^2 - 33 = 0, \\
f_y(x, y) = -8x^2 + 32xy - 48 = 0.
\end{cases}
$$

求得 D 内的驻点有 $\left(2, \dfrac{5}{4} \right)$.

计算得到

$$f(0, 0) = 0, \quad f(3, 0) = 9, \quad f(3, 3) = 81,$$

$$f\left(\dfrac{\sqrt{11}}{2}, 0 \right) = -11\sqrt{11}, \quad f\left(3, \dfrac{5}{4} \right) = -66, \quad f\left(\dfrac{3}{2}, \dfrac{3}{2} \right) = -81, \quad f\left(2, \dfrac{5}{4} \right) = -84.$$

因此, f 在 D 上的取值范围是 $[-84, 81]$. $\qquad\square$

例 15.5.6 试求下面函数的极值:

(1) $f(x, y) = x^2 + y^3 - 3y$;   (2) $g(x, y) = (y - x^2)(y - 2x^2)$.

解 (1) 容易算出 f 的驻点: $(0, 1)$, $(0, -1)$. 又可以计算其 Hesse 矩阵:

$$
\boldsymbol{H}_f(0, 1) = \begin{pmatrix} 2 & 0 \\ 0 & 6 \end{pmatrix}, \quad \boldsymbol{H}_f(0, -1) = \begin{pmatrix} 2 & 0 \\ 0 & -6 \end{pmatrix}.
$$

故 $(0, -1)$ 不是极值点而 $(0, 1)$ 为极小值点, 极小值为 $f(0, 1) = -2$.

(2) 容易算出 $(0, 0)$ 是 g 的唯一驻点. 在每一条经过 $(0, 0)$ 的直线上, $(0, 0)$ 都是极小值点, 但它不是 g 在平面上的极值点.

注意曲面 $z = g(x, y)$ 的几何特点对进一步理解题目结论是有益的. □

例 15.5.7 求 $f(x, y) = x^2 + y^2(1 + x)^3$ 的极值.

解 容易求得 $(0, 0)$ 为 f 的唯一驻点, 且为极小值点, 但 $f(-2, 3) = -5 < f(0, 0) = 0$, 因此 $(0, 0)$ 不是最小值点. □

本例揭示了多元函数和一元函数不同之处: 一元函数的唯一极值点必为最值点.

例 15.5.8 存在有多个 (甚至无穷多个) 极大值点, 但可能无极小值点的多元函数.

解 可以考察例子 $f(x, y) = (1 + e^y) \cos x - y e^y$, 直接验证. □

例 15.5.9 设 $f \in C^2(\mathbb{R}^n)$, 如果 $\boldsymbol{H}_f \geqslant \boldsymbol{I}_n$ 总成立, 其中 $\boldsymbol{I}_n$ 为 n 阶单位方阵, 证明: f 有唯一的最小值点.

证明 根据 Taylor 公式, f 可在原点处展开为

$$f(\boldsymbol{x}) = f(\boldsymbol{0}) + \nabla f(\boldsymbol{0}) \cdot \boldsymbol{x} + \frac{1}{2} \boldsymbol{x} \boldsymbol{H}_f(\boldsymbol{\xi}) \boldsymbol{x}^{\mathrm{T}}.$$

由假设得

$$f(\boldsymbol{x}) \geqslant f(\boldsymbol{0}) + \nabla f(\boldsymbol{0}) \cdot \boldsymbol{x} + \frac{1}{2} \|\boldsymbol{x}\|^2, \quad \forall \; \boldsymbol{x} \in \mathbb{R}^n.$$

特别地, 当 $\|\boldsymbol{x}\| \to \infty$ 时, $f(\boldsymbol{x}) \to \infty$, 这说明 f 的最小值存在. 设 $\boldsymbol{x}_0$ 为最小值点. 在 $\boldsymbol{x}_0$ 处, $\nabla f(\boldsymbol{x}_0) = 0$, 且 f 的 Taylor 公式形如

$$f(\boldsymbol{x}) = f(\boldsymbol{x}_0) + \frac{1}{2}(\boldsymbol{x} - \boldsymbol{x}_0) \boldsymbol{H}_f(\boldsymbol{\zeta})(\boldsymbol{x} - \boldsymbol{x}_0)^{\mathrm{T}},$$

由已知条件得 $f(\boldsymbol{x}) \geqslant f(\boldsymbol{x}_0) + \frac{1}{2} \|\boldsymbol{x} - \boldsymbol{x}_0\|^2$, 特别地, $\boldsymbol{x}_0$ 为唯一的最小值点. □

例 15.5.10 (最小二乘法) 设 (x_i, y_i) $(i = 1, 2, \cdots, n)$ 为平面 $\mathbb{R}^2$ 上 n 个互异点, 求一条直线 $y = ax + b$, 使得 $F(a, b) = \sum\limits_{i=1}^{n}(ax_i + b - y_i)^2$ 最小.

解 $F(a, b)$ 是关于 (a, b) 的光滑函数, 其驻点必满足

$$\frac{\partial F}{\partial a} = 2 \sum_{i=1}^{n} x_i(ax_i + b - y_i) = 0,$$

$$\frac{\partial F}{\partial b} = 2 \sum_{i=1}^{n} (ax_i + b - y_i) = 0,$$

可得唯一驻点

$$a = c^{-1} \left(n \sum_{i=1}^{n} x_i y_i - \sum_{i=1}^{n} x_i \sum_{i=1}^{n} y_i \right),$$

$$b = c^{-1} \left(\sum_{i=1}^{n} x_i^2 \sum_{i=1}^{n} y_i - \sum_{i=1}^{n} x_i \sum_{i=1}^{n} x_i y_i \right),$$

其中

$$c = n \sum_{i=1}^{n} x_i^2 - \left(\sum_{i=1}^{n} x_i \right)^2 = \frac{1}{2} \sum_{i \neq j} (x_i - x_j)^2 > 0.$$

由于当 $\|(a,b)\| \to \infty$ 时 $F(a,b) \to \infty$, F 有最小值, 从而求出的唯一驻点必为最小值点. 此时, 所求直线方程可写为

$$\begin{vmatrix} x & y & 1 \\ \sum_{i=1}^{n} x_i & \sum_{i=1}^{n} y_i & n \\ \sum_{i=1}^{n} x_i^2 & \sum_{i=1}^{n} x_i y_i & \sum_{i=1}^{n} x_i \end{vmatrix} = 0. \qquad \square$$

习题 15.5

1. 利用微分作近似计算:

(1) $1.002^2 \times 2.003^2 \times 3.004^3$;   (2) $0.97^{1.05}$.

2. 设 f 为 C^k 函数, 记 $\varphi(t) = f(\boldsymbol{a} + t(\boldsymbol{x} - \boldsymbol{a}))$, 利用数学归纳法证明:

$$\varphi^{(k)}(t) = \sum_{|\boldsymbol{\alpha}| = k} \frac{k!}{\boldsymbol{\alpha}!} D^{\boldsymbol{\alpha}} f(\boldsymbol{a} + t(\boldsymbol{x} - \boldsymbol{a}))(\boldsymbol{x} - \boldsymbol{a})^{\boldsymbol{\alpha}}.$$

3. 求下列函数在指定点处的 Taylor 展开:

(1) $f(x,y) = 2x^2 - xy - y^2 - 6x - 3y + 5$, $(x,y) = (1,-2)$.

(2) $f(x,y,z) = x^3 + y^3 + z^3 - 3xyz$, $(x,y,z) = (1,1,1)$.

(3) $f(x,y) = (1+x)^m (1+y)^n$, m, n 为正整数, $(x,y) = (0,0)$.

(4) $f(x,y) = \mathrm{e}^{x+y}$, $(x,y) = (0,0)$.

4. 设函数 f 的直到 m 阶的各种偏导数都在 $\boldsymbol{a}$ 处连续, 且在 $\boldsymbol{a}$ 附近, 有

$$f(x) = \sum_{k=0}^{m} \sum_{|\boldsymbol{\alpha}| = k} c_{\boldsymbol{\alpha}} (\boldsymbol{x} - \boldsymbol{a})^{\boldsymbol{\alpha}} + o(\|\boldsymbol{x} - \boldsymbol{a}\|^m).$$

证明: $c_{\boldsymbol{\alpha}} = \frac{1}{\boldsymbol{\alpha}!} D^{\boldsymbol{\alpha}} f(\boldsymbol{a})$, $\forall |\boldsymbol{\alpha}| \leqslant m$.

5. 对下列函数作 Taylor 展开到指定项:

(1) $f(x,y) = x^y$, 在 $(1,1)$ 处展开到二次项.

(2) $f(x,y) = \dfrac{\cos x}{\cos y}$, 在 $(0,0)$ 处展开到二次项.

(3) $f(x,y) = \sin(x^2 + y^2)$, 在 $(0,0)$ 处展开到六次项.

(4) $f(x,y) = \arctan \dfrac{y}{1+x^2}$, 在 $(0,0)$ 处展开到四次项.

6. 将下列多项式在指定点处展开成 Taylor 多项式:

(1) $2x^2 - xy - y^2 - 6x - 3y + 5$ 在点 $(1, -2)$ 处.

(2) $x^3 + y^3 + z^3 - 3xyz$ 在点 $(1, 1, 1)$ 处.

7. 考察二次多项式

$$f(x, y, z) = \begin{pmatrix} x & y & z \end{pmatrix} \begin{pmatrix} A & D & F \\ D & B & E \\ F & E & C \end{pmatrix} \begin{pmatrix} x \\ y \\ z \end{pmatrix},$$

将 $f(x + \Delta x, y + \Delta y, z + \Delta z)$ 按 $\Delta x, \Delta y, \Delta z$ 的正整数幂展开.

8. 将 x^r $(r > 0)$ 在点 $(1, 1)$ 作 Taylor 展开, 写到二次项.

9. 设函数 $F(x, y)$ 在 (x_0, y_0) 的某邻域内二阶连续可微, 且

$$\frac{\partial F(x_0, y_0)}{\partial x} = 0, \quad \frac{\partial F(x_0, y_0)}{\partial y} > 0, \quad \frac{\partial^2 F(x_0, y_0)}{\partial x^2} < 0.$$

设 $y = y(x)$ 是由 $F(x, y) = 0$ 确定的函数. 试讨论上述条件下 $y = y(x)$ 在 x_0 处的极值性.

10. 设 f 为凸域 D 中的可微函数. 证明: f 为凸函数当且仅当

$$(\nabla f(\boldsymbol{x}) - \nabla f(\boldsymbol{y})) \cdot (\boldsymbol{x} - \boldsymbol{y}) \geqslant 0, \quad \forall \boldsymbol{x}, \boldsymbol{y} \in D.$$

11. 求下列函数的驻点, 并判断是否为极值点, 是什么类型的极值点:

(1) $f(x, y) = y^2(\sin x - x/2)$;　　　(2) $f(x, y) = \cos(x + y) + \sin(x - y)$;

(3) $f(x, y) = y^x$;　　　(4) $f(x, y) = x/y - xy$;

(5) $f(x, y) = (x^2 + y^2)\mathrm{e}^{-x^2 - y^2}$;　　　(6) $f(x, y) = y\mathrm{e}^{-x^2}$.

12. 求下列函数的极值:

(1) $f(x, y) = 4(x - y) - x^2 - y^2$;　　　(2) $f(x, y) = x^2 + (y - 1)^2$;

(3) $f(x, y) = x^2 + xy + y^2 + x - y + 1$;　　(4) $f(x, y) = x^3 + y^3 - 3xy$.

13. 设 $f(x, y) = 4x^2y - x^4 - 2y^2$, 证明 $(0, 0)$ 是鞍点. 但点 $(0, 0)$ 是一元函数 $g(t) = f(t\cos\theta, t\sin\theta)$ 的极大值点.

14. 设 $D \subseteq \mathbb{R}^n$ 为区域, $f \in C^2(D)$. 如果 $\Delta f \geqslant 0$, 证明: f 在 D 内无极大值点, 除非 f 为常值函数.

15. 设 $\boldsymbol{x}^1, \cdots, \boldsymbol{x}^k$ 为 $\mathbb{R}^n$ 中的有限个点. 记 $\varphi(\boldsymbol{x}) = \sum\limits_{i=1}^k \|\boldsymbol{x} - \boldsymbol{x}^i\|$, $\psi(\boldsymbol{x}) = \sum\limits_{i=1}^k \|\boldsymbol{x} - \boldsymbol{x}^i\|^2$. 证明 φ, ψ 为凸函数, 并求 ψ 的最小值点.

16. 求函数 $f(x, y) = xy\sqrt{1 - \dfrac{x^2}{a^2} - \dfrac{y^2}{b^2}}$ $(a > 0, b > 0)$ 的极值.

17. 设函数 $z(x, y)$ 是有界闭区域 D 上的连续函数, 在 D 内部偏导数存在, 在 D 的边界上其值为 0, 在 D 的内部满足 $z_x + z_y = f(z)$, 其中 f 是一个严格单调函数, $f(0) = 0$. 证明: $z(x, y) \equiv 0$ $((x, y) \in D)$.

18. 设 $z = f(x, y)$ 是定义在整个平面上的光滑函数, 对每一个 α, 定义一元函数 $g_\alpha(t) = f(t\cos\alpha, t\sin\alpha)$. 若对任何的 α, 有 $\dfrac{\mathrm{d}g_\alpha(0)}{\mathrm{d}t} = 0$, $\dfrac{\mathrm{d}^2 g_\alpha(0)}{\mathrm{d}t^2} > 0$. 证明: 点 $(0, 0)$ 是 $f(x, y)$ 的极小值点.

19. 设 $z = f(x, y)$ 是定义在整个平面上的光滑函数, 对每一个 α, 定义一元函数 $g_\alpha(t) = f(t\cos\alpha, t\sin\alpha)$. 若对任何的 α, 函数 $g_\alpha(x)$ 在 $x = 0$ 处都取到极小值. 问: 点 $(0, 0)$ 一定是 $f(x, y)$ 的极小值点吗?

20. 证明: (1) 定义在凸域上的多元凸函数一定是连续函数.

(2) 凸函数的局部极小必为整体极小. 即: 如果 $f(\boldsymbol{x})$ 是开区域 $D \subseteq \mathbb{R}^n$ 上的凸函数, $P_0 \in D$ 是 $f(\boldsymbol{x})$ 的极小值点, 那么它也是 $f(\boldsymbol{x})$ 在 D 上的最小值点.

21. 设点 $\boldsymbol{a} = (a_1, a_2, \cdots, a_n)$ 是多元函数 $y = f(x_1, x_2, \cdots, x_n)$ 的极大值点, 且在点 $\boldsymbol{a}$ 处二阶偏导数 $f_{x_i x_i}$, $i = 1, 2, \cdots, n$ 都存在. 证明:

$$\Delta f(a_1, a_2, \cdots, a_n) = \sum_{i=1}^n \frac{\partial^2 f}{\partial x_i^2}(a_1, a_2, \cdots, a_n) \leqslant 0.$$

22. 设 $f(x, y, z)$ 是 C^2 的 n 次齐次函数, 证明:

$$\left(x\frac{\partial}{\partial x} + y\frac{\partial}{\partial y} + z\frac{\partial}{\partial z} \right)^n f(x, y, z) = n! f(x, y, z).$$

23. 设有界区域 $D \subset \mathbb{R}^n$ 有光滑边界, 如果 $f(\boldsymbol{x})$ 是 $\overline{D}$ 上的 C^2 函数, 满足 $\Delta f(\boldsymbol{x}) > 0$, 证明: $f(\boldsymbol{x})$ 不可能在 D 的内部达到最大值.

24. 设 $D \subset \mathbb{R}^n$ 是有界闭区域, $u = u(\boldsymbol{x})$ 是 D 内的 C^2 函数, 满足

$$\Delta u + cu = 0, \quad \text{其中} c < 0 \text{为常数}.$$

证明: u 在 D 上的正的最大值 (负的最小值) 不可能在 D 的内部达到. 而且, 如果 u 在 D 上连续, 在 D 的边界 ∂D 上为零, 则 u 在 D 上恒为零.

15.6 隐函数存在定理

本节考虑由方程 $F(\boldsymbol{x}, \boldsymbol{y}) = 0$ 确定的隐函数 $\boldsymbol{y} = \boldsymbol{y}(\boldsymbol{x})$ 的存在性问题以及相应的分析性质. 主要包括三个基本定理, 隐函数存在定理、隐函数方程组存在定理 (隐映射定理), 逆映射存在定理 (逆映射定理). 三者紧密相关, 在数学分析中都具有极其重要的地位和理论意义, 同时在相关分支中, 有着广泛的应用.

1. 单个方程的情形

首先, 我们讨论单个方程时隐函数存在的充分条件. 为此, 我们先 "掩耳盗铃" 一下, 分析下面这个夸张的例子:

考虑隐函数 $F(x,y) = ax + by + c = 0$, 问何时可由此方程确定出 y 是 x 的函数关系 $y = y(x)$? 即, 在 $F = 0$ 限定条件下, 在使得 F 有意义的范围内, 任给一个 x, 都能断定存在唯一的一个 y 使得 $F = 0$ 成立.

对于这个具体问题, 答案是显而易见的. 即, 如果 $b \neq 0$, 则可以唯一确定一个函数关系 $y = y(x)$. 而且, 至于 x 是一元变量还是多元变量, 都丝毫不影响 y 是 x 的函数关系. 那么 $b \neq 0$ 这个条件, 在稍微更一般的表达式 $F(x,y) = 0$ 中, 又是如何表现的呢? 事实上, 稍微分析一下可解的本质, 即可发现, 当 x 做微小改变时, 要使得 y 以函数关系依赖于 x, 必须导致 y 也产生变动. 把这个表现抽取出来, 即为 $F_y(x,y) \neq 0$.

定理 15.6.1 (隐函数存在定理)　设 $\Omega \subseteq \mathbb{R}^n$ 为区域, F 是定义在 $\Omega \times (a,b)$ 上的 C^1 函数, 设 $\boldsymbol{x}_0 \in \Omega, y_0 \in (a,b)$, 满足

(1) $F(\boldsymbol{x}_0, y_0) = 0$.

(2) $F_y(\boldsymbol{x}_0, y_0) \neq 0$.

则存在 $\delta > 0$ 以及 $\eta > 0$, 使得对任何 $\boldsymbol{x} \in B_\delta(\boldsymbol{x}_0)$, 存在唯一的 $y = \varphi(\boldsymbol{x}) \in (y_0 - \eta, y_0 + \eta)$ 使得

$$F(\boldsymbol{x}, \varphi(\boldsymbol{x})) \equiv 0.$$

进一步, $\varphi(\boldsymbol{x})$ 在 $B_\delta(\boldsymbol{x}_0)$ 内连续可微, 且

$$\varphi_{\boldsymbol{x}}(\boldsymbol{x}) = -\frac{F_{\boldsymbol{x}}(\boldsymbol{x}, \varphi(\boldsymbol{x}))}{F_y(\boldsymbol{x}, \varphi(\boldsymbol{x}))}, \quad \forall \boldsymbol{x} \in B_\delta(\boldsymbol{x}_0). \tag{15.6.1}$$

注意, 定理中的符号 $\varphi_{\boldsymbol{x}}(\boldsymbol{x})$ 和 $F_{\boldsymbol{x}}(\boldsymbol{x}, \varphi(\boldsymbol{x}))$ 的含义是指偏导数对应的分量相等. 用分量表示则为:

设 $F(\boldsymbol{x}, y) = F(x_1, x_2, \cdots, x_n, y)$, $y = \varphi(\boldsymbol{x}) = \varphi(x_1, x_2, \cdots, x_n)$. 关系式 (15.6.1) 等价于

$$\frac{\partial y}{\partial x_i} = \varphi_{x_i}(\boldsymbol{x}) = -\frac{F_{x_i}(\boldsymbol{x}, \varphi(\boldsymbol{x}))}{F_y(\boldsymbol{x}, \varphi(\boldsymbol{x}))}, \quad i = 1, 2, \cdots, n, \ \forall \boldsymbol{x} \in B_\delta(\boldsymbol{x}_0).$$

证明　不妨设 $\gamma \equiv F_y(\boldsymbol{x}_0, y_0) > 0$. 由 F_y 的连续性, 存在 $\delta_0 > 0, \eta > 0$ 使得

$$F_y(\boldsymbol{x}, y) > \frac{\gamma}{2} > 0, \quad \forall (\boldsymbol{x}, y) \in B_{\delta_0}(\boldsymbol{x}_0) \times [y_0 - \eta, y_0 + \eta]. \tag{15.6.2}$$

因此, $F(\boldsymbol{x}_0, y_0 + \eta) > F(\boldsymbol{x}_0, y_0) = 0 > F(\boldsymbol{x}_0, y_0 - \eta)$. 进一步, 由 F 的连续性, 存在 $\delta \in (0, \delta_0)$ 使得

$$F(\boldsymbol{x}, y_0 + \eta) > 0 > F(\boldsymbol{x}, y_0 - \eta), \quad \forall \boldsymbol{x} \in B_\delta(\boldsymbol{x}_0). \tag{15.6.3}$$

对于固定的 $\boldsymbol{x} \in B_\delta(\boldsymbol{x}_0)$, 由介值定理, 并注意到 $F(\boldsymbol{x}, y)$ 关于 y 在 $[y_0 - \eta, y_0 + \eta]$ 上严格单增, 我们知有唯一的 $\varphi(\boldsymbol{x}) \in (y_0 - \eta, y_0 + \eta)$ 满足 $F(\boldsymbol{x}, \varphi(\boldsymbol{x})) = 0$. 进一步, 对于 $\boldsymbol{x}_1, \boldsymbol{x}_2 \in B_\delta(\boldsymbol{x}_0)$, 由 (15.6.2) 式, 我们有

$$
\begin{aligned}
\frac{\gamma}{2}|\varphi(\boldsymbol{x}_1) - \varphi(\boldsymbol{x}_2)| &\leqslant \left|F(\boldsymbol{x}_1, \varphi(\boldsymbol{x}_1)) - F(\boldsymbol{x}_1, \varphi(\boldsymbol{x}_2))\right| \\
&= \left|F(\boldsymbol{x}_2, \varphi(\boldsymbol{x}_2)) - F(\boldsymbol{x}_1, \varphi(\boldsymbol{x}_2))\right|.
\end{aligned} \tag{15.6.4}
$$

从而由 F 的连续性即得 φ 在 $\boldsymbol{x} \in B_\delta(\boldsymbol{x}_0)$ 内连续. 另一方面, 固定 $\boldsymbol{x} \in B_\delta(\boldsymbol{x}_0)$, 当 $0 < |\Delta\boldsymbol{x}| < \delta - |\boldsymbol{x} - \boldsymbol{x}_0|$ 时, 由微分中值定理, 存在 $\theta \equiv \theta_{\boldsymbol{x}, \Delta\boldsymbol{x}} \in (0, 1)$ 使得

$$
\begin{aligned}
0 &= F(\boldsymbol{x} + \Delta\boldsymbol{x}, \varphi(\boldsymbol{x} + \Delta\boldsymbol{x})) - F(\boldsymbol{x}, \varphi(\boldsymbol{x})) \\
&= F_{\boldsymbol{x}}(\boldsymbol{x} + \theta\Delta\boldsymbol{x}, \varphi(\boldsymbol{x}) + \theta\Delta y)\Delta\boldsymbol{x} + F_y(\boldsymbol{x} + \theta\Delta\boldsymbol{x}, \varphi(\boldsymbol{x}) + \theta\Delta y)\Delta y,
\end{aligned} \tag{15.6.5}
$$

其中 $\Delta y := \varphi(\boldsymbol{x} + \Delta\boldsymbol{x}) - \varphi(\boldsymbol{x})$. 因此,

$$
\begin{aligned}
\varphi(\boldsymbol{x} + \Delta\boldsymbol{x}) - \varphi(\boldsymbol{x}) &= -\frac{F_{\boldsymbol{x}}(\boldsymbol{x} + \theta\Delta\boldsymbol{x}, \varphi(\boldsymbol{x}) + \theta\Delta y)}{F_y(\boldsymbol{x} + \theta\Delta\boldsymbol{x}, \varphi(\boldsymbol{x}) + \theta\Delta y)}\Delta\boldsymbol{x} \\
&= -\frac{F_{\boldsymbol{x}}(\boldsymbol{x}, \varphi(\boldsymbol{x}))}{F_y(\boldsymbol{x}, \varphi(\boldsymbol{x}))}\Delta\boldsymbol{x} + r(\boldsymbol{x}, \Delta\boldsymbol{x}),
\end{aligned} \tag{15.6.6}
$$

其中

$$
\lim_{\Delta\boldsymbol{x} \to 0} \frac{|r(\boldsymbol{x}, \Delta\boldsymbol{x})|}{|\Delta\boldsymbol{x}|} = \lim_{\Delta\boldsymbol{x} \to 0} \frac{1}{|\Delta\boldsymbol{x}|} \left|\left(\frac{F_{\boldsymbol{x}}(\boldsymbol{x} + \theta\Delta\boldsymbol{x}, \varphi(\boldsymbol{x}) + \theta\Delta y)}{F_y(\boldsymbol{x} + \theta\Delta\boldsymbol{x}, \varphi(\boldsymbol{x}) + \theta\Delta y)} - \frac{F_{\boldsymbol{x}}(\boldsymbol{x}, \varphi(\boldsymbol{x}))}{F_y(\boldsymbol{x}, \varphi(\boldsymbol{x}))}\right)\Delta\boldsymbol{x}\right| = 0. \tag{15.6.7}
$$

故 φ 在 $B_\delta(\boldsymbol{x}_0)$ 内连续可微且 (15.6.1) 式成立. $\qquad\square$

注 15.6.1　定理的结果表明方程 $F(\boldsymbol{x}, y) = 0$ 在 $(\boldsymbol{x}_0, y_0)$ 附近确定 (唯一的) 一个隐函数 $y = \varphi(\boldsymbol{x})$. 需要强调这里的唯一性是指 $\varphi(\boldsymbol{x})$ 的取值是限制在 y_0 的一个邻域内的. 在更大的范围内, 唯一性自然不一定成立. 因此, 我们不能说方程 $F(\boldsymbol{x}, y) = 0$ 在 $\boldsymbol{x}_0$ 附近唯一地确定了一个隐函数.

例如, 对于方程 $F(x, y) \equiv x^2 + y^2 - 1 = 0$, 以及 $(x_0, y_0) = \left(\dfrac{\sqrt{2}}{2}, \dfrac{\sqrt{2}}{2}\right)$, 可得 $F(x_0, y_0) = 0$ 以及 $F_y(x_0, y_0) \neq 0$. 该方程在 (x_0, y_0) 附近, $x \in (x_0 - \delta, x_0 + \delta)$, 确定一个隐函数 $y(x) = \sqrt{1 - x^2}$. 而方程 $F = 0$ 本身对应于 $x \in (x_0 - \delta, x_0 + \delta)$ 的解并不唯一: $y(x) = \pm\sqrt{1 - x^2}$. 所以如果考虑 (x_0, y_0) 附近的函数关系, 则把 $y(x) = -\sqrt{1 - x^2}$ 排除在外了.

注 15.6.2　当 F 的光滑性不同时, 定理有多种不同的版本. 粗略说来, 如果定理中 F 是 C^k 光滑函数 $(k = 1, 2, \cdots, \infty)$, 那么定理中的 $\varphi(\boldsymbol{x})$ 也将是 C^k 光滑的.

另外, 从定理的证明可以看出, 如果仅要求函数 $y = \varphi(\boldsymbol{x})$ 的 (局部) 存在性, 而不关心 $\varphi(\boldsymbol{x})$ 的导数的话, 那么在其他条件不变的情况下, 条件 F: $\Omega \times (a, b) \to \mathbb{R}$ 是 $C^1(\Omega \times (a, b))$ 函数, 可以不要求 $F_{\boldsymbol{x}}(\boldsymbol{x}, y)$ 连续, 甚至可以不存在.

进一步, 定理还可以有相应的 C^0 版本. 即, 如果定理中 F 是 C^0 连续函数, 而且关于 y 严格单调, 则 $\varphi(\boldsymbol{x})$ 存在且也是连续的. 这里关于 y 严格单调的假设起到 C^1 框架下 $F_y \neq 0$ 的作用.

定理中的条件 $F_y(\boldsymbol{x}_0, y_0) \neq 0$ 是充分而非必要的. 例如, 考虑隐函数 $F(x, y) = y^3 - x^3 = 0$ 在点 $(x_0, y_0) = (0, 0)$ 附近, 我们一方面有 $F_y(0, 0) = 0$, 但另一方面, 方程显然可以确定唯一的函数关系 $y = x$.

例 15.6.1　设 $x = x(y, z)$, $y = y(x, z)$, $z = z(x, y)$ 都是由 $F(x, y, z) = 0$ 确定的隐函数, 假设它们具有连续的偏导数, 试证明:

$$\frac{\partial x}{\partial y}\frac{\partial y}{\partial z}\frac{\partial z}{\partial x} = -1, \qquad \frac{\partial x}{\partial y}\frac{\partial x}{\partial z}\frac{\partial y}{\partial x}\frac{\partial y}{\partial z}\frac{\partial z}{\partial x}\frac{\partial z}{\partial y} = 1.$$

证明　由隐函数存在定理, 得

$$\frac{\partial x}{\partial y} = -\frac{F_y}{F_x}, \quad \frac{\partial y}{\partial z} = -\frac{F_z}{F_y}, \quad \frac{\partial z}{\partial x} = -\frac{F_x}{F_z},$$

代入即可. 同理可证第二个关系式.　□

例 15.6.2　考虑 Kepler 方程

$$y - x - \varepsilon \sin y = 0, \quad 0 < \varepsilon < 1,$$

确定的隐函数 $y = f(x)$, 求 $f'(x)$.

解　把 y 视为 x 的函数 $y = f(x)$, 即 $f(x) - x - \varepsilon \sin f(x) \equiv 0$. 方程两端对 x 求导数, 得

$$f'(x)(1 - \varepsilon \cos f(x)) - 1 = 0.$$

即

$$f'(x) = \frac{1}{1 - \varepsilon \cos f(x)}.$$
　□

2. 方程组的情形

上面对单个方程的隐函数讨论可以推广到多个方程, 即方程组的情况, 或者说向量值函数 (即映射) 的情况. 为了更深刻理解更一般的情况, 我们以线性代数中的方程组为例来说明其基本思想.

考虑由两个方程组成的方程组的求解问题:

$$\begin{cases} F(x,u,v) = 0, \\ G(x,u,v) = 0. \end{cases}$$

对比前面讨论的单个方程的情形, 如果我们希望由 $F(x,y) = 0$ 解出 y 关于 x 的函数, 则是通过假设 $F_y(x,y) \neq 0$ 来保证的. 现在在多个方程时, $F_y(x,y) \neq 0$ 的表现形式如何?

为此, 我们仍然返回到更简单的情况: 设

$$\begin{cases} F(x,u,v) = f_x x + a_u u + a_v v, \\ G(x,u,v) = g_x x + b_u u + b_v v, \end{cases}$$

其中 $a_u, a_v, b_u, b_v, f_x, g_x$ 均为常数. 此时我们的问题无异于求解方程组

$$\begin{cases} a_u u + a_v v = -f_x x, \\ b_u u + b_v v = -g_x x. \end{cases}$$

由线性代数的理论知, 这个方程组有唯一解的充要条件是其系数行列式

$$\begin{vmatrix} a_u & a_v \\ b_u & b_v \end{vmatrix} = a_u b_v - a_v b_u \neq 0.$$

注意到

$$F_u = a_u, \quad F_v = a_v, \quad G_u = b_u, \quad G_v = b_v.$$

因此我们猜测对于一般的 F 和 G, 条件

$$\begin{vmatrix} F_u & F_v \\ G_u & G_v \end{vmatrix} \neq 0$$

可以保证隐函数方程组的可解性. 自然, 由于是非线性情况, 这里的可解很有可能是局部的. 另外, 我们也看出, 这里的 x 是一元变量还是多元变量, 丝毫不影响 u,v 的可解性. 换句话说, 这里的关键是上面行列式的非零性.

给定可微函数 $F(x,y), G(x,y)$, 我们称行列式

$$\begin{vmatrix} F_u & F_v \\ G_u & G_v \end{vmatrix}$$

为 F, G 的 **Jacobi 行列式**, 记作

$$J = \frac{\partial(F,G)}{\partial(u,v)} = \begin{vmatrix} F_u & F_v \\ G_u & G_v \end{vmatrix}.$$

更一般地, n 个可微函数 $F_i(x_1, x_2, \cdots, x_n)$, $i = 1, 2, \cdots, n$ 的 Jacobi 行列式是一个 $n \times n$ 矩阵给出的行列式, 定义为

$$J = \frac{\partial(F_1, F_2, \cdots, F_n)}{\partial(x_1, x_2, \cdots, x_n)} = \det\left(\frac{\partial F_i}{\partial x_j}\right).$$

我们有下面的定理:

定理 15.6.2 (隐映射定理)　设 $W \subseteq \mathbb{R}^n \times \mathbb{R}^m$ 为开集, W 中的点用 $(\boldsymbol{x}, \boldsymbol{y})$ 表示, 其中 $\boldsymbol{x} = (x_1, x_2, \cdots, x_n)$, $\boldsymbol{y} = (y_1, y_2, \cdots, y_m)$. 设

$$\boldsymbol{F}(\boldsymbol{x}, \boldsymbol{y}) = (F_1(\boldsymbol{x}, \boldsymbol{y}),\ F_2(\boldsymbol{x}, \boldsymbol{y}),\ \cdots,\ F_m(\boldsymbol{x}, \boldsymbol{y}))$$

是 W 到 $\mathbb{R}^m$ 的 C^1 映射, $(\boldsymbol{x}_0, \boldsymbol{y}_0) \in W$, 满足

(i) $\boldsymbol{F}(\boldsymbol{x}_0, \boldsymbol{y}_0) = \boldsymbol{0}$.

(ii) $\det J_{\boldsymbol{y}} \boldsymbol{F}(\boldsymbol{x}_0, \boldsymbol{y}_0) \neq 0$, 其中 $J_{\boldsymbol{y}} \boldsymbol{F}(\boldsymbol{x}, \boldsymbol{y}) = \left(\dfrac{\partial F_i}{\partial y_j}(\boldsymbol{x}, \boldsymbol{y})\right)_{m \times m}$.

则存在 $\boldsymbol{x}_0$ 的开邻域 $V \subseteq \mathbb{R}^n$ 以及唯一的 C^1 映射 $\psi: V \to \mathbb{R}^m$, 使得

(1)　$\boldsymbol{y}_0 = \psi(\boldsymbol{x}_0)$, $\boldsymbol{F}(\boldsymbol{x}, \psi(\boldsymbol{x})) = \boldsymbol{F}(\boldsymbol{x}_0, \boldsymbol{y}_0)$, $\forall \boldsymbol{x} \in V$.

(2)　$J\psi(\boldsymbol{x}) = -\left(J_{\boldsymbol{y}} \boldsymbol{F}(\boldsymbol{x}, \psi(\boldsymbol{x}))\right)^{-1} J_{\boldsymbol{x}} \boldsymbol{F}(\boldsymbol{x}, \psi(\boldsymbol{x}))$, 其中 $J_{\boldsymbol{x}} \boldsymbol{F}(\boldsymbol{x}, \boldsymbol{y}) = \left(\dfrac{\partial F_i}{\partial x_j}(\boldsymbol{x}, \boldsymbol{y})\right)_{m \times n}$.

类似于隐函数存在定理, 隐映射定理同样也有 C^k 版本, $k = 1, 2, \cdots, \infty$. 即, 如果 $\boldsymbol{F}(\boldsymbol{x}, \boldsymbol{y}) \in C^k$, 则定理中的映射 $\psi: V \to \mathbb{R}^m$ 也是 C^k 的.

隐映射定理的证明有多种方法, 常见的有: 对空间维数 m 用数学归纳法, 讨论函数 $\|\boldsymbol{F}\|$ 的极值法、不动点法, 以及先证明逆映射定理然后应用逆映射定理的方法. 我们采用数学归纳法证明, 其特点是相对而言较为初等和直接.

证明　我们对 m 作归纳证明. 事实上, 整个证明的核心思想将在 $m = 2$ 时充分体现, 所以 $m = 2$ 的证明是最本质的. 至于 $m \geqslant 3$ 的证明则仅仅是形式上的复杂和重复. 因此我们只给出 $m = 2$ 的证明.

注意 $m = 2$ 时, 有 $\boldsymbol{y} = (y_1, y_2)$. 记 $\boldsymbol{y}_0 = (y_1^0, y_2^0)$. 由于

$$\left.\frac{\partial(F_1, F_2)}{\partial(y_1, y_2)}\right|_{(\boldsymbol{x}_0, \boldsymbol{y}_0)} \neq 0.$$

不妨假设 $\dfrac{\partial F_2}{\partial y_2}(\boldsymbol{x}_0, \boldsymbol{y}_0) \neq 0$. 由单个方程的隐函数存在定理知, $\exists \delta_1 > 0$, 方程

$$F_2(\boldsymbol{x}, y_1, y_2) = 0$$

在 $B_{\delta_1}(\boldsymbol{x}_0) \times (y_1^0 - \delta_1, y_1^0 + \delta_1)$ 内唯一确定一个函数

$$y_2 = g(\boldsymbol{x}, y_1),$$

使得满足

$$\boldsymbol{F}(\boldsymbol{x}, y_1, g(\boldsymbol{x}, y_1)) = 0, \qquad y_2^0 = g(\boldsymbol{x}_0, y_1^0)$$

且 $g(\boldsymbol{x}, y_1)$ 在该邻域内具有连续偏导数. 将 $y_2 = g(\boldsymbol{x}, y_1)$ 代入

$$F_1(\boldsymbol{x}, y_1, y_2) = 0,$$

得到一个关于 $(\boldsymbol{x}, y_1)$ 的方程

$$H(\boldsymbol{x}, y_1) = F_1(\boldsymbol{x}, y_1, g(\boldsymbol{x}, y_1)) = 0.$$

由于

$$\frac{\partial H}{\partial y_1} = \frac{\partial F_1}{\partial y_1} + \frac{\partial F_1}{\partial y_2} \cdot \frac{\partial g(\boldsymbol{x}, y_1)}{\partial y_1} = \frac{\partial F_1}{\partial y_1} + \frac{\partial F_1}{\partial y_2} \cdot \left(-\frac{\partial F_2}{\partial y_1} \bigg/ \frac{\partial F_2}{\partial y_2}\right)$$
$$= \frac{\partial(F_1, F_2)}{\partial(y_1, y_2)} \cdot \left(\frac{\partial F_2}{\partial y_2}\right)^{-1}.$$

故有

$$\frac{\partial H(\boldsymbol{x}_0, y_1^0)}{\partial y_1} = \frac{\partial(F_1, F_2)}{\partial(y_1, y_2)} \cdot \left(\frac{\partial F_2}{\partial y_2}\right)^{-1} \bigg|_{(\boldsymbol{x}_0, \boldsymbol{y}_0)} \neq 0.$$

因此 $\exists \delta_0, 0 < \delta_0 < \delta_1$, 使得 $H(\boldsymbol{x}, y_1) = 0$ 在 $B_{\delta_0}(\boldsymbol{x}_0)$ 内唯一确定一个函数 $y_1 = f_1(\boldsymbol{x})$ 满足 $y_1^0 = f_1(\boldsymbol{x}_0)$ 且

$$F_1\big(\boldsymbol{x}, f_1(\boldsymbol{x}), g(\boldsymbol{x}, f_1(\boldsymbol{x}))\big) = 0.$$

记

$$y_1 = f_1(\boldsymbol{x}), \qquad y_2 = f_2(\boldsymbol{x}) = g(\boldsymbol{x}, f_1(\boldsymbol{x})),$$

则在 $B_{\delta_0}(\boldsymbol{x}_0)$ 内, 成立

$$\begin{cases} F_1\big(\boldsymbol{x}, f_1(\boldsymbol{x}), f_2(\boldsymbol{x})\big) = 0, \\ F_2\big(\boldsymbol{x}, f_1(\boldsymbol{x}), f_2(\boldsymbol{x})\big) = 0, \end{cases}$$

且 $\boldsymbol{y}_0 = (f_1(\boldsymbol{x}_0), f_2(\boldsymbol{x}_0))$. 再由 $\boldsymbol{F}(\boldsymbol{x}, \boldsymbol{y})$ 具有连续的偏导数, 可得 $f_1(\boldsymbol{x}), f_2(\boldsymbol{x})$ 在 $B_{\delta_0}(\boldsymbol{x}_0)$ 内具有连续的偏导数.

利用复合函数求导法则, 可得

$$\begin{cases} \dfrac{\partial F_1}{\partial x_i} + \dfrac{\partial F_1}{\partial y_1}\dfrac{\partial f_1}{\partial x_i} + \dfrac{\partial F_1}{\partial y_2}\dfrac{\partial f_2}{\partial x_i} = 0, \\[3mm] \dfrac{\partial F_2}{\partial x_i} + \dfrac{\partial F_2}{\partial y_1}\dfrac{\partial f_1}{\partial x_i} + \dfrac{\partial F_2}{\partial y_2}\dfrac{\partial f_2}{\partial x_i} = 0, \end{cases}$$

写成向量形式, 有

$$\begin{pmatrix} \dfrac{\partial f_1}{\partial x_1} & \dfrac{\partial f_1}{\partial x_2} & \cdots & \dfrac{\partial f_1}{\partial x_n} \\[3mm] \dfrac{\partial f_2}{\partial x_1} & \dfrac{\partial f_2}{\partial x_2} & \cdots & \dfrac{\partial f_2}{\partial x_n} \end{pmatrix}\Bigg|_{\boldsymbol{x}} = -\begin{pmatrix} \dfrac{\partial F_1}{\partial y_1} & \dfrac{\partial F_1}{\partial y_2} \\[3mm] \dfrac{\partial F_2}{\partial y_1} & \dfrac{\partial F_2}{\partial y_2} \end{pmatrix}^{-1}\Bigg|_{(\boldsymbol{x}, \boldsymbol{y})} \begin{pmatrix} \dfrac{\partial F_1}{\partial x_1} & \dfrac{\partial F_1}{\partial x_2} & \cdots & \dfrac{\partial F_1}{\partial x_n} \\[3mm] \dfrac{\partial F_2}{\partial x_1} & \dfrac{\partial F_2}{\partial x_2} & \cdots & \dfrac{\partial F_2}{\partial x_n} \end{pmatrix}\Bigg|_{\boldsymbol{x}}.$$

下面证明隐函数解的唯一性. 假设不然, 由 $\boldsymbol{F}(\boldsymbol{x}, \boldsymbol{y}) = \boldsymbol{0}$ 在 $B_{\delta_0}(\boldsymbol{x}_0)$ 内还有另外一组方程

$$y_1 = \tilde{f}_1(\boldsymbol{x}), \qquad y_2 = \tilde{f}_2(\boldsymbol{x})$$

也满足定理要求和结论, 则有 f_i 和 $\tilde{f}_i$ $(i = 1, 2)$ 有相同的偏导数. 从而它们的差 $f_i - \tilde{f}_i$ 必为常数, 易知此常数必为零. 因此可得 $f_i = \tilde{f}_i$. $\qquad \square$

例 15.6.3 设 $x^2 + 2y^2 + 3z^2 + xy - z - 9 = 0$, 求 $x = 1$, $y = -2$, $z = 1$ 时 $\dfrac{\partial z}{\partial x}$, $\dfrac{\partial z}{\partial y}$, $\dfrac{\partial^2 z}{\partial y \partial x}$ 的值.

解 令 $F(x, y, z) = x^2 + 2y^2 + 3z^2 + xy - z - 9$, 则

$$F(1, -2, 1) = 0, \quad F_z(1, -2, 1) = (6z - 1)|_{z=1} = 5 \neq 0,$$

故 z 可局部地表示为 x, y 的函数, 记为 $z = z(x, y)$. 由隐映射定理, 在 $(1, -2, 1)$ 处, 有

$$(z_x, z_y) = -F_z^{-1} \cdot (F_x, F_y)$$

$$= -\frac{1}{5}(2x + y, 4y + x)\Big|_{(x,y,z)=(1,-2,1)} = \left(0, \frac{7}{5}\right).$$

又因为

$$z_y = -F_z^{-1} \cdot F_y = -\frac{1}{6z - 1}(4y + x),$$

所以

$$\frac{\partial^2 z}{\partial y \partial x} = \frac{6}{(6z - 1)^2} \cdot z_x(4y + x) - \frac{1}{6z - 1},$$

从而 $\dfrac{\partial^2 z}{\partial y \partial x}(1, -2, 1) = -\dfrac{1}{5}$. $\qquad \square$

3. 逆映射定理

回忆一下: 对于一元函数, 如果它可微且导数处处非零, 则该函数可逆且其逆仍可微. 下面我们考虑多元向量值函数类似的问题.

例 15.6.4 设 $\boldsymbol{A}$ 为 n 阶方阵, 如果 $\|\boldsymbol{A}\| < 1$, 则 $\boldsymbol{I}_n - \boldsymbol{A}$ 可逆.

事实上, 设 $\boldsymbol{u} \in \mathbb{R}^n$, 如果 $(\boldsymbol{I}_n - \boldsymbol{A})\boldsymbol{u} = \boldsymbol{0}$, 则 $\|\boldsymbol{u}\| = \|\boldsymbol{A}\boldsymbol{u}\| \leqslant \|\boldsymbol{A}\| \cdot \|\boldsymbol{u}\|$, 由 $\|\boldsymbol{A}\| < 1$ 可知 $\boldsymbol{u} = \boldsymbol{0}$. 根据线性代数可知 $\boldsymbol{I}_n - \boldsymbol{A}$ 可逆.

我们也可从分析学观点来看. 给定 $\boldsymbol{v} \in \mathbb{R}^n$, 我们解方程

$$(\boldsymbol{I}_n - \boldsymbol{A})\boldsymbol{x} = \boldsymbol{v}, \quad \text{即} \quad \boldsymbol{x} = \boldsymbol{A}\boldsymbol{x} + \boldsymbol{v}.$$

考虑映射 $\varphi(\boldsymbol{x}) = \boldsymbol{A}\boldsymbol{x} + \boldsymbol{v}$, 当 $\boldsymbol{x}, \boldsymbol{y} \in \mathbb{R}^n$ 时

$$\|\varphi(\boldsymbol{x}) - \varphi(\boldsymbol{y})\| = \|\boldsymbol{A}(\boldsymbol{x} - \boldsymbol{y})\| \leqslant \|\boldsymbol{A}\| \cdot \|\boldsymbol{x} - \boldsymbol{y}\|,$$

这说明 φ 是 $\mathbb{R}^n$ 到自身的压缩映射. 根据压缩映射原理, φ 有唯一的不动点, 即 $I_n - A$ 可逆.

这个例子意味着, 恒同映射这样一个可逆映射作一个小的扰动以后仍然为可逆映射. 一般地, 任何可逆线性映射在微扰下仍为可逆映射. 对于向量值函数来说, 要知道它在某一点附近是否可逆, 只要在这一点将它线性化, 看看其微分是否可逆. 这里我们需要对函数加一定的可微性条件. 回顾一下, 一个向量值函数称为 C^k 的是指它的每一个分量都是 C^k 函数. 下面的重要结果也称为向量值函数的反函数定理.

定理 15.6.3 (逆映射定理) 设 $D \subseteq \mathbb{R}^n$ 为开集, $\boldsymbol{f} : D \to \mathbb{R}^n$ 为 $C^k (k \geqslant 1)$ 映射, $\boldsymbol{x}_0 \in D$. 如果 $\det J\boldsymbol{f}(\boldsymbol{x}_0) \neq 0$, 则存在 $\boldsymbol{x}_0$ 的开邻域 $U \subseteq D$ 以及 $\boldsymbol{y}_0 = \boldsymbol{f}(\boldsymbol{x}_0)$ 的开邻域 $V \subseteq \mathbb{R}^n$, 使得 $\boldsymbol{f}|_U : U \to V$ 是可逆映射, 且其逆映射 $\boldsymbol{h} : V \to U$, $\boldsymbol{h}(\boldsymbol{y}) = \boldsymbol{x}$ 也是 C^k 的, 并且满足

$$J\boldsymbol{h}(\boldsymbol{y}) = \big(J\boldsymbol{f}(\boldsymbol{h}(\boldsymbol{y}))\big)^{-1}, \ \forall \ \boldsymbol{y} \in V.$$

证明 不失一般性, 可设 $\boldsymbol{x}_0 = \boldsymbol{0}$, $\boldsymbol{y}_0 = \boldsymbol{0}$. 以 L 记 $\boldsymbol{f}$ 在 $\boldsymbol{x}_0 = \boldsymbol{0}$ 处的微分, 则 L 可逆, 且 $L^{-1} \circ \boldsymbol{f}$ 在 $\boldsymbol{x}_0$ 处的微分为恒同映射. 如果欲证结论对 $L^{-1} \circ \boldsymbol{f}$ 成立, 则对 $\boldsymbol{f}$ 也成立. 因此, 不妨从一开始就假设 $J\boldsymbol{f}(\boldsymbol{x}_0) = I_n$.

在 $\boldsymbol{x}_0 = \boldsymbol{0}$ 附近, $\boldsymbol{f}$ 是恒同映射的小扰动:

$$\boldsymbol{f}(\boldsymbol{x}) = \boldsymbol{x} + \boldsymbol{g}(\boldsymbol{x}), \quad J\boldsymbol{g}(\boldsymbol{0}) = \boldsymbol{0}.$$

扰动项 $\boldsymbol{g}(\boldsymbol{x}) = \boldsymbol{f}(\boldsymbol{x}) - \boldsymbol{x}$ 为 C^k 映射. 因此, 存在 $\delta > 0$ 使得

$$\|J\boldsymbol{g}(\boldsymbol{x})\| \leqslant \frac{1}{2}, \ \forall \ \boldsymbol{x} \in \overline{B_\delta(\boldsymbol{0})} \subseteq D.$$

由拟微分中值定理可知

$$\|\boldsymbol{g}(\boldsymbol{x}_1) - \boldsymbol{g}(\boldsymbol{x}_2)\| \leqslant \frac{1}{2}\|\boldsymbol{x}_1 - \boldsymbol{x}_2\|, \ \forall \ \boldsymbol{x}_1, \boldsymbol{x}_2 \in \overline{B_\delta(\boldsymbol{0})}.$$

给定 $\boldsymbol{y} \in B_{\delta/2}(\boldsymbol{0})$, 我们在 $B_\delta(\boldsymbol{0})$ 中解方程

$$\boldsymbol{f}(\boldsymbol{x}) = \boldsymbol{y}, \quad 即 \quad \boldsymbol{x} = \boldsymbol{y} - \boldsymbol{g}(\boldsymbol{x}). \tag{15.6.8}$$

记 $\varphi(\boldsymbol{x}) = \boldsymbol{y} - \boldsymbol{g}(\boldsymbol{x})$. 当 $\boldsymbol{x} \in \overline{B_\delta(\boldsymbol{0})}$ 时

$$\|\varphi(\boldsymbol{x})\| \leqslant \|\boldsymbol{y}\| + \|\boldsymbol{g}(\boldsymbol{x})\| < \frac{\delta}{2} + \frac{1}{2}\|\boldsymbol{x}\| \leqslant \delta. \tag{15.6.9}$$

这说明 $\varphi\big(\overline{B_\delta(\boldsymbol{0})}\big) \subset B_\delta(\boldsymbol{0})$. 当 $\boldsymbol{x}_1, \boldsymbol{x}_2 \in \overline{B_\delta(\boldsymbol{0})}$ 时

$$\|\varphi(\boldsymbol{x}_1) - \varphi(\boldsymbol{x}_2)\| = \|\boldsymbol{g}(\boldsymbol{x}_2) - \boldsymbol{g}(\boldsymbol{x}_1)\| \leqslant \frac{1}{2}\|\boldsymbol{x}_1 - \boldsymbol{x}_2\|.$$

根据压缩映射原理, 方程 (15.6.8) 在 $\overline{B_\delta(\boldsymbol{0})}$ 中有唯一解, 记为 $\boldsymbol{x}_y$. 由 (15.6.9) 式可知 $\boldsymbol{x}_y \in B_\delta(\boldsymbol{0})$. 令

$$U = \boldsymbol{f}^{-1}\big(B_{\delta/2}(\boldsymbol{0})\big) \cap B_\delta(\boldsymbol{0}), \quad V = B_{\delta/2}(\boldsymbol{0}),$$

则我们已经证明了 $\boldsymbol{f}|_U : U \to V$ 是一一映射, 其逆映射 $\boldsymbol{h}(\boldsymbol{y}) = \boldsymbol{x}_{\boldsymbol{y}}$ 满足

$$\boldsymbol{y} - \boldsymbol{g}(\boldsymbol{h}(\boldsymbol{y})) = \boldsymbol{h}(\boldsymbol{y}). \tag{15.6.10}$$

(1) $\boldsymbol{h} : V \to U$ 是连续映射: 当 $\boldsymbol{y}_1, \boldsymbol{y}_2 \in V$ 时

$$\|\boldsymbol{h}(\boldsymbol{y}_1) - \boldsymbol{h}(\boldsymbol{y}_2)\| \leqslant \|\boldsymbol{y}_1 - \boldsymbol{y}_2\| + \|\boldsymbol{g}(\boldsymbol{h}(\boldsymbol{y}_1)) - \boldsymbol{g}(\boldsymbol{h}(\boldsymbol{y}_2))\|$$
$$\leqslant \|\boldsymbol{y}_1 - \boldsymbol{y}_2\| + \frac{1}{2}\|\boldsymbol{h}(\boldsymbol{y}_1) - \boldsymbol{h}(\boldsymbol{y}_2)\|,$$

这说明 $\|\boldsymbol{h}(\boldsymbol{y}_1) - \boldsymbol{h}(\boldsymbol{y}_2)\| \leqslant 2\|\boldsymbol{y}_1 - \boldsymbol{y}_2\|, \ \forall \ \boldsymbol{y}_1, \ \boldsymbol{y}_2 \in V$.

(2) $\boldsymbol{h} : V \to U$ 是可微映射: 设 $\boldsymbol{y}_0 \in V$, 则对 $\boldsymbol{y} \in V$, 有

$$\boldsymbol{h}(\boldsymbol{y}) - \boldsymbol{h}(\boldsymbol{y}_0) = (\boldsymbol{y} - \boldsymbol{y}_0) - \big(\boldsymbol{g}(\boldsymbol{h}(\boldsymbol{y})) - \boldsymbol{g}(\boldsymbol{h}(\boldsymbol{y}_0))\big)$$
$$= (\boldsymbol{y} - \boldsymbol{y}_0) - J\boldsymbol{g}(\boldsymbol{h}(\boldsymbol{y}_0)) \cdot (\boldsymbol{h}(\boldsymbol{y}) - \boldsymbol{h}(\boldsymbol{y}_0)) + o\big(\|\boldsymbol{h}(\boldsymbol{y}) - \boldsymbol{h}(\boldsymbol{y}_0)\|\big).$$

利用 $J\boldsymbol{f} = \boldsymbol{I}_n + J\boldsymbol{g}$ 和 (1), 上式可改写为

$$J\boldsymbol{f}(\boldsymbol{h}(\boldsymbol{y}_0)) \cdot (\boldsymbol{h}(\boldsymbol{y}) - \boldsymbol{h}(\boldsymbol{y}_0)) = (\boldsymbol{y} - \boldsymbol{y}_0) + o(\|\boldsymbol{y} - \boldsymbol{y}_0\|),$$

因而

$$\boldsymbol{h}(\boldsymbol{y}) - \boldsymbol{h}(\boldsymbol{y}_0) = \big[J\boldsymbol{f}(\boldsymbol{h}(\boldsymbol{y}_0))\big]^{-1} \cdot (\boldsymbol{y} - \boldsymbol{y}_0) + o(\|\boldsymbol{y} - \boldsymbol{y}_0\|).$$

这说明 $\boldsymbol{h}$ 在 $\boldsymbol{y}_0$ 处可微.

(3) $\boldsymbol{h} : V \to U$ 为 C^k 映射: 由 (2) 可知

$$J\boldsymbol{h}(\boldsymbol{y}) = \big(J\boldsymbol{f}(\boldsymbol{h}(\boldsymbol{y}))\big)^{-1}, \ \forall \ \boldsymbol{y} \in V. \tag{15.6.11}$$

由 $\boldsymbol{f} \in C^k$ 知 $J\boldsymbol{f} \in C^{k-1}$. 由 (2) 及 (15.6.11) 式可推出 $J\boldsymbol{h}$ 连续, 即 $\boldsymbol{h} \in C^1$. 再由 $J\boldsymbol{f} \in C^{k-1}$, $\boldsymbol{h} \in C^1$ 及 (15.6.11) 式可推出 $J\boldsymbol{h} \in C^1$ 即 $\boldsymbol{h} \in C^2$. 以此类推, 最后我们就得到 $\boldsymbol{h} \in C^k$. □

需要特别强调的是逆映射定理一般来说仅有局部性, 也就是说, 只是在点 $\boldsymbol{f}(\boldsymbol{x}_0)$ 附近才存在逆映射. 换句话说, 即使 $\det J\boldsymbol{f}$ 在 D 上处处非零, 我们也只能断言在 $\boldsymbol{f}(D)$ 中的每一个点的一个局部范围内存在逆映射, 一般不能保证在大范围内成为 $\boldsymbol{f}$ 在 $\boldsymbol{f}(D)$ 上的逆映射, 这与一元函数不同.

例 15.6.5 研究 $\boldsymbol{f} : \mathbb{R}^2 \to \mathbb{R}^2$, $\boldsymbol{f}(x, y) = (\mathrm{e}^x \cos y, \ \mathrm{e}^x \sin y)$ 的逆映射.

解 注意到

$$\det J\boldsymbol{f}(x, y) = \begin{vmatrix} \mathrm{e}^x \cos y & -\mathrm{e}^x \sin y \\ \mathrm{e}^x \sin y & \mathrm{e}^x \cos y \end{vmatrix} = \mathrm{e}^{2x} \neq 0,$$

这说明 $\boldsymbol{f}$ 局部可逆. 但 $\boldsymbol{f}$ 不是单射, 因此整体不可逆. □

另一方面, 当映射的 Jacobi 矩阵退化时, 映射本身也可能可逆.

例 15.6.6 研究 $\boldsymbol{f}:\mathbb{R}^2 \to \mathbb{R}^2$, $\boldsymbol{f}(x,y)=(x^3,y^3)$ 的逆映射.

解 显然, $\boldsymbol{f}$ 为光滑映射, 它也是可逆映射. 注意到 $\boldsymbol{f}$ 的逆映射在 $(0,0)$ 处不可微, 这是由 $J\boldsymbol{f}$ 在 $(0,0)$ 处的退化性所造成的. □

例 15.6.7 设 $f:\mathbb{R}^2 \to \mathbb{R}$ 为 $C^k(k \geqslant 1)$ 函数, $\dfrac{\partial f}{\partial y}(x_0,y_0) \neq 0$, 在 (x_0,y_0) 附近解方程 $f(x,y)=f(x_0,y_0)$.

解 显然, (x_0,y_0) 是方程的解. 利用逆映射定理, 我们可以在 (x_0,y_0) 附近找到别的解. 为此, 令

$$\boldsymbol{F}:\mathbb{R}^2 \to \mathbb{R}^2, \quad \boldsymbol{F}(x,y)=(x,f(x,y)).$$

在 (x_0,y_0) 处, 有

$$\det J\boldsymbol{F}(x_0,y_0) = \begin{vmatrix} 1 & 0 \\ \dfrac{\partial f}{\partial x} & \dfrac{\partial f}{\partial y} \end{vmatrix}_{(x_0,y_0)} = \frac{\partial f}{\partial y}(x_0,y_0) \neq 0.$$

由逆映射定理, 在 (x_0,y_0) 附近 $\boldsymbol{F}$ 为可逆映射. 于是当 x 在 x_0 附近时, 记

$$\boldsymbol{F}^{-1}\big(x,f(x_0,y_0)\big)=(\varphi(x),\psi(x)),$$

$\varphi(x)$, $\psi(x)$ 均为 C^k 函数. 根据 $\boldsymbol{F}$ 的定义可得

$$\big(\varphi(x),f(\varphi(x),\psi(x))\big)=(x,f(x_0,y_0)),$$

这说明 $\varphi(x)=x$, $f(x,\psi(x))=f(x_0,y_0)$. 对 x 求导还可得到

$$\frac{\partial f}{\partial x}(x,\psi(x))+\frac{\partial f}{\partial y}(x,\psi(x)) \cdot \psi'(x)=0,$$

从而有

$$\psi'(x)=-\left(\frac{\partial f}{\partial y}(x,\psi(x))\right)^{-1}\frac{\partial f}{\partial x}(x,\psi(x)).$$

$y=\psi(x)$ 是由 $f(x,y)=f(x_0,y_0)$ 所决定的隐函数. □

关于大范围内逆映射的存在性问题, 我们简单介绍以下一个全局结论. 首先我们给出**正则映射**的定义.

定义 15.6.1 设开集 $D \subseteq \mathbb{R}^n$, 如果映射 $\boldsymbol{f}:D \to \mathbb{R}^n$ 满足

(1) $\boldsymbol{f} \in C^1(D)$.

(2) $\boldsymbol{f}$ 是 D 上的单射.

(3) $\forall \boldsymbol{x} \in D$, $\det J\boldsymbol{f}(\boldsymbol{x}) \neq 0$,

则称 $\boldsymbol{f}$ 是 D 上的一个**正则映射**.

下面的定理表明, 正则映射的逆映射也是正则映射.

定理 15.6.4 设开集 $D \subseteq \mathbb{R}^n$, 如果映射 $\boldsymbol{f} : D \to \mathbb{R}^n$ 是 D 上的一个正则映射, 则 $\Omega = \boldsymbol{f}(D)$ 是一开集, 且存在由 Ω 到 D 上的映射 $\boldsymbol{f}^{-1}$ 满足: 对一切 $\boldsymbol{y} \in \Omega$, 有

$$\boldsymbol{f} \circ \boldsymbol{f}^{-1}(\boldsymbol{y}) = \boldsymbol{y},$$

并且 $\boldsymbol{f}^{-1} \in C^1(\Omega)$,

$$J\boldsymbol{f}^{-1}(\boldsymbol{y}) = \left(J\boldsymbol{f}(\boldsymbol{x})\right)^{-1}, \tag{15.6.12}$$

其中 $\boldsymbol{x} = \boldsymbol{f}^{-1}(\boldsymbol{y})$.

证明 由于 $\boldsymbol{f}$ 是单射, 故逆映射 $\boldsymbol{f}^{-1}$ 存在, 即下式成立:

$$\boldsymbol{f} \circ \boldsymbol{f}^{-1}(\boldsymbol{y}) = \boldsymbol{y}.$$

因为逆映射定理保证了局部逆映射的存在唯一性, 而整体逆映射必然是局部逆映射, 所以 $\boldsymbol{f}^{-1} \in C^1(\Omega)$ 和 (15.6.12) 式也都必然成立. 为了证明 $\boldsymbol{f}(D)$ 是开集, 任取 $\boldsymbol{y} \in \Omega$, 存在 $\boldsymbol{x} \in D$ 使得 $\boldsymbol{y} = \boldsymbol{f}(\boldsymbol{x})$, 由定理 15.6.3, 存在 $\boldsymbol{x}$ 的邻域 U 和 $\boldsymbol{y}$ 的邻域 V 满足 $V = \boldsymbol{f}(U)$, 因此 $V = \boldsymbol{f}(U) \subseteq \boldsymbol{f}(D) = \Omega$, 因此 $\boldsymbol{y}$ 是 Ω 的内点. 由 $\boldsymbol{y}$ 的任意性, 知 Ω 是开的. □

把关系式 (15.6.12) 写成熟悉的矩阵形式, 则有

$$\begin{pmatrix} \dfrac{\partial x_1}{\partial y_1} & \cdots & \dfrac{\partial x_1}{\partial y_n} \\ \vdots & & \vdots \\ \dfrac{\partial x_n}{\partial y_1} & \cdots & \dfrac{\partial x_n}{\partial y_n} \end{pmatrix} = \begin{pmatrix} \dfrac{\partial y_1}{\partial x_1} & \cdots & \dfrac{\partial y_1}{\partial x_n} \\ \vdots & & \vdots \\ \dfrac{\partial y_n}{\partial x_1} & \cdots & \dfrac{\partial y_n}{\partial x_n} \end{pmatrix}^{-1}. \tag{15.6.13}$$

回忆一下前面关于 Jacobi 行列式的记号:

$$\frac{\partial(y_1, \cdots, y_n)}{\partial(x_1, \cdots, x_n)} = \det \begin{pmatrix} \dfrac{\partial y_1}{\partial x_1} & \cdots & \dfrac{\partial y_1}{\partial x_n} \\ \vdots & & \vdots \\ \dfrac{\partial y_n}{\partial x_1} & \cdots & \dfrac{\partial y_n}{\partial x_n} \end{pmatrix},$$

我们在 (15.6.13) 式两端取行列式, 可得

$$\frac{\partial(y_1, \cdots, y_n)}{\partial(x_1, \cdots, x_n)} = \left(\frac{\partial(x_1, \cdots, x_n)}{\partial(y_1, \cdots, y_n)}\right)^{-1}. \tag{15.6.14}$$

例 15.6.8 设 $u = \dfrac{y^2}{x}$, $v = \dfrac{x^2}{y}$. 试计算 $\dfrac{\partial(x, y)}{\partial(u, v)}$.

解 由方程组可以直接计算得到 $\dfrac{\partial(u, v)}{\partial(x, y)} = \begin{vmatrix} u_x & u_y \\ v_x & v_y \end{vmatrix} = -3$. 根据公式 (15.6.14) 可得 $\dfrac{\partial(x, y)}{\partial(u, v)} = -\dfrac{1}{3}$. □

当然, 这是一道可以直接计算的题目, 读者可以通过直接计算和利用公式两种做法来对比一下结果. 进一步, 读者可从上面的讨论中体会一下逆映射的内容与反函数相应内容之间的一般与特殊的关系.

逆映射定理在分析学和其他专业方向上有着深刻的影响和广泛的应用. 我们仅举一些变量替换方面的例子来体会一下它在简化偏微分方程方面的威力.

例 15.6.9　设函数 $u = u(t,x) \in C^2$, 试作变量替换

$$\xi = x - at, \quad \eta = x + at.$$

将波动方程 $u_{tt} = a^2 u_{xx}$ $(a \neq 0)$ 转化成 u 关于 ξ, η 所满足的方程.

解　直接计算得

$$\frac{\partial(\xi, \eta)}{\partial(t, x)} = \det \begin{pmatrix} -a & 1 \\ a & 1 \end{pmatrix} = -2a \neq 0.$$

从而变量替换是可逆的 (逆映射存在). 易知

$$\begin{cases} u_x = u_\xi \xi_x + u_\eta \eta_x = u_\xi + u_\eta, \\ u_t = u_\xi \xi_t + u_\eta \eta_t = a(u_\eta - u_\xi), \end{cases}$$

以及

$$\begin{cases} u_{xx} = u_{\xi\xi} + u_{\eta\eta} + 2u_{\xi\eta}, \\ u_{tt} = a^2(u_{\xi\xi} + u_{\eta\eta}) - 2a^2 u_{\xi\eta}. \end{cases}$$

因此由 $u_{tt} = a^2 u_{xx}$ 得到 $u_{\xi\eta} = 0$. 后者很容易求得通解:

$$u(\xi, \eta) = \varphi(\xi) + \psi(\eta),$$

其中 $\varphi, \psi \in C^2$. 故波动方程 $u_{tt} = a^2 u_{xx}$, $u \in C^2$, 的通解为

$$u(t, x) = \varphi(x - at) + \eta(x + at). \qquad \square$$

例 15.6.10　假设二元函数 $z = z(x, y) \in C^2$ 且满足二阶偏微分方程

$$z_{xx} + 2z_{xy} + z_{yy} = 0.$$

试通过变量替换

$$u = x + y, \quad v = x - y,$$

来计算 $w := xy - z$ 关于 u, v 所满足的微分方程.

解　直接计算可得

$$\frac{\partial(u, v)}{\partial(x, y)} = \det \begin{pmatrix} 1 & 1 \\ 1 & -1 \end{pmatrix} = -2.$$

从而变量替换是可逆的, 根据

$$\begin{cases} z_x = y - w_x = y - (w_u + w_v), \\ z_y = x - w_y = x - (w_u - w_v) \end{cases}$$

和

$$\begin{cases} z_{xx} = -(w_{uu} + 2w_{uv} + w_{vv}), \\ z_{xy} = 1 - (w_{uu} - w_{vv}), \\ z_{yy} = -(w_{uu} - 2w_{uv} + w_{vv}), \end{cases}$$

可得 $w_{uu} = \dfrac{1}{2}$. $\qquad\qquad\qquad\qquad\qquad\qquad\qquad\qquad\qquad$ □

习题 15.6

1. 研究下列函数在指定点的邻域内是否可以将 y 解为 x 的函数:

(1) $f(x,y) = x^2 - y^2$, $\quad (x,y) = (0,0)$.

(2) $f(x,y) = \sin(\pi(x+y)) - 1$, $\quad (x,y) = (1/4, 1/4)$.

(3) $f(x,y) = xy + \ln(xy) - 1$, $\quad (x,y) = (1,1)$.

(4) $f(x,y) = x^5 + y^5 + xy - 3$, $\quad (x,y) = (1,1)$.

2. 计算指定点处的偏导数:

(1) $y^z - xz^3 - 1 = 0$, $\quad \dfrac{\partial z}{\partial y}(1,2,1)$.

(2) $x^2 + 2y^2 + 3z^2 + xy - z = 9$, $\quad \dfrac{\partial^2 z}{\partial x^2}(1,-2,1)$.

3. 方程组

$$xv - 4y + 2\mathrm{e}^u + 3 = 0, \quad 2x - z - 6u + v\cos u = 0$$

在点 $x = -1$, $y = 1$, $z = -1$, $u = 0$, $v = 1$ 处确定了隐函数 $u = u(x,y,z)$, $v = v(x,y,z)$. 求 u, v 在该点处的 Jacobi 矩阵.

4. 设 U, V 为 $\mathbb{R}^n$ 中的开集, $\boldsymbol{f}: U \to V$ 为可微映射, 且 $\det J\boldsymbol{f}(\boldsymbol{x}) \neq 0$, $\forall \boldsymbol{x} \in U$. 如果 $\boldsymbol{f}$ 的逆映射存在且连续, 证明: 其逆映射一定也是可微的.

5. 设 $\boldsymbol{f}: \mathbb{R}^n \to \mathbb{R}^n$ 为连续可微的映射, 且

$$\|\boldsymbol{f}(\boldsymbol{x}) - \boldsymbol{f}(\boldsymbol{y})\| \geqslant \|\boldsymbol{x} - \boldsymbol{y}\|, \quad \forall \boldsymbol{x}, \boldsymbol{y} \in \mathbb{R}^n.$$

证明: $\boldsymbol{f}$ 可逆, 且其逆映射也是连续可微的.

6. 下列方程确定隐函数 $y(x)$, 计算 $\dfrac{\mathrm{d}y}{\mathrm{d}x}$:

(1) $x^2 + 2xy - y^2 = a^2$.

(2) $xy - \ln y = 0$, 在点 $(0,1)$ 处.

(3) $y - \varepsilon \sin y = x$, 常数 $\varepsilon \in (0, 1)$.

7. 从下列方程中计算 $\dfrac{\partial z}{\partial x}$ 和 $\dfrac{\partial z}{\partial y}$:

(1) $e^z - xyz = 0$.

(2) $\dfrac{x}{z} = \ln \dfrac{z}{y}$.

(3) $x + y + z = e^{-(x+y+z)}$, 并对计算的结果作出解释.

(4) $z^2 y - xz^3 - 1 = 0$, 在点 $(1, 2, 1)$ 处.

8. 设 $x = x(y, z), y = y(x, z), z = z(x, y)$ 都是由 $f(x, y, z) = 0$ 确定的隐函数, 并且都具有连续的偏导数. 求证:

$$\frac{\partial x}{\partial y} \frac{\partial y}{\partial z} \frac{\partial z}{\partial x} = -1.$$

9. 将上题推广到 n 元函数, 探讨有没有相应的结论.

10. 设 $F(x - y, y - z, z - x) = 0$, 计算 $\dfrac{\partial z}{\partial x}$ 和 $\dfrac{\partial z}{\partial y}$.

11. 设 $F(x + y + z, x^2 + y^2 + z^2) = 0$, 计算 $\dfrac{\partial z}{\partial x}$ 和 $\dfrac{\partial z}{\partial y}$.

12. 二元函数 F 在 $\mathbb{R}^2$ 上二次连续可微. 已知曲线 $F(x, y) = 0$ 是 "8" 字形. 问方程组

$$\frac{\partial F}{\partial x}(x, y) = 0, \qquad \frac{\partial F}{\partial y}(x, y) = 0$$

在 $\mathbb{R}^2$ 中至少有几组解?

13. 设 $F(x, y) = 0$ 满足隐函数存在定理的条件, 即 F 有一阶连续偏导数, $F(x_0, y_0) = 0$, $F_y(x_0, y_0) \neq 0$. 设 $y = y(x)$ 是由此该方程确定的隐函数, 满足 $y(x_0) = y_0$, 证明: x_0 是 $y(x)$ 的极值点的必要条件是 $F_x(x_0, y_0) = 0$; 如果 $F_{xx}(x_0, y_0) \neq 0$, 则 x_0 一定是 $y(x)$ 的极值点.

具体来说, 如果

$$-\frac{F_{xx}(x_0, y_0)}{F_y(x_0, y_0)} > 0,$$

则 x_0 是隐函数 $y = y(x)$ 的极小值点; 如果

$$-\frac{F_{xx}(x_0, y_0)}{F_y(x_0, y_0)} < 0,$$

则 x_0 是隐函数 $y = y(x)$ 的极大值点.

15.7 Lagrange 乘数法 条件极值

下面我们讨论条件极值问题. 所谓条件极值, 通常是指在目标函数的自变量受到某些约束, 只能在定义域的某一范围内变化. 我们先通过简单的场景来推演一下一般情况的处理方法.

给定平面上的一条曲线 Σ, 设其解析式为 $\varphi(x,y)=0$, 我们暂时假设它的条件足够好, 使得讨论得以进行. 我们的问题是求给定函数 $z=f(x,y)$ 的极值, 其中 (x,y) 不能任意选取, 必须受限于 Σ 上, 即必须满足 $\varphi(x,y)=0$.

一种自然的处理思路是这样的: 如果 $(x_0,y_0)\in\Sigma$ 且是函数 $z=f(x,y)$ 的极值点, 又假设在 (x_0,y_0) 附近从条件 $\varphi(x,y)=0$ 中能解出 $y=y(x)$ (或者 $x=x(y)$), 那么将 $y=y(x)$ 代入 $z=f(x,y)=f(x,y(x))=\tilde{f}(x)$, 则 x_0 应该是函数 $\tilde{f}(x)$ 在通常意义下的极值点, 因而满足极值点处的必要条件

$$\tilde{f}'(x_0)=\frac{\partial f}{\partial x}+\frac{\partial f}{\partial y}y'(x_0)=0. \tag{15.7.1}$$

由前面的隐函数存在定理我们知道, 要使得能从隐函数 $\varphi(x,y)=0$ 中确定函数关系 $y=y(x)$ 或者 $x=x(y)$, 除了 $\varphi(x,y)$ 满足一定的光滑性外 (比如 C^1), 还要假设 $\varphi_y(x_0,y_0)\neq 0$ 或者 $\varphi_x(x_0,y_0)\neq 0$. 由于 x,y 角色的完全对等性, 因此上面两者只要有一个成立即可, 而这等价于条件 $(\varphi_x,\varphi_y)\neq\mathbf{0}$ 即可. 不妨假设 $\varphi_y(x_0,y_0)\neq 0$. 根据隐函数存在定理, $\exists\delta>0$, 使得在 $(x_0-\delta,x_0+\delta)$ 内存在 $y=y(x)$, 满足 $y_0=y(x_0)$, $\varphi(x,y(x))\equiv 0$, 且 $y'(x_0)=-\frac{\varphi_x(x_0,y_0)}{\varphi_y(x_0,y_0)}$.

我们继续上面的分析, 又由 (15.7.1) 式, 知 $y'(x_0)=-\frac{f_x(x_0,y_0)}{f_y(x_0,y_0)}$. 这样一来, 我们得到如下关系式:

$$\frac{f_x(x_0,y_0)}{\varphi_x(x_0,y_0)}=\frac{f_y(x_0,y_0)}{\varphi_y(x_0,y_0)} \iff \begin{vmatrix} f_x(x_0,y_0) & f_y(x_0,y_0) \\ \varphi_x(x_0,y_0) & \varphi_y(x_0,y_0) \end{vmatrix}=0.$$

故 $\operatorname{grad}f(x_0,y_0)$ 与 $\operatorname{grad}\varphi(x_0,y_0)$ 线性相关, 即存在 $-\lambda\in\mathbb{R}$, 使得

$$\operatorname{grad}f(x_0,y_0)=-\lambda\operatorname{grad}\varphi(x_0,y_0).$$

将其改写为

$$\begin{cases} f_x(x_0,y_0)+\lambda\varphi_x(x_0,y_0)=0, \\ f_y(x_0,y_0)+\lambda\varphi_y(x_0,y_0)=0. \end{cases} \tag{15.7.2}$$

注意, (x_0,y_0) 同时还需要满足 $\varphi(x_0,y_0)=0$.

上述场景有明确的几何意义: 如图 15.9. 从几何上看, 就是在曲线 $\Sigma: \varphi(x, y) = 0$ 上求曲面 $z = f(x, y)$ 的最高点或者最低点. 考虑由曲面定义出的等高线族 $f(x, y) = c$ 与曲线 $\Sigma: \varphi(x, y) = 0$ 的交点, 我们需要寻找的就是使得 c 成为最大或最小的那条等高线. 由于一般来说, 等高线的分布依单参数 c 单调变化, 几何上看, 只有与曲线 Σ 相切的那条等高线才有可能是最值曲线. 设切点为 (x_0, y_0), 则切点才有可能是约束条件下函数 $f(x, y)$ 的最值点. 另一方面, 切点的寻求可以考虑两条曲线的法向量, 并令两者成比例得到:

$$\boldsymbol{n}_\varphi = (\varphi_x(x_0, y_0), \varphi_y(x_0, y_0)),$$
$$\boldsymbol{n}_f = (f_x(x_0, y_0), f_y(x_0, y_0)).$$

即

$$\frac{f_x(x_0, y_0)}{\varphi_x(x_0, y_0)} = \frac{f_y(x_0, y_0)}{\varphi_y(x_0, y_0)} = -\lambda.$$

这就是前面的式子 (15.7.2) 几何上的解释.

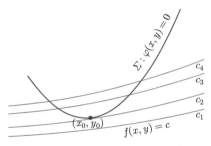

图 15.9 条件极值

我们将上述场景一般化, 可以考虑如下场景下的条件极值问题:

设 $U \subseteq \mathbb{R}^n$ 为开集, $f: U \to \mathbb{R}$ 为可微函数, $\boldsymbol{\Phi}: U \to \mathbb{R}^m \ (n > m)$ 为 $C^k \ (k \geqslant 1)$ 映射. 记

$$\Sigma = \boldsymbol{\Phi}^{-1}(\boldsymbol{0}) = \{\boldsymbol{x} \in U \mid \boldsymbol{\Phi}(\boldsymbol{x}) = \boldsymbol{0}\}, \qquad \boldsymbol{\Phi} = (\varphi_1, \cdots, \varphi_m).$$

f 在 Σ 上的极值称为**条件极值**, 方程 $\boldsymbol{\Phi}(\boldsymbol{x}) = \boldsymbol{0}$ 称为**约束条件**.

如果对任意 $\boldsymbol{x} \in \Sigma$, 矩阵 $J\boldsymbol{\Phi}(\boldsymbol{x})$ 的秩均为 m, 则称 Σ 上的点满足 m 个独立的约束条件. 此时, 利用隐函数存在定理可知 Σ 为 $\mathbb{R}^n$ 中 $n - m$ 维曲面, 且 Σ 在 $\boldsymbol{x}$ 处的法空间由 $\{\nabla \varphi_1(\boldsymbol{x}), \cdots, \nabla \varphi_m(\boldsymbol{x})\}$ 张成 (必要时, 可参考下节多元微分学在几何上的应用), 其中 φ_i 是 $\boldsymbol{\Phi}$ 的第 i 个分量. 如果 $\boldsymbol{x}_0 \in \Sigma$ 为 f 的极值点, 则 $\nabla f(\boldsymbol{x}_0)$ 必为 Σ 在 $\boldsymbol{x}_0$ 处的法向量. 事实上, 设 $\boldsymbol{\gamma}(t)$ 是 Σ 上的可微参数曲线, $\boldsymbol{\gamma}(0) = \boldsymbol{x}_0$. 则 $t = t_0$ 是 $f \circ \boldsymbol{\gamma}(t)$ 的极值点, 从而是驻点. 由 Fermat 引理, 成立

$$
\begin{aligned}
(f \circ \boldsymbol{\gamma})'(t_0) &= \frac{\mathrm{d}}{\mathrm{d}t} f\big(x_1(t), \cdots, x_n(t)\big)\Big|_{t=t_0} \\
&= f_{x_1}(\boldsymbol{x}_0) x_1'(t_0) + \cdots + f_{x_n}(\boldsymbol{x}_0) x_n'(t_0) = \nabla f(\boldsymbol{x}_0) \cdot \boldsymbol{\gamma}'(t_0) = 0.
\end{aligned}
$$

注意到 $\gamma'(t_0)$ 为 Σ 在 $\boldsymbol{x}_0$ 处的切向量. 由 γ 的任意性即知 $\nabla f(\boldsymbol{x}_0)$ 为 Σ 在 $\boldsymbol{x}_0$ 处的法向量. 因此, 存在 $\lambda_1, \cdots, \lambda_m \in \mathbb{R}$, 使得

$$\nabla f(\boldsymbol{x}_0) = \sum_{i=1}^{m} \lambda_i \nabla \varphi_i(\boldsymbol{x}_0). \tag{15.7.3}$$

称 $\boldsymbol{\lambda} = (\lambda_1, \cdots, \lambda_m)$ 为 **Lagrange 乘数**.

定理 15.7.1 (Lagrange 乘数法) 设 $f, \boldsymbol{\Phi}$ 如上, $\boldsymbol{x}_0 \in \Sigma$ 为 f 的条件极值点. 如果 $J\boldsymbol{\Phi}(\boldsymbol{x}_0)$ 的秩为 m, 则存在 $\boldsymbol{\lambda} = (\lambda_1, \cdots, \lambda_m) \in \mathbb{R}^m$, 使得

$$\nabla f(\boldsymbol{x}_0) - \boldsymbol{\lambda} \cdot J\boldsymbol{\Phi}(\boldsymbol{x}_0) = \boldsymbol{0}. \tag{15.7.4}$$

用分量形式表示的话, 即为

$$\nabla f(\boldsymbol{x}_0) = \lambda_1 \nabla \varphi_1(\boldsymbol{x}_0) + \cdots + \lambda_m \nabla \varphi_m(\boldsymbol{x}_0). \tag{15.7.5}$$

证明 不妨设

$$\frac{\partial(\varphi_1, \cdots, \varphi_m)}{\partial(x_1, \cdots, x_m)}(\boldsymbol{x}_0) \neq 0.$$

由隐映射定理, 存在点 $\boldsymbol{z}_0 = (x_{m+1}^0, \cdots, x_n^0)$ 的开邻域 V 以及 C^k 映射 $\boldsymbol{\psi} : V \to \mathbb{R}^m$ 使得

$$\boldsymbol{y}_0 = \boldsymbol{\psi}(\boldsymbol{z}_0), \quad \boldsymbol{\Phi}\big(\boldsymbol{\psi}(\boldsymbol{z}), \boldsymbol{z}\big) = \boldsymbol{0}, \quad \forall \, \boldsymbol{z} \in V.$$

其中 $\boldsymbol{y}_0 = (x_1^0, \cdots, x_m^0)$, $\boldsymbol{y} = (x_1, \cdots, x_m)$, $\boldsymbol{z} = (x_{m+1}, \cdots, x_n)$, $\boldsymbol{x} = (\boldsymbol{y}, \boldsymbol{z}) \in U$. 在 $\boldsymbol{x}_0 = (\boldsymbol{y}_0, \boldsymbol{z}_0)$ 处求导, 有

$$J\boldsymbol{\psi}(\boldsymbol{z}_0) = -(J_{\boldsymbol{y}}\boldsymbol{\Phi})^{-1}(\boldsymbol{x}_0) \cdot J_{\boldsymbol{z}}\boldsymbol{\Phi}(\boldsymbol{x}_0). \tag{15.7.6}$$

由于 $\boldsymbol{x}_0$ 为 f 的条件极值点, 故 $\boldsymbol{z}_0$ 为 $f\big(\boldsymbol{\psi}(\boldsymbol{z}), \boldsymbol{z}\big)$ 的极值点 (驻点), 在 $\boldsymbol{z}_0$ 处求导, 得

$$J_{\boldsymbol{y}}f(\boldsymbol{x}_0) \cdot J\boldsymbol{\psi}(\boldsymbol{z}_0) + J_{\boldsymbol{z}}f(\boldsymbol{x}_0) = \boldsymbol{0}. \tag{15.7.7}$$

将 (15.7.6) 式代入上式, 得

$$J_{\boldsymbol{z}}f(\boldsymbol{x}_0) = J_{\boldsymbol{y}}f(\boldsymbol{x}_0) \cdot (J_{\boldsymbol{y}}\boldsymbol{\Phi})^{-1}(\boldsymbol{x}_0) \cdot J_{\boldsymbol{z}}\boldsymbol{\Phi}(\boldsymbol{x}_0). \tag{15.7.8}$$

记 $\boldsymbol{\lambda} = J_{\boldsymbol{y}}f(\boldsymbol{x}_0) \cdot (J_{\boldsymbol{y}}\boldsymbol{\Phi})^{-1}(\boldsymbol{x}_0)$, 即

$$J_{\boldsymbol{y}}f(\boldsymbol{x}_0) = \boldsymbol{\lambda} \cdot J_{\boldsymbol{y}}\boldsymbol{\Phi}(\boldsymbol{x}_0). \tag{15.7.9}$$

(15.7.8) 式可用 $\boldsymbol{\lambda}$ 改写为

$$J_{\boldsymbol{z}}f(\boldsymbol{x}_0) = \boldsymbol{\lambda} \cdot J_{\boldsymbol{z}}\boldsymbol{\Phi}(\boldsymbol{x}_0). \tag{15.7.10}$$

(15.7.9) 式和 (15.7.10) 式结合起来就得到 (15.7.4) 式. $\qquad \square$

在实际应用中, (15.7.4) 式通常解释为: 如果 $\boldsymbol{x}_0$ 为条件极值点, 则 $(\boldsymbol{x}_0, \boldsymbol{\lambda})$ 为如下辅助函数的驻点:

$$F(\boldsymbol{x}, \boldsymbol{\lambda}) = f(\boldsymbol{x}) - \sum_{i=1}^{m} \lambda_i \cdot \varphi_i(\boldsymbol{x}).$$

例 15.7.1　求圆周 $(x-1)^2 + y^2 = 1$ 上的点与固定点 $(0,1)$ 的距离的最大值和最小值.

解　在约束条件 $(x-1)^2 + y^2 - 1 = 0$ 下求距离函数 $d = \sqrt{x^2 + (y-1)^2}$ 的最大值和最小值. 考虑辅助函数

$$F(x, y, \lambda) = x^2 + (y-1)^2 - \lambda((x-1)^2 + y^2 - 1),$$

求其驻点:

$$F_x = F_y = F_\lambda = 0 \Longleftrightarrow \begin{cases} x - \lambda(x-1) = 0, \\ y - 1 - \lambda y = 0, \\ (x-1)^2 + y^2 - 1 = 0 \end{cases} \Longrightarrow \begin{cases} x = \dfrac{-\lambda}{1-\lambda}, \\ y = \dfrac{1}{1-\lambda}, \\ \lambda = 1 \pm \sqrt{2}. \end{cases}$$

在驻点处 $d^2 = \lambda^2$, 即 $d = |\lambda|$. 由于 d 在圆周上达到最大值和最小值, 故其最大值必为 $\sqrt{2}+1$, 最小值必为 $\sqrt{2}-1$.　　□

例 15.7.2　设 $\alpha_i > 0$, $x_i > 0$, $i = 1, \cdots, n$. 证明:

$$x_1^{\alpha_1} \cdots x_n^{\alpha_n} \leqslant \left(\frac{\alpha_1 x_1 + \cdots + \alpha_n x_n}{\alpha_1 + \cdots + \alpha_n} \right)^{\alpha_1 + \cdots + \alpha_n},$$

等号成立当且仅当 $x_1 = x_2 = \cdots = x_n$.

证明　考虑函数 $f(x_1, \cdots, x_n) = \ln(x_1^{\alpha_1} \cdots x_n^{\alpha_n}) = \sum_{i=1}^{n} \alpha_i \ln x_i$ 在约束条件 $\sum_{i=1}^{n} \alpha_i x_i = c \ (c > 0)$ 下的条件极值. 令

$$F(x, \lambda) = \sum_{i=1}^{n} \alpha_i \ln x_i - \lambda \Big(\sum_{i=1}^{n} \alpha_i x_i - c \Big),$$

求驻点:

$$F_{x_i} = F_\lambda = 0 \implies \frac{\alpha_i}{x_i} = \lambda \alpha_i, \quad \sum_{i=1}^{n} \alpha_i x_i - c = 0,$$

即 $x_i = c \Big(\sum_{i=1}^{n} \alpha_i \Big)^{-1}$, $i = 1, 2, \cdots, n$. 因为在集合 D: $x_i \geqslant 0$, $\sum_{i=1}^{n} \alpha_i x_i = c$ 的边界上, f 取值为 $-\infty$, 因此 f 在 D 的内部取到最大值, 上述唯一驻点必为最大值点, 从而

$$\ln(x_1^{\alpha_1} \cdots x_n^{\alpha_n}) \leqslant \sum_{i=1}^{n} \alpha_i \ln c \Big(\sum_{i=1}^{n} \alpha_i \Big)^{-1},$$

整理以后即得欲证不等式. □

由于在 Lagrange 乘数法中, 条件极值问题转化为

$$F(\boldsymbol{x}) = f(\boldsymbol{x}) - \sum_{j=1}^{m} \lambda_j \varphi_j(\boldsymbol{x})$$

的普通极值问题. 当 $\boldsymbol{x}_0$ 是驻点时, $\lambda_j, j = 1, 2, \cdots, m$ 是 m 个常数, 因此我们利用 $F(\boldsymbol{x})$ 在 $\boldsymbol{x}_0$ 处的 Hesse 矩阵 $\boldsymbol{H}_F(\boldsymbol{x}_0)$ 来判定 $\boldsymbol{x}_0$ 是否为极值点: 可以证明, 当 $\boldsymbol{H}_F(\boldsymbol{x}_0)$ 正定时, 条件极值点为极小值点; $\boldsymbol{H}_F(\boldsymbol{x}_0)$ 负定时, 条件极值为极大值点. 值得注意的是当 $\boldsymbol{H}_F(\boldsymbol{x}_0)$ 不定时, 对于无条件极值, 此时 $\boldsymbol{x}_0$ 的极值性不可得知, 但是, 对于条件极值仍可能取到.

例如, 设 $f(x, y) = x^2 - y^2$, $\varphi(x, y) = y \equiv 0$, 则 $\varphi(x, y) = 0$ 确定直线方程 $y = 0$, 显然 $f(x, 0) = x^2$ 在 $(0, 0)$ 处取极小值 0. 容易算出 $F(x, y) = x^2 - y^2 - \lambda y$ 的 Hesse 矩阵在 $(0, 0)$ 处为对角矩阵 $\mathrm{diag}(2, -2)$, 这是一个不定矩阵.

另外, 如果约束条件中有不可微点或者退化点, 那么在这些点上, 条件极值要单独考虑. 例如, 考虑函数 $f(x, y) = x^2 + y^2$ 在条件 $\varphi(x, y) = (x - 1)^3 - y^2 = 0$ 限制下的最小值.

记 $F(x, y, \lambda) = f(x, y) - \lambda \varphi(x, y)$. 直接计算可以发现, 方程组

$$F_x(x, y) = 0, \quad F_y(x, y) = 0, \quad \varphi(x, y) = 0$$

没有解. 但是注意到 $f(x, y)$ 本质上是原点到曲线 $\Sigma : \varphi(x, y) = 0$ 上点 (x, y) 的距离 (的平方), 所以 $f(x, y)$ 显然在曲线 Σ 上的尖点 $(1, 0)$ 处有最小值 (注意 $(1, 0)$ 处 $F_x(1, 0) \neq 0$). 见图 15.10.

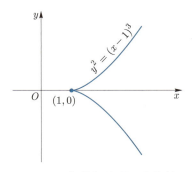

图 15.10 条件极值退化点的情况

习题 15.7

1. 求下列函数在指定约束条件下的极值 $(a, b, c > 0)$:

(1) $f(x, y) = xy, \quad x + y = 1.$

(2) $f(x,y) = x/a + y/b$, $\quad x^2 + y^2 = 1$.

(3) $f(x,y) = x^2 + y^2$, $\quad x/a + y/b = 1$.

(4) $f(x,y) = \cos \pi(x+y)$, $\quad x^2 + y^2 = 1$.

(5) $f(x,y,z) = x - 2y + 2z$, $\quad x^2 + y^2 + z^2 = 1$.

(6) $f(x,y,z) = 3x^2 + 3y^2 + z^2$, $\quad x + y + z = 1$.

(7) $f(x,y,z) = x^a y^b z^c$, $\quad x, y, z \geqslant 0$, $\quad x + y + z = 1$.

2. 求周长为 2ℓ 的平面三角形的最大面积.

3. 求圆内接三角形面积最大者.

4. 称一个三角形内接于正方形是指三角形的三个顶点均落在正方形的边界上. 给定一个单位正方形, 试在所有的内接等边三角形中, 求出边长最大和边长最小的等边三角形.

5. 求原点到直线 $2x + 2y + z + 9 = 0$, $\quad 2x - y - 2z - 18 = 0$ 的距离.

6. 求椭圆 $x^2 + 4y^2 = 4$ 到直线 $x + y = 4$ 的距离.

7. 求抛物线 $y = x^2$ 与直线 $x - y - 2 = 0$ 之间的最短距离.

8. 设 $a > 0$, 求曲线

$$
\begin{cases}
x^2 + y^2 = 2ax, \\
x^2 + y^2 + xy = a^2
\end{cases}
$$

上的点到 xOy 平面的最小距离和最大距离.

9. 求包含在椭圆 $\dfrac{x^2}{a^2} + \dfrac{y^2}{b^2} = 1$ 内各边与坐标轴平行的矩形的最大周长.

10. 求包含在椭球 $\dfrac{x^2}{a^2} + \dfrac{y^2}{b^2} + \dfrac{z^2}{c^2} = 1$ 内各面与坐标面平行的长方体的最大体积、所有这样的长方体的最大表面积, 以及所有这样的长方体的最大棱长.

思考与对比: 它们是同一个长方体吗?

又问: 如果去掉"各面与坐标面平行的长方体"这一假设限制, 上述问题的结论如何?

11. 设 $a > 0$, 试将 a 分解为 n 个正因子, 使得其倒数之和最小.

12. 给定一个凸四边形, 试在其内求一点 P, 使得 P 到四个顶点的距离之平方和最小.

13. 设 $a_1, a_2, \cdots, a_n \geqslant 0$, 求 $u = \sum\limits_{i=1}^{n} a_i x_i$ 在高维球面 $\sum\limits_{i=1}^{n} x_i^2 = r^2$ 上的最大值和最小值.

14. 设 D 是由两抛物线 $y = x^2 - 1$, $y = -x^2 + 1$ 所围成的闭域. 试在 D 内求一形如 $\dfrac{x^2}{a^2} + \dfrac{y^2}{b^2} = 1$ 的椭圆, 使其面积最大.

15. 设 $a_1, a_2, \cdots, a_n$ 均为正实数, $a_1 + \cdots + a_n = 2000$. 试确定合适的 n 使得 $a_1 \cdots a_n$ 达到最大值. 又若要求所有的 a_i 均为自然数, 再考虑这个问题.

16. 设 $p > 1$, $\dfrac{1}{p} + \dfrac{1}{q} = 1$, 用求条件极值的办法证明 Hölder 不等式

$$\sum_{i=1}^{n} u_i v_i \leqslant \left(\sum_{i=1}^{n} u_i^p\right)^{\frac{1}{p}} \left(\sum_{i=1}^{n} v_i^q\right)^{\frac{1}{q}}, \quad \forall u_i, v_i \geqslant 0, \ i = 1, \cdots, n.$$

17. 设 $\boldsymbol{A} = (a_{ij})_{n \times n}$ 为 n 阶方阵, $\boldsymbol{b} = (b_1, b_2, \cdots, b_n) \in \mathbb{R}^n$, 令

$$f(\boldsymbol{x}) = \boldsymbol{x}\boldsymbol{A}\boldsymbol{x}^{\mathrm{T}} + \boldsymbol{b}\boldsymbol{x} = \sum_{i,j=1}^{n} a_{ij}x_ix_j + \sum_{i=1}^{n} b_ix_i, \quad \boldsymbol{x} \in \mathbb{R}^n.$$

(1) 分析 f 在 $\mathbb{R}^n$ 上的极值.

(2) 分析 f 在约束条件 $\displaystyle\sum_{i=1}^{n} x_i^2 = 1$ 下的极值.

18. 求函数 $f(x,y) = \sin x + \cos y + \cos(x-y)$ 在正方形 $\left[0, \dfrac{\pi}{2}\right]^2$ 上的极值.

19. 设 $f(x,y) = 3x^4 - 4x^2y + y^2$. 证明: 限制在每一条过原点的直线上, 原点是 f 的极小值点, 但是函数 f 在原点处不取极小值. 在 xOy 平面上, 画出点集

$$P = \{(x,y) | f(x,y) > 0\}, \quad Q = \{(x,y) | f(x,y) < 0\}.$$

20. 求由隐函数 $2x^2 + y^2 + z^2 + 2xy - 2x - 2y - 4z + 4 = 0$ 所确定的函数 $z = z(x,y)$ 的极值.

21. (一般情况下的最小二乘法) 设 $(x_i, y_i)(i = 0, 1, 2, \cdots, n)$ 为平面 $\mathbb{R}^2$ 上 $n+1$ 个互异点, 求一个 m $(m < n)$ 次多项式 $Y = a_0 + a_1x + \cdots + a_mx^m$, 使得 $F(\boldsymbol{a}) = \displaystyle\sum_{i=0}^{n}(Y_i - y_i)^2$ 最小, 其中 $\boldsymbol{a} = (a_0, \cdots, a_m)$, $Y_i = a_0 + a_1x_i + \cdots + a_mx_i^m$ $(i = 0, 1, \cdots, n)$.

22. (1) 求把一个等边三角形面积二等分的所有直线段的最短长度.

(2) 求把一个等边三角形面积二等分的所有二折线段的最短长度.

(3) 求把一个等边三角形面积二等分的所有曲线的最短长度.

15.8 多元微分学在几何上的应用

在本章最后一节, 我们来讨论一下多元微分学在几何上的应用. 主要包括用解析的方法讨论空间曲线的切线和法平面, 以及曲面的切平面和法线.

空间曲线的切线和法平面

$\mathbb{R}^n$ 空间中的一条曲线 Γ 是指 $[0,1] \to \mathbb{R}^n$ 的一个连续映射

$$\Gamma : \boldsymbol{\gamma}(t) = (x_1(t), x_2(t), \cdots, x_n(t)), \quad t \in [0,1], \tag{15.8.1}$$

t 称为参数. 当 $n = 2, 3$ 时, 即我们熟悉的平面曲线和三维空间曲线.

我们知道, 一般来说, 如果仅仅要求 $\boldsymbol{\gamma}(t)$ 是一个连续映射, 则几何上我们称为连续曲线. 连续曲线有可能是非常复杂的, 比如, 它可以是不可求长的, 可以如 Peano 曲线那样充满平面或空间中某个区域. 不可求长曲线一定是其光滑性不够好, 比如 $\boldsymbol{\gamma}(t)$ 不可能是逐段 $C^1[0,1]$ 的, Peano 曲线中的映射 $\boldsymbol{\gamma}(t)$ 不可能是 $1-1$ 的.

由于我们的目的是探讨多元微分学在几何上的应用, 因此在下面的讨论中, 我们约定: 由连续映射 (15.8.1) 给出的曲线 Γ 是**简单的**和**可微的**. Γ 称为简单的是指, $\forall t_1 \in (0, 1), t_2 \in [0, 1]$, 当 $t_1 \neq t_2$ 时, 都有 $\boldsymbol{\gamma}(t_1) \neq \boldsymbol{\gamma}(t_2)$. 进一步, 若对 $t_1 \neq t_2$, 有 $\boldsymbol{\gamma}(t_1) \neq \boldsymbol{\gamma}(t_2)$, 同时还有 $\boldsymbol{\gamma}(0) = \boldsymbol{\gamma}(1)$, 则 Γ 称为一条 **Jordan 闭曲线**; Γ 称为可微的是指 $\boldsymbol{\gamma}(t)$ 作为映射是可微的, 这等价于 $x_i(t)$ $(i = 1, 2, \cdots, n)$ 是可微函数.

下面我们考虑如何寻求由 (15.8.1) 给出的曲线 Γ 在点 $P_0 = \boldsymbol{\gamma}(t_0)$ 处的切线. 由于切线是通过割线的极限状态来定义的, 因此, 在曲线 Γ 上任取一点 $P = \boldsymbol{\gamma}(t)$, 考虑由 P 与 P_0 两点确定的割线 $L_{P_0 P}$:

$$\frac{x_1 - x_1(t_0)}{x_1(t) - x_1(t_0)} = \cdots = \frac{x_n - x_n(t_0)}{x_n(t) - x_n(t_0)},$$

其中 $(x_1, x_2, \cdots, x_n)$ 是 $L_{P_0 P}$ 上的动点坐标. 在上式中分母同除以 $t - t_0$ 并取 $t \to t_0$ 的极限, 根据 Γ 的可微性假设, 有下式成立:

$$\frac{x_1 - x_1(t_0)}{x_1'(t_0)} = \cdots = \frac{x_n - x_n(t_0)}{x_n'(t_0)}.$$

这就是曲线 Γ 在 P_0 处的切线方程.

可以看出

$$\boldsymbol{\gamma}'(t_0) = (x_1'(t_0), x_2'(t_0), \cdots, x_n'(t_0))$$

恰好为曲线 Γ 在 P_0 处的**切向量**.

我们同时也得到了曲线 Γ 在 P_0 处的**法平面方程**: 即过 P_0 点以切向量为法向的平面方程

$$\boldsymbol{\gamma}'(t_0) \cdot (\boldsymbol{x} - \boldsymbol{x}(t_0)) = 0.$$

例 15.8.1   一元函数图像的切线. 设 f 为一元可微函数, 令 $\boldsymbol{\gamma}(t) = (t, f(t))$, 则 $\boldsymbol{\gamma}'(t_0) = (1, f'(t_0))$, $\boldsymbol{\gamma}(t)$ 在 t_0 处切线方程为

$$\frac{x - t_0}{1} = \frac{y - f(t_0)}{f'(t_0)},$$

即 $y = f(t_0) + f'(t_0)(x - t_0)$, 这也就是一元函数图像的切线. 此时的法平面表现为法线, 其表达式为

$$x - t_0 + f'(t_0)(y - f(t_0)) = 0.$$

例 15.8.2 设 $a > 0$, 求螺旋线 $\boldsymbol{\gamma}(t) = (a \cos t,\ a \sin t,\ t)$ 的切线和法平面方程.

解 在 $t = t_0$ 处, $\boldsymbol{\gamma}'(t_0) = (-a \sin t_0,\ a \cos t_0,\ 1)$, 故切线方程为

$$\frac{x - a \cos t_0}{-a \sin t_0} = \frac{y - a \sin t_0}{a \cos t_0} = \frac{z - t_0}{1},$$

法平面方程化简后为 $z = (a \sin t_0)x - (a \cos t_0)y + t_0$. □

作为一种特殊情况, 下面我们讨论三维空间中由两个曲面交线形成的曲线的切线方程. 假设 F_1 与 F_2 均为区域 $D \subseteq \mathbb{R}^3$ 上的可微函数, 考虑由方程组

$$F_1(x, y, z) = 0, \qquad F_2(x, y, z) = 0, \quad (x, y, z) \in D$$

定义的点集.

我们知道, 当

$$\boldsymbol{F}'(\boldsymbol{x}_0) = \begin{pmatrix} F_1'(\boldsymbol{x}_0) \\ F_2'(\boldsymbol{x}_0) \end{pmatrix} = \begin{pmatrix} \dfrac{\partial F_1}{\partial x} & \dfrac{\partial F_1}{\partial y} & \dfrac{\partial F_1}{\partial z} \\[2mm] \dfrac{\partial F_2}{\partial x} & \dfrac{\partial F_2}{\partial y} & \dfrac{\partial F_2}{\partial z} \end{pmatrix}_{\boldsymbol{x}_0}$$

的秩为 2 时, 由隐函数组存在定理, 在 $\boldsymbol{x}_0 = (x_0, y_0, z_0)$ 附近, 存在两个变量可确定为第三个变量的函数, 从而该方程组能确定一条过 $\boldsymbol{x}_0 = (x_0, y_0, z_0)$ 的曲线 Γ, 且在 $\boldsymbol{x}_0$ 附近 Γ 可以表示为参数形式 $\boldsymbol{\gamma}(t) = (x(t), y(t), z(t))$, $t \in (a, b)$, 其中

$$\boldsymbol{x}_0 = (x_0, y_0, z_0) = \boldsymbol{\gamma}(t_0) = (x(t_0), y(t_0), z(t_0)).$$

一方面我们知道曲线 Γ 在点 $\boldsymbol{x}_0$ 处的切向量为 $\boldsymbol{\gamma}'(t_0) = (x'(t_0),\ y'(t_0),\ z'(t_0))$, 另一方面, 曲线 Γ 是由方程组

$$F_1(x(t), y(t), z(t)) = 0, \qquad F_2(x(t), y(t), z(t)) = 0$$

确定, 所以, 对方程组关于 t 求导, 可得 $\nabla F_1(\boldsymbol{x}_0) \cdot \boldsymbol{\gamma}'(t_0) = 0$, 即

$$\left(\frac{\partial F_1(\boldsymbol{x}_0)}{\partial x}, \frac{\partial F_1(\boldsymbol{x}_0)}{\partial y}, \frac{\partial F_1(\boldsymbol{x}_0)}{\partial z} \right) (x'(t_0), y'(t_0), z'(t_0)) = 0.$$

同理

$$\left(\frac{\partial F_2(\boldsymbol{x}_0)}{\partial x}, \frac{\partial F_2(\boldsymbol{x}_0)}{\partial y}, \frac{\partial F_2(\boldsymbol{x}_0)}{\partial z} \right) (x'(t_0), y'(t_0), z'(t_0)) = 0.$$

因此 Γ 在点 $\boldsymbol{x}_0$ 处的切向量 $\boldsymbol{\gamma}'(t_0)$ 应该与向量 $F_1'(\boldsymbol{x}_0) \times F_2'(\boldsymbol{x}_0)$ 平行. 直接计算可得

$$F_1'(\boldsymbol{x}_0) \times F_2'(\boldsymbol{x}_0) = (A, B, C) = \left(\frac{\partial(F_1, F_2)}{\partial(y, z)}, \frac{\partial(F_1, F_2)}{\partial(z, x)}, \frac{\partial(F_1, F_2)}{\partial(x, y)} \right)_{\boldsymbol{x}_0}.$$

所以曲线 Γ 在 $\boldsymbol{x}_0$ 处的切线方程为

$$\frac{x-x_0}{A}=\frac{y-y_0}{B}=\frac{z-z_0}{C},$$

而法平面方程为

$$A(x-x_0)+B(y-y_0)+C(z-z_0)=0.$$

曲面的切平面和法线

下面我们讨论一下三维空间中两种常见情形的曲面的切平面和法线.

1. 形如 $F(x,y,z)=0$ 的曲面

设 $\mathbb{R}^3$ 中的曲面 S 是由方程 $F(x,y,z)=0$ 给出, 其中函数 $F(x,y,z)$ 是区域 $D\subseteq\mathbb{R}^3$ 上的连续可微函数. 设 $\boldsymbol{x}_0=(x_0,y_0,z_0)\in D$ 且在曲面 S 上, 即 $F(x_0,y_0,z_0)=0$. 我们来求过点 $\boldsymbol{x}_0$ 的切平面方程和法线方程.

为此, 在 S 上任取一条过 $\boldsymbol{x}_0$ 的空间光滑曲线 $\Gamma:\boldsymbol{\gamma}(t)=(x(t),y(t),z(t)),t\in(a,b)$. 设 $t_0\in(a,b)$ 满足 $\boldsymbol{\gamma}(t_0)=\boldsymbol{x}_0$. 故有

$$F(\boldsymbol{\gamma}(t))=F(x(t),y(t),z(t))\equiv 0,\quad\forall t\in(a,b).$$

将该方程在 t_0 处求导, 可得

$$\nabla F(\boldsymbol{x}_0)\cdot\boldsymbol{\gamma}'(t_0)=0.$$

这说明满足上述条件的任何一条曲线 Γ 在 $\boldsymbol{x}_0$ 处的切向量都与固定向量 $\nabla F(\boldsymbol{x}_0)$ 正交. 如果 $\nabla F(\boldsymbol{x}_0)$ 是非零向量, 那么上式表明曲面 S 过 $\boldsymbol{x}_0$ 的任何光滑曲线的切向量与固定向量 $\nabla F(\boldsymbol{x}_0)$ 正交. 因此, S 上过 $\boldsymbol{x}_0$ 点的任何光滑曲线在该点处的切线都在平面

$$\pi:\quad\nabla F(\boldsymbol{x}_0)\cdot(\boldsymbol{x}-\boldsymbol{x}_0)=0$$

上. 平面 π 很自然地被称为曲面 S 在 $\boldsymbol{x}_0$ 处的切平面, 而直线

$$\ell:\quad\frac{x-x_0}{F_x(\boldsymbol{x}_0)}=\frac{y-y_0}{F_y(\boldsymbol{x}_0)}=\frac{z-z_0}{F_z(\boldsymbol{x}_0)}$$

称为 S 在 $\boldsymbol{x}_0$ 处的法线.

2. 由参数方程给出的曲面

考虑 $\mathbb{R}^3$ 中由双参数 $(u,v)\in D\subseteq\mathbb{R}^2$ 给出的曲面 $S:\boldsymbol{x}=\boldsymbol{x}(u,v)$, 其分量形式为

$$S:\quad x=x(u,v),\quad y=y(u,v),\quad z=z(u,v),$$

其中 D 是 $\mathbb{R}^2$ 中的区域. 假设所有的分量函数 $x(u,v),y(u,v)$ 和 $z(u,v)$ 都是 D 上的 $C^1(D)$ 函数, 我们来求曲面 S 在点

$$\boldsymbol{x}_0=(x_0,y_0,z_0)=(x(u_0,v_0),y(u_0,v_0),z(u_0,v_0)),\quad(u_0,v_0)\in D$$

处的切平面与法线方程. 为此, 在 S 上取两条特别的曲线:

$$\Gamma_1: \boldsymbol{x} = \boldsymbol{x}(u, v_0) \quad \text{和} \quad \Gamma_2: \boldsymbol{x} = \boldsymbol{x}(u_0, v).$$

它们在 $\boldsymbol{x}_0$ 处的切向量分别为

$$\boldsymbol{x}_u^0 = (x_u(u_0, v_0), y_u(u_0, v_0), z_u(u_0, v_0)) \quad \text{和} \quad \boldsymbol{x}_v^0 = (x_v(u_0, v_0), y_v(u_0, v_0), z_v(u_0, v_0)).$$

如果它们不平行, 则它们对应的切线将确定 S 在 $\boldsymbol{x}_0$ 处的切平面 π 和法向量 $\boldsymbol{n}$.

$$\boldsymbol{n} = \boldsymbol{x}_u^0 \times \boldsymbol{x}_v^0 = \begin{vmatrix} \boldsymbol{i} & \boldsymbol{j} & \boldsymbol{k} \\ x_u & y_u & z_u \\ x_v & y_v & z_v \end{vmatrix}_{(u_0, v_0)}.$$

故当

$$\begin{pmatrix} x_u & y_u & z_u \\ x_v & y_v & z_v \end{pmatrix}_{(u_0, v_0)}$$

的秩为 2 时, 记

$$A = \frac{\partial(y, z)}{\partial(u, v)}\Big|_{(u_0, v_0)}, \quad B = \frac{\partial(z, x)}{\partial(u, v)}\Big|_{(u_0, v_0)}, \quad C = \frac{\partial(x, y)}{\partial(u, v)}\Big|_{(u_0, v_0)},$$

则曲面 S 在 $\boldsymbol{x}_0$ 处的切平面 π 的方程与法线 L 的方程分别为

$$\pi: \quad (A, B, C) \cdot (\boldsymbol{x} - \boldsymbol{x}_0) = A(x - x_0) + B(y - y_0) + C(z - z_0) = 0$$

和

$$L: \quad \frac{x - x_0}{A} = \frac{y - y_0}{B} = \frac{z - z_0}{C}.$$

通常我们又把切平面 π 的方程改写为下面行列式的表示形式:

$$\begin{vmatrix} x - x_0 & y - y_0 & z - z_0 \\ x_u & y_u & z_u \\ x_v & y_v & z_v \end{vmatrix}_{(u_0, v_0)} = 0.$$

例 15.8.3 考虑一种特殊的由显式方程给出的曲面 $S: z = f(x, y)$, $(x, y) \in D \subseteq \mathbb{R}^2$, 其中 $f(x, y) \in C^1(D)$. 将其写成参数形式

$$x = x, \quad y = y, \quad z = f(x, y), \quad (x, y) \in D.$$

则曲面 S 过点 $P_0(x_0, y_0, z_0)$ 的切平面方程可以写成

$$\begin{vmatrix} x - x_0 & y - y_0 & z - z_0 \\ 1 & 0 & f_x(x_0, y_0) \\ 0 & 1 & f_y(x_0, y_0) \end{vmatrix} = 0,$$

即

$$z = z_0 + f_x(x_0, y_0)(x - x_0) + f_y(x_0, y_0)(y - y_0).$$

曲面 S 过点 $P_0(x_0, y_0, z_0)$ 的法线方程可以表示为

$$\frac{x - x_0}{-f_x(x_0, y_0)} = \frac{y - y_0}{-f_y(x_0, y_0)} = \frac{z - z_0}{1}.$$

习题 15.8

1. 求下列曲线在指定点的切线和法平面方程:

(1) $\boldsymbol{\sigma}(t) = (a \cos t \sin t, b \sin^2 t, c \cos t), \quad t = \dfrac{\pi}{4}.$

(2) $\boldsymbol{\sigma}(t) = (t, t^2, t^3), \quad t = t_0.$

(3) $\boldsymbol{\sigma}(t) = (a \cos t, a \sin t), \quad t = t_0.$

2. 求下列曲面在指定点的切平面和法线方程:

(1) $r(u, v) = (u, a \cos v, a \sin v), \quad (u, v) = (u_0, v_0).$

(2) $z = x^2 + y^2, \quad (x, y, z) = (1, 2, 5).$

(3) $r(u, v) = (a \sin u \cos v, b \sin u \sin v, c \cos u), \quad (u, v) = (u_0, v_0).$

3. 求下列曲面在指定点的切平面:

(1) $x^3 + 2xy^2 - 7z^3 + 3y + 1 = 0, \quad (x, y, z) = (1, 1, 1).$

(2) $(x^2 + y^2)^2 + x^2 - yz + 7xy + 3x + z^4 - z = 14, \quad (x, y, z) = (1, 1, 1).$

(3) $\sin^2 x + \cos(y + z) = \dfrac{3}{4}, \quad (x, y, z) = \left(\dfrac{\pi}{6}, \dfrac{\pi}{3}, 0 \right).$

(4) $x^2 + y^2 = z^2 + \sin z, \quad (x, y, z) = (0, 0, 0).$

4. 求下列曲线在指定点的切线:

(1) $x^2 + y^2 + z^2 = 3x, \quad 2x - 3y + 5z = 4, \quad (x, y, z) = (1, 1, 1).$

(2) $x^2 + z^2 = 10, \quad y^2 + z^2 = 10, \quad (x, y, z) = (1, 1, 3).$

(3) $3x^2 + 3y^2 - z^2 = 32, \quad x^2 + y^2 = z^2, \quad (x, y, z) = \left(\sqrt{7}, 3, 4 \right).$

5. 求出下列曲面在指定点处的法向量和切平面方程:

(1) $x^2 + y^2 + z^2 = 4, \quad P_0(1, 1, \sqrt{2}).$

(2) $z = \arctan \dfrac{y}{x}, \quad P_0 \left(1, 1, \dfrac{\pi}{4} \right).$

(3) $3x^2 + 2y^2 - 2z - 1 = 0, \quad P_0(1, 1, 2).$

(4) $z = y + \ln \dfrac{x}{z}, \quad P_0(1, 1, 1).$

6. 求出椭球面 $x^2 + 2y^2 + 3z^2 = 21$ 上所有平行于平面 $x + 4y + 6z = 0$ 的切平面.

7. 证明: 曲面 $z = x\mathrm{e}^{x/y}$ 上所有切平面都通过原点.

8. 定出常数 λ, 使曲面 $xyz = \lambda$ 与椭球面

$$\frac{x^2}{a^2} + \frac{y^2}{b^2} + \frac{z^2}{c^2} = 1$$

在某一点相切, 即有共同的切平面.

9. 两相交曲面在交点处的法向量所夹的角称为这两曲面在该点的夹角. 求柱面 $x^2 + y^2 = a^2$ 与曲面 $bz = xy$ 的夹角.

10. 求椭球面

$$\frac{x^2}{a^2} + \frac{y^2}{b^2} + \frac{z^2}{c^2} = 1$$

上点的法向量与 x 轴和 z 轴夹成等角的点的全体.

11. 求曲面 $x^2 + y^2 + z^2 = x$ 的切平面, 使其垂直于平面 $x - y - z = 2$ 和 $x - y - \dfrac{z}{2} = 2$.

12. 证明: 曲面 $\sqrt{x + \sqrt{y + \sqrt{z}}} = \sqrt{a}\,(a > 0)$ 的切平面在各坐标轴上割下的诸线段之和为常数.

13. 证明: 曲面 $F(x - az, y - bz) = 0$ 的所有切平面与某一直线平行, 其中 a, b 为常数.

14. 证明: 曲面

$$F\left(\frac{x - a}{z - c}, \frac{y - b}{z - c}\right) = 0$$

的切平面通过一定点, 其中 a, b, c 为常数.

15. 设 $\mathbb{R}^3$ 中的曲面在柱面坐标下的方程为 $F(r, \theta, z) = 0$, 其中 F 是可微函数. 试求 (r_0, θ_0, z_0) 所对应曲面上的点处的切平面与法线方程.

16. 设曲面 S 由 $F(x, y, z) = 0$ 给出, 其中 $F(x, y, z)$ 是区域 $D \subseteq \mathbb{R}^3$ 内的连续可微函数并且当 $(x_0, y_0, z_0) \in D$ 时, $F'(x_0, y_0, z_0) \neq \mathbf{0}$. 证明: 曲面 S 在 (x_0, y_0, z_0) 处的切平面上过 (x_0, y_0, z_0) 的任何一条直线都是曲面上某光滑曲线的切线.

参考文献

[1] SAYEL A A. The mth ratio test: new convergence tests for series. The American Mathematical Monthly, 2008, 115(6): 514–524.

[2] 波利亚, 舍贵. 数学分析中的问题和定理: 第一卷. 张奠宙, 宋国栋, 等, 译. 上海: 上海科学技术出版社, 1981.

[3] 陈传章, 金福临, 朱学炎, 等. 数学分析: 上册. 2 版. 北京: 高等教育出版社, 1983.

[4] 陈传章, 金福临, 朱学炎, 等. 数学分析: 下册. 2 版. 北京: 高等教育出版社, 1983.

[5] 陈纪修, 於崇华, 金路. 数学分析: 上册. 3 版. 北京: 高等教育出版社, 2019.

[6] 陈纪修, 於崇华, 金路. 数学分析: 下册. 3 版. 北京: 高等教育出版社, 2019.

[7] 陈天权. 数学分析讲义: 第一册. 北京: 北京大学出版社, 2009.

[8] 陈天权. 数学分析讲义: 第二册. 北京: 北京大学出版社, 2010.

[9] 陈天权. 数学分析讲义: 第三册. 北京: 北京大学出版社, 2010.

[10] 程艺, 陈卿, 李平. 数学分析讲义: 第一册. 北京: 高等教育出版社, 2019.

[11] 程艺, 陈卿, 李平. 数学分析讲义: 第二册. 北京: 高等教育出版社, 2020.

[12] 程艺, 陈卿, 李平, 等. 数学分析讲义: 第三册. 北京: 高等教育出版社, 2020.

[13] 常庚哲, 史济怀. 数学分析教程: 上册. 3 版. 合肥: 中国科学技术大学出版社, 2012.

[14] 常庚哲, 史济怀. 数学分析教程: 下册. 3 版. 合肥: 中国科学技术大学出版社, 2013.

[15] 崔尚斌. 数学分析教程: 上册. 北京: 科学出版社, 2013.

[16] 崔尚斌. 数学分析教程: 中册. 北京: 科学出版社, 2013.

[17] 崔尚斌. 数学分析教程: 下册. 北京: 科学出版社, 2013.

[18] 布雷苏. 微积分溯源: 伟大思想的历程. 陈见柯, 林开亮, 叶卢庆, 译. 北京: 人民邮电出版社, 2022.

[19] 丁传松, 李秉彝, 布伦. 实分析导论. 北京: 科学出版社, 1998.

[20] DUNHAM W. 微积分的历程: 从牛顿到勒贝格. 李伯民, 汪军, 张怀勇, 译. 北京: 人民邮电出版社, 2010.

[21] 菲赫金哥尔茨. 微积分学教程 (第 8 版): 第一卷. 杨弢亮，叶彦谦，译. 北京: 高等教育出版社，2006.

[22] 菲赫金哥尔茨. 微积分学教程 (第 8 版): 第二卷. 徐献瑜，冷生明，梁文骐，译. 北京: 高等教育出版社，2006.

[23] 菲赫金哥尔茨. 微积分学教程 (第 8 版): 第三卷. 路见可，余家荣，吴亲仁，译. 北京: 高等教育出版社，2006.

[24] 郝兆宽，杨睿之，杨跃. 数理逻辑证明及其限度. 上海: 复旦大学出版社，2014.

[25] 华东师范大学数学系. 数学分析: 上册. 5 版. 北京: 高等教育出版社，2019.

[26] 华东师范大学数学系. 数学分析: 下册. 5 版. 北京: 高等教育出版社，2019.

[27] 郇中丹，刘永平，王昆扬. 简明数学分析. 2 版. 北京: 高等教育出版社，2009.

[28] 黄玉民，李成章. 数学分析. 2 版. 北京: 科学出版社，2004.

[29] HUNT R A. On the convergence of Fourier series//Proceedings of the Conference on Orthogonal Expansions and Their Continuous Analogues. Carbondale: Southern Illinois University Press, 1968: 235–255.

[30] HUYNH E. A second Raabe's test and other series tests. The American Mathematical Monthly, 2022，129(9): 865–875.

[31] 吉林大学数学系. 数学分析: 上册. 北京: 人民教育出版社，1978.

[32] 吉林大学数学系. 数学分析: 中册. 北京: 人民教育出版社，1978.

[33] 吉林大学数学系. 数学分析: 下册. 北京: 人民教育出版社，1978.

[34] KOLMOGOROFF A N. Une série de Fourier-Lebesgue divergente presque partout. Fundamenta Mathematicae, 1923(4): 324–328.

[35] KOLMOGOROFF A N. Une série de Fourier-Lebesgue divergente partout. Comptes Rendus de l'Académie des Sciences Paris, 1926, 183: 1327–1328.

[36] KÖRNER T W. Uniqueness for trigonometric series. Annals of Mathematics, 1987, 126(1): 1–34.

[37] 李逸. 基本分析讲义：第一卷 上册. 北京: 高等教育出版社，2025.

[38] 李逸. 基本分析讲义：第一卷 下册. 北京: 高等教育出版社，2025.

[39] 刘玉琏，傅沛仁，林玎，等. 数学分析讲义: 上册. 5 版. 北京: 高等教育出版社，2008.

[40] 刘玉琏，傅沛仁，林玎，等. 数学分析讲义: 下册. 5 版. 北京: 高等教育出版社，2008.

[41] 楼红卫. 数学分析——要点·难点·拓展. 北京: 高等教育出版社，2020.

[42] 楼红卫. 微积分进阶. 北京: 科学出版社，2009.

[43] 楼红卫. 数学分析: 上册. 北京: 高等教育出版社，2022.

[44] 楼红卫. 数学分析: 下册. 北京: 高等教育出版社，2023.

[45] 楼红卫. 数学分析技巧选讲. 北京: 高等教育出版社，2022.

[46] 梅加强. 数学分析. 2 版. 北京: 高等教育出版社，2020.

[47] 欧阳光中，朱学炎，秦曾复. 数学分析: 上册. 上海: 上海科学技术出版社，1983.

[48] 欧阳光中，朱学炎，秦曾复. 数学分析: 下册. 上海: 上海科学技术出版社，1982.

[49] 裴礼文. 数学分析中的典型问题与方法. 3 版. 北京: 高等教育出版社，2021.

[50] PRUS-WIŚNIOWSKI F. A refinement of Raabe's test. The American Mathematical Monthly, 2008, 115(3): 249–252.

[51] 齐民友. 重温微积分. 北京: 高等教育出版社, 2004.

[52] RUDIN W. 数学分析原理（原书第 3 版）. 赵慈庚, 蒋铎, 译. 北京: 机械工业出版社, 2004.

[53] SCHRAMM M, TROUTMAN J, WATERMAN D. Segmentally alternating series. The American Mathematical Monthly, 2014, 121(8): 717–722.

[54] 佘志坤. 全国大学生数学竞赛参赛指南. 北京: 科学出版社, 2022.

[55] 佘志坤. 全国大学生数学竞赛解析教程（数学专业类）——数学分析: 上册. 北京: 科学出版社, 2024.

[56] STUART C. An inequality involving $\sin(n)$. The American Mathematical Monthly, 2018, 125(2): 173–174.

[57] 陶哲轩. 陶哲轩实分析. 王昆扬, 译. 北京: 人民邮电出版社, 2008.

[58] TRENCH W F. Introduction to Real Analysis. Upper Saddle River: Prentice Hall, 2003.

[59] 王昆扬. 数学分析简明教材. 北京: 高等教育出版社, 2015.

[60] WATSON G N. A Treatise on the Theory of Bessel Functions. 2nd ed. Cambridge: Cambridge University Press, 1944.

[61] 伍胜健. 数学分析: 第一册. 北京: 北京大学出版社, 2009.

[62] 伍胜健. 数学分析: 第二册. 北京: 北京大学出版社, 2010.

[63] 伍胜健. 数学分析: 第三册. 北京: 北京大学出版社, 2010.

[64] 小平邦彦. 微积分入门 I: 一元微积分. 裴东河, 译. 北京: 人民邮电出版社, 2008.

[65] 小平邦彦. 微积分入门 II: 多元微积分. 裴东河, 译. 北京: 人民邮电出版社, 2008.

[66] 肖文灿. 集合论初步. 2 版. 北京: 商务印书馆, 1950.

[67] 谢惠民, 恽自求, 易法槐, 等. 数学分析习题课讲义: 上册. 2 版. 北京: 高等教育出版社, 2018.

[68] 谢惠民, 恽自求, 易法槐, 等. 数学分析习题课讲义: 下册. 2 版. 北京: 高等教育出版社, 2019.

[69] 辛钦. 数学分析八讲. 王会林, 齐民友, 译. 北京: 人民邮电出版社, 2010.

[70] 叶怀安. 连续函数列的极限函数的一个性质及其应用. 湖南数学年刊, 1985, 5(2): 87–88.

[71] 张福保, 薛星美. 数学分析 (全三册). 北京: 科学出版社, 2022.

[72] 张锦文. 公理集合论导引. 北京: 科学出版社, 1991.

[73] 张筑生. 数学分析新讲: 第一册. 北京: 北京大学出版社, 1990.

[74] 张筑生. 数学分析新讲: 第二册. 北京: 北京大学出版社, 1990.

[75] 张筑生. 数学分析新讲: 第三册. 北京: 北京大学出版社, 1991.

[76] 周民强. 实变函数论. 3 版. 北京: 北京大学出版社, 2016.

[77] 周民强. 数学分析习题演练: 第一册. 北京: 科学出版社, 2006.

[78] 周民强. 数学分析习题演练: 第二册. 北京: 科学出版社, 2006.

[79] 卓里奇. 数学分析 (第 4 版): 第一卷. 蒋铎, 王昆扬, 周美珂, 等, 译. 北京: 高等教育出版社, 2006.

[80]　卓里奇. 数学分析 (第 4 版): 第二卷. 蒋铎, 钱佩玲, 周美珂, 等, 译. 北京: 高等教育出版社, 2006.

[81]　ZYGMUND A. Trigonometric Series. 3rd ed. Cambridge: Cambridge University Press, 2002.

常用符号

$\mathbb{N}$	自然数集
$\mathbb{Z}, \mathbb{Z}_+$	整数集, 正整数集
$\mathbb{Q}, \mathbb{Q}_+$	有理数域, 正有理数集
$\mathbb{R}, \mathbb{R}_+$	实数域, 正实数集
$\mathbb{R}^n$	n 维欧氏空间
$\mathbb{C}$	复数域
$\mathbb{C}^n$	n 维复空间
S^{n-1}	$\mathbb{R}^n$ 中单位球面, 即 $\{\boldsymbol{x} \in \mathbb{R}^n \mid \|\boldsymbol{x}\| = 1\}$
$\mathbb{S}^n$	n 阶实对称矩阵全体
$B_r(\boldsymbol{x})$	半径为 r, 中心在 $\boldsymbol{x} \in \mathbb{R}^n$ 的开球
$\mathring{B}_r(\boldsymbol{x})$	半径为 r, 中心在 $\boldsymbol{x} \in \mathbb{R}^n$ 的去心开球
$I_r(\boldsymbol{x})$	边长为 $2r$, 中心在 $\boldsymbol{x} \in \mathbb{R}^n$ 且各边平行于坐标轴的闭方体
$\boldsymbol{A}^{\mathrm{T}}, \boldsymbol{x}^{\mathrm{T}}$	矩阵 $\boldsymbol{A}$, 向量 $\boldsymbol{x}$ 的转置
$\boldsymbol{x} \cdot \boldsymbol{y}$	$\mathbb{R}^n$ 中向量 $\boldsymbol{x}$ 与 $\boldsymbol{y}$ 的内积, 也常用 $\langle \boldsymbol{x}, \boldsymbol{y} \rangle$, $\boldsymbol{x}^{\mathrm{T}} \boldsymbol{y}$ 表示
$\langle x, y \rangle$	内积空间中两个元素 x, y 的内积
$\|\boldsymbol{x}\|_p$	$\mathbb{R}^n$ 中向量 $\boldsymbol{x} = (x_1, x_2, \cdots, x_n)^{\mathrm{T}}$ 的 p-范数 $\left(\sum_{k=1}^{n} |x_k|^p\right)^{\frac{1}{p}}$
$\|\boldsymbol{A}\|_p$	方阵 $\boldsymbol{A} \in \mathbb{R}^{n \times n}$ 的诱导范数 $\|\boldsymbol{A}\|_p := \max\limits_{\|\boldsymbol{x}\|_p = 1} \|\boldsymbol{A}\boldsymbol{x}\|_p$
$\|\boldsymbol{x}\|$	$\mathbb{R}^n$ 中向量 $\boldsymbol{x}$ 通常的范数, 即 $\|\boldsymbol{x}\|_2$
$\|\boldsymbol{A}\|$	方阵 $\boldsymbol{A} \in \mathbb{R}^{n \times n}$ 通常的诱导范数 $\|\boldsymbol{A}\|_2$
$\nu(E)$	$\mathbb{R}^n$ 中 Jordan 可测集 E 的 Jordan 测度 (容积)——长度、面积、体积
a^+, a^-	实数 a 的正部 $(|a| + a)/2$ 与负部 $(|a| - a)/2$
$a \vee b, a \wedge b$	实数 a, b 的最大值和最小值

$\operatorname{Re}z,\operatorname{Im}z$	复数 $z=a+bi$ 的实部 a 和虚部 b, 其中 a,b 为实数
χ_E	集合 E 的特征函数, 即在 E 上取值为 1, 在其余点上取值为 0 的函数
$\exists$	存在
$\forall$	对于所有
$\gg,\ll$	大大大于, 大大小于
a.e.	几乎处处
s.t.	使得
$\varnothing$	空集
$\in,\ni$	$a\in E$ 和 $E\ni a$ 均表示 a 是 E 的元素
$\subseteq,\supseteq$	$E\subseteq F$ 和 $F\supseteq E$ 均表示集合 E 包含于集合 F, 即 F 包含 E
$\subset,\supset$	$E\subset F$ 和 $F\supset E$ 均表示集合 E 真包含于集合 F, 即 F 真包含 E
$\subset\subset$	集合的紧包含关系, $E\subset\subset F$ 当且仅当 $\overline{E}$ 是 F 的紧子集
$E\{\varphi\in F\}$	表示集合 $\{x\in E|\varphi(x)\in F\}$. 在 E 明确的情况下, 简记为 $\{\varphi\in F\}$
$f(D)$	当 f 是映射, D 是集合时, 表示 D 的像集 $\{f(x)|x\in D\}$
$\cap$	集合的交, $A\cap B$ 表示同时属于 A 和 B 的所有元素组成的集合
$\cup$	集合的并, $A\cup B$ 表示属于 A 或属于 B 的所有元素组成的集合
$\setminus$	集合的差, $A\setminus B$ 表示属于 A 而不属于 B 的所有元素组成的集合
$\mathscr{C}$	集合的补, $\mathscr{C}E$ 表示在全集 X 明确的情况下, E 的补集 $X\setminus E$
E°	集合 E 的内部, 即 E 的内点的全体
E'	集合 E 的导集, 即 E 的极限点 (聚点) 的全体
$\overline{E}$	集合 E 的闭包
∂E	集合 E 的边界
$\alpha E+\beta F$	线性空间中集合的伸缩、代数和与代数差等, 表示集合 $\{\alpha x+\beta y|x\in E,y\in F\}$
$\sum,\prod$	连加号, 连乘号
$[x],\{x\}$	实数 x 的整数部分 (即不大于 x 的最大整数) 与小数部分 (即 $x-[x]$)
$\overline{\lim},\underline{\lim}$	上极限, 下极限
$\overline{\int},\underline{\int}$	上积分符号, 下积分符号
$\mathcal{R}(I)$	区间 I 上的 Riemann 可积函数全体
$\mathcal{R}^p(I)$	区间 I 上正部与负部均 p 次 (广义) 可积的函数全体
$\mathcal{R}^p_\#(\mathbb{R})$	在 $\mathbb{R}$ 上以 2π 为周期在 $[0,2\pi]$ 上正负部都 p 次 (广义) 可积函数全体, $1\le p<+\infty$
C_n^k	在 n 个不同的元素中选取 k 个的组合数
$C^\omega(I)$	区间 $I\subseteq\mathbb{R}$ 上的实解析函数全体
$C^k(\Omega)$	在 Ω 上有 k 阶连续 (偏) 导数的函数全体
$C_c^k(\Omega)$	在 Ω 上有紧支集且有 k 阶连续 (偏) 导数的函数全体

$C^{k,\alpha}(\Omega)$	在 Ω 上 k 阶 (偏) 导数满足 α 次 Hölder 条件的函数全体
$C^k_\#(\mathbb{R})$	在 $\mathbb{R}$ 上以 2π 为周期的 k 阶连续可微函数全体
$\mathscr{S}$	速降函数全体
$\widehat{f}, \overset{\vee}{f}$	函数 f 的 Fourier 变换, Fourier 逆变换
$f * g$	函数 f 和 g 的卷积
ℓ_∞	有界实数数列的全体
ℓ_p	$1 \leqslant p < +\infty$, p 次可求和序列的全体

索引

郑重声明

高等教育出版社依法对本书享有专有出版权。任何未经许可的复制、销售行为均违反《中华人民共和国著作权法》，其行为人将承担相应的民事责任和行政责任；构成犯罪的，将被依法追究刑事责任。为了维护市场秩序，保护读者的合法权益，避免读者误用盗版书造成不良后果，我社将配合行政执法部门和司法机关对违法犯罪的单位和个人进行严厉打击。社会各界人士如发现上述侵权行为，希望及时举报，我社将奖励举报有功人员。

反盗版举报电话　　（010）58581999　58582371

反盗版举报邮箱　　dd@hep.com.cn

通信地址　　北京市西城区德外大街4号
　　　　　　高等教育出版社知识产权与法律事务部

邮政编码　　100120

读者意见反馈

为收集对教材的意见建议，进一步完善教材编写并做好服务工作，读者可将对本教材的意见建议通过如下渠道反馈至我社。

咨询电话　　400-810-0598

反馈邮箱　　hepsci@pub.hep.cn

通信地址　　北京市朝阳区惠新东街4号富盛大厦1座
　　　　　　高等教育出版社理科事业部

邮政编码　　100029

防伪查询说明

用户购书后刮开封底防伪涂层，使用手机微信等软件扫描二维码，会跳转至防伪查询网页，获得所购图书详细信息。

防伪客服电话　　（010）58582300

图书在版编目（CIP）数据

数学分析.中册 / 杨家忠，梅加强，楼红卫编著.
北京：高等教育出版社，2025.3. -- ISBN 978-7-04
-063894-3

Ⅰ. O17

中国国家版本馆 CIP 数据核字第 2025BT0461 号

Shuxue Fenxi

策划编辑	李　蕊	出版发行	高等教育出版社
责任编辑	田　玲	社　　址	北京市西城区德外大街4号
封面设计	王　洋	邮政编码	100120
版式设计	童　丹	购书热线	010-58581118
责任绘图	杨伟露	咨询电话	400-810-0598
责任校对	王　雨	网　　址	http://www.hep.edu.cn
责任印制	赵义民		http://www.hep.com.cn
		网上订购	http://www.hepmall.com.cn
			http://www.hepmall.com
			http://www.hepmall.cn

印　　刷	北京盛通印刷股份有限公司
开　　本	787mm×1092mm　1/16
印　　张	21
字　　数	390千字
版　　次	2025年3月第1版
印　　次	2025年7月第2次印刷
定　　价	55.00元

数学"101 计划"已出版教材目录

1. 《基础复分析》 崔贵珍 高 延
2. 《代数学（一）》 李 方 邓少强 冯荣权 刘东文
3. 《代数学（二）》 李 方 邓少强 冯荣权 刘东文
4. 《代数学（三）》 冯荣权 邓少强 李 方 徐彬斌
5. 《代数学（四）》 冯荣权 邓少强 李 方 徐彬斌
6. 《代数学（五）》 邓少强 李 方 冯荣权 常 亮
7. 《数学物理方程》 雷 震 王志强 华波波 曲 鹏 黄耿耿
8. 《概率论（上册）》 李增沪 张 梅 何 辉
9. 《概率论（下册）》 李增沪 张 梅 何 辉
10. 《概率论和随机过程 上册》 林正炎 苏中根 张立新
11. 《概率论和随机过程 下册》 苏中根
12. 《实变函数》 程 伟 吕 勇 尹会成
13. 《泛函分析》 王 凯 姚一隽 黄昭波
14. 《数论基础》 方江学
15. 《基础拓扑学及应用》 雷逢春 杨志青 李风玲
16. 《微分几何》 黎俊彬 袁 伟 张会春
17. 《最优化方法与理论》 文再文 袁亚湘
18. 《数理统计》 王兆军 邹长亮 周永道 冯 龙
19. 《数学分析》数字教材 张 然 王春朋 尹景学
20. 《微分方程 II》 周蜀林
21. 《数学分析（上册）》 楼红卫 杨家忠 梅加强
22. 《数学分析（中册）》 杨家忠 梅加强 楼红卫
23. 《数学分析（下册）》 梅加强 楼红卫 杨家忠